"大国三农"系列规划教材

普通高等教育"十四五"规划教材

食品化学

吴广枫　赵广华　主编
陈　敏　主审

中国农业大学出版社
·北京·

内 容 简 介

本教材系统地介绍了食品化学的基本概念和基本原理。为便于读者更好地理解和掌握相关内容，本教材采用二维码的方式对重要知识点进行了扩充。本教材共 9 章，包括绪论、水和冰、碳水化合物、氨基酸和蛋白质、脂质、维生素、矿物质、食品色素和食品着色剂、风味物质。

本书可作为高等院校食品科学与工程、食品安全与营养、生物技术与工程等相关专业本科生的教材，也可以用作研究生和相关专业科技人员的参考书。

图书在版编目(CIP)数据

食品化学/吴广枫，赵广华主编. --北京：中国农业大学出版社，2023. 11
ISBN 978-7-5655-3123-1

Ⅰ. ①食… Ⅱ. ①吴…②赵… Ⅲ. ①食品化学 Ⅳ. ①TS201. 2

中国国家版本馆 CIP 数据核字(2023)第 238340 号

书　名 食品化学
Shipin huaxue
作　者 吴广枫　赵广华　主编

策划编辑 宋俊果　王笃利　魏　巍　　**责任编辑** 石　华
封面设计 郑　川　李尘工作室
出版发行 中国农业大学出版社
社　址 北京市海淀区圆明园西路 2 号　　**邮政编码** 100193
电　话 发行部 010-62733489，1190　　读者服务部 010-62732336
编辑部 010-62732617，2618　　出　版　部 010-62733440
网　址 http://www.caupress.cn　　**E-mail** cbsszs@cau.edu.cn
经　销 新华书店
印　刷 河北朗祥印刷有限公司
版　次 2023 年 11 月第 1 版　2023 年 11 月第 1 次印刷
规　格 210 mm×285 mm　16 开本　15 印张　451 千字
定　价 48.00 元

编审人员

主　编　吴广枫（中国农业大学）

　　　　　赵广华（中国农业大学）

副主编　贾　鑫（中国农业大学）

　　　　　臧佳辰（中国农业大学）

参　编　（按姓氏拼音排序）

　　　　　李　媛（中国农业大学）

　　　　　梅晓宏（中国农业大学）

　　　　　孙嘉笛（江南大学）

　　　　　王　军（中国农业大学）

　　　　　杨　栋（中国农业大学）

　　　　　姚志轶（中国农业大学）

　　　　　苑　蘅（徐州工程学院）

　　　　　张清峰（江西农业大学）

主　审　陈　敏（中国农业大学）

前　言

化学在食品加工和贮运领域的广泛应用成就了食品行业的今天，更促进了食品化学学科的发展。从知其然到知其所以然，从宏观现象的规律总结到微观分子层面的解释和预测，再到有关成分的运用，食品化学始终伴随着食品行业的发展与变化，一路繁花似锦。“无化学不食品”将食品化学推上了新高度，赋予了新的责任，食品行业从业者，特别是食品科研人员应担当起相应的责任，不忘初心、牢记使命，为食品行业的研究和可持续发展做出应有贡献，为人们的健康幸福生活保驾护航。

作为一门食品专业的核心基础课程，食品化学是本科生较早接触的专业课之一，承担着极为重要的专业启蒙责任，如何将食品加工和贮运中发生的变化进行科学解读，如何正确认识化学原理在食品领域的应用，特别是科学地选择和运用各种成分（或原料）在确保人们身体健康的前提下开发各色各样食品以及引导人们建立特色鲜明且又科学合理的饮食观显得尤为重要。

本教材沿袭了经典食品化学教材的框架结构和基本内容，根据食物成分类别进行章节划分，全书共 9 章，包括绪论、水和冰、碳水化合物、氨基酸和蛋白质、脂质、维生素、矿物质、食品色素和食品着色剂、风味物质。此外，我们在书中增加一些食品化学研究的新内容、新成果。党的二十大报告指出，育人的根本在于立德。本教材将思政元素与课程内容有机融合，相关章节通过不同的切入点将课程思政内容融入其中，在贯彻落实“把立德树人作为中心环节，把思想政治工作贯穿教育教学全过程，实现全程育人、全方位育人”的要求上努力做到最好。

本教材编写人员的分工为：第 1 章绪论由吴广枫编写，第 2 章由贾鑫、孙嘉笛编写，第 3 章由李媛、贾鑫编写，第 4 章由赵广华、杨栋、臧佳辰编写，第 5 章由张清峰编写，第 6 章和第 7 章由杨栋编写，第 8 章由姚志轶、梅晓宏编写，第 9 章由王军、苑蘅编写。全书思政由吴广枫编写。在编写和审稿过程中，承蒙陈敏教授的悉心指导和审阅以及中国农业大学出版社的大力协助，在此一并致谢。

由于时间紧迫、内容涉及面广以及食品科技发展的日新月异，书中疏漏和不妥之处在所难免，衷心期待诸位同仁和其他读者的惠正。

编　者

2023 年 5 月

目　录

第1章　绪论 ………………………………… 1

1.1　食品化学的历史演进 ……………………… 2

1.2　食品中的主要化学变化 …………………… 3

1.3　食品化学在食品工业发展中的作用 … 5

思考题………………………………………… 6

参考文献……………………………………… 6

第2章　水和冰 ……………………………… 7

2.1　水与冰的物理性质 ………………………… 8

2.2　水的结构与性质 …………………………… 8

2.3　冰的结构与性质…………………………… 10

2.4　纯水中的相位关系………………………… 12

2.4　食品中的水的存在形式…………………… 13

2.5　水分活度和等温吸湿曲线………………… 17

思考题 ……………………………………… 18

参考文献 …………………………………… 18

第3章　碳水化合物 ………………………… 20

3.1　引言………………………………………… 21

3.2　单糖结构和物化性质……………………… 21

3.3　寡糖及功能性低聚糖……………………… 27

3.4　多糖………………………………………… 29

3.5　食品中的主要多糖………………………… 33

3.6　多糖在食品工业中的应用………………… 48

思考题 ……………………………………… 57

参考文献 …………………………………… 57

第4章　氨基酸和蛋白质 …………………… 58

4.1　引言………………………………………… 59

4.2　氨基酸和蛋白质的结构…………………… 59

4.3　氨基酸和蛋白质的理化性质……………… 70

4.4　蛋白质的变性……………………………… 76

4.5　蛋白质的功能性质………………………… 80

4.6　蛋白质在贮藏加工中的变化及安全性问题………………………………………… 92

思考题 ……………………………………… 97

参考文献 …………………………………… 97

第5章　脂质 ………………………………… 98

5.1　引言………………………………………… 99

5.2　脂质的分类………………………………… 99

5.3　脂肪的结构及命名 ……………………… 101

5.4　油脂的物理性质 ………………………… 105

5.5　油脂在贮藏和食品加工中的化学变化 ………………………………………… 112

5.6　食用油脂安全及质量评价 ……………… 122

5.7　油脂加工化学 …………………………… 125

5.8　油脂与日常生活 ………………………… 130

思考题……………………………………… 132

参考文献…………………………………… 132

第6章　维生素 ……………………………… 134

6.1　引言 ……………………………………… 135

6.2　脂溶性维生素 …………………………… 136

6.3　水溶性维生素 …………………………… 142

6.4　维生素类似物 …………………………… 155

6.5　维生素在食品加工和贮藏中的变化 ……………………………………………… 157

6.6　小结 ……………………………………… 159

思考题……………………………………… 159

参考文献…………………………………… 160

第7章　矿物质 ……………………………… 161

7.1　引言 ……………………………………… 162

7.2　食品中矿物质吸收和利用的一些性质 ……………………………………………… 163

7.3　常见的大(宏)量矿物质 ………………… 165

7.4　常见的微量矿物质 ……………………… 166

7.5　食品中的矿物质 ………………………… 168

7.6　矿物质在食品加工和贮藏中的变化 … 171

思考题…… 172
参考文献…… 172
第8章 食品色素和食品着色剂 …… 173
8.1 引言 …… 174
8.2 天然色素的化学结构与性质 …… 175
8.3 合成色素的化学结构与性质 …… 190
8.4 色素的安全性 …… 193
思考题…… 194
参考文献…… 194
第9章 风味物质 …… 195
9.1 引言 …… 196
9.2 食品味感与呈味物质 …… 202
9.3 食品香气与嗅感物质 …… 207
9.4 食品加工与风味物质的形成 …… 215
思考题…… 228
参考文献…… 228

第1章

绪　　论

学习目的与要求

1. 了解食品化学的概念和范围；
2. 了解食品化学与其他相关学科的联系和区别；
3. 了解食品化学知识在农食贮运和加工流通中的重要作用。

食品化学是从化学角度和在分子水平上研究食品的化学组成、结构、理化性质、营养和安全性质以及它们在生产、加工、贮藏和运输销售过程中的变化及其对食品品质和安全性影响的科学。食品化学是为改善食品品质、开发食品新资源、革新食品加工工艺和储运技术、科学调整膳食结构、改进食品包装、加强食品质量控制，以及提高食品原料加工和综合利用水平奠定理论基础的学科。

从研究侧重点的角度看，食品化学又可细分为营养素化学、色素化学、风味化学、食品添加剂化学和毒素化学等，每一个小类各有其独特的研究方法和规律。从研究对象的物质分类来看，食品化学主要包括如图 1-1 所示的几种物质类型。

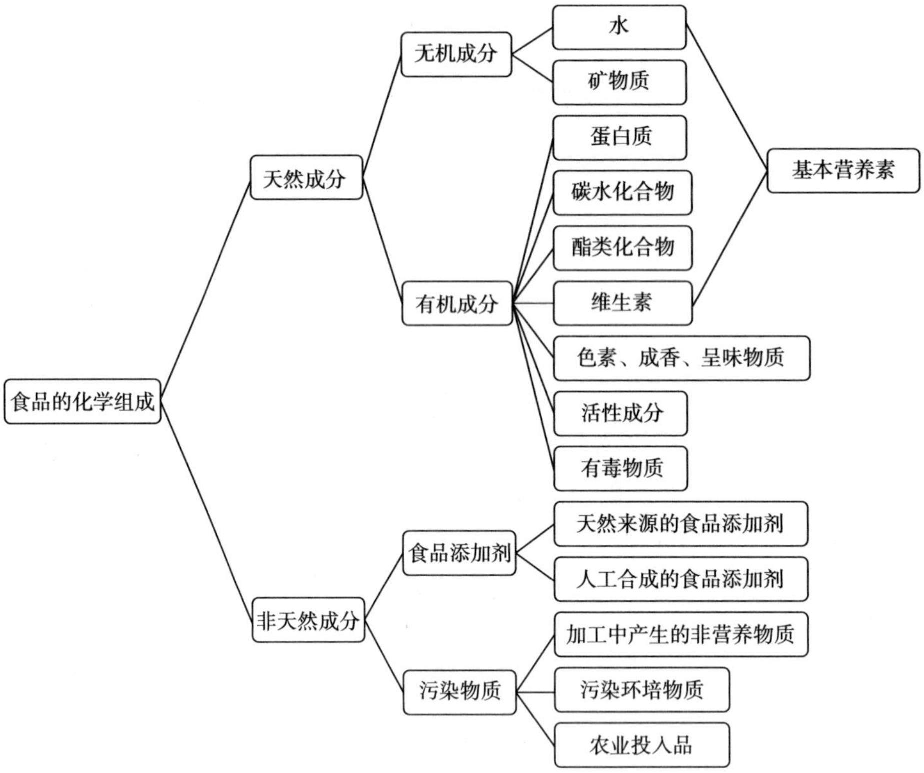

图 1-1　食品化学研究中的物质类型

食品化学横跨了诸多学科，向内依托、吸收、融汇物理、化学、生物化学等基础学科的发展，向外与高分子材料学、营养学、分析化学、流变学、医学等学科紧密结合，逐渐形成了独特的理论和知识体系。食品化学研究食品中各种物质成分的化学组成、性质、结构和功能，阐明食物成分之间以及食物成分与环境之间在生产、加工、储存、运销中的变化，探究中间产物和最终产物的结构及其对食品的品质和卫生安全性的影响，从而有目的地调控各种食品化学反应，开发食品贮藏加工新技术，开发新的产品和新的食品资源等，所有这些就构成了食品化学的主要研究内容。

1.1　食品化学的历史演进

人类对食品化学知识的无意识运用可以追溯到远古时期。公元前 2 000 多年，古埃及人已经知道从动植物体内提取色素用于食物或日常用品的染色和美化，也知道从天然香料中萃取有效成分用于防腐。用盐或糖腌制食物以延长食物的保存时间并产生独特风味、通过发酵的方式降低 pH 或产生乙醇，是古代保存食物的两种非常有效的方法。早在南北朝时期的《齐民要术》一书中就记载了许多不同咸肉和酱菜的制作方法，如用食盐腌制食物或使用甜酱、酱油等加工的酱菜，用酒糟做的糟菜，用糖蜜做的甜酱菜等。

不过，人类有意识地运用食品化学知识，并从化学角度和分子水平对食品化学现象做出解释，只有不到 300 年的历史。与数学、化学等基础学科相比，食品化学仍是一门年轻的科学。食品化学的发展以有机化学和生物化学的精密分析研究为开端。早期发展历程如表 1-1 所列。

表 1-1 食品化学的早期发展历程

时间	成果
18 世纪	瑞典人 Carl wilhelm scheei 分离和研究了乳酸的性质(1780 年),从柠檬汁(1784 年)和醋栗(1785 年)中分离出柠檬酸,从苹果中分离出苹果酸(1784 年),并检测了 20 种普通水果中的柠檬酸和酒石酸等,因此他从植物和动物原料中分离各种新化合物的工作被认为是在农业和食品化学方面精密分析研究的开始 法国化学家 Antoine Laurent Lavoisier 首先测定了乙酸的元素成分 法国化学家 Nicolas Theodore de Sanssure 用灰化方法测定了植物中矿物质的含量,并首先完成了乙醇的精确化学分析
1813 年	英国化学家 Humphey Davy 在 1813 年出版了第一本《农业化学原理》,法国化学家 Micel Fugene Chevreul 在动物脂肪成分上的研究导致了硬脂酸和油酸的发现与命名
1860 年	德国的 W. Hanneberg 和 F. Stohman 发明了一种用来常规测定食品中主要成分的方法,即先将某一样品分为几部分,以便测定其中的水分、粗脂肪、灰分和氮,将含氮量乘以 6.25 即得蛋白质含量,然后相继用稀酸和稀碱消化样品,得到的残渣被称为粗纤维,除去蛋白质、脂肪、灰分和粗纤维后的剩余部分称为"无氮提取物"
1871 年	Jean Baptiste Dumas 提出仅由蛋白质、碳水化合物和脂肪组成的膳食不足以维持人类的生命
1882 年	Justus Von Liebig 将食品分类为含氮的(植物纤维蛋白、酪蛋白等)和不含氮的(脂肪、碳水化合物等)
1847 年	Justus Von Liebig 出版了《食品化学的研究》,这是第一本有关食品化学的图书,被认为是食品化学学科建立的标志之一

20 世纪初,食品工业已成为发达国家和一些发展中国家的重要工业部门。在第一次世界大战期间,罐头产品已经出现在军需食品中。此时,大部分的食品物质组成已经被化学家、生物学家和营养学家的研究所探明,食品化学学科建立的时机成熟了。在随后的发展过程中,食品工业的不同小类行业纷纷创建了具有自身特色的食品化学分支,例如,粮油化学、乳品化学、水产化学、风味化学等。这些小类学科的建立为食品化学学科的建立和充分发展打下了坚实的基础。很多著名的国际食品类期刊也在这个时候相继创刊,例如,*Journal of the Science of Food and Agriculture*(1950),*Journal of Food Science*(1961),*Journal of Agriculture and Food Chemistry*(1953),*Food Chemistry*(1976)。食品化学学科群的出现和蓬勃发展标志着食品化学学科的正式建立。

近年来,食品化学的研究手段不断升级,研究热点也日趋丰富多彩,跨学科的特征为食品化学提供了源源不断的发展契机。纳米技术、功效研究、超高压技术、新型生物工程技术等已经或正在把食品化学引入加速发展的新阶段。

1.2 食品中的主要化学变化

从原料生产开始,经过贮藏、运输、加工,再到产品销售,食品和食物中的成分会经历一系列的变化。这些变化在微观上可以归结为一些典型的化学反应,见表 1-2 至表 1-4。食品化学的核心内容围绕着对这些变化的研究和控制展开。

表 1-2 在食品加工或贮藏中可能发生的变化分类

属性	变化
质地	失去溶解性、失去持水力、质地变坚韧、质地软化
风味	出现酸败、出现焦味、出现异味、出现美味和芳香
颜色	褐变(暗色)、漂白(褪色)、出现异常颜色、出现诱人色彩
营养价值	蛋白质、脂类、维生素和矿物质的降解或损失及生物利用性改变
安全性	产生毒物、钝化毒物、产生有调节生理机能作用的物质

表 1-3　改变食品品质的一些化学反应和生物化学反应

反应类型	例子
非酶褐变	焙烤食品表皮成色
酶促褐变	切开的水果迅速变褐
氧化	脂肪产生异味、维生素降解、色素褪色、蛋白质营养损失
水解	脂类、蛋白质、维生素、碳水化合物、色素水解
金属反应	金属与花青素作用改变颜色、叶绿素脱镁、作为自动氧化催化剂
脂类异构化	顺—反异构化、非共轭脂—共轭脂
脂类环化	产生单环脂肪酸
脂类聚合	油炸中油起泡沫
蛋白质变性	卵清凝固、酶失活
蛋白质交联	在碱性条件下加工蛋白质使营养价值降低
糖酵解	宰后动物组织和采后植物组织的无氧呼吸

表 1-4　食品贮藏或加工中发生变化的因果关系

初期变化	二次变化	影响
脂类水解	游离脂肪酸与蛋白质反应	质地、风味、营养价值
多糖水解	糖与蛋白质反应	质地、风味、颜色、营养价值
脂类氧化	氧化产物与许多其他成分反应	质地、风味、颜色、营养价值、毒物产生
水果破碎	细胞打破、酶释放、氧气进入	质地、风味、颜色、营养价值
绿色蔬菜加热	细胞壁和膜的完整性破坏、酸释放、酶失活	质地、风味、颜色、营养价值
肌肉组织加热	蛋白质变性凝聚、酶失活	质地、风味颜色、营养价值
脂类的顺—反异构化	在油炸中油的热聚合	油炸过度时起泡沫，降低油脂的营养价值

具体来说，这些化学变化一般包括生理成熟和衰老过程中的酶促变化。这些化学变化进而带来甜度增加、质地软化等食用品质的变化；由水分活度改变引起的变化宏观表现为表面皱缩或质构变化；原料或组织因破碎而引起的酶促变化和化学反应，例如，水果蔬菜切口处的颜色变化等，由热加工等激烈加工条件引起的分解、聚合及变性，烹饪过程中产生的香气物质，由空气中的氧气或其他氧化剂引起的氧化以及光照引起的光化学变化等。在这些变化中，较重要的是酶促褐变、非酶促褐变、脂类水解、脂类氧化、蛋白质变性、蛋白质交联、蛋白质水解、低聚糖和多糖的水解、多糖的合成、糖酵解和天然色素的降解等。

绝大多数食品是由多种物质构成的混合物，因此，食品主要成分之间的相互作用对于食品的品质有着重要的影响。从图 1-2 可见，活泼的羟基化合物和过氧化物是极重要的反应中间产物，它们来自食物中三大营养素——脂类、碳水化合物和蛋白质在加工和贮藏中的化学变化。羟基化合物和过氧化物可以和食物中的多种成分发生化学反应，引起颜色、维生素含量和风味物的变化，从而导致了食品感官品质、营养品质等的多种变化。

影响上述反应的因素可分为两类：产品自身的因素和环境因素。产品自身的因素包括产品的成分组成、水分活度、pH 等；环境的因素包括温度、处理时间、大气的成分、光照等条件，见表 1-5。这些自身和外部因素也是决定食品在加工贮藏中稳定性的因素。

表 1-5　决定食品在贮藏加工中稳定性的重要因素

产品自身的因素	各组成成分（包括催化剂）的化学性质、氧气含量、pH、水分活度（a_w）、玻璃化温度（T_g）、玻璃化温度时的水含量（W_g）
环境因素	温度（T）、处理时间（t）、大气成分、经受的化学和物理及生物处理、光照、污染、极端的物理环境

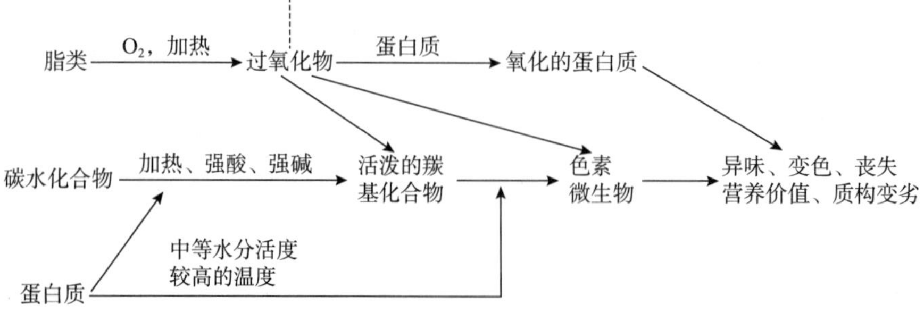

图 1-2　主要食品成分的化学变化和相互联系

1.3 食品化学在食品工业发展中的作用

由于食品化学的发展，人们对美拉德反应、焦糖化反应、自动氧化、酶促褐变、淀粉的糊化与老化、多糖水解、蛋白质水解、蛋白质变性、色素变色、维生素降解、金属催化、酶催化、脂肪水解、脂肪热氧化分解与聚合、风味物的转化、食品原料采后生理生化反应等的认识逐渐深入到分子水平，油脂精炼和改造、食品酶工程技术、淀粉改性等技术应运而生，这些食品化学的基础理论和应用研究成果极大地促进了食品工业的出现，并成为现代食品工业发展的基石，见表1-6。

表1-6 食品化学对各食品行业技术进步的影响

食品工业	影响方面
果蔬加工贮藏	化学去皮、护色、质构控制、维生素保留，脱涩脱苦，打蜡涂膜，化学保鲜，气调贮藏、活性包装、酶促榨汁，过滤和澄清及化学防腐等
肉品加工贮藏	宰后处理，保汁和嫩化，护色和发色，提高肉糜乳化力、凝胶性和黏弹性，超市鲜肉包装，烟熏剂的生产和应用，人造肉的生产，内脏的综合利用(制药)等
饮料工业	速溶，克服上浮下沉，稳定蛋白饮料，水质处理，稳定带肉果汁，果汁护色，控制澄清度，提高风味，白酒降度，啤酒澄清，啤酒泡沫和苦味改善，防止啤酒异味，果汁脱涩，大豆饮料脱腥等
乳品工业	稳定酸乳和果汁乳，开发凝乳酶代用品及再制乳酪，乳清的利用，乳品的营养强化等
焙烤工业	生产高效膨松剂，增加酥脆性，改善面包呈色和质构，防止产品老化和霉变等
食用油脂工业	精炼、冬化、调温、油脂改性、DHA、EPA及MCT的开发利用，食用乳化剂生产、抗氧化剂，减少油炸食品吸油量等
调味品工业	生产肉味汤料、核苷酸鲜味剂、碘盐和有机硒盐等
发酵食品工业	发酵产品的后处理，后发酵期间的风味变化，菌体和残渣的综合利用等
基础食品工业	面粉改良，精谷制品营养强化，水解纤维素和半纤维素，生产高果糖浆，改性淀粉，氢化植物油，生产新型甜味料，生产新型低聚糖，改性油脂，分离植物蛋白质，生产功能性肽，开发微生物多糖和单细胞蛋白质，食品添加剂生产和应用，野生、海洋和药食两用资源的开发利用等
食品检验	检验标准的制定，快速分析，生物传感器的研制等

党的二十大报告强调，坚持创新在我国现代化建设全局中的核心地位，加快实现高水平自立自强，加快建设科技强国。在当今这个快速发展的科技时代，科技创新在食品化学领域的应用已经变得越来越广泛，为食品生产和加工带来了许多新的可能性。通过运用先进的科技手段，科学家们能够更好地理解食品的微观结构和性质，从而研发出更加营养、安全、健康的新型食品。例如，通过研究食物中的生物活性成分，科学家们发现了许多具有预防疾病和促进健康功效的新食品原料。此外，借助于先进的食品加工技术，如超高压、低温冷冻等，食品加工企业可以更好地保留食品的营养成分，同时提高食品的口感和保质期。总的来说，科技创新正在深度地影响着我们的食品生产和消费方式，为食品化学领域带来了前所未有的发展机遇。

习近平总书记关于"大食物观"的讲话，为未来我国农食领域高质量快速发展指明了方向。贯彻大食物观需要优化食物生产结构和区域布局，丰富扩大食物来源，这需要我们走出粮棉油肉蛋奶固有思维模式，拓展食物领域，更广泛地向森林、向江河湖海要食物；发展生物科技，运用生物育种、合成生物学等技术手段，向新型动植物和微生物要热量、要蛋白。“大食物观”强调从多个角度来审视食品，包括其来源、营养成分、安全性以及可持续性等。这种观念与食品化学有密切的联系，因为食品化学是研究食品成分、结构、性质以及变化规律的科学，在实现大食物观的道路上，食品化学发挥着关键作用。

首先，食品化学可以帮助我们更好地理解食品的微观结构和性质，从而可以根据我国耕地、林地、海洋和草地资源利用现状，全方位开发食物资源与食物品种，为我们的日常饮食提供更丰富的选择，特别是开发地域性与功能性食物资源。例如，从藻类菌类中要蛋白，从微生物中制备功能性成分等，更好满足人民群众日益多元化的食物消费需求。以藻类的利用为例，我国藻类原料在保健食品当中常用到的有 DHA 藻油、螺旋藻等。目前我国藻类年产量约为1万吨干粉，主要为螺旋藻、小球藻、雨生红球藻、盐生杜氏藻。

其次，食品化学有助于我们评估食品的安全性，确保我们在摄入各种营养素的同时，不会受到有害物质的侵害。以微生物蛋白的利用为例，微生物生长速度快、蛋白质含量高，微生物发酵的生产原料来源广泛，可以把低成本的工农业废物变废为宝，把秸秆、蔗渣、甜菜渣、木屑等含纤维素的废料以及从食品和发酵工业中排出的高碳氮含量的有机废水等加以利用。微生物蛋白利用中也存在许多问题，如微生物个体小、蛋白质分离困难、核酸含量高有健康风险、分离出的蛋白质消化率低等。解决这些问题都需要运用食品化学的知识。

最后，食品化学可以促进食品的可持续性发展。通过研究食物的来源和生产过程，我们可以找到更环保、更可持续的食品生产方式。以人造肉的研发为例，人造肉有两个不同的研发途径：一条是植物蛋白研发途径，属于现有食物资源精深加工的范畴；另一条是“细胞肉”(cell-cultured meat)途径，属于细胞工厂的范畴，这项技术通过在生物反应器中的快速增殖动物细胞来实现动物肉的大规模工业化生产。与传统养殖相比，细胞肉生产无须占用耕地，单位能耗和加工损耗低，符合低碳、环保和可持续发展潮流。此外，我国科学家完成了人工合成淀粉实验，通过一系列生化反应，把无机的二氧化碳合成为淀粉。在这些新型食物原料的研发过程中，食品化学都发挥了重要的作用。

结合我国农食领域生物科技的发展以及食物消费结构的变化趋势来看，食品化学与大食物观紧密相连，它们共同推动着我们对食物的认知和理解的进步，加速推动了食品工业的转型升级，并帮助我们实现更多样、更健康和可持续发展的行业新生态。

思考题

1. 什么是食品化学？
2. 食品化学的研究内容包括哪些方面？
3. 食品中主要的化学变化都有哪些？
4. 简述食品化学与食品工业发展的关系。

参考文献

W GROSCH，H-D BELITZ，SCHIEBERLE P，2008. 食品化学[M]. 石阶平，霍军生，译. 北京：中国农业大学出版社.

FENNEMA OWEN R，2013. 食品化学[M]. 王璋，译. 北京：中国轻工业出版社.

陈敏，2008. 食品化学[M]. 北京：中国林业出版社.

江波，杨瑞金，2018. 食品化学[M]. 2 版. 北京：中国轻工业出版社.

阚健全，2016. 食品化学[M]. 3 版. 北京：中国农业大学出版社.

刘邻渭，2000. 食品化学[M]. 北京：中国农业出版社.

汪东风，徐莹，2019. 食品化学[M]. 3 版. 北京：化学工业出版社.

第2章
水和冰

学习目的与要求

1.了解水与冰的结构特征，能够解释水与冰的结构在食品体系中对食品质地、风味和稳定性的影响。

2.掌握水分活度的定义，能够解释水分活度与水分含量的区别和联系。

3.了解水在食品中的作用，熟悉食品中的水的存在形式与区分。

2.1 水与冰的物理性质

2.1.1 引言

水不仅是食品中最丰富的组分，也是人体代谢过程最主要的介质。因此，只有深入研究水和水溶液的性质和特性，才能更好地了解水在食品体系中的作用。

2.1.2 水和冰的物理性质

水在常温常压下为无色无味的透明液体，可以在液态、气态和固态之间转化。与水具有相近相对分子质量或相似原子组成的分子，例如 HF、CH_4、H_2F、H_2Se、NH_3 等的物理性质相比，除了黏度，水的熔点、沸点、比热容、相变热(熔化热、蒸发热、升华热)、表面张力和介电常数等均有明显提高。水的导热系数大于大多数液体，冰的导热系数大于大多数非金属固体。在 0 ℃时，冰的导热系数约为在相同温度下液态水的 4 倍，表明冰传导热能的速率比生物组织中非流动的水快很多。水的比热容是 4 200 J/(kg・℃)，冰的比热容为 2 100 J/(kg・℃)。水的比热容约为冰的 2 倍，冰的热扩散率约为水的 9 倍，即在一定的环境温度下，冰的温度变化比水的温度变化大得多。水与冰之间热学性质的差异在食品冷冻加工中有重大的意义，这也解释了为什么在温差相等的情况下，生物组织的冷冻速率比解冻速率更快。水和冰的物理常数见表 2-1。

表 2-1 水和冰的物理常数

物理量名称	物理常数值			
	20℃(水)	0℃(水)	0℃(冰)	−20℃(冰)
相对分子质量	18.015 3	—	—	—
熔点(101.3 kPa)/℃	0.000	—	—	—
沸点(101.3 kPa)/℃	100.000	—	—	—
临界温度/℃	373.99	—	—	—
临界压力	22.064 MPa (218.6 atm)	—	—	—
三相点	0.01℃和 611.73 Pa (4.589 mmHg)	—	—	—
熔化热(0℃)	6.012 kJ (1.436 kcal)/mol	—	—	—
蒸发热(100℃)	40.657 kJ (9.711 kcal)/mol	—	—	—
升华热(0℃)	50.91 kJ (12.06 kcal)/mol	—	—	—
其他性质				
密度/(g/cm^3)	0.998 21	0.999 84	0.916 8	0.919 3
黏度/(Pa・s)	1.002×10^{-3}	1.793×10^{-3}	—	—
界面张力(相对于空气)/(N/m)	72.75×10^{-3}	75.64×10^{-3}	—	—
蒸汽压/kPa	2.338 8	0.611 3	0.611 3	0.103
热容量/[J/(g・K)]	4.181 8	4.217 6	2.100 9	1.954 4
热传导(液体)/[W/(m・K)]	0.598 4	0.561 0	2.240	2.433
热扩散体系/(m^2/s)	1.4×10^{-7}	1.3×10^{-7}	11.7×10^{-7}	11.8×10^{-7}
介电常数	80.20	87.90	~90	~98

2.2 水的结构与性质

2.2.1 水分子的结构

水分子中氢原子的电子结构为 $1s^1$，氧原子的电子结构为 $1s^2 2s^2 2p_x^2 2p_y^1 2p_z^1$，其中有两个孤对的 2p 电子。当水分子中的氢原子与氧原子成键时，氧原子发生 sp^3 杂化，形成四个 sp^3 杂化轨道。其中两个杂化轨道被两对孤电子对占据。另外两个杂化轨道与两个氢原子的 1s 轨道相互作用，形成两个 σ 共价键，具有 40% 的离子特性，各具有 4.6×10^2 kJ/mol

的能量。水分子为四面体结构，氧原子位于四面体的中心，四面体的两个顶点被氢原子占据，另外一个被孤对电子对占据。由于孤对电子对成键电子排斥从而引起挤压的作用，与典型四面体的夹角 109°28′ 有一定的差距，两个 O—H 键间的夹角为 104.5°。水分子氢和氧的范德华中心半径分别为 0.14 nm 和 0.12 nm(图 2-1)。上述描述仅限于 HOH 分子。实际上，纯水是 HOH 分子的混合物，除了氧和氢的常见同位素，^{16}O 和 ^{1}H，也存在 ^{17}O，^{18}O，^{1}H(D)和 3H(T)，一共有 18 种同位素。此外，水中含有少量的如 H_3O^+ 和 H_9O^+ 等离子物质，水分子由超过 33 种 HOH 的化学同位素组成。由于这些形式以微量的形式存在，在大多数情况下，它们可忽略不计，仍以 HOH 为主导。

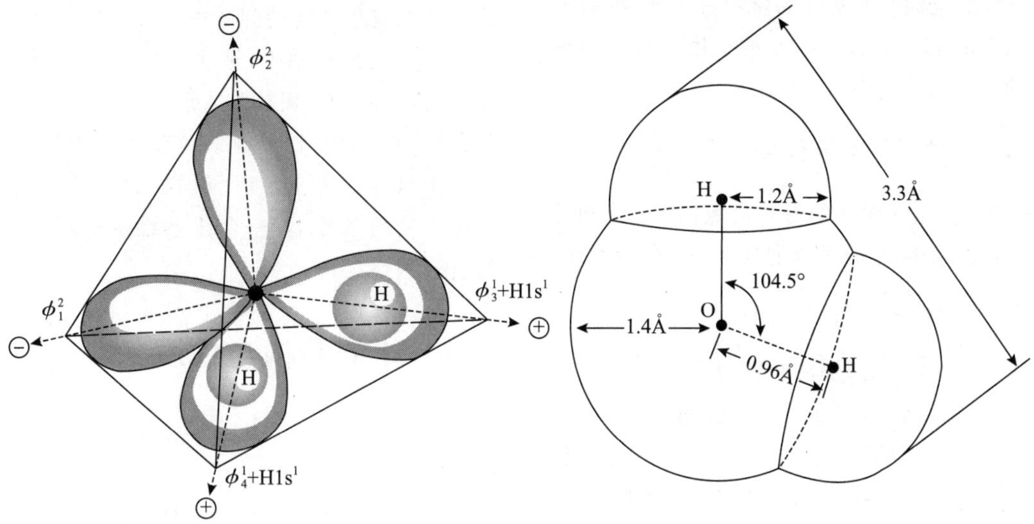

sp^3 杂化模型　　　　蒸汽状态下水的范德华半径

图 2-1　HOH 分子模型

(引自 Chaplin, M, 2001)

2.2.2　水分子的缔合作用

水分子呈 V 形，其中氧原子的电负性更大，O—H 键的共用电子对强烈地偏向氧原子，整个水分子发生偶极化，形成偶极分子，水分子气态时的偶极矩为 1.84 D。分子内电荷不对称的分布和偶极化使得氢原子极易与另一个水分子的氧原子形成氢键，水分子间通过氢键产生了较强的缔合作用。偶极矩的属性是整个水分子，而氧原子与氢原子分布、带电量、分子空间结构等种因素都影响其缔合作用的强度。水分子之间强大的吸引力体现在它们拥有与多个氢键缔合的能力。与共价键(平均键能约 335 kJ/mol)相比，氢键比较弱，且氢键的键能由长度决定，通常为 2～40 kJ/mol。水和冰内氢氧键的键能为 11～25 kJ/mol，长度为 0.17～0.20 nm。相比之下，氢-氧共价键的长度为 0.10 nm，自然键能也相对的增高。

水分子中高电负性的氧原子吸引了氢氧共价键中氢原子中的单个电子，使得氢原子具有裸质子的效应，水分子中的氢原子带正电并伴随着微弱的屏蔽效应。在水分子中，O—H 形成的键在四面体的两个轴上，这个轴代表正立线(氢键的供体位点)；氧原子的两个孤对电子轨道位于四面体的另外两个轴上，它们代表负力线(氢键的受体位点)。每个水分子最多能与另外四个水分子通过氢键结合，每个水分子具有相同的氢键供体和受体位点，能够在三维空间形成氢键网络结构，因此，水分子间的相互作用力比同样靠氢键结合在一起的小分子要大得多。例如，NH_3 中由 3 个氢供体和 1 个氢受体形成的四面体排列，而 HF 由 3 个氢供体和 1 个氢受体形成的四面体。因此，这些分子只能在二维空间形成氢键网络结构，相比水分子含有较少的氢键。

水特殊的物理性质源于水分子是由三维氢键缔合形成的，与水分子间氢键断裂所需额外的能量有关。水的介电常数也受氢键影响，因为水通过氢键的缔合产生了庞大的分子簇，形成多分子偶极子，从而增强了介电常数。水的低黏度也与其结构有关，因为氢键网络是动态的。当在纳秒，甚至是皮秒短暂的时间内改变水分子间氢键键合关系时，分子的流动性会增大。

水分子间的氢键的键合程度取决于温度。在

0℃时，冰中水分子的配位数为4，最临近的水分子间的距离为0.276 nm。随着温度上升，水分子的配位数增多，水的密度也随之增加，例如，水在1.5℃和8.3℃时的配位数分别为4.4和4.9。由于温度升高，布朗运动加剧，导致体积膨胀，水的密度降低。例如临近的水分子之间的距离从0℃时的0.276 nm可增至1.5℃时的0.290 nm以及8.3℃时的0.305 nm。在0～4℃时，配位数对水密度的影响占主导；随着温度继续上升，布朗运动占主导，水的密度降低。两种因素致使水的密度在3.98℃时最大。

2.2.3 水分子的解离作用

水分子解离时，最简单的形式为氢离子H^+和羟离子OH^-，在纯水中，水分子自解离后等摩尔量存在：

$$H_2O \longleftrightarrow H^+ + OH^-$$

在298K，pH为7时，解离常数为$K_W=10^{-14}$，解离常数会随着温度的升高而增强，因此，纯净水的pH取决于温度。当K_W在373K接近10^{-12}时，pH会在这个温度下接近6。在198K，pH为6时，OH^-浓度为10^{-8} mol/L；在373K，pH为6时，OH^-浓度接近10^{-6} mol/L。

2.2.4 水的结构

除了具有流动性的特征，液态的水也具有一定的水平结构。虽然液态的水没有刚性，但具有一定的排布规则。液态水分子间的相对位置不断改变，所以不可能像冰晶体一样具有单一、确定的刚性结构。分析晶体X射线衍射发现，液态水是微观晶体，在一定距离内"有序"排列，在短程和短时内具有与冰相似的结构。当若干水分子以氢键缔合形成水分子簇$(H_2O)_n$时，水分子的走向和运动都将受到周围其他水分子的明显影响。除了无规则地分布以及冰结构碎片等形式，分子间还会含有大量呈动态平衡的、不完整的多面体的连接方式。除了水分子在盐表面的结构外，学术界提出了多种纯水的理论模型，目前最被广泛接受的主要有3种：混合结构模型、连续结构模型和填隙式结构（或均匀结构）模型。

1. 混合结构模型

水分子以氢键的形式瞬间地聚集成庞大的水分子簇，并与相邻水分子处于动态平衡，水分子簇的瞬间寿命约为10^{-11} s。

2. 连续结构模型

水分子间的氢键均匀地分布于整个水体系中，原存在于冰中的氢键在融化时发生简单的扭曲，由此形成一个由水分子构成的具有动态性质的连续网状结构。

3. 填隙式结构模型

水保留了一种似冰或者笼形的结构，单个水分子填充在笼形结构的间隙中。

在这三种模型中，被普遍接受的为液体水分子以短暂、扭曲的四面体方式形成氢键缔合。3种模型的共性为各个水分子频繁地改变其中氢键的排列，即一个氢键的终止与新氢键的建立交替进行，而在温度不变的条件下，整个体系维持一定程度的氢键键合和网络结构。

2.3 冰的结构与性质

冰的结构

冰是水概念的延伸。冰是水分子有序排列形成的晶体，水分子是由氢键连接的低密度结晶的四面体结构。在冰中的O—O核间最相邻距离为2.76Å，O—O—O键角约为109°，接近理想的四面体角109.28°（图2-2）。从图2-2中的水分子结构可以看出，分子W及其4个最近的邻居1，2，3和W，每个H—O—H键可以与4个其他键（配位数4）结合的方式。

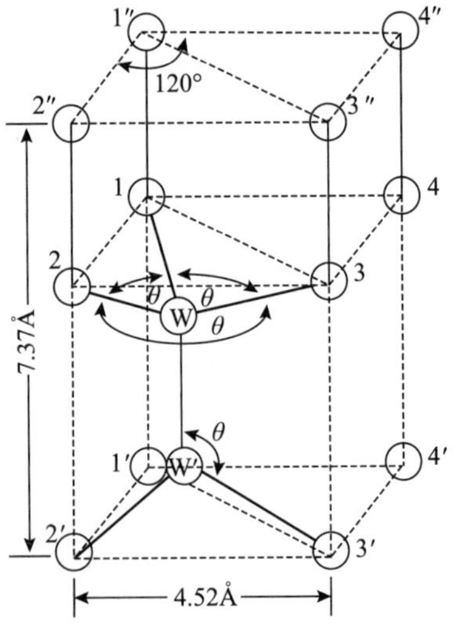

圆圈代表水分子的氧原子；相邻核之间的O—O距离为2.76Å，θ为109°。

图2-2 普通冰在0℃下的晶胞

（引自Hobbs P V，1974）

当几个单位单元合并并从顶部(沿 c 轴向下)观察时,可以看出冰的六边形对称性(图 2-3a)。从分子 W 及其 4 个最近的邻居中可以看到四面体的子结构,其中 1、2、3 可见,而第 4 个位于纸面下方,正好在分子 W 的正下方。当从 3 个维度观察冰的结构时,如图 2-3b 所示,很明显涉及两个分子平面(空心圆和实心圆)。这两个平面是平行的,彼此非常靠近,并且它们在冰川的“滑移”或受压冰流中作为一个单元移动。这种类型的平面对包括冰的基础平面。通过堆叠几个基础平面,可以获得冰的扩展结构。三个基面已合并形成图 2-4 中所示的结构。沿 c 轴向下看,其外观与图 2-3a 所示的外观完全相同,表明基面已完全对齐。冰在该方向上是单折射的,而在所有其他方向上是双折射的。因此,c 轴是冰的光轴。冰中氢原子的位置有以下几种理论。

1. 连接两个最近的相邻氧原子的每条线被一个氢原子占据

该氢原子的中心是与其共价键合的氧的中心,其中心为(1.00±0.01)Å,而与其键合的氧的中心为(1.76±0.01)Å。

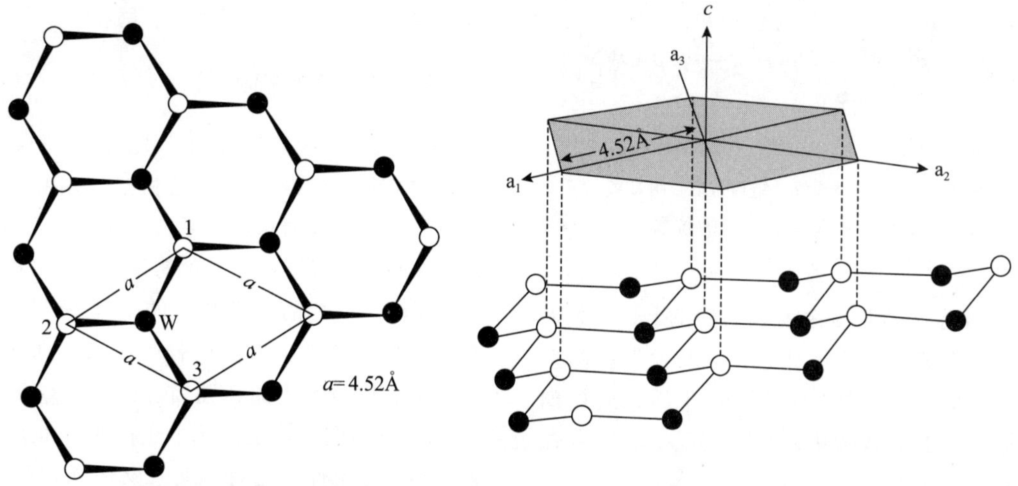

a. 从c轴向下看的六角形结构　　b.水平面的三维视图

每个圆圈代表水分子的氧原子。空心圆和阴影圆分别表示基面的上层和下层中的氧原子。

b 视图中的前边缘对应于 a 视图的底部边缘。结晶轴根据外部点对称性定位。

图 2-3　冰的底面(两层高度略有不同的组合)

(引自 Hobbs P V,1974)

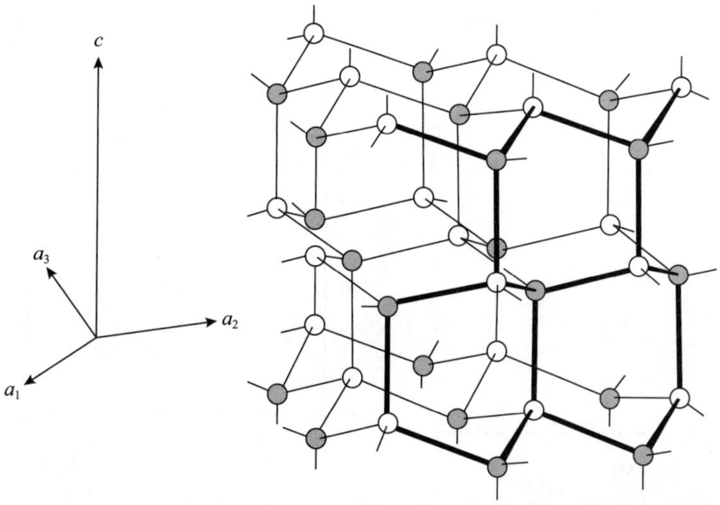

仅显示氧原子,空心圆和阴影圆分别表示水平面的上层和下层中的氧原子。

图 2-4　冰的结构

(引自 Hobbs P V,1974)

2. 水分子中的氢原子的位置是随时间变化的

连接两个最邻近的氧原子的 X 和 Y 的直线上的氢原子可以位于两个可能的位置之一，即 X 的 1Å 或 Y 的 1Å，而且这两个位置具有相等的占据概率。除了在极低的温度下，HOH 分子中氢原子在相邻的氧原子之间“跳跃”。图 2-5b 显示了所得平均结构的表示形式，该结构被称为“半氢”结构。

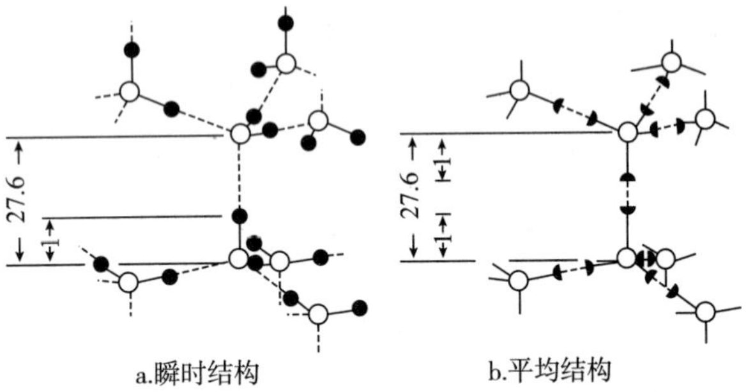

平均结构[也称为半氢(')，鲍林或统计结构]，空心圆是氧原子。

图 2-5　冰结构中氢原子(·)的位置

(引自 Hobbs P V,1974)

从晶体对称性的角度来看，普通冰属于六边形体系的双六边形双锥体类。冰还可以其他九种晶型的形式存在，也可以以非晶体结构的非晶态或玻璃态存在。在这 11 种结构中，只有普通六角形冰在 0℃常压下是稳定的。

在现实中，冰的结构并没有那么简单。纯冰不仅包含普通的 HOH 分子，还包含 HOH 的同位素和离子变体，这些同位素和离子变体已被视为水的次要成分。但是在大多数情况下，素变体的结构影响可以被忽略，因为它们的存在量很小，因此只需考虑 HOH、H^+(H_3O^+)和 OH^- 的贡献。

同位冰远不是静态或均质的分子状态，而温度决定其性质。在有的冰中，HOH 分子在所有温度下都是四个配位的认识只是一个理想状态。只有当温度降至－180℃或更低，将氢原子限制为某一种构型，所有氢键配位才是完整的。随着温度的升高，完整(固定)氢键的平均数将逐渐减少。

2.4　纯水中的相位关系

2.4.1　纯水的相图

截至目前，我们仅考虑了水的分子和结构方面，即在微观和亚微观层面上的相互作用和相互关系。然而在研究纯水的相位关系(phase relationships)时，必须同时考虑温度和压力的影响。图 2-6a 显示了纯水的相图。与食品科学相关的是气-液平衡线，以及稳定情况下冰对压力的依赖性。如前所述，对于已经确定了几种形式的冰而言，每种形式的冰都稳定在温度-压力图的特定区域中。在食品加工中使用的温度和压力条件下最有现实意义的冰相是冰Ⅰ。值得注意的是，对于冰Ⅰ而言，随着压力的增加，冰Ⅰ的熔点会降低(图 2-6b)。特别要注意的是，在 270 MPa 的压力下，冰的熔点Ⅰ低于－20℃。这一点

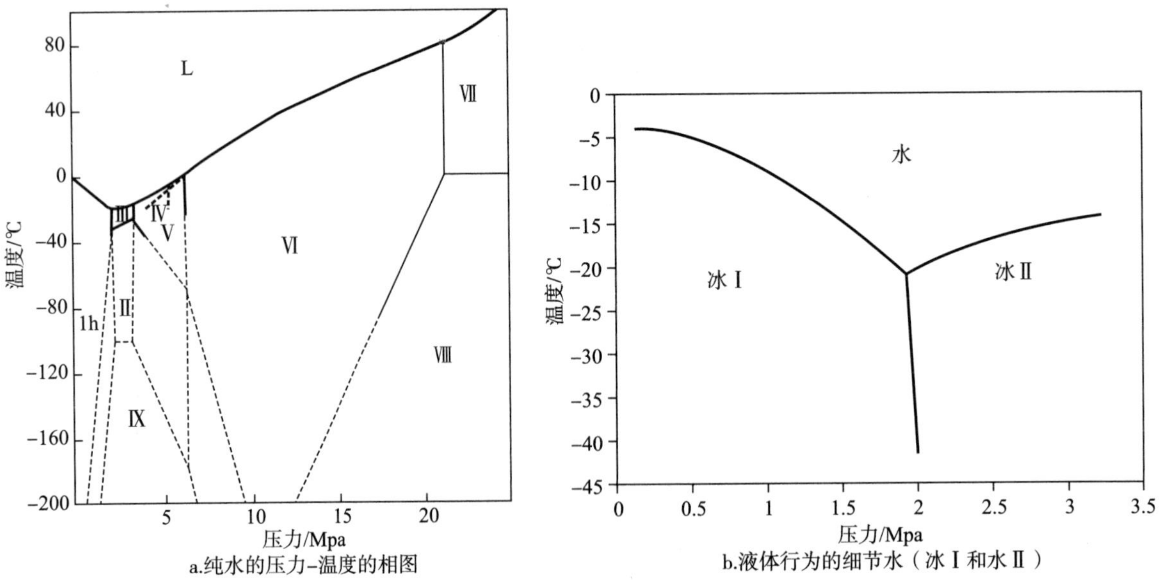

图 2-6　纯水的压力-温度相图和液体行为的细节水(冰Ⅰ和冰Ⅲ)

(引自 Cheftel J C，J Levy，E. Dumay L,2000)

在压力转移冷冻技术，即食物在经历高压的同时被冷却到－20℃中得到了应用[2,3]。在这些条件下，尽管焓（热含量）降低了，但食品体系仍在冰的冰点以上，内部的水以液态形式存在。而在释放压力后，食品中的水在新的温度和压力条件下的稳定的形式是冰，从而达到食品的瞬时冻结。利用同样的原理，在解冻的过程中，给冷冻食品加压，在温度不变的情况下水能成为稳定的相。由于施加压力的过程是瞬间的，因此可以实现快速解冻。将温度升至0℃以上后，即使释放施加的压力食品中的水也不会结冰，从而可以实现融化过程中食物相变的均匀变化。在压力更高的情况下，还存在着比冰Ⅰ更稳定的其他形式，例如冰Ⅱ、冰Ⅲ、冰Ⅳ等，但在与食品处理和加工相关的现实条件下找不到这些形式，因此无须进一步讨论。

2.4.2　气液系统的蒸汽压

在考虑气液系统的平衡时，纯液态水的蒸汽压会从0℃的610 Pa增加到100℃的101 323 Pa。在HOH的平衡形式为冰的条件下，也可以在0℃以下的温度测量过冷液态水上方的水的蒸汽压。这些压力始终高于相同温度下冰上水的平衡蒸汽压（表2-2）。由于水是食物的重要组成部分，因此我们需要研究食物中水的含量和状态，也必须考虑比纯水更复杂的系统，以了解食品基质对水分子特性的影响。

表2-2　水和冰的蒸汽压与蒸汽压比

温度/℃	$(p^{\circ})w$/kPa	$(p^{\circ})i$/kPa	$(p^{\circ})i/(p^{\circ})w$
100	101.325	—	—
90	70.123	—	—
80	47.739	—	—
70	31.181	—	—
60	19.936	—	—
50	12.346	—	—
40	7.382	—	—
30	4.245	—	—
20	2.338	—	—
10	1.228	—	—
0	0.611	0.611	1.00
－5	0.421[a]	0.402	0.954
－10	0.287[a]	0.260	0.905
－15	0.191[a]	0.165	0.863
－20	0.125[a,b]	0.103	0.824
－25	0.0807[a,b]	0.063	0.780
－30	0.0509[a,b]	0.038	0.746
－40	0.0189[a,b]	0.013	0.687
－50	0.0064[a,b]	0.039	0.609

引自：Lide D R，1993/1994。

注：a. 过冷液体；b. 计算数据。

2.4　食品中的水的存在形式

所有食品体系都存在水和溶质，讨论水分子以及食品基质水分子性质的影响对食品加工、贮藏有重要的意义。

2.4.1　溶质存在时的冰

溶质的存在会影响水溶液中的冰量（通过热力学效应）和传播方式（通过动力学效应）。随着特定溶质浓度的增加，在任何温度下形成的冰量都会减少。这是冰点降低和依数作用的体现。在二元水溶液系统的简单相图中，二元水溶液的冰点随浓度变化而改变。水溶液中溶质的种类和浓度直接影响着冷却后冰晶的数量，大小，结构，位置和冰晶形成的形式。Luyet 等发现了在各种溶质（包括蔗糖，甘油，明胶，白蛋白和肌球蛋白）的存在下，不同冷却方式对冰晶的外观有着一定的影响。他们设计了一个基于形态学，对称性元素以及冷却速率的分类系统，发现了冰晶结构主要由六边形不规则的树枝状晶、粗球晶等组成。

在非急速冷却，且溶质的类型和浓度影响水分子的流动性的情况下，高度有序的六边形的冰晶形式仅在食品中发现。例如，高浓度的明胶将导致更无序的冰晶形式。Luyet 等研究发现在低温下冰晶周围存着在玻璃状（无定形）未冻结相，这种现象的存在与冷冻干燥中的"塌陷"现象相关联。相关研究仍处于发展中，但相关特性在冷冻系统动力学特性中有着重要的意义。

2.4.2 溶液中的水-溶质相互作用

2.4.2.1 宏观体系

水的存在对食品的性质有重大影响，食品的许多性质受水含量的影响。从"结合水""水合作用""持水量"等名词都可见水对食品体系的影响。

"水结合"和"水合"通常用于描述水与亲水性物质（包括细胞物质）缔合的一般趋势，也用于在宏观层面上描述。而"水结合能力"等用于定量的更专业的术语，也仅适用于宏观层面。水结合或水合的程度和强度取决于许多因素，包括非其他组分的性质、盐含量、pH 和温度。"持水量"是一个用于描述分子基质（通常是低浓度存在的大分子）以抑制外部渗水（通常在重力作用下渗出）的方式，物理捕获大量水的能力。果胶和淀粉的凝胶以及植物和动物的组织细胞等体系通常以这种形式保持水分。

食物中的水即使从切成薄片或切碎的食物中也很难流出，这种水在加工过程中的性能接近纯水。它在干燥过程中很容易除去，在冷冻过程中很容易转变成冰，并且很容易用作溶剂。因此，食品尽管严格限制了其整体流动，但是单个分子的运动基本上类似于稀盐溶液中水分子的运动。

组织和凝胶中的大多数水都可以归类为物理截留，食品的这种捕保水能力的降低对食品质量有很大的影响。凝胶的脱水收缩现象、解冻的融化渗出等都与由保水能力下降导致的产品品质下降相关。这些情况只能反映品质的改变源于水分子在空间中的物理重定位，但分子间的相互作用并没有发生改变。

2.4.2.2 分子水平："结合水"

"结合水"(bound water)通常不是指与溶质缔合的水。该术语经常被误用，并且常常难以理解，但是"结合水"在文献中的使用非常普遍。针对结合水提出的部分定义：①结合水是在任意温度和低湿度下样品的平衡水含量。②结合水是指在高频下对介电常数没有显著贡献的水，因此其旋转迁移率受到与之结合的物质的限制。③结合水是在任意低温下（通常为−40℃或更低）保持不变的水。④结合水是不能用作其他溶质的溶剂的水。⑤结合水是在涉及低场核磁共振的实验中会产生谱线加宽的水。⑥结合水是在涉及沉降速率，黏度或扩散的实验中与大分子一起移动的水。⑦结合水是存在于溶质和其他非水物质附近的水，其表观性质与同一系统中的其他水有区别。

这些定义在适当的条件下都具有一定的有效性，但是当将它们分别应用于相同的某一系统时，并不能解释统一现象。然而，使用特定技术和定义获得的结合水的值将取决于系统总体水的含量，即使该含量已经超过结合水的量。

从概念的角度来看，将结合的水视为描述存在于溶质和其他非水成分附近的水，并且由于其位置所表现出的明显特性，可以认为结合水与非结合水相比在某种程度上具有"阻碍流动性"，而不是被"固定化"。

2.4.2.3 水与离子基团的相互作用

与溶质相比，单个离子以及有机分子的离子基团影响水分子的迁移率更大。静电水离子间键的强度大于水氢键的强度，但仍远小于共价键的强度。水和无机离子会发生偶极离子相互作用。图 2-7 说明了 NaCl 对水合作用的影响，该图中只展现了和离子处于同一平面的水分子，并且水分子以 NaCl 静电场的径向电为导向排布。在离子在水中的稀溶液中，由于第一层水围绕带电离子和更远的四面体相冲突的结构影响，第二层水分子以结构扰动状态(structurally perturbed state)存在。定向"体相"的水远离离子周围的径向电场的影响。而在浓盐溶液中，各个离子电场相互交叠，水结构由离子电场所制约。

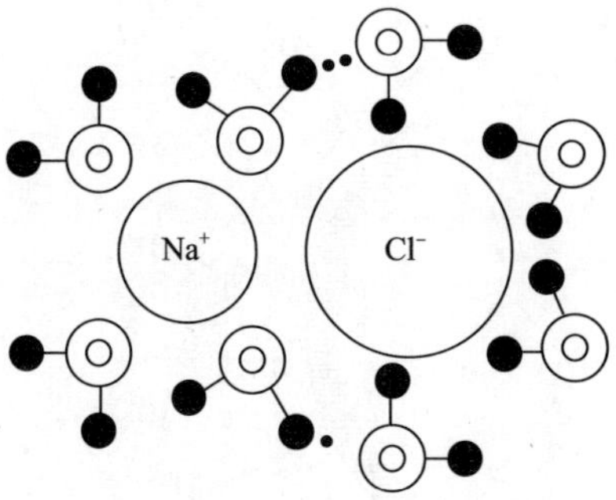

图 2-7　水分子在 NaCl 中的排布

（引自 Geiger A，1981）

大量证据表明，稀水溶液中的某些离子具有“网状结构破坏”（“net structure breaking”）作用（溶液比纯水更易流动），另外一些离子则具有“网状结构形成”（“net structure forming”）效应（溶液比纯水更不易流动）。从“正常”水结构的角度来看，所有离子都是破坏性的，因为正常的水结构不会具有径向对称性（radial symmetry）。

当然，除了对水结构有影响外，离子还有其他的重要作用。离子通过其不同的水合能力（与水竞争），影响了水性介质的介电常数，影响着水在其他溶质以及悬浮在介质中物质的扩散。

2.4.2.4　水与中性基团的相互作用

水与非离子亲水性溶质之间的相互作用比水与离子间的相互作用弱，并且强度与水-水氢键相同。

通常认为可以与氢键结合的溶质会增强纯水的正常结构，但这种认识恰恰忽略了空间取向和空间位置对形成氢键网络的重要性。在某些情况下，溶质氢键键位的分布和取向与纯水在几何上不相容。此类溶质通常会对纯水的四面体结构产生破坏性影响。相反，另外一些分子在与水的氢键结构相容的方向和间距上可能分布着氢键亲水基团。例如，碳水化合物的赤道羟基（equatorial hydroxyl groups）与水分子的空间结构相类似（图 2-8），这样的相容性可以提高碳水化合物溶液中氢键的总水平。

氢键可以由水与不同的基团（例如，羟基、氨基、羰基、酰胺基和亚氨基等）通过“水桥”建立。这里的“水桥”是指其中一个水分子与一种或多种溶质上的两个氢键结合位点相互作用。图 2-9 显示了水分子与蛋白质中常见的两种官能团的氢键键合（虚线）。图 2-10 展示了骨架肽单元之间的三个“水桥”。正如单糖中所观察到的，许多大分子晶体结构中亲水基团之间的距离非常接近纯水中相邻氧原子间距。如果该间距在水合大分子中占主导地位，将会促进第一层水与第二层水之间相互形成氢键。

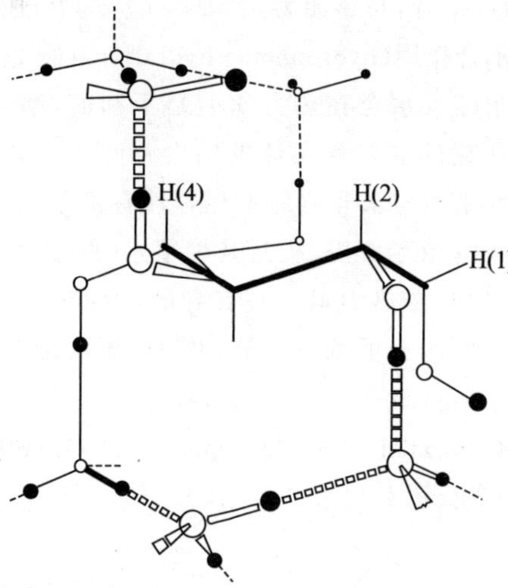

吡喃糖环的侧视图由粗线表示；水分子的氧原子和氢原子分别用空心圆和实心圆表示。

图 2-8　葡萄糖与四面体排列的水分子的缔合模式

（引自 Suggett A，1976）

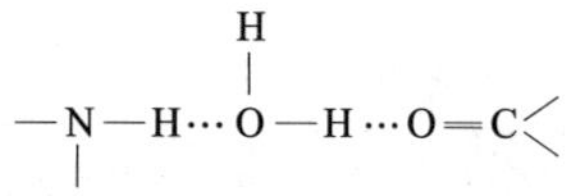

图 2-9　水分子与蛋白质中常见的两种官能团的氢键键合（虚线）

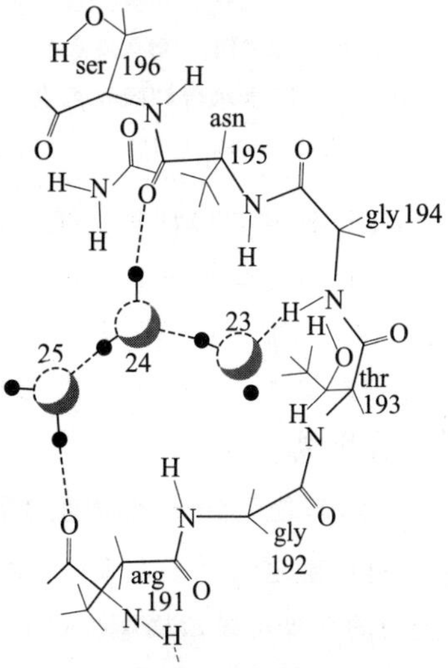

23、24 和 25 是其中的水分子。

图 2-10　木瓜蛋白酶与水分子形成的水桥

（引自 Berendsen H J C，1975）

2.4.2.5　水与非极性物质的相互作用

水和疏水性物质（例如，碳氢化合物，稀有气体以及脂肪酸，氨基酸和蛋白质的非极性基团等）的混合时，疏水性物质与水分子产生斥力，从而使疏水基团附近的水分子氢键键合增强，比纯水的结构更为有序，使得熵下降，自由能为正（$\Delta G>0$），这个过程被称为疏水水合作用（hydrophobic hydration）（图 2-11a）。

由于疏水水合在热力学上是不利的，整个系统使水与存在的非极性实体的缔合最小化。因此，两个非极性基团与水环境的不相容性有助于两个非极性分子间的相互作用，从而减少了水-非极性界面面积，这一过程在热力学上是有利的（$\Delta G<0$）。该过程是疏水性水合的部分逆转，称为“疏水相互作用”（“hydrophobic interaction”），可以表示为：R（hydrated）+R（hydrated）→R_2（hydrated）+H_2O，其中 R 为非极性基团（图 2-11b）。

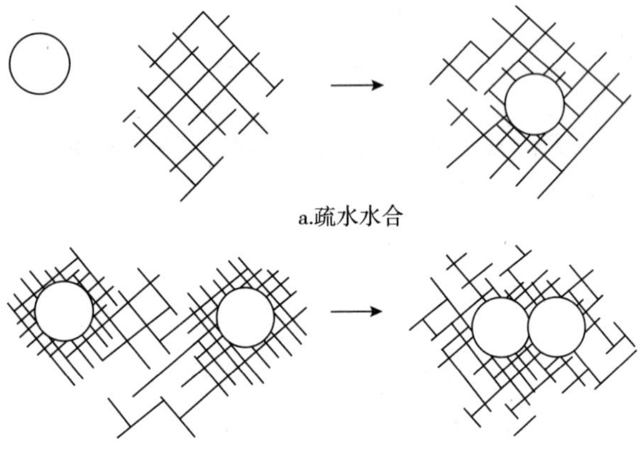

空心圆是疏水基团；阴影区域是水。

图 2-11　疏水水合和疏水缔合

（引自 Franks F，1975）

因为水和非极性基团以拮抗关系存在，所以水结构会进行调整以最大程度减少与非极性基团的接触。图 2-12 描述了在非极性基团旁边的层中存在的水取向。这种拮抗关系在蛋白质中的疏水基团的缔合作用中起主导作用。

2.4.2.6　水与复杂分子结构间的相互作用

在实验上难以确定水分子在大分子物质附近的排布，肌红蛋白的计算机模拟横截面（图 2-13）显示，假设水合位点之间的间隔距离为 2.8Å，并且这些位点被完全占用，则肌红蛋白的主要水合壳需要约 360 个水分子。

考虑到大分子内-亲水和疏水区域可能共存的现象，它们之间的相互作用和干扰是不可避免的。例如，在蛋白质中，水与某些疏水基团的结合对蛋白质的功能性具有重要影响。典型的食品蛋白质的寡聚

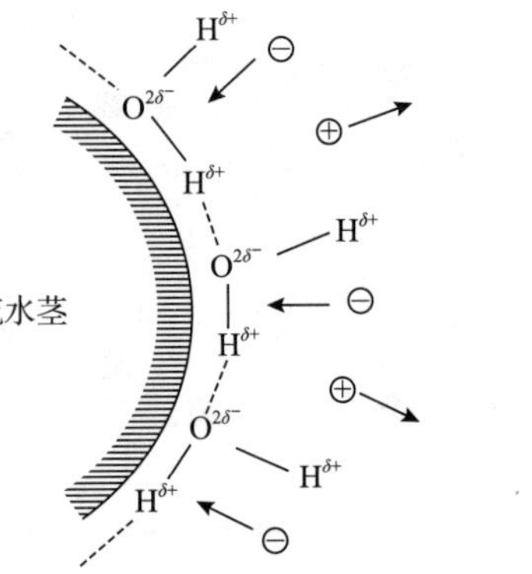

图 2-12　疏水表面的水取向

（引自 Lewin S，1974）

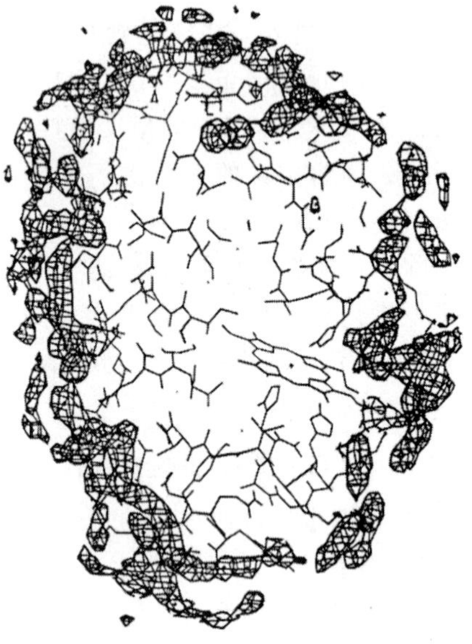

简图代表蛋白质时间平均结构。

图 2-13　通过分子动力学模拟确定的水合肌红蛋白分子的横截面网格笼代表第一层水分子的高概率位点

（引自 Lounnas V，B M Pettitt，1994）

体非极性侧链中约有 40% 的氨基酸，而这些非极性区域都有可能与水接触。这些非极性基团包括丙氨酸的甲基、苯丙氨酸的苄基、缬氨酸的异丙基、半胱氨酸的巯基甲基、亮氨酸的仲丁基和异丁基。

由于蛋白质非极性基团暴露于水在热力学上是不利的，因此促进了疏水基团或疏水相互作用的缔合。如图 2-14 所示，疏水相互作用被认为是蛋白质折叠的主要驱动力，此过程将疏水残基置于蛋白质内部的位置。尽管存在这种疏水相互作用，球状蛋白中的非极性基团通常仍占据 40%～50% 的表面积。由于这些位于表面的疏水基团的结果，疏水相互作用在维持大多数蛋白质的三级结构（亚基缔合等）中也被认为是最重要的。对于蛋白质的结构复

杂性而言，温度降低导致疏水相互作用变弱，氢键变强。

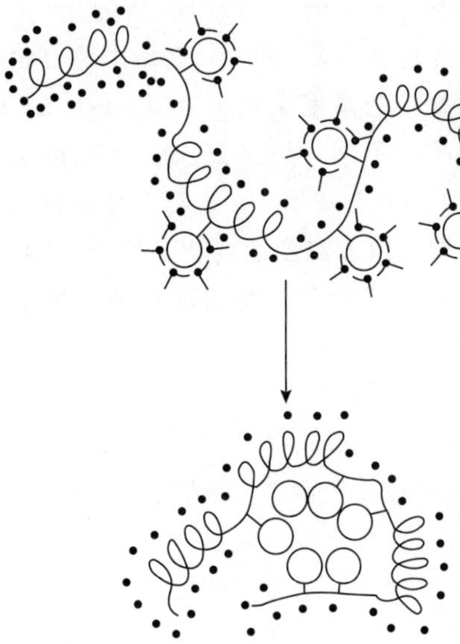

空心圆是疏水基团；L 形实体是根据与疏水性表面的接近而定向的水分子，并且点表示与极性基团相关的水分子。

图 2-14　球形蛋白进行疏水相互作用

（引自 Davidson D W，1973）

2.5　水分活度和等温吸湿曲线

人们早就意识到食物中的水分含量和它的易腐性相关。浓缩和干燥的主要目的是减少食品中的水分，从而降低食物的易腐烂性。

然而，也有人观察到具有相同水分含量的不同类型食品间的易腐性差异很大。因此，水分含量不能作为评价食品易腐性的唯一指标，这是由水与食品中非水成分缔合的强度差异所决定的。我们通常用"水分活度"（water activity，a_w）来表示水与各种非水组分的缔合强度的。普遍认为，强缔合状态水不参与降解类的反应，例如，微生物生长和水解反应。

大量的实验已经表明用 a_w 预测食品的稳定性、安全性等比根据水分含量预测要可靠得多。a_w 已经成为评价产品稳定性和微生物安全性的重要指标。美国联邦法规中有关食品良好生产规范（good manufacturing practices，GMP）的规定中已经把 a_w 作为食品安全评估的重要指标。

2.5.1　a_w 的定义和测定

Lewis 和 Randall 早期根据热力学定律来推导物质"活性"的概念，而 Scott 率先将其应用于食品。

$$a_w = (f/f^0)_T \tag{2-1}$$

公式（2-1）中，f 是溶剂的逸度（逸度是溶剂从溶液中逸出的趋势）；f^0 是纯溶剂在一定标准状态下的逸度；T 表示测量是在恒定温度下进行的。在低压（例如环境压力）下，f/f^0 和 p/p^0 之间的差异小于 1%，所以用 p/p^0 定义 a_w 同样合理的。因此，

$$a_w = (p/p^0)_T \tag{2-2}$$

由于该等式是基于热力学平衡的假设的，而食品体系通常不遵守热力学平衡，故将公式（2-2）视为：

$$a_w \approx (p/p^0)_T \tag{2-3}$$

在食品科学中，p/p^0 有时并不等同于 a_w，而 $(p/p^0)_T$ 比 a_w 更准确。我们又称 $(p/p^0)_T$ 为蒸汽压（relative vapor pressure，RVP）。

溶质特异性效应可能导致 RVP 不能作为食品的稳定性的指标，因为具有相同 RVP 但溶质组成不同的食品往往表现出不同的稳定性和其他特性。如图 2-15 所示，金黄色葡萄球菌生长的最小 $(p/p^0)_T$ 取决于溶质类型。

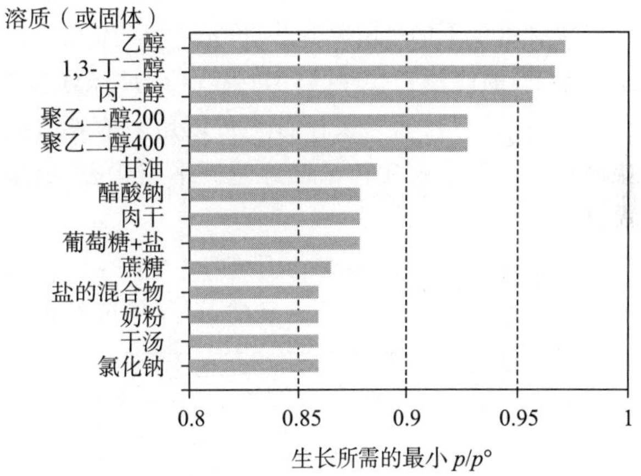

温度接近最佳生长温度；PEG 是聚乙二醇。

图 2-15　金黄色葡萄球菌生长的最小 RVP 受用于控制 RVP 的溶质的影响

（引自 Chirife J，1994）

相对蒸汽压与产品环境的平衡相对湿度（percent equilibrium relative humility，ERH）的百分比有关，具体如下：

$$RVP = (p/p^0)_T = ERH/100 \tag{2-4}$$

公式（2-4）需要注意的是：① RVP 是样品的特性，而 %ERH 是样品在稳态下建立的大气的特性。②仅当样品与其环境之间平衡时，公式（2-4）才成立，因为建立体系平衡是一个耗时的过程。

由于 ERH 反映的是一个平衡的系统，而公式(2-5)说明了 RVP 反映的是稳态环境中产品的相对湿度(SSRH)：

$$RVP=(p/p^0)_T \approx SSRH/100 \quad (2\text{-}5)$$

小样本的 RVP 可以通过将其放置在密闭空间一段时间来实现平衡(恒重)，并通过测量该室内的压力或相对湿度来确定。如果想将小样品调整为特定的 RVP，可以通过将其放置在恒温的密闭室内，通过适当的饱和盐溶液或其他等效方法将样品保持在恒定气压和已知的相对湿度下，直到达到恒定的样品重量为止。

2.5.2 水分活度与温度的关系

相对蒸汽压取决于温度，Clausius-Clapeyron 方程提供了一种估算这种温度依赖性的方法。该方程基于 a_w，通常可以应用于 RVP 并采用公式(2-6)：

$$\frac{d\ln a_w}{d(1/T)}=\frac{-\Delta H}{R} \quad (2\text{-}6)$$

式中，T 是绝对温度；R 是气体常数；$-\Delta H$ 是在样品在一定含水量下的吸附等容热；$\ln a_w$ 与 $1/T$(在恒定水含量下)的曲线是线性的。如果 $\ln(p/p^0)_T$ 与 $1/T$ 的关系也是线性的，那么该方程可以用来估算有效吸附热。此时需假定体系已经达到平衡状态，但事实并非如此。

天然淀粉在各种水分含量下的 $\ln(p/p^0)_T$ 与 $1/T$ 的线性关系如图 2-16 所示。显然，温度的依赖程度

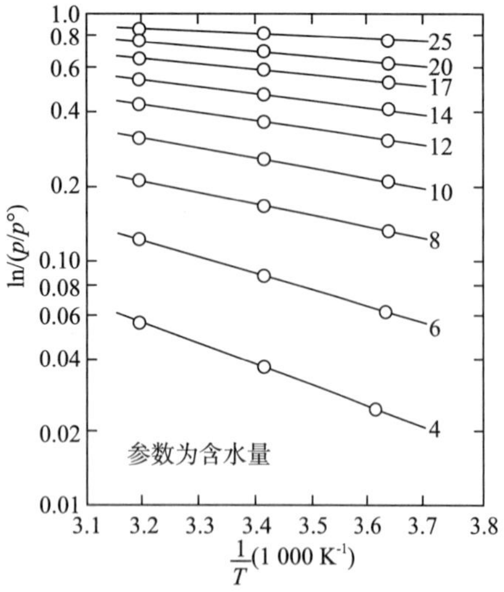

每条线后显示的水分值用 g HOH/g 干淀粉表示。

图 2-16 不同含水量的天然淀粉 RVP 与温度的线性关系

(引自 From van den Berg, C., H. A. Leniger, 1978)

是水分含量的函数。在起始 $(p/p^0)_T$ 为 0.5 时，温度系数是 0.003 4 K^{-1} 超过温度范围 275～313K(2～40℃)。前期学者的研究发现，当起始 $(p/p^0)_T$ 为 0.5 时(温度范围为 5～50℃)，高碳水化合物或高蛋白食品 $(p/p^0)_T$ 的温度系数为 0.003～0.02 K^{-1}。因此，根据产品的不同，温度每变化 10 K 可能导致 $(p/p^0)_T$ 改变 0.03～0.2 K^{-1}。这对于包装食品而言很重要，因为它会随着温度的变化而经历 RVP 的变化，从而导致其稳定性对温度的依赖性远远超过未包装的相同产品。

思考题

1. 为什么水的密度在 4℃左右时最大？
2. 试解释明胶作为冷冻保护剂的作用原理。
3. 简述溶液中水分子和离子的相互作用。
4. 简述溶液中水分子和中性基团的相互作用。
5. 简述水与非极性物质的相互作用。
6. 什么是水分活度？什么是等温吸湿曲线？
7. 简述水分活度与温度的关系。

参考文献

BERENDSEN H J C, 1971. The molecular dynamics of water in biological systems[J]. Proc. first europ. Biophys, Cong, 1: 483-488.

BERTOLUZZA A, FAGNANO C, MORELLI M A, et al, 1993. The role of water in biological systems[J]. Journal of molecular structure, 297: 425-437.

CHEFTEL J C, LEVY J and DUMAY E, 2000. Pressure-assisted freezing and thawing: principles and potential applications[J]. Food reviews international, 16: 453-483.

CHEFTEL J C, THIEBAUD M, DUMAY E, 2002. High pressure-low temperature processing of foods: a review[C]. Proceedings of the international conference on high pressure bioscience and biotechnology. Dortmund, Germany.

CHIRIFE J, 1994. Specific solute effects with special reference to Staphylococcus aureus[J]. Journal of food engineering, 22: 409-419.

EDELHOCH H, OSBORNE J J C, 1976. The thermodynamic basis of the stability of proteins, nucleic acids and membranes[J]. Adv protein chem.

30: 183-250.

FRANKS F, 1975. Water, a comprehensive treatise[M] New York: Plenum Press.

FRANKS F, 1988. Characteristics of proteins [M] Clifton, NJ: Humana Press.

GAL S, 1981. Water activity: influnce on food quality[M] NewYork: Academic Press.

GEIGER A, 1981. Molecular dynamics simulation study of the negative hydration effect in aqueous electrolyte solutions[J]. Berichte der bunsen-gesellschaft-physical chemistry chemical physics, 85: 52-63.

PENG J B, CAO D Y, HE Z L, et al, 2018. The effect of hydration number on the interfacial transport of sodium ions[J]. Nature, 557: 701-705.

JOHNSON M R, LIN R C, 1987. Water activity: theory and applications to food[M]. New York: Marcel Dekker.

KUNTZ I D, KAUXMANN W, 1974. Hydration of proteins and polypeptides[J]. Adv protein chem, 28: 239-345.

LUYET B, 1960. On various phase transitions occurring in aqueous solutions at low temperature [J]. Annals of the new york academy of sciences, 85: 549-569.

LUYET B, 1966. Cryobiology[M]. New York: Academic Press.

LOUNNAS V, PETTITT B M, 1994. A connected cluster of hydration around myoglobin-correlation between molecular-dynamics simulations and experiment[J]. Proteins-structure function and bioinformatics, 18: 133-147.

OAKENFULL D, FENWICK D E, 1977. Thermodynamics and mechanism of the hydrophobic interaction[J]. Australian journal of chemistry, 30: 741-752.

RAPATZ G, LUYET B, 1972. Patterns of ice formation and rates of ice growth in gelatin solutions [J]. Biodynamica, 11: 117-123.

SCOTT W J, 1953. Water relations of *Staphilococcus aureus* at 30℃ [J]. Australian journal of biological sciences, 6: 549-556.

SCOTT W J, 1957. Water relations of food spoilage organisms[J]. Advances in food and nutrition research, 7: 83-127.

SPIESS W E L, WOLF W, 1987. Water activity: theory and application to foods[M]. New York: Marcel Dekker.

TAIT M J, SUGGETT A, FRANKS F, et al, 1972. Hydration of monosaccharides: A study by dielectric and nuclear magnetic relaxation[J]. Journal of solution chemistry, 1: 131-151.

TEETER M. M, 1991. Water-protein interactions: theory and experiment[J]. Annual review of biophysics and biophysical chemistry, 20: 577-560.

第3章

碳水化合物

学习目的与要求

1. 掌握糖苷键定义和单糖的化学反应，熟悉反应机制；

2. 掌握美拉德反应及其控制措施；

3. 了解淀粉的糊化与老化、水解与改性及其应用；

4. 熟悉具有特殊功能的低聚糖结构、生存方法及功能，了解膳食纤维的生理功能与测定方法；

5. 了解食品糖类增稠剂的结构与使用特点、果胶凝胶形成条件。

3.1　引言

碳水化合物占植物干物质的 90%以上，它们来源丰富、资源广泛。碳水化合物在食物中常见，即是食物的天然成分又可作为添加成分。碳水化合物种类繁多，它们往往具有许多不同的分子结构、大小和形状，因此表现出多种化学和物理特性，其生理功能也不尽相同。其中，淀粉、乳糖、蔗糖、*D*-葡萄糖、*D*-果糖是人类最主要的能量来源，提供了全世界人类饮食中 70%～80%的热量。近些年来，越来越多的人通过化学和生物改性，改善碳水化合物的应用特性和生理功能，并扩大其用途。

碳水化合物由碳、氢、氧三种物质组成，一些碳水化合物可以用分子式 $C_x(H_2O)_y$ 来表示，由于它所含的氢氧比例为 2∶1，和水一样，故称为碳水化合物。然而，绝大多数天然碳水化合物的化学式并非如此简单，它们大多以单糖或改性单糖为单位的低聚物（低聚糖）或多聚物（多糖）的形式存在。而低相对分子质量碳水化合物的通常来源于解聚的低聚糖和多糖。本章将从单糖开始，进而介绍结构更为复杂的寡糖和聚糖结构。

3.2　单糖结构和物化性质

3.2.1　单糖

碳水化合物含有手性碳原子，手性碳原子连接四个不同的基团，四个基团在空间的两种不同排列（构型）呈镜面对称（图 3-1）。

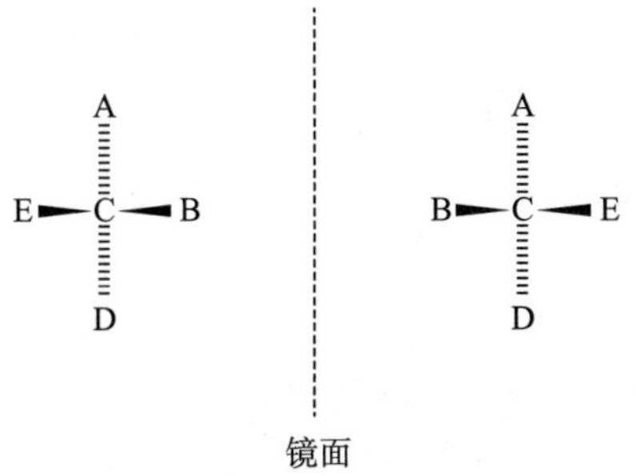

A、B、D 和 E 代表与碳原子 C 相连的不同原子，官能团或原子的其他基团；楔形表示化学键从页面平面向外突出；—表示伸入页面平面内或下方的化学键。

图 3-1　手性碳原子

D-葡萄糖（*D*-glucose）是自然界分布最广泛的单糖。单糖是单体单位，而低聚糖和多糖由多个单糖连接而成，这些聚糖也可以通过水解转化成为单糖。

葡萄糖含有五个羟基和一个醛基，具有多元醇和醛的性质，被称为醛糖（表 3-1）。当 *D*-葡萄糖以直链方式（图 3-2）书写时，称为无环结构。图 3-2 给出了 *D*-葡萄糖的两种结构，即开链或无环形式（称为 Fischer 投影），其碳原子按传统方式编号。每个水平键从页面平面向外突出，每个垂直键向页面平面内突出，其中醛基（1 号碳原子）位于顶部，羟基（6 号碳原子）位于底部。所有羟基均在碳原子 2、3、4 和 5 上，这些碳都有四个不同的取代基，因此是手性的。天然存在的葡萄糖称为 *D* 型，而它的分子镜像称为 *L*-葡萄糖。由于每个手性碳原子都有一个镜像，因此这些原子有 2^n 种排列方式。例如，在六碳醛糖如 *D*-葡萄糖（具有四个手性碳原子）中，有 2^4 或 16 个不同的碳原子排列方式。*D*-葡萄糖和所有其他含有六个碳原子的糖称为己糖，这是自然界中含量最多的醛糖。六碳的醛糖又被称为己醛糖。

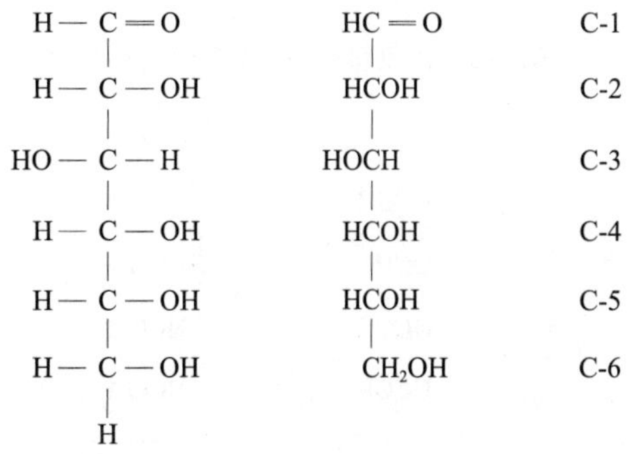

图 3-2　*D*-葡萄糖（开链或无环结构）

两种含有三个碳原子的醛糖，*D*-甘油醛（*D*-甘油糖）和 *L*-甘油醛（*L*-甘油糖），其中每种糖仅有一个手性碳原子。含四个碳原子的醛糖有两个手性碳原子。而由五个碳原子组成的醛糖，即戊糖，含有三个手性碳原子，这一类也是极为常见的醛糖。同理，由六个碳原子或以上组成的醛糖，为庚糖、八糖和壬糖。

与 *D* 型糖相比，*L* 型糖在自然界中的含量也较少，但仍然具有重要的生化作用。在食物中发现的两种 *L*-糖是 *L*-阿拉伯糖和 *L*-半乳糖，它们都以碳水化合物聚合物（多糖）的形式存在。在另一类单糖中，羰基官能团是酮基。这些糖称为酮糖（ketoses）（表 3-1）。*D*-果糖（*D*-fructose）为醛糖（图 3-3），约占普通高果糖糖浆（high fructose syrup，HFS）的 55%，约占蜂蜜的 40%。*D*-果糖是唯一在天然食品中发现的游离酮糖，但与 *D*-葡萄糖一样，只有少量存在。

表 3-1 单糖分类

碳原子数/个	醛基	酮基
3	丙醛糖	丙酮糖
4	丁醛糖	丁酮糖
5	戊醛糖	戊酮糖
6	己醛糖	己酮糖
7	庚醛糖	庚酮糖
8	辛醛糖	辛酮糖
9	壬醛糖	壬酮糖

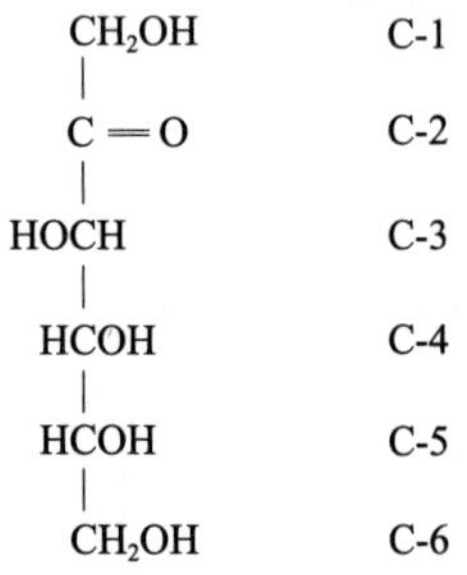

图 3-3 *D*-果糖(开链或无环结构)

3.2.2 单糖异构化

含有相同碳原子数的醛糖和酮糖是异构体化合物,例如己糖和己酮糖的化学式均为 $C_6H_{12}O$,他们的结构可以通过异构化相互转化。单糖的异构化涉及羰基和相邻的羟基。异构化将醛糖转化为另一种形式的醛糖(具有相反的 C-2 构型)或相应的酮糖,而酮糖也可以被转化为相应的两个醛糖。因此,*D*-葡萄糖,*D*-甘露糖和 *D*-果糖直接可以通过异构化相互转化(图 3-4)。单糖的异构化一般通过碱或酶催化来实现。

3.2.3 环式单糖

醛的羰基具有活性,且容易受羟基氧原子的攻击而产生半缩醛。半缩醛的羟基能与醇的羟基进一步(缩合)反应生成乙缩醛(图 3-5)。

半缩醛的形成可在同一醛糖或酮糖分子中发生,即糖分子的羰基可与其自身的一个羟基反应,如图 3-6 所示,*D*-葡萄糖呈螺旋状排列,由醛基与 C-5 处

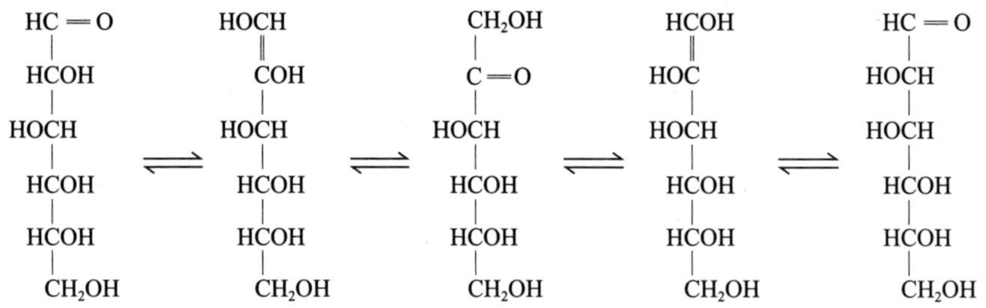

D-葡萄糖　反式烯二醇　*D*-果糖　顺式烯二醇　*D*-甘露糖

图 3-4 *D*-葡萄糖、*D*-甘露糖和 *D*-果糖可通过异构化相互转换

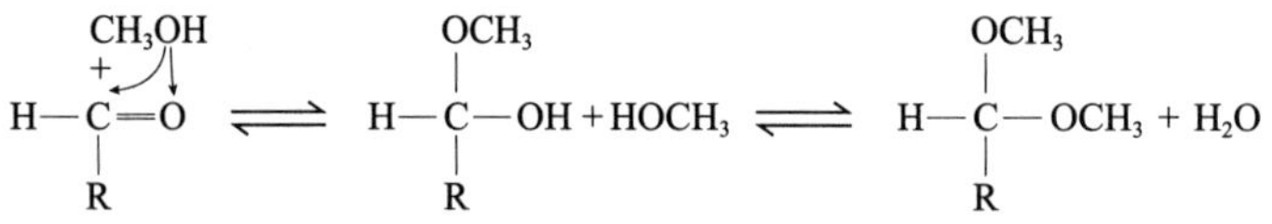

半缩醛　缩醛

图 3-5 通过醛与甲醇反应生成缩醛

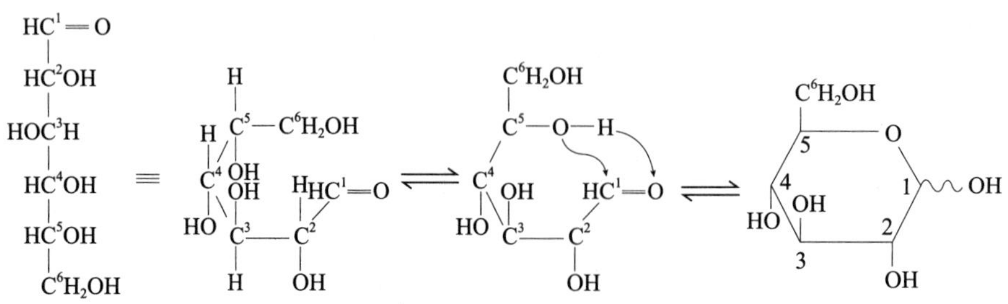

D-果糖(费歇尔投影式)　*D*-吡喃葡萄糖(哈沃斯投影式)

图 3-6 由 *D*-葡萄糖转化成吡喃糖半缩醛环

的羟基反应形成的六元糖环称为吡喃糖环。为了使 C-5 处羟基的氧原子反应形成环，C-5 必须旋转以使其氧原子向上。该旋转使羟甲基（C-6）到达环上方的位置。五元环（呋喃糖）的糖也存在（图 3-7），但不如六碳的吡喃糖环常见。如图 3-8 所示，手性（端基*）形式的混合物用波浪线表示。

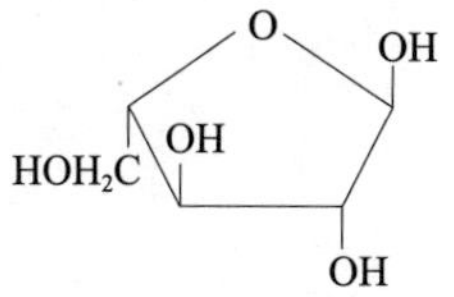

图 3-7　*L*-阿拉伯糖的呋喃糖环形式和 *α-L*-构型

当羰基的碳原子参与成环，形成半缩醛（吡喃糖或呋喃糖环）时，它变成手性的。对于 *D*-型糖而言，羟基位于环平面下方，称为 α 形式。当在 C-1 处新形成的羟基在环平面上方时，称其为 β 形式，该命名方式适用于所有的 *D*-糖。*L*-系列糖的情况恰恰相反，即异头羟基在 α 端基异构体处于平面上方，而在 β 端基异构体处于平面下方（图 3-8）。糖环的 α 和 β 形式被称为异构体，而 *α-D*-吡喃葡萄糖和 *α-L*-吡喃葡萄糖是彼此的异构体。

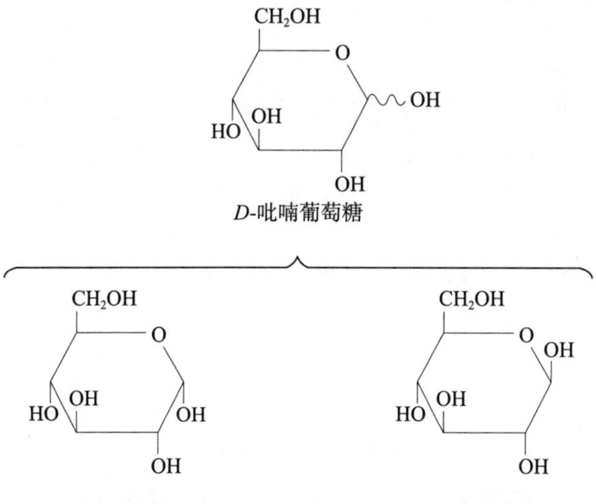

图 3-8　*D*-吡喃葡萄糖作为两种手性形式的混合物

吡喃糖环并在一个平面上，其连接的基团并不像 Haworth 表示的那样直上直下，最常见表现形式为椅式构象。在椅式构象中，每个碳原子上的一个键从环向上伸出或向下伸出，称为轴向键或轴向位置。另一个不参与形成环的键相对于轴向键向上或向下，相对于环而言，在轴向上伸出赤道位置（equatorial position）（图 3-9）。

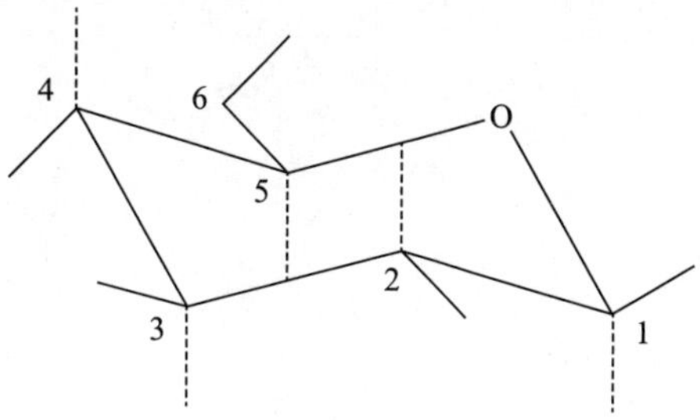

碳原子编号已标注，实线为赤道键的位置，虚线是轴向键的位置。

图 3-9　吡喃型糖的椅式构象

当羟基和羟甲基等庞大基团位于赤道位置时，六元糖环较稳定（图 3-10）。因此，当 *β-D*-吡喃葡萄糖溶解于水中，将形成开链形式及其五，六和七元环结构。在室温下，六元吡喃糖环结构占主导，五元呋喃糖环结构次之。如表 3-2 所列，环形式的分布随糖和温度的变化而变化。开链的醛形式约占总形式的 0.003%。由于与环形式的快速相互转化，开链形式的糖将快速的转化成不同的环式结构（图3-11）。

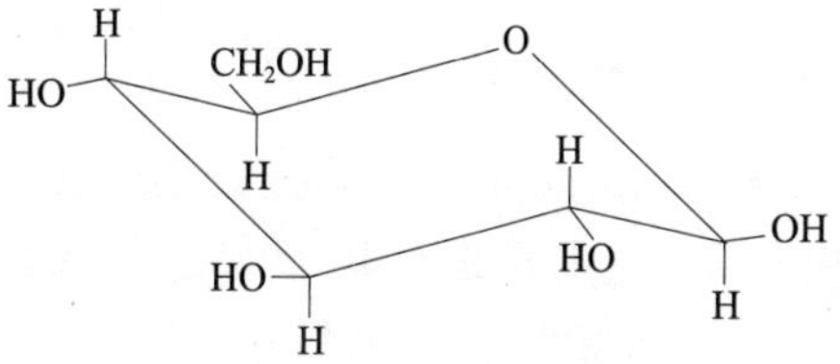

所有大体积基团均位于赤道位置，氢原子均位于轴向位置。

图 3-10　*β-D*-葡糖醛糖

表 3-2　单糖的环状和开链形式的分布　　%

糖	吡喃糖环形式		呋喃糖环形式	
	α-	β-	α-	β-
葡萄糖	36.2	63.8	0	0
半乳糖	29	64	3	4
甘露糖	68.8	31.2	0	0
阿拉伯糖	60	35.5	2.5	0.5
核糖	21.5	58.5	6.5	13.5
木糖	36.5	63	<1	<1
果糖	4	75	0	21

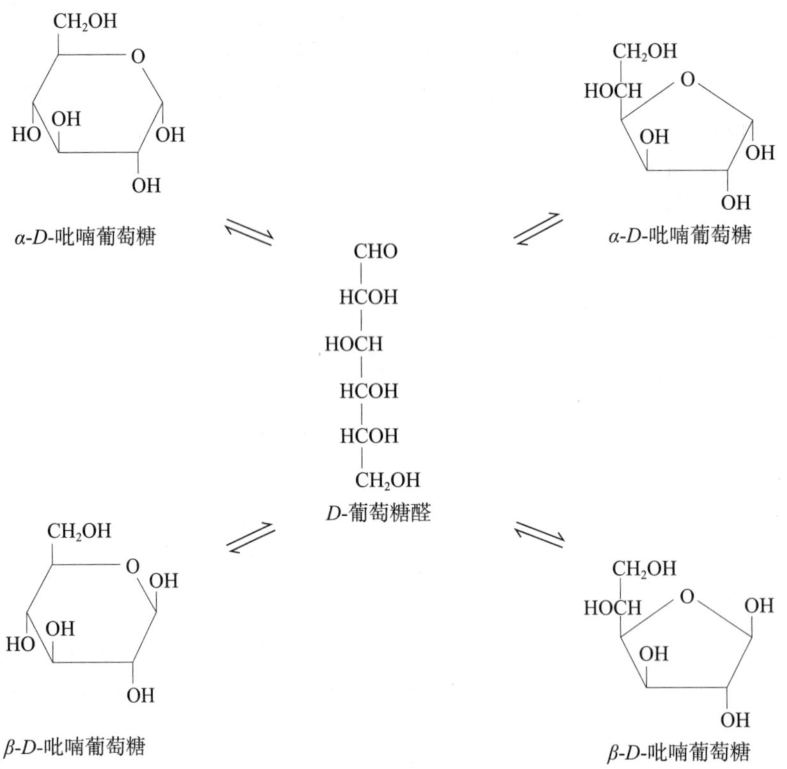

图 3-11　*D*-葡萄糖非环状和环状结构的相互转化

3.2.4　糖苷

糖的半缩醛形式可以与醇进行反应生成完全的缩醛，称为糖苷。在实验室中，该反应是高温、无水下在酸的催化下发生的，然而糖苷(glycosides)是自然界中最常见的物质。在自然界中，该反应是在水环境中由酶催化实现的。糖苷在酸性环境中会被水解，生成还原糖和羟基化合物，水解的速率随温度升高加快。

3.2.5　单糖反应

所有碳水化合物分子均含有活性的羟基。单糖和大多数其他低相对分子质量碳水化合物分子具有活性羰基。前面提到的环状半缩醛和糖苷(缩醛)的形成均是单糖比较代表性的反应。

3.2.5.1　醛糖酸和醛糖醇内酯的氧化反应

醛糖中醛基被氧化成羧基或者羧酸酯基后成为醛糖酸。这类反应通常用于糖的定量检测。最早的检测和测量糖分的方法之一是斐林(Fehling)试剂。如公式(3-1)所示，斐林试剂利用含有铜(Ⅱ)的碱性溶液，该溶液将醛糖氧化为醛酸，并在此过程中铜(Ⅱ)被还原为铜(Ⅰ)，沉淀为砖红色 Cu_2O，用于鉴定还原糖。

$$2Cu(OH)_2 + R\text{—}\overset{\text{H}}{\overset{|}{C}}\text{=O} \longrightarrow R\text{—}\overset{\text{O}}{\overset{\|}{C}}\text{—OH} + Cu_2O + H_2O$$

使用葡萄糖氧化酶，便可将葡萄糖首先氧化成中间产物1,5-内酯，进而生成 *D*-葡萄糖酸(图3-12)。该方法通常用于测量食品、血液、尿液中的 *D*-葡萄糖含量。*D*-葡萄糖酸为存在于果汁和蜂蜜中的天然组分之一。

3.2.5.2　羰基还原

碳水化合物的还原反应指的是将醛糖或酮糖中羰基的还原反应。如图3-13所示，在催化剂雷尼镍(Raney nickel)的催化下，*D*-葡萄糖在氢气条件下生成 *D*-葡萄糖醇(*D*-glucitol)，又被称为山梨糖醇(sorbitol)。山梨糖醇也少量存在于植物中，它的甜度约为蔗糖的一半，常被用作食品加工中的甜味剂及保湿剂。*D*-甘露[糖]醇(*D*-mannitol)可以通过 *D*-甘露糖的氢化而获得。与山梨糖醇不同的是，它容易结晶且溶解性好。它的甜度为蔗糖的65%，常作为甜味剂用于无糖巧克力，薄荷糖，止咳片以及软硬糖果中。木糖醇(xylitol)是由半纤维素(尤其是桦树)中的 *D*-木糖加氢生成的。木糖醇的甜度与蔗糖甜度相似，结晶的木糖醇溶液的吸热过程在口腔中产生凉爽的口感，这种冷却效果使木糖醇在薄荷糖和无糖口香糖中得到广泛的应用。

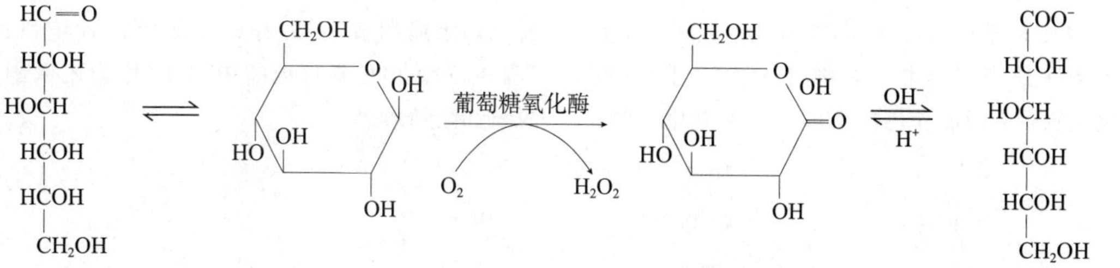

D-葡萄糖　　*β*-*D*-吡喃葡萄糖　　*D*-葡萄糖酸内酯　　*D*-葡萄糖酸盐

图 3-12　葡萄糖氧化酶催化的 *D*-葡萄糖氧化

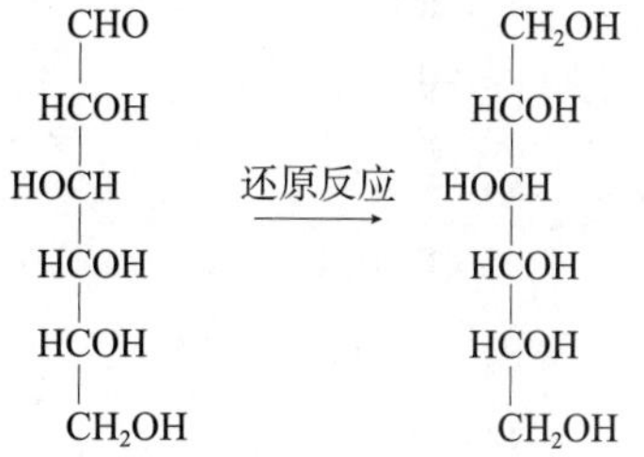

D-葡萄糖　　*D*-葡萄糖醇(山梨糖醇)

图 3-13　*D*-葡萄糖的还原反应生成 *D*-葡萄糖醇

3.2.5.3　糖醛酸

寡糖或多糖中单糖单元的末端碳原子(在碳链中与醛基相反的末端)可能以氧化(羧酸)形式存在,这种具有 C-6 为羧酸基团的醛己糖被称为糖醛酸。例如,当糖醛酸的手性碳原子与 *D*-半乳糖具有相同的构象时,该化合物为 *D*-半乳糖醛酸(图 3-14),是果胶的主要成分。

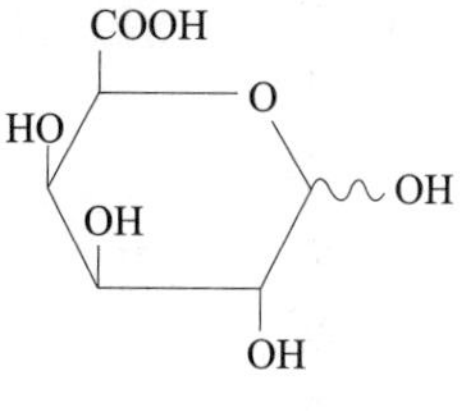

图 3-14　*D*-半乳糖醛酸

3.2.5.4　羟基醚

碳水化合物的羟基像醇的羟基一样,可以氧化形成酯和醚。例如,基于山梨糖醇(*D*-葡萄糖醇)的非离子表面活性剂通过将山梨糖醇与脂肪酸酯化生成,在酯化的同时山梨糖醇分子内脱水成酐,反应的最终产物为山梨糖醇酐脂肪酸酯,具有脂溶性,可在水中分散,在食品中用作水包油型乳化剂。另外一类非离子型表面活性剂——吐温,由山梨糖醇脂肪酸酯,如脱水山梨糖醇单硬脂酸酯、脱水山梨糖醇单月桂酸酯和脱水山梨糖醇单油酸酯,通过与环氧乙烷反应改性而成,得到乙氧基化脱水山梨糖醇酯。其被当作乳化剂、稳定剂、润滑剂等广泛应用于食品、化妆品、轻纺、医药工业等。

碳水化合物同样可以通过醚化反应改变其性能,并拓宽其应用范围。例如,甲基化($—O—CH_3$)、羧甲基钠($—O—CH_2—CO_2—Na^+$)、纤维素的羟丙基醚($—O—CH_2—CHOH—CH_3$)和淀粉的羟丙基醚等均已在食品中得到广泛应用。

3.2.5.5　非酶褐变

面包烤制、咖啡烘焙的气味和香气是如何产生的?生牛肉不香,煎熟了却能散发出一种诱人的香气,在生牛肉加热烹饪的过程中发生了什么化学反应?这个被称为世界上最美味的化学反应叫作美拉德反应,又称为非酶促褐变。美拉德反应属于非酶促褐变反应之一,褐变是指生成褐色聚合物使得食品颜色变暗的反应,非酶促褐变是指不需要酶作用下发生的褐变。美拉德反应在 1912 年由法国化学家路易卡米拉美拉德发现并命名,1973 年美化化学见约翰霍奇对美拉德反应历程进行了研究,并分析了食品加工中美拉德反应的产物。美拉德反应又称为羰氨反应,指还原糖中的羰基与氨基(游离氨基酸或蛋白质分子侧链上的氨基)之间在加热的情况下发生化学反应而使得食品颜色加深的一种化学反应。食品中含有丰富的糖类、醛类、酮类等带羰基的化合物,也含有一定的游离氨基酸以及丰富的蛋白质、多肽等带氨基的物质,在美拉德反应过程中生成许多芳香族化合物,以改变食物的颜色以及气味。这也使得美拉德反应成为食品加工、贮藏过程中最为普遍、影响食品感官特性最为重要的化学反应之一。

在美拉德反应初级阶段,来自醛糖的羰基与来自氨基酸的氨基缩合生成美拉德反应中间产物希夫碱(一种亚胺,$RCHY═NHR'$),它可以环化(与醛糖环化的方式相同)形成糖胺(有时称为 *N*-糖苷),如 *D*-葡萄糖与伯胺反应(图 3-15)。希夫碱在阿马多里重排,形成美拉德反应的早期中间体,又称为阿马多里化合物。*D*-葡萄糖在非酶褐变中产生的阿马多里化合物为 1-氨基-1-脱氧-*D*-果糖。

酮醛糖可以像醛糖和酮糖一样环化。在酸性、高温环境下脱水后,通过中间体的形成,最终形成呋喃衍生物:5-羟甲基-2-糠醛,又称为羟甲基糠醛(hydroxymethylfurfural, HMF)(图 3-16)。由戊糖形成的是糠醛,在酸性较低的条件下,活性环状化合物(HMF、糠醛等)和含氨基的化合物聚合形成深色的不可溶性含氮化合物,称为黑色素(melanoidin)。麦芽酚和异麦芽酚都是由 1-脱氧邻酮糖形成,它们是助于面包的风味和香气物质(图 3-17)。黑色素形成的中间体(称为还原酮)也由 1-脱氧邻酮糖形成。

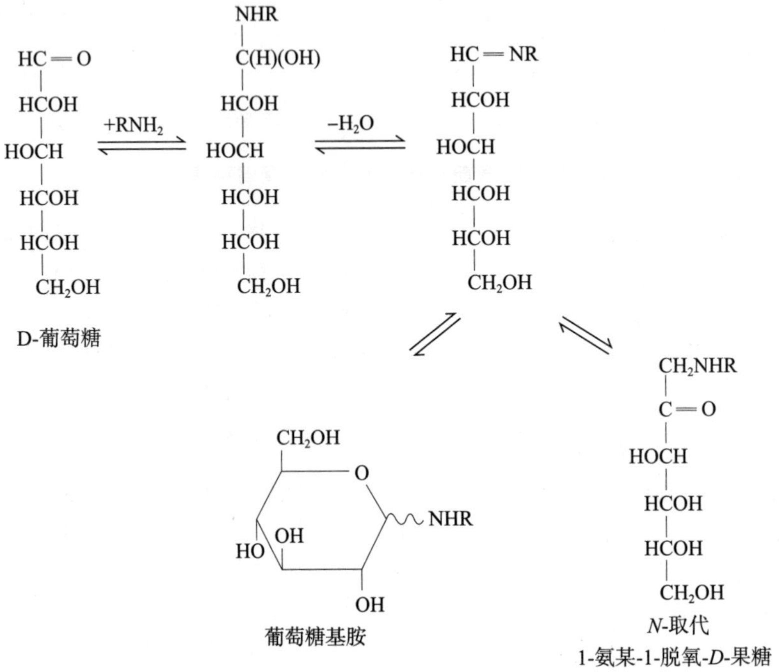

图 3-15　D-葡萄糖与伯胺(RNH_2)反应的产物

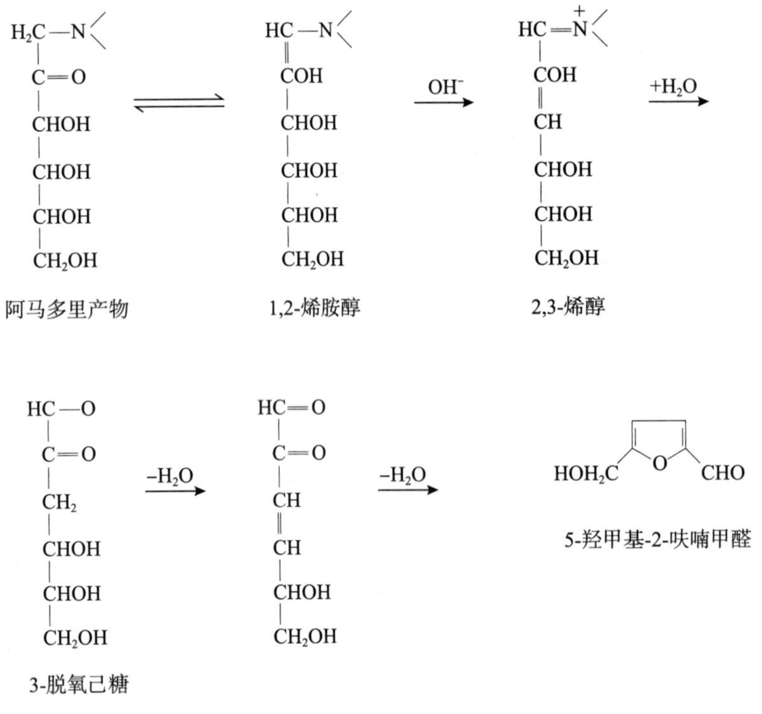

图 3-16　阿马多里(Amadori)产物转换为 HMF 的过程

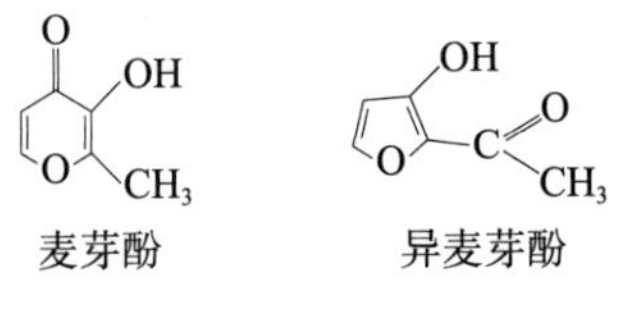

图 3-17　麦芽酚和异麦芽酚

美拉德褐变反应的另一类产物是由蛋白质修饰后生成的化合物。蛋白质修饰主要由其与含羰基化合物(如还原糖、酮醛糖、糠醛、HMF 和吡咯衍生物)反应(尤其是其 *L*-赖氨酸和 *L*-精氨酸单元的侧链反应)生成。由于 *L*-赖氨酸是必需氨基酸,而破坏赖氨酸会降低食品的营养质量,因此烘烤食品中的赖氨酸和精氨酸损失通常为 15%～40%。

非酶褐变所产生的化合物取决于温度、时间、pH、还原糖和氨基化合物的性质等诸多因素。不同的糖非酶褐变的速率不同。例如,*D*-葡萄糖比 *D*-果糖非酶褐变反应速率快。仲胺生成的反应产物与伯胺也不尽相同。因为非酶褐变需要较高的活化能,所以反应通常需要加热。美拉德反应速率也与食品水分活度(a_w)相关,当 a_w 值在 0.6～0.7 时反应速率达到最快。因此,某些食品可以通过控制水活度、底物浓度、时间、温度、pH 等来控制非酶褐变。具体包括:①温度(降低温度降低反应速率)并缩短反应时间;②pH(降低 pH 会降低反应速率);③调节水含量(在水活度值为 0.6～0.7(水分约 30%)时,反应速率最快);④糖的种类;⑤过渡金属离子,例如,Fe(Ⅱ)和 Cu(Ⅰ)离子等。

总之,将还原糖和氨基酸、蛋白质和/或其他含氮化合物一起加热,在发生美拉德褐变后,例如,在面包、饼干和肉类的烘烤中需要褐变来增强食物本身的颜色。在烘烤,煎炸或烘烤过程中,通过非酶褐变产生的挥发性化合物通常会提供食物所需的香气。一方面,美拉德反应产物也是牛奶巧克力、焦糖、太妃糖和软糖口味的重要贡献者。美拉德反应还会产生苦味物质,例如咖啡味。另一方面,美拉德反应也可导致异味,例如在巴氏杀菌、脱水食品的储存以及肉或鱼的烧烤期间,也可能由美拉德反应而产生异味。

3.3　寡糖及功能性低聚糖

寡糖通常泛指含有 2～10 个或 2～20 个单糖的化合物,这些单糖由糖苷键连接。当化合物包含 20 个以上单糖时,其就被称为多糖。自然界中仅存在少数寡糖,大多数是通过将多糖水解成较小的单元而产生的。因为糖苷键是乙缩醛结构的一部分,在加热的条件下,酸性环境可以将其水解。

3.3.1　二糖

3.3.1.1　麦芽糖

麦芽糖(maltose)(图 3-18)是由两分子葡萄糖通过 *α*-1,4-糖苷键聚合而成的二糖。在溶液中,麦芽糖有 *α*-麦芽糖和 *β*-麦芽糖两种异构体。麦芽糖中 O-4 被第二个 *D*-吡喃葡萄糖基单元的连接所阻断,因此不能形成呋喃糖环。麦芽糖是一种还原糖,它的醛基可以与氧化剂自由反应。

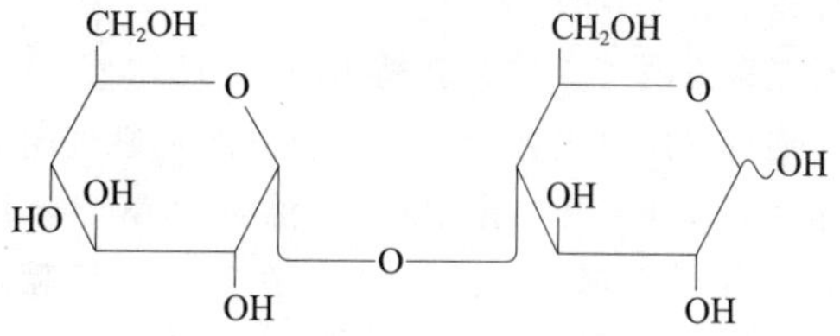

图 3-18　麦芽糖

在自然界中,麦芽糖主要存在于发芽的谷粒,是谷物(特别是大麦)在发芽过程中产生的。在商业中,*β*-淀粉酶可将大豆和甘薯等中的淀粉水解而得到麦芽糖。

3.3.1.2　乳糖

乳糖(lactose)(图 3-19)由一分子 *β*-*D*-半乳糖与一分子 *D*-葡萄糖通过 *β*-1,4-糖苷姐聚合而成,为哺乳动物乳汁中主要的碳水化合物成分,其中牛奶中乳糖的浓度随哺乳动物来源而变化,含量为 2.0%～8.5%,牛和山羊奶中的含量为 4.5%～4.8%,人奶中的含量约为 7%。乳糖是发育中的哺乳动物的主要碳水化合物来源。牛奶含有 0.3%～0.6%含乳糖的低聚糖,其中许多被双歧杆菌特异性降解,这也是母乳喂养婴儿肠道菌群的主要微生物组成。

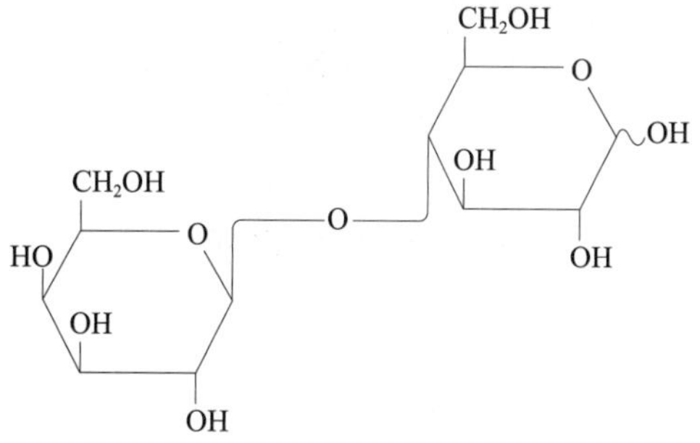

图 3-19　乳糖

乳糖须先被水解成 *D*-葡萄糖和 *D*-半乳糖才能通过小肠被吸收。乳糖酶(*β*-半乳糖苷酶)是一种位于小肠刷状缘上皮细胞中的膜结合酶,它的作用是将乳糖水解成 *D*-葡萄糖和 *D*-半乳糖,使之被迅速吸收并进入血流。乳糖有助于促进肠内钙的代谢和吸收。乳糖在牛奶等其他未经发酵的乳制品中含量较多。在发酵乳制品,例如,大多数酸奶和奶酪中含量较少,因为发酵过程会将乳糖会转化为乳酸。体内缺乏乳糖酶导致了小肠内乳糖的残留,使得摄入的乳糖仅被部分水解和消化,或者根本不被水解,这种症状称为乳糖不耐症。而残留的乳糖通过渗透进入内腔，引起腹胀和绞痛。乳糖从小肠进入大肠（结肠）并进行厌氧发酵，形成乳酸和其他短链酸。此外，发酵的酸性产物降低了 pH 并刺激了结肠壁，导致腹胀、痉挛以及腹泻。乳糖不耐症通常在大约 6 岁以后才出现在儿童中。

有三种方法可以缓解乳糖不耐受的影响。第一种方法是通过发酵除去乳糖。第二种方法是通过向乳制品中添加乳糖酶来降低乳糖含量。然而，水解产物 *D*-葡萄糖和 *D*-半乳糖都比乳糖甜，并且在 80% 的乳糖水解后，味道变化会非常明显。第三种方法是乳糖不耐症患者将 *β*-半乳糖苷酶与乳制品一起食用。

3.3.1.3 蔗糖

蔗糖（sucrose）由 *α*-*D*-葡萄糖和 *β*-*D*-果糖组成，还原端和还原端相连的，而不是通常的头尾连接（图 3-20），又被称为非还原糖。蔗糖是葡萄糖，其水溶液的比旋光度为 +66.5°，将其水解，得到等量的葡萄糖和果糖的混合物，此时的比旋光度为 +33.3°。水解物混合物旋光方向发生改变的过程称为光学反转，将蔗糖的水解产物称为转化糖。

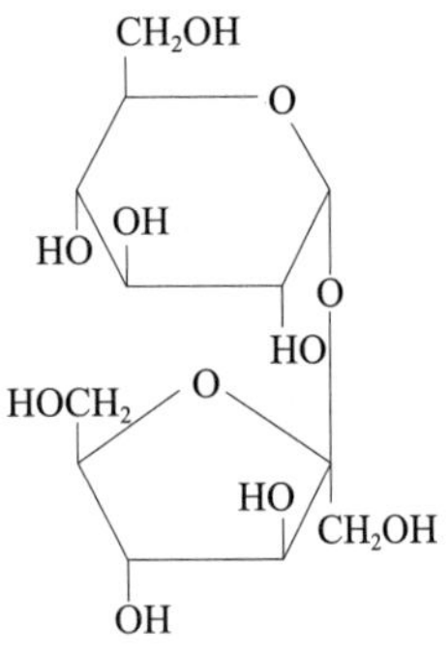

图 3-20 蔗糖结构式

在自然界中，蔗糖广泛的分布于植物的根、茎、叶花、果实、种子中，商业蔗糖最主要来源为甘蔗和甜菜。蔗糖是人类需求量最大，也是食品工业中最重要的能量型甜味剂。蔗糖具有高亲水性和溶解性，它和大多数低相对分子质量碳水化合物（例如单糖、醛糖醇、二糖和其他低相对分子质量寡糖）可以形成高浓度和高渗透压溶液。以蜂蜜为例，该类溶液本身不需要防腐剂，不仅可以用作甜味剂，还可用作防腐剂和保湿剂。人肠道的蔗糖酶可将蔗糖水解成 *D*-葡萄糖和 *D*-果糖，使蔗糖成为除乳糖和淀粉外，人类可以消化和利用的第三种碳水化合物。

3.3.2 玉米糖浆

玉米糖浆（corn syrup）也称为果葡糖浆，是一种由玉米淀粉水解所得的葡萄糖液经葡萄糖异构酶将葡萄糖异构转化为果糖而形成的由果糖和葡萄糖组成的一种混合糖浆。玉米糖浆的甜度取决于其中果糖含量，果糖含量为 42%、55%、90% 的玉米糖浆，其甜度分别为蔗糖的 1.0 倍、1.4 倍、1.7 倍。

玉米糖浆最大的优点在于其含有相当数量的果糖，而果糖具有多方面的独特特性，如甜度高、吸湿性强、优越的加工贮藏稳定性等。玉米糖浆在商业化食品中作为蔗糖的替代品应用日趋广泛。它的主要用途包括甜味剂、增稠剂和稀释剂等。

3.3.3 低聚果糖

低聚果糖（fructooligosaccharide）又称寡果糖或蔗糖三糖族低聚糖。蔗糖分子以 *β*-1,2-糖苷键与 1～3 个果糖分子结合形成蔗果三糖、蔗果四糖和蔗果无糖，属于果糖和葡萄糖构成的直链杂低聚糖。分子式为 G-F-F_n（*n*=1,2,3，G 为葡萄糖，F 为果糖）。低聚果糖黏度特性与蔗糖相似，甜度较蔗糖低，属于人体难消化的甜味剂，可用于改善肠道环境，防治龋齿等。

作为天然食品原料的低聚果糖，一般有两种来源：一种来源于菊苣，由菊粉酶解而来，也叫天然低聚果糖；一种来源于蔗糖也叫人工合成低聚果糖。低聚果糖是最常见的益生元之一，已经被证实了其具有增值人体内益生菌的作用，特别是双歧杆菌。凭借多种优越的生理功能和理化特性，低聚果糖在国内外的食品、保健品行业得到了广泛应用，被誉为集营养、保健、疗效多重特性的 21 世纪健康新糖源。

3.3.4 低聚木糖

低聚木糖（xylooligosaccharide）又称木寡糖，是由 2～7 个木糖分子以 *β*-1,4-糖苷键聚合而成的功能性低聚糖。主要成分为木二糖、木三糖和木四糖的混合物。我国规定低聚木糖 70 型产品中木二糖到木四糖的含量大于 50%，木二糖到木七糖的含量大于 70%。低聚木糖生产原料可采用木聚糖含量相对较高农副产品，如麦麸、稻壳、酒糟和玉米芯经碱水解、酸水解或热水解后得到。

低聚木糖也具有益生元作用，生理功能包括防治龋齿、治疗糖尿病等，被公认为是最有前途的功能性低聚糖之一，在工业界得到广泛的应用。

3.3.5 环糊精

环糊精（cyclodextrins）是由 *α*-*D*-葡萄糖以 *α*-1,4-糖苷键聚合而成的环状低聚糖。这些环状结构是由可溶性的、部分水解的淀粉聚合物通过环糊精糖基转移酶（cyclodextrin glycosyltransferase，CGTase）催化糖基链的分子内环化而形成的。环糊精一般由 6～8 个葡萄糖基单元组成，分别称为 α-环糊精，β-环糊精和 γ-环糊精（图 3-21）。

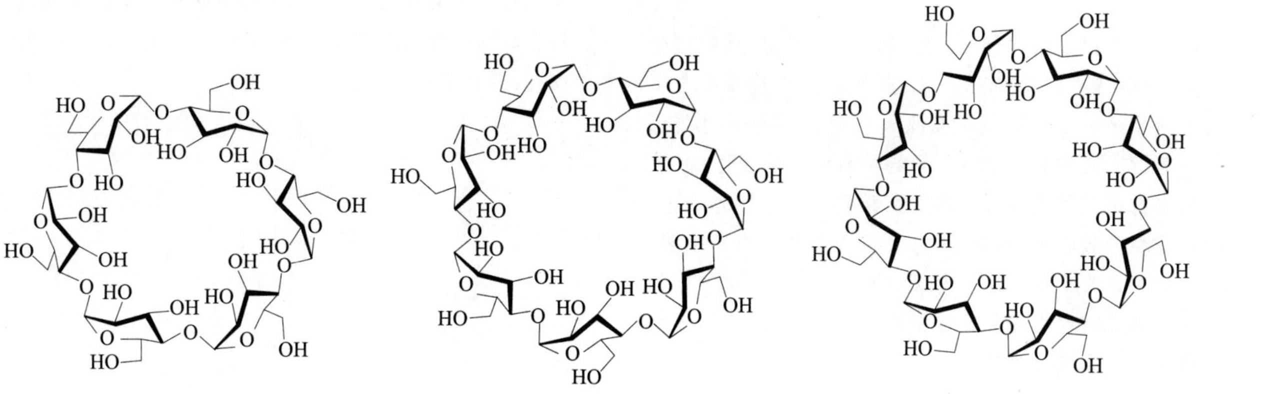

α-环糊精　　β-环糊精　　γ-环糊精

图 3-21　α-(n=6)，β-(n=7)和 γ-(n=8)环糊精的化学结构

不同构型的环状糊精在水中的溶解度不同，这是由其分子表面存在羟基分布差异所致。γ-环状糊精最易溶于水，α-环状糊精次之，而 β 型则由于分子内氢键跨越整个外部分子周界，因此水溶性最低。相反，内部空腔提供了疏水环境，用于通过疏水和其他非共价缔合形成与非极性客体分子的包合物。内腔的尺寸随着环糊精糖基单元数量的增加而增大($\gamma>\beta>\alpha$)（表 3-4）。在食品工业中，环状糊精可作为壁材用于掩盖异味，气味和苦味化合物，以及去除胆固醇和游离脂肪酸，稳定抵抗化学氧化（保护风味化合物，与食品中酶促褐变酚醛前体物质结合），增强非水溶性（亲脂性）风味化合物，并改善食品成分的物理稳定性（挥发物的封装，风味的受控释放）。

我国正处于膳食营养结构迅速变化的时期，调整饮食结构，利用功能食品增进人类健康、预防和控制相关疾病是食品、营养、医药界关注的重点。国内外对低聚糖的开发研究十分重视，低聚糖作为功能因子添加到食品中，不仅具有促进肠道双歧杆菌增殖、调节肠道菌群等生理功能，其在调节机体代谢、降低胆固醇、预防癌症等方面也得到广泛的证实与认可，低聚糖的功能性也得到极大的发展。

3.4　多糖

3.4.1　多糖的化学结构和性质

多糖（polysaccharides）是单糖的聚合物。像寡糖一样，它们由线性或支链排列的糖基单元组成，但多糖相对分子质量都比寡糖大得多。多糖中单糖单元的数量[称为其聚合度（degree of polymerization，DP）]有所不同。只有少数多糖的聚合度小于 100，大多数多糖的聚合度为 200～3 000。纤维素的聚合度为 7 000～15 000，淀粉特别是支链淀粉甚至更大，平均相对分子质量至少为 10^7（DP＞60 000）。据估计，自然界中超过 90%的碳水化合物是多糖形式。

按结构分类，多糖具有两种结构：直链和支链。两种均是由单糖分子通过 1,4 和 1,6-糖苷键结合形成的。按电荷分类，多糖可分为中性多糖和酸性（阴离子）多糖。按糖基组成分类，多糖可分为高聚糖和杂聚糖两种。如果所有糖基单元都是相同的糖类型，则它们相对于单体单元是均质的，称为高聚糖。例如，线性的纤维素、淀粉直链淀粉、支链淀粉，这三个多糖仅由 *D*-吡喃葡萄糖基单元组成。当多糖由两个或更多个不同的单糖单元组成时，称之为杂聚糖。包含两个不同的单糖单元的多糖是二杂聚糖。包含三个不同单糖单元的多糖是三杂聚糖，依此类推。双杂聚糖通常是沿链交替的相似单元的嵌段的线性聚合物，如海藻胶或由一种糖基单元的线性链和第二个作为单元分支的糖链单元组成，如瓜尔豆和刺槐豆胶。

在英文书写中，糖基单元由英文名称的前三个字母表示，首字母大写，葡萄糖除外（glucose，Glc）。如果单糖为 *D*-糖，则 *D*-被省略，只有 *L*-糖被标明。环的大小由吡喃糖（pyranose）的斜体字 *p* 代表，而呋喃糖（furanose）由 *f* 表示。端基构型用 α 或 β 表示，例如，α-*D*-吡喃葡萄糖基（α-*D*-glycopyranosyl）单元表示为 αGlcp。糖醛酸用大写字母 A 表示，例如，*L*-古吡喃葡萄糖醛酸（*L*-gulopyranosyluronic acid）单元表示为 *L*Gul*p*A。键的位置表示为 1→3 或 1,3，例如，乳糖的表示为 βGal*p*(1→4)Glc 或 βGal*p*1,4Glc，麦芽糖表示为 αGlc*p*（1→4）Glc 或 αGlc*p*1,4Glc。

3.4.2 多糖的溶解性

大多数多糖含有三个羟基的糖基单元，其中每个羟基都有可能与一个或多个水分子氢键合，且将一个糖环连接至另一个糖环的环氧原子和糖苷氧原子可与水形成氢键。链中的每个糖单元均具有保持水分子的能力，大多数聚糖对水具有很强的亲和力。在水性体系中，多糖颗粒会吸收水分，溶胀，并且通常会部分或完全溶解。多糖可以改变食物系统中水的流动性，而水在多糖的物理和功能特性方面起着重要作用，因此多糖又和水共同影响着食物的许多特性。

多糖是一种冷冻稳定剂，而不是冷冻保护剂。多糖是具有高相对分子质量的大分子，既不会显著增加渗透压，也不会显著降低水的冰点。由氢键水合到多糖分子上的水通常被描述为不可冻结的水。当冷冻多糖溶液时，会形成结晶水(冰)和可能由70%的多糖分子和30%的不可冷冻水组成的玻璃两相系统。与在低相对分子质量碳水化合物的溶液中一样，不可冷冻的水是高浓缩溶液的一部分，在该溶液中水分子的迁移率受到黏度的限制。某些多糖通过限制分子迁移的冷冻浓缩基质的机理来稳定冷冻体系，但其他多糖则通过吸附到核或活性晶体生长部位来限制冰晶的生长以稳定冷冻体系。因此，碳水化合物通常能有效地保护－18℃的食品，防止其质地和结构发生破坏性变化，并具有不同程度的有效性。产品质量和储存稳定性的提高是控制冷冻浓缩的无定形基质的量(特别是在低相对分子质量碳水化合物的情况下)和结构状态(特别是对于聚合碳水化合物的情况下)的结果。

除了具有分支结构的多糖，大多数多糖均以螺旋形状存在。例如，线性高聚糖的纤维素具有扁平的带状结构。这种均匀的线性链彼此进行氢键键合，从而形成被非晶区隔开的微晶(图 3-22)。这些线性链微晶结构赋予了纤维素的强度，其不溶性和不易被降解。然而这类具有高结晶度的多糖是例外，大多数多糖结晶结构并非如此，而且很容易水合并溶于水。

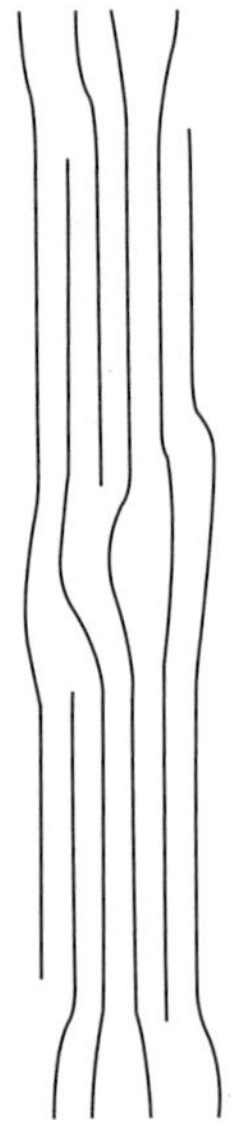

其中的链平行且有序地被非晶区域隔开。

图 3-22 晶体区域

(引自 Srinivasan Damodaran, Kirk L. Parkin, Owen R. Fennema, et al, 2007)

3.4.3 多糖溶液的黏度和稳定性

多糖(胶体、亲水胶体等)主要用于食品，以起到增稠和或凝胶化水性的作用，另外，还用于修饰或控制液体产品的流动特性和质地以及半固体产品的变形特性。它们通常以 0.25%～0.50%的浓度用于食品中，即可产生很高的黏度并形成凝胶。不同浓度的多糖水溶液黏度见表 3-3。

表 3-3 不同浓度的多糖水溶液黏度(H_2O 25℃)

浓度/%	黏度 /mPa·s						
	阿拉伯胶	黄芪胶	卡拉胶	海藻酸钠	羧甲基纤维素	刺槐豆胶	瓜尔豆胶
1		54	57	214	39	59	3 025
2		906	397	3 760	512	1 114	25 060
3		10 605	4 411	29 400	3 850	8 260	111 150
4		44 275	25 356		12 750	39 660	302 500
5	7	111 000	51 425		67 575	121 000	510 000
6		183 500					
10	17						
20	41						
30	200						
40	936						
50	4 163						

聚合物溶液的黏度取决于其相对分子质量以及它们在溶剂中的构象。溶液中多糖分子的围绕糖苷键的键旋转。每个糖苷键的内部自由度越大，每个单独片段可产生的构象数量越多。链的柔韧性提供了强大的熵驱动力，导致链接近溶液中的无序或随机卷曲的状态（图 3-23）。然而，大多数多糖呈刚性卷曲，卷曲的具体性质与单糖组成和糖苷键相关。

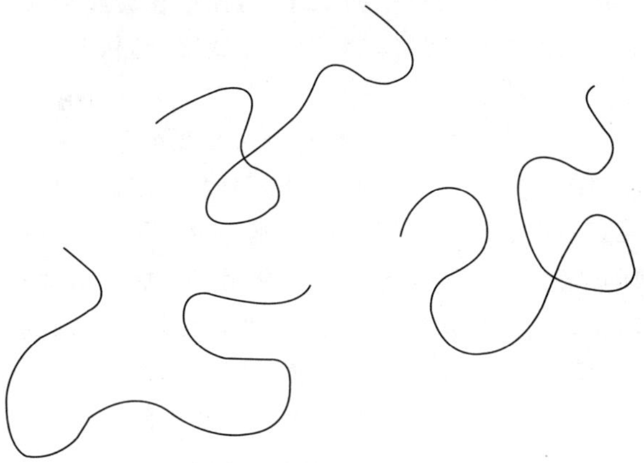

图 3-23　无规卷曲的多糖分子

（引自 Srinivasan Damodaran，Kirk L. Parkin，Owen R. Fennema，et al，2007）

线性聚合物分子在溶液中的运动需要较大的空间。当它们彼此碰撞时，它们会产生摩擦，消耗能量并因此产生黏性。线性多糖即使在低浓度下也能产生高黏度溶液。与相同相对分子质量的线性多糖相比，高度分支的多糖需要的空间要少得多（图 3-24）。与相同聚合度的线性分子相比，高度支化的分子发生碰撞的频率要低，黏度也相应降低。

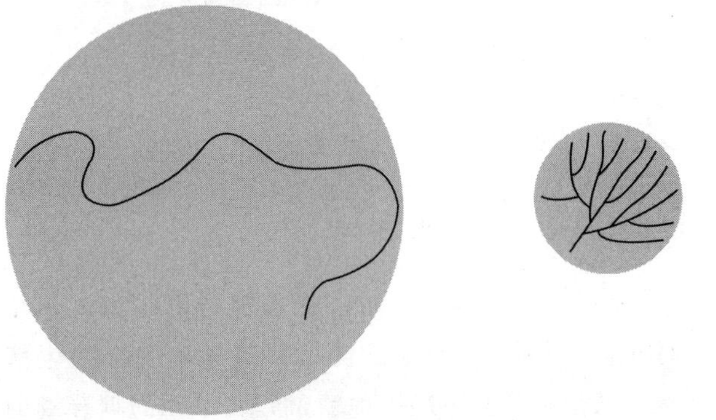

图 3-24　相同相对分子质量的线性多糖和高度分支的多糖所占的相对体积

（引自 Srinivasan Damodaran，Kirk L. Parkin，Owen R. Fennema，et al，2007）

规则重复单糖的直链聚糖在水溶液中不稳定，长分子的链段碰撞形成分子间键，导致多糖迅速沉淀或胶凝。然后，最初的短排列以类似拉链的方式延伸，以增强分子间作用。与该有组织的核碰撞的其他链的其他链段与其结合，从而增加了有序结晶相的大小。线性分子继续结合形成条纹状胶束，该胶束可能会达到引力引起沉淀的大小。例如，直链淀粉在加热下溶于水中，然后冷却至 65℃ 以下时会发生分子聚集和沉淀，该过程称为老化。在面包和其他烘焙产品冷却期间，直链淀粉分子结合在一起产生紧实感，存储一段时间后，支链淀粉的分支结合（并可能部分结晶）并产生陈化。

通常，无支链的中性高聚糖分子具有固有的缔合和部分结晶趋势。如果直链聚糖是经过生物或者化学方法衍生得来的，就像瓜尔豆胶一样，则它们的链段将无法结合，从而形成稳定的溶液。如果多糖的直链含有带电基团，库仑排斥力可防止链段彼此靠近，从而形成稳定的溶液。

多糖溶液表现出两种流动性：假塑性和触变性。两者均以剪切稀化为特征。在假塑性流动中，剪切速率的增加会导致流动更快，即施加的力越大，黏性越小（图 3-25）。其中施加的力包含咀嚼、吞咽、泵送和混合等其他会引起剪切的力。黏度的变化与时间无关，也就是说，流速随剪切速率的变化而瞬时变化。通常，较高相对分子质量的亲水胶体形成更多的假塑性溶液。当然，较硬的线性分子会产生更多的假塑性流动。

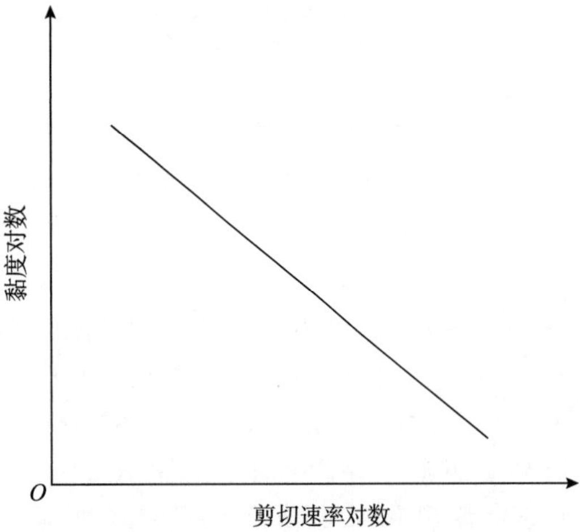

图 3-25　假塑性剪切变稀的黏度对数与剪切速率的关系流体

假塑性较低的胶溶液通常认为是黏稠的，也有不少假塑性溶液被描述为流动性差，通常被认为是不黏的。在食品科学中，黏糊糊的材料很稠，可以覆盖嘴巴，并且难以吞咽。黏稠度与假塑性成反比，即被认为是不黏稠的，在咀嚼和吞咽产生的低剪切速率下会显著变稀。

触变流是剪切稀化流的第二种类型。在这种情况下，由流速增加引起的黏度降低不会立即发生，而是在恒定的剪切速率下随时间降低，并在停止剪切后恢复原来的黏度。这一现象是由于凝胶→溶液→凝胶转的转变。我们通常认为静止时的触变溶液是一种弱凝胶。

3.4.4 凝胶

凝胶(gels)是指包裹大量相互连接的分子或颗粒的三维网络结构。在许多食品中，凝胶网络由聚合物(多糖或多糖和蛋白质)分子组成，这些聚合物分子通过氢键、疏水、离子桥、物理缠结、共价键等作用聚合而成。其中水凝胶(hydrogel)是兼具固体和液体热力学特性的高分子软材料，具备自身柔软、可塑性强、生物相容性好、具有可降解性和刺激响应性等特征。当聚合物分子通过相互作用形成连接区和三维网络时(图 3-26)，流体溶液变成一种可以保持其形状的近似固态的材料。三维网络结构为施加的应力提供了足够的抵抗力，使其表现为弹性固体。但是网络结构中所包含的可移动的连续液相使凝胶的硬度不如普通固体，表现为黏性液体。因此，凝胶是黏弹性的半固体。溶解的亲水胶体分子形成凝胶，聚合物分子或分子聚集物最先从溶液中脱出来，并形成三维凝胶网络结构。通常，如果在凝胶形成后在连接区增长，网络将变得更加紧凑，结构收缩，并导致脱水收缩。

天然植物多糖或多糖与蛋白质双组分在酶促和加热的作用下可建立不同结构的混合凝胶。例如，互穿网络结构(双网络)凝胶通过物理网络结构互穿，结合共价交联，形成了致密无序的交联结构，可以在一定程度上减弱由多糖单独凝胶而产生的脱水缩合现象。混合凝胶可以通过调整底物浓度、交联方式等调整凝胶的微观结构和机械特性，以满足凝胶作为功能因子载体等在食品工业中的作用。

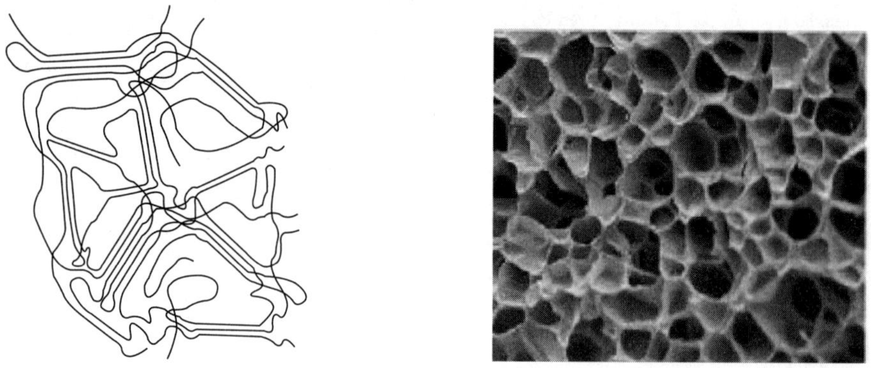

a.凝胶中三维网络结构类型　　b.非淀粉多糖/大豆分离蛋白构建的水凝胶网络扫描电子显微镜图

平行的并排链表示连接区的有序晶体结构，接合区之间的间隙包含聚合物链和其他溶质的溶解链段的水溶液。

图 3-26　凝胶网络结构

(引自 Deng C，Liu Y，Li J，et al，2018)

尽管水凝胶通常包含不超过1%的聚合物，可能包含多达99%的水，但它们可能非常结实。例如，果冻、果酱等都是食品中的水凝胶。多糖具有如黏合剂、增稠剂、填充剂、结晶抑制剂、澄清剂、云雾剂、包衣剂/成膜剂、乳化剂、乳液稳定剂、包封剂、模拟脂肪、絮凝剂、泡沫稳定剂、霉菌脱模剂、悬浮稳定剂、溶胀剂、脱水收缩抑制剂和搅打剂及其影响吸水和结合(保水和迁移控制)等多种功能特性。食品工业往往根据不同亲水胶体的特性来选择。

3.4.5 多糖水解

相对于蛋白质而言，多糖水解裂解的稳定性相对较差，食品加工和/或食品存储过程中会发生解聚。寡糖和多糖中连接单糖(糖基)单元的糖苷键的水解可以通过酸(H^+)和/或酶来催化。具有降低黏度作用的解聚程度由 pH(酸)、温度、时间及多糖结构决定。由于温度升高，在酸性食品的热处理过程中(与储存相反)，水解最容易发生。多糖也可进行酶催化水解。该过程的终产物受酶的特异性、pH、温度和时间的控制。与任何和其他碳水化合物一样，多糖由于对酶催化水解的敏感性而容易受到微生物的攻击。

3.5　食品中的主要多糖

食品中的主要多糖包括淀粉、纤维素、果胶、阿拉伯胶、黄原胶、瓜尔胶等，下面择其重要性逐一介绍。

3.5.1　淀粉

淀粉具有独特的化学和物理特性以及营养功能，它是植物中主要的食用储能物质，为全球人类提供 70%～80%的能量。淀粉及淀粉水解产物是人类饮食中主要的可消化碳水化合物，除了用于制造早餐谷物、面包和其他烘焙产品的面粉以及水果和蔬菜中的天然淀粉外，用于食品制作的淀粉使用量仍远远超过所有其他食品亲水胶体的综合使用量。商品淀粉主要来源于谷类植物的种子，特别是普通玉米、蜡质玉米、高直链淀粉玉米、小麦和各种大米以及马铃薯和木薯等植物的块根和块茎。淀粉和变性淀粉在食品中的用途广泛，可用作黏合剂、混浊剂、制粉剂、成膜剂、稳泡剂、胶凝剂、上光剂、持水剂、稳定剂、膨化剂和增稠剂等。

淀粉是一类独特的碳水化合物，它在自然界中以颗粒形式存在。淀粉颗粒是不可溶的，在冷水中仅能少量水合。淀粉颗粒分散在水中会形成低黏度的浆料，淀粉颗粒浆在烧煮时会具有增稠能力。将 5%的未改性淀粉颗粒浆在搅拌条件下加热至 80℃会形成黏度非常高的分散液，称为糊状物。

3.5.1.1　直链淀粉

直链淀粉（图 3-27）是由 *D*-葡萄糖基单元通过 *α*-1，4-糖苷键连接形成的线状大分子，聚合度为 100～6 000，一般为 250～300，相对分子质量约为 10^6。许多直链淀粉分子在支点处会包含一些通过 *α*-1，6-糖苷键连接的分支，一般分支点的 *α*-1，6-糖苷键糖苷键数占总糖苷键数的 0.3%～0.5%。直链淀粉分子不是完全伸直的线性分子，而是通过分子内羟基间的氢键作用使整个分子呈现右手螺旋结构（图 3-28）。螺旋内部含有氢原子，是疏水的，羟基位于螺旋外部，每一圈螺旋都包含约 6 个 1-4-糖苷键相连的葡萄糖基单元。

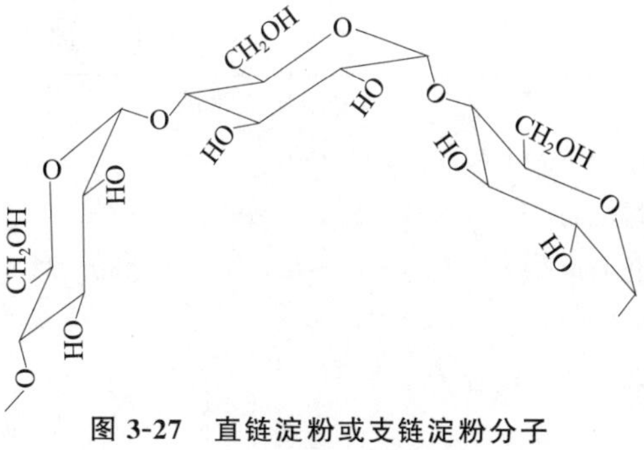

图 3-27　直链淀粉或支链淀粉分子无支链部分的三糖链段

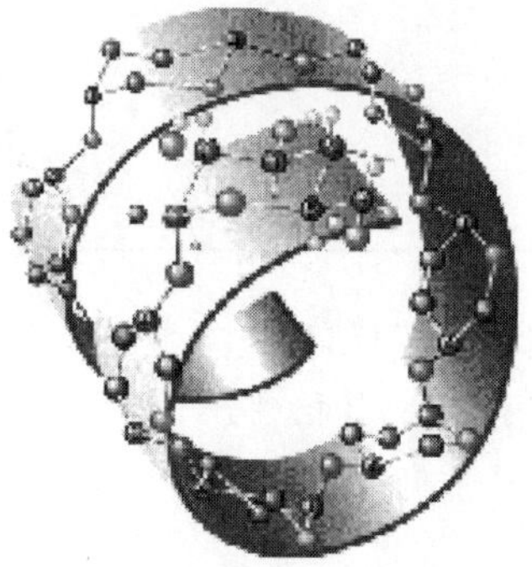

图 3-28　直链淀粉分子的右手螺旋结构

不同品种的淀粉中直链淀粉的含量有所不同，其中大多数淀粉含有约 25%的直链淀粉。市售的两种高直链玉米淀粉的直链淀粉含量为 52%和 70%～75%。部分淀粉颗粒和淀粉糊的一般性质见表 3-4。

3.5.1.2　支链淀粉

支链淀粉是一种由 *D*-葡萄糖基单元通过 *α*-1，4 和 *α*-1，6-糖苷键连接形成的具有高度分支的大分子（图 3-29），其支点处连接的糖苷键占总糖苷键的 4%～5%。支链淀粉含有一条具有还原端的主链，一般称为 C 链。该主链（C 链）经 *α*-1，6-糖苷键连接许多支链，称为 B 链。B 链上又通过 *α*-1，6-糖苷键连接有一个或多个第三层支链，称为 A 链。支链淀粉的主链和支链本身均由 *α*-1，4 糖苷键连接而成，每一个分支均含有 20～30 个葡萄糖残基，分支与分支之间相距 11～12 个葡萄糖残基，各分支是成簇的并以双螺旋形式存在，所以支链淀粉分子呈

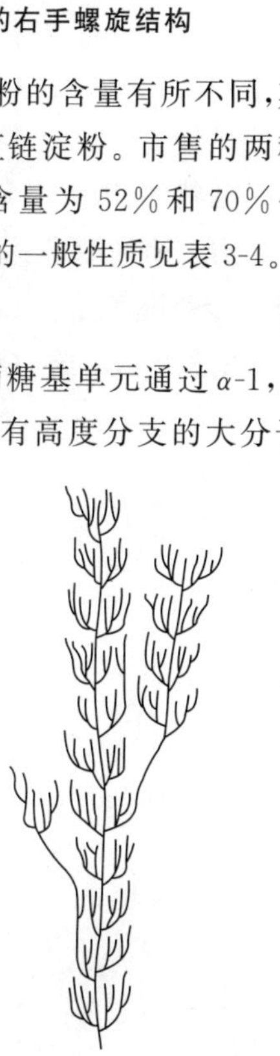

图 3-29　一个支链淀粉分子部分示意图

表 3-4 部分淀粉颗粒和淀粉糊的一般性质

性质	普通的玉米淀粉	蜡质玉米淀粉	高直链玉米淀粉	马铃薯淀粉	木薯淀粉	小麦淀粉
主轴颗粒大小/μm	2～30	2～30	2～24	5～100	4～35	2～55
直链淀粉/%	28	＜2	50～70	21	17	28
糊化温度/℃	62～80	63～72	66～170	58～65	52～65	52～85
相对黏度	中等	中等高	非常低	非常高	高	低
淀粉糊流变性质	短	长	短	很长	长	短
淀粉糊透明度	不透明	非常轻微混浊	不透明	清澈	清澈	不透明
胶凝与老化倾向	高	非常低	非常高	中至低	中等	高
脂肪含量/% DS	0.80	0.20	—	0.10	0.10	0.90
蛋白质/% DS	0.35	0.25	0.50	0.10	0.10	0.40
磷酸含量/% DS	0.00	0.00	0.00	0.08	0.00	0.00
风味	谷物(稍微)	清香味		轻微	清淡	谷物(稍微)

现“树枝”状的枝杈结构。支链淀粉分子是自然界中较大的分子之一，其相对分子质量处于(1×10^7)～(5×10^8)(DP为60 000～3 000 000)范围内，比直链淀粉大得多。

支链淀粉存在于所有淀粉中，在常见淀粉中其含量约为75%，而完全由支链淀粉组成的淀粉则称为蜡质淀粉。在众多商业淀粉中，马铃薯的支链淀粉是独特的，因为其每215～560个*D*-葡萄糖基单元中含有一个磷酸酯基团，其中2/3接在O-6位，其余接在O-3位。

3.5.1.3 淀粉颗粒

淀粉颗粒是由直链淀粉和/或支链淀粉分子径向排列组成的，具有结晶区和非结晶区交替层的结构(图3-30)。支链淀粉的簇状分支以双螺旋形式呈现，这些双螺旋结构堆积在一起会形成许多小的结晶区(微晶束)。结晶区的形成只需要支链淀粉链的一部分参与，其余部分则形成非结晶区，同时直链淀粉也主要用于形成非结晶区。结晶区构成淀粉颗粒的紧密层、无定形区构成淀粉颗粒的稀疏层、淀粉颗粒中紧密层和稀疏层交替排列。从偏光显微镜观察淀粉颗粒，可看到偏振十字(黑色背景上的白色十字)，十字中心是淀粉颗粒脐点，是颗粒生长的起始点，说明淀粉颗粒中的淀粉分子是径向和有序排列的。

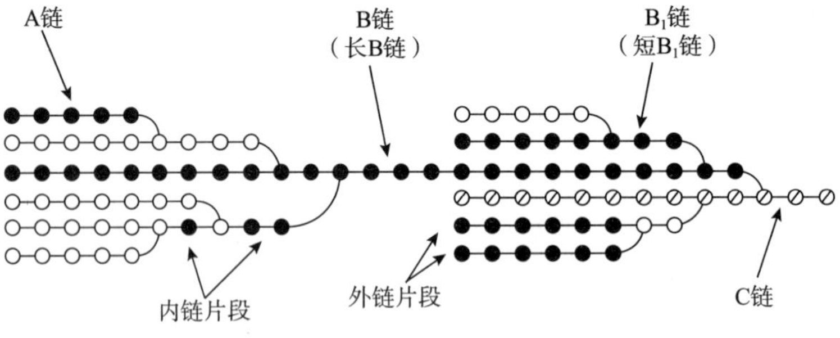

图 3-30 支链淀粉的结构

(引自赵米雪，包亚莉，刘培玲，2018)

不同来源的淀粉颗粒形状也存在差异。小麦淀粉颗粒呈扁豆状，具有两种大小分布(粒径＜10 μm和＞10 μm)。在商业淀粉颗粒中，大米淀粉颗粒最小，粒径为1～9 μm，与小麦淀粉颗粒中小颗粒的大小类似。块茎和块根淀粉颗粒一般比种子淀粉颗粒大，如马铃薯淀粉颗粒和木薯淀粉颗粒，大的颗粒为卵形，小的颗粒为球形，其密度较小，更易于烹饪。马铃薯淀粉颗粒长轴的轴向长度可达100 μm。即使是单一来源的玉米淀粉颗粒也具有不同的形状，包括近球状、多角状和凹入状(图3-31)。

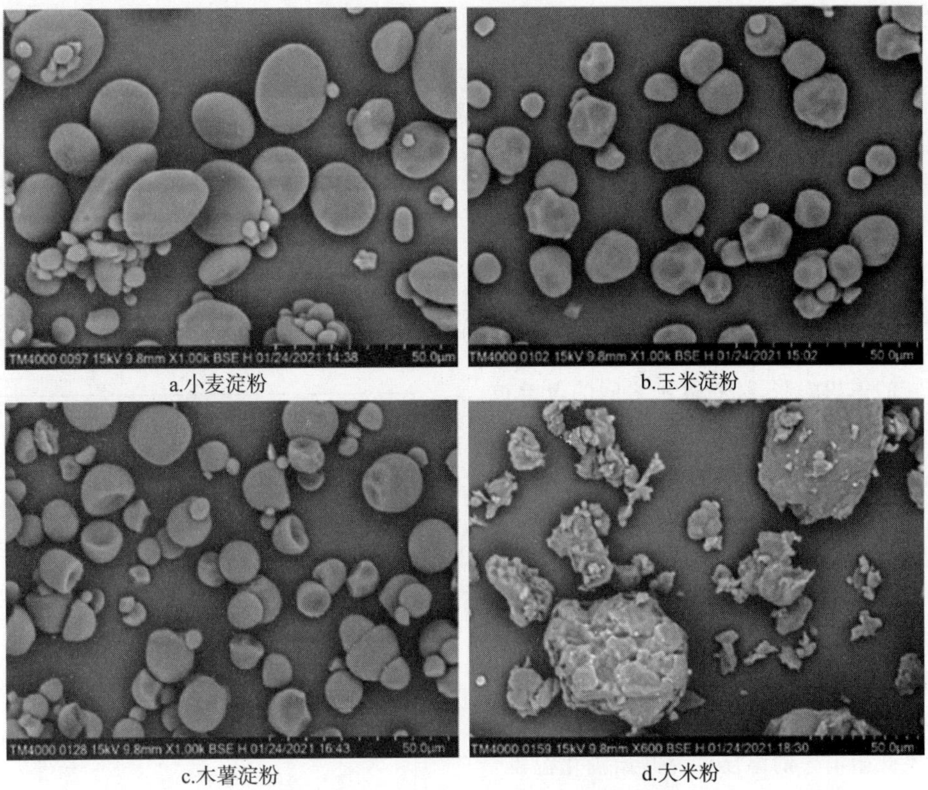

图 3-31　部分淀粉颗粒扫描电子显微镜图

（引自黄冬，彭海亮，黄晓赞，等，2021）

3.5.1.4　淀粉的糊化

生淀粉分子靠大量的分子间氢键紧密排列，形成束状的胶束，彼此之间的间隙很小，即使水这样的小分子也难以渗透进去。因此未损坏的淀粉颗粒不溶于冷水，但可以可逆地吸水，即可以略微溶胀，然后在干燥后恢复其原始大小。具有胶束结构的生淀粉称为 β-淀粉，β-淀粉在水中经加热后，随着加热温度的升高，破坏了淀粉结晶区胶束中弱的氢键，一部分胶束被溶解而形成空隙，于是水分子浸入内部，与一部分淀粉分子进行氢键结合，胶束逐渐被溶解，空隙逐渐扩大，淀粉粒因吸水，体积膨胀数十倍，生淀粉的结晶区胶束即行消失，这种现象称为膨润现象。继续加热，结晶区胶束则全部崩溃，淀粉分子形成单分子，并被水所包围（氢键结合），而成为溶液状态。由于淀粉分子是链状或分枝状，彼此牵扯，结果形成具有黏性的糊状溶液，这种现象称为糊化（gelatinization）（图 3-32）。处于这种状态的淀粉称为 α-淀粉。

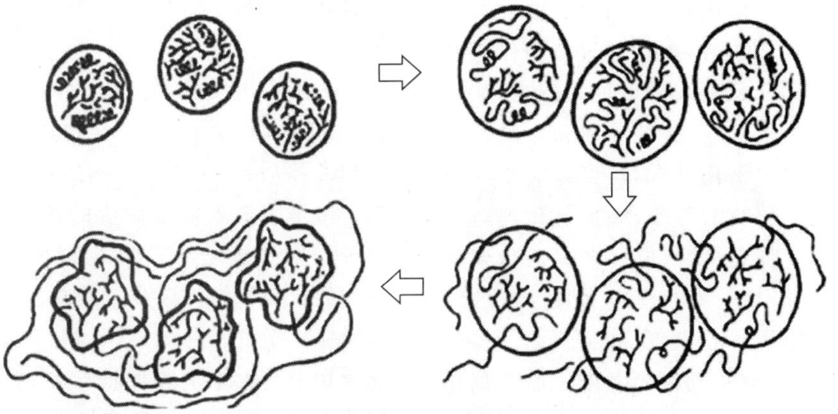

图 3-32　淀粉的糊化过程

淀粉颗粒在加热时会经历糊化的过程。糊化过程会破坏淀粉颗粒内分子的有序排列,其特征包括颗粒的不可逆膨胀、双折射现象的消失和结晶区的丧失。糊化作用可分为3个阶段:①可逆吸水阶段,水分进入淀粉粒的非晶质部分,淀粉通过氢键与水分子发生作用,颗粒的体积略有膨胀,外观上没有明显变化,淀粉束内部晶体结构没有改变,此时冷却干燥,可以复原,双折射现象不变。②不可逆吸水阶段,随温度升高,水分进入淀粉微晶束间隙,不可逆大量吸水,颗粒的体积膨胀,淀粉分子之间的氢键被破坏和分子结构发生伸展,"结晶"溶解,双折射现象开始消失。③淀粉粒解体阶段,淀粉分子全部进入溶液,体系的黏度达到最大,双折射现象完全消失。淀粉颗粒在过量水中的持续加热导致颗粒进一步溶胀,可溶性组分(主要是直链淀粉)的进一步沥出,最终(特别是在施加剪切力的情况下)颗粒完全破坏,从而形成淀粉糊。

淀粉颗粒的完全糊化一般发生在某一温度范围内,双折射现象开始消失的温度称为开始糊化温度,双折射现象完全消失的温度称为完全糊化温度。淀粉糊化、淀粉溶液黏度和淀粉凝胶的性质等不仅取决于淀粉的种类、加热的温度,还取决于共存的其他组分的种类和数量,如糖、蛋白质、脂肪、有机酸、水以及盐等物质。由于淀粉的糊化是一个吸热过程,因此可以通过差示扫描量热法(DSC)测量糊化温度和焓。

各种淀粉的糊化温度不相同,其中直链淀粉含量越高的淀粉,糊化温度越高;对于同一种淀粉而言,小颗粒淀粉的糊化温度要高于大颗粒淀粉的糊化温度。高浓度的糖会降低淀粉糊化的速度、黏度的峰值和所形成的凝胶的强度。在升高糊化温度和降低黏度峰值等方面二糖比单糖更有效,而通常蔗糖 > 葡萄糖 > 果糖。另外,糖是通过增塑作用和干扰结合区的形成而降低凝胶强度的。酯类,如三酰基甘油和脂类衍生物,如一酰基甘油和二酰基甘油乳化剂也影响淀粉的糊化,即能与直链淀粉形成复合物的脂肪推迟了颗粒的肿胀,添加乳化剂对其所能达到的最大黏度值无影响,但是会降低达到最大黏度的温度。例如,在玉米淀粉粉水悬浮液的糊化过程中,在92℃达到最大黏度,如果存在9%~12%的脂肪,将在82℃时达到最大黏度。加热糊化曲线如图3-33所示。

大多数淀粉颗粒的悬浮液在加热的同时会进行搅拌,以防止颗粒沉降到容器底部。通过仪器搅拌记录淀粉糊化和糊化行为随温度的变化从而得到如图3-33所示的曲线。当达到峰值黏度时,一些颗粒已经通过搅拌破碎。随着持续的搅拌,更多的颗粒破裂并破碎,导致黏度进一步降低。在冷却时,一些淀粉分子重新结合以形成沉淀物或凝胶。这个过程称为回生。凝胶的硬度取决于连接区形成的程度。其他成分(如脂肪、蛋白质、糖和酸的存在)和水的存在会影响连接区的形成。

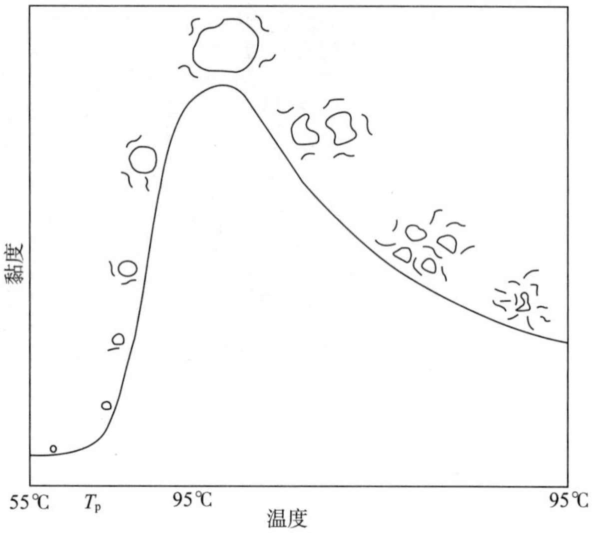

这个曲线显示了加热到95 ℃并恒定在95 ℃,淀粉颗粒溶胀、崩解过程的黏度变化,测定仪器提供较低的剪切力;T_p.糊化温度。

图3-33 加热糊化曲线

3.5.1.5 未改性淀粉的用途

淀粉在食品生产中起多种作用。首先,它们提供了质量和体积。烘焙食品中淀粉糊化的程度严重影响产品性能,包括存储行为和消化速度。在由低水分面团制成的烘烤产品中,许多小麦淀粉颗粒仍未糊化。在高水分的产品中,大多数或所有颗粒都被糊化。

大多数用作食品成分的淀粉是改性食品淀粉,因为在很大程度上,天然淀粉,尤其是天然普通玉米淀粉煮熟后得到的悬浮液的质地是不能满足要求的。由蜡质玉米淀粉制成的透明的、黏性的糊剂在某种程度上更符合需要,但即使是蜡质玉米淀粉也通常经过化学修饰以改善其功能。未改性的马铃薯淀粉应用于挤压谷物和休闲食品以及汤和蛋糕的干混合物中。大米淀粉能产生不透明的凝胶,可用于婴儿食品。糯米淀粉凝胶是透明且具有黏性的。小麦淀粉凝胶强度较弱,且残留的面粉成分而具有轻微的风味。马铃薯和木薯淀粉的分子间键合较弱，并且会大大膨胀，以产生高黏度的糊状物（表 3-4）。如果施加剪切力，由于高度溶胀的颗粒容易破裂，黏度就会迅速降低。

3.5.1.6 淀粉的老化

经过糊化的 α-淀粉在室温，或者低于室温下放置，会变得不透明，甚至凝结而沉淀，这种现象称为老化。这是糊化的淀粉分子在低温下又自动排列成序，相邻分子间的氢键又逐步恢复而形成致密、高度晶化的淀粉分子微晶束的缘故。从某种意义上看，老化过程可以看成是糊化的逆过程，但是老化不能使淀粉彻底复原到生淀粉（β-淀粉）的结构状态，它比生淀粉的晶化程度低。老化后的淀粉与水失去亲和力，不易与淀粉酶作用，因此不易被人体消化和吸收，严重地影响了食品的质地，如面包的陈化失去新鲜感、汤汁和酱汁的黏度下降以及沉淀物的产生都是淀粉老化的结果。因此淀粉老化作用的控制在食品工业中有重要意义。

不同来源的淀粉老化难易程度并不相同，其与所含直链淀粉与支链淀粉的比例有关。一般，直链淀粉较支链淀粉易于老化。直链淀粉越多，老化越快。支链淀粉很难发生老化。其原因是分支结构妨碍了微晶束氢键的形成。当淀粉含水量为 30%～60%时，较易老化；当淀粉含水量小于 10%或在大量水中则不易老化。老化作用最适宜温度为 2～4℃，大于 60℃或小于－20℃都不发生老化。在偏酸（pH 为 4 以下）或偏碱（pH 为××）前后一致的条件下，其也不易老化。

为了防止老化，可将糊化后的 α-淀粉在 80℃以下的高温迅速除去水分（水分含量最好达到 10%以下）或冷却至 0℃以下迅速脱水，这样淀粉分子就不可能移动和相互靠近，成为固定的 α-淀粉。α-淀粉加水后，因为无胶束结构，水易于浸入而将淀粉分子包蔽，不需加热，也容易糊化，这就是制备方便米饭、方便面条、饼干、膨化食品等食品的原理。

当糊化淀粉中存在单糖、二糖和糖醇时，其不易老化，因为它们能妨碍淀粉分子间缔合，并且本身吸水性强，能夺取淀粉凝胶中的水，使溶胀的淀粉成为稳定状态，大多数具有表面活性剂性质的极性脂质可通过与淀粉分子形成复合物来推迟淀粉的老化。例如将单棕榈酸甘油酯、其他单甘油酯及其衍生物和硬脂酰 2-乳酸酯钠的化合物掺入面包和其他烘焙食品的面团中，可延长保质期。此外，一些大分子物质如蛋白质、半纤维素、植物胶等对淀粉的老化也有缓解的作用。

3.5.1.7 淀粉复合物

由于直链淀粉的链以螺旋结构的方式存在，内部具有疏水性，因而能够与分子的线性疏水部分结合形成复合物。碘与直链淀粉和支链淀粉分子均可以复合，且络合发生在螺旋链段的疏水内部。对于直链淀粉，碘分子犹如一个轴贯穿于直链淀粉分子螺旋，每个螺旋可以吸附一个碘分子，借助范德华力连接在一起，形成一种复合物，从而改变碘原有的颜色，呈现棕蓝色。支链淀粉与碘结合呈现紫红色，这是由于支链淀粉分子的聚合度虽然大，但其分支侧链部分的聚合度低，而不能形成聚碘的长链（图 3-34）。

淀粉与碘可以形成有颜色的复合物，这一特性可用作淀粉的诊断测试。直链淀粉-碘复合物中包含 19%的碘，因此可用于测定直链淀粉的含量。

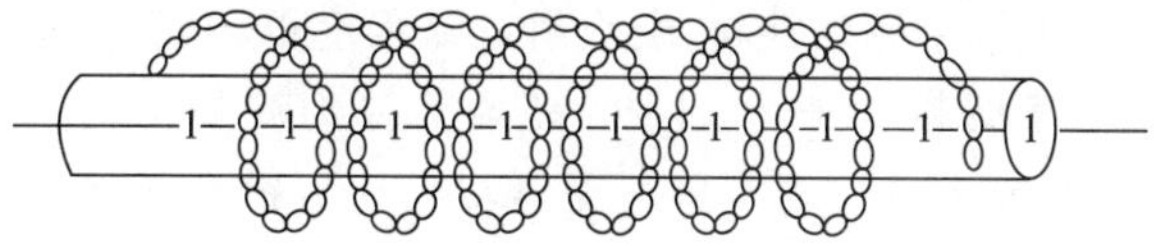

图 3-34 碘-淀粉复合物

极性脂质（表面活性剂/乳化剂和脂肪酸）与淀粉形成复合物从而会影响淀粉糊以及以淀粉为主的食品，其影响为：①影响与淀粉糊化和成糊相关的过程（即双折射消失、淀粉颗粒溶胀、直链淀粉沥出、淀粉颗粒的结晶区域融化以及烧煮过程中的黏度增加）；②改变所得淀粉糊的流变性质；③抑制与老化过程相关的淀粉分子的结晶。在这里，与乳化剂形成的复合物对直链淀粉的影响大于直链淀粉，因此，乳化剂对大多数淀粉的影响远大于蜡质玉米淀粉。

一些风味物和芳香气味化合物也能与淀粉形成复合物，从而导致人们对淀粉类食品的感知降低。此类化合物与淀粉（主要是直链淀粉）分子的结合由于竞争、协同和拮抗作用使分子变得更加复杂。所有多糖（淀粉和食品胶）会降低人们对风味和香气的感知的主要原因是淀粉和胶会产生高黏度，风味物分子难以扩散到味蕾，芳香物分子难以扩散到表面。加入极性脂后产生的特殊变化与脂的结构、淀粉品种以及加入何种产品有关。

3.5.1.8 淀粉的水解

淀粉在无机酸或者酶的催化下会发生水解反应，分别称为酸水解法和酶水解法。淀粉的水解程度因催化条件、淀粉的种类不同而有差别，但最终水解产物为葡萄糖。淀粉水解产品的功能性质见表3-5。

表3-5 淀粉水解产品的功能性质

水解程度较大的产品性质	水解程度较小的产品性质
甜味	产生黏性
吸湿性	增稠
冰点下降	稳定泡沫
增味剂	抑制冰晶长大
具发酵能力	抑制糖结晶
褐变反应	

1. 酸水解法

淀粉分子会被热酸解聚，其糖苷键被酸水解多少是随机的，起初产生很大的片段。淀粉水解程度不同，其水解产物的分子大小也不相同，可以是紫色糊精、红色糊精、无色糊精、麦芽糖和葡萄糖。

不同来源的淀粉，酸水解难易程度也不同，一般马铃薯淀粉比玉米、小麦、高粱等谷物淀粉更易水解，大米淀粉较难水解。支链淀粉比直链淀粉容易水解。糖苷键酸水解的难易顺序为 α-1,6＞α-1,4＞α-1,3＞α-1,2，α-1,4-糖苷键的水解速度比 β-1,4-糖苷键快。结晶区比非结晶区更难水解。另外，淀粉的酸水解反应还与温度、底物浓度和无机酸种类有关。一般来讲，盐酸和硫酸的催化水解效率较高。

工业上将盐酸喷雾到混合均匀的淀粉上或用氯化氢气体处理搅拌的含水淀粉，然后加热混合物至获得所期望的解聚度，接着中和酸，并回收、洗涤和干燥产物。产品仍然是颗粒状的，但更容易破碎（蒸煮），该淀粉称为酸改性淀粉或变稀淀粉，该过程称为变稀。酸改性的淀粉形成的凝胶透明度得到改善，凝胶强度有所增加，而溶液的黏度有所下降。变稀淀粉被用作成膜剂和产品中的黏合剂以及需要强力凝胶的地方。为了制备坚固且可快速凝固的凝胶产品，以高直链玉米淀粉作为基础淀粉。

粒状淀粉经酸深度解聚产生糊精。与变稀淀粉相比，在相同浓度下，黏度较低的糊精可以在食品加工中以高浓度使用。糊精具有成膜性和黏结性，可用于蘸糖烤坚果、糖果等产品。它们还用作填充剂、包埋剂和载体调味剂，尤其是喷雾干燥风味物质。糊精按冷水溶解度和颜色进行分类，保留大量线性链或长链片段的糊精会形成坚固的凝胶。

2. 酶水解法

淀粉的酶水解在食品工业上称为糖化，所使用的淀粉酶也被称为糖化酶。淀粉的酶水解一般要经过糊化、液化和糖化3道工序。淀粉酶水解所使用的淀粉酶主要有 α-淀粉酶（液化酶）、β-淀粉酶（转化酶、糖化酶）、葡萄糖淀粉酶等。

α-淀粉酶是一种内切酶，可从内部切割直链淀粉和支链淀粉分子任意位置的 α-1,4-糖苷键，产物的还原端葡萄糖残基为 α-构型，故称为 α-淀粉酶。α-淀粉酶不能催化水解淀粉的 α-1,6-糖苷键，但能越过 α-1,6-糖苷键继续催化水解 α-1,4-糖苷键。因此，较大的低聚糖通过 α-1,6-糖苷键连接，具有一个侧链、二个侧链或三个侧链。此外，α-淀粉酶不会催化水解双螺旋淀粉聚合物链段或与极性脂质复合的聚合物链段（稳定的单螺旋链段）。

β-淀粉酶可以从淀粉分子的还原尾端开始催化 α-1,4-糖苷键水解，但它不能催化 α-1,6-糖苷键水解，也不能越过 α-1,4-糖苷键继续催化水解 α-1,4-糖苷键。因此 β-淀粉酶是外酶，水解产物是 β-麦芽糖和 β-限制糊精。

工业上一般组合使用葡萄糖淀粉酶与 α-淀粉酶来生产 *D*-葡萄糖糖浆和结晶 *D*-葡萄糖。葡萄糖淀粉酶可以催化水解淀粉分子中的任何糖苷键，可作为外切酶作用于完全糊化淀粉，能够从非还原尾端催化淀粉分子的水解，从而连续释放单个葡萄糖基。因此，该酶可以将淀粉完全水解为 *D*-葡萄糖。但是，通常先用 α-淀粉酶，使淀粉解聚产生小片段和更多的非还原末端。

有一些脱支酶可以专门催化水解支链淀粉中 α-1,6-糖苷键，产生许多相对分子质量低的直链分子，其中一种是异淀粉酶，另一种是普鲁兰酶。

3.5.1.9 淀粉的改性

天然淀粉经烧煮、冷却后会产生不期望的凝胶，因而可通过改性来改善淀粉糊和凝胶的特性，例如，通过改性，淀粉糊可具有耐热、剪切、酸等加工条件。改性食品淀粉是一种具有功能性的、有用的且产量丰富的食品配料和添加剂。

改性可以采用化学改性或物理改性。化学改性可生成交联的、稳定的、氧化的和解聚（酸改性淀粉、变稀淀粉）淀粉。物理改性可以制成预糊化和冷水溶胀淀粉。化学改性对淀粉的功能影响最大。大多数改性淀粉都是通过衍生试剂与羟基反应形成醚或酯。改性可以是单一改性，但更多的是两个方法、三个方法或四个方法组合使用。

交联淀粉具有更高的糊化温度、更高的抗剪切能力以及在低 pH 条件下具有更高的稳定性，并且产生的淀粉糊具有更高的黏度和稳定性。稳定化淀粉具有较低的糊化温度，预糊化后更易于再分散，并且产生的淀粉糊和凝胶因老化而减弱，且具有更好的冻融稳定性和更高的透明度。与未改性的淀粉相比，次氯酸盐氧化产品颜色更白，糊化温度更低，最高黏度值降低，形成的凝胶更柔软、透明。既交联又稳定化的淀粉通常糊化温度降低，产生的淀粉糊黏度更高，并表现出交联和稳定化淀粉的其他特性。变稀淀粉（即非常轻微解聚的产品）的糊化温度降低，并且产生的淀粉糊的黏度降低。

几种改性方法的组合使用可以实现某些特定性能的改善，包括减少烧煮所需的能量（加速糊化和成糊）；改善烧煮性质；增加溶解性；提高或降低淀粉糊的黏度；提高淀粉糊冻融稳定性；增强淀粉糊透明度；增强淀粉糊光泽；抑制或减弱凝胶的形成和凝胶强度；减少凝胶的脱水收缩；增强与其他物质的相互作用；改善稳定性；提高成膜能力和膜的阻湿性；降低淀粉糊的黏合性以及提高对酸、热和剪切的稳定性。

采用单官能团试剂进行酯化或醚化可阻碍链间缔合，从而降低淀粉糊形成凝胶的趋势和沉淀的趋势。因此，这种改性通常称为稳定化，而产品称为稳定化淀粉。采用双官能团试剂会产生交联淀粉。改性食品淀粉通常既经过交联又经过稳定化处理。

淀粉经过食品中允许的最大量（DS=0.09）乙酰化后会降低糊化温度，提高淀粉糊的透明度，并提高抗老化能力和冻融稳定性。磷酸酯化淀粉是淀粉经三聚磷酸钠或磷酸一钠处理而制得的，它们可用于制备透明、稳定且具有冻融稳定性的淀粉糊。磷酸一酯淀粉具有绵长和黏性的质构。淀粉糊的黏度很高，可以通过改变试剂的浓度、反应时间、温度和 pH 来控制。磷酸酯化淀粉降低了淀粉的糊化温度。在美国，磷酸基的最大允许 DS 值为 0.002。

羟丙基化是制备稳定化淀粉最常用的反应。羟丙基淀粉（淀粉—O—CH_2—CHOH—CH_3）是通过淀粉与氧化丙烯反应制得，其醚化程度较低（DS 0.02～0.2，0.2 为允许的最大值）。羟丙基淀粉的性质与乙酸酯淀粉相似，因为它们在淀粉高聚物链上同样具有隆起块，可防止链之间的缔合，抑制老化。羟丙基化降低了糊化温度，会形成透明的淀粉糊，且不会老化，冻融稳定性好。羟丙基淀粉可用作增稠剂和延展剂。为了提高黏度，特别是在酸性条件下，乙酰化和羟丙基化的淀粉通常也会与磷酸基团进行交联。

大多数食品改性淀粉都是交联淀粉。当淀粉颗粒与双官能团试剂反应时，双官能团试剂与淀粉颗粒内两个不同分子上的羟基反应发生交联，产生双淀粉磷酸酯（图 3-35）。淀粉在碱性浆液中与磷酰氯（PO_3Cl_2）或三偏磷酸钠（$Na_3(PO_3)_3$）反应，其中磷酰氯是最常用的交联试剂。淀粉链通过磷酸二酯或其他交联剂交联在一起，加固了淀粉颗粒，并降低了颗粒溶胀的速率和程度，也减少了随后颗粒的破碎。因此，淀粉颗粒对加工条件（高温，延长的烧煮时间，低 pH，在混合、研磨、均质化和/或泵输送过程中的高剪切）敏感性下降。与天然淀粉糊相比，交联淀粉糊更黏，稠度较大，质构较短，并且在长时间烧煮或低 pH 或剧烈搅拌条件下颗粒也不易破碎。当交联度较低时，颗粒的溶胀与 DS 成反比。随着交联的增加，淀粉颗粒对物理条件和酸度的耐受能力越来越强，但是在烧煮时的分散性越来越小，达到最大溶胀和黏度时所需的能量也增加。例如，仅用 0.002 5% 的三偏磷酸钠处理淀粉就会大大降低颗粒溶胀的速率和程度，增加淀粉糊的稳定性，并显著改变了淀粉糊的黏度图和质构特性。用 0.08% 的三偏磷酸盐处理淀粉后，淀粉颗粒的膨胀受到限制，因此黏度在保温阶段达不到峰值。随着交联度的增加，淀粉的酸稳定性大大增加。虽然在酸性水溶液中加热糖苷键会发生水解，但是通过磷酸盐交联的链会提供更大的分子并提高黏度。

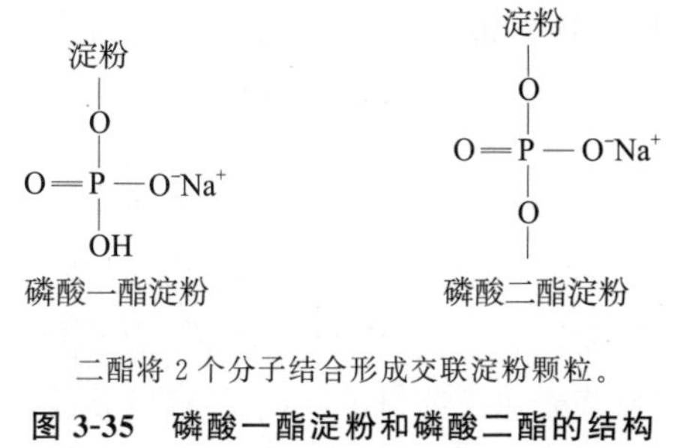

二酯将 2 个分子结合形成交联淀粉颗粒。

图 3-35 磷酸一酯淀粉和磷酸二酯的结构

通过次氯酸钠（碱性溶液中的氯）的氧化可以实现直链淀粉分子的解聚，降低黏度和糊化温度，这是通过引入少量的羧基和羰基来提高稳定性。氧化淀粉的黏度较低，凝胶较柔软。氧化淀粉还用于改善鱼肉面糊的黏结性。用次氯酸钠、过氧化氢或高锰酸钾温和处理会使淀粉漂白，并减少可生长微生物的数量。

在低于糊化温度的温度下，用稀无机酸处理天然或衍生淀粉的悬浮液可以制备变稀淀粉。当达到所需黏度时，将酸中和，并将产物回收洗涤干燥。即使只有很少的糖苷键被水解，颗粒在轻微溶胀后也很容易破碎。酸改性淀粉形成的凝胶透明度和强度得到改善，但其淀粉糊的黏度较低。变稀淀粉常被用作成膜剂和黏结剂，以及应用于需要强力凝胶的产品中。为了制备特别强和可快速凝固的凝胶，常采用高直链玉米淀粉作为主要淀粉基料。

可以通过特制改性淀粉来实现特定的应用。玉米淀粉、蜡质玉米淀粉、马铃薯淀粉、小麦淀粉以及其他淀粉通过改性能够具有各种功能性质，其包括交黏力、溶液/淀粉糊的透明度、颜色、乳液稳定性能、成膜能力、香味释放、水合速率、持水能力、对酸、热、冷和剪切的稳定性、烧煮所需的温度以及黏度，从而可以赋予食品一些特性，其包括口感、减少油迁移、质地、光泽、稳定性和黏性。

3.5.1.10 冷水可溶(预胶化或速溶)淀粉

对尚未过度老化的淀粉糊进行干燥，它可以重新溶解在冷水中，这种淀粉称为预糊化淀粉或速溶淀粉。这种淀粉已经糊化，许多颗粒已经被破坏了，因此也可称其为预煮淀粉。制备预糊化淀粉主要有两种方法：第一种是将淀粉-水浆液引入两个相互接触且反向旋转的蒸汽加热的滚筒间隙，或者通入蒸汽加热的单个滚筒的顶部。当淀粉糨糊化，并在几乎形成淀粉糊时，将其涂在滚筒上，快速干燥。从滚筒上刮下干燥的膜并研磨成粉末，所得产物可溶于冷水，并且在室温水中时会形成黏稠的分散相，通过适当加热可达到最大黏度。第二种是挤压法，挤出机中的加热和剪切可以糊化并破碎湿润的淀粉颗粒，最后将膨化、易碎、玻璃状的挤出物研磨成粉末。

化学改性的淀粉和未改性的淀粉均可用于制备预糊化的淀粉。如果使用化学改性的淀粉，则改性所引入的特性会影响预胶化的产品，于是淀粉糊的性质，如对冻融循环的稳定性，也是预胶化淀粉的特征。预胶化的、轻度交联的淀粉可用于速溶汤、比萨饼馅料以及膨化的零食和早餐谷物中。

预胶化淀粉的优点是无须烹饪即可使用。像水溶性胶一样，细磨的预糊化淀粉添加到水中后会形成小的凝胶颗粒，但是当适当分散和溶解后，会形成高黏度的溶液。粗研磨的产品更容易分散并产生较低黏度的分散液，并且具有某些产品所需要颗粒状或柔软性。许多预糊化淀粉可用于固体混合物中，例如，速溶布丁粉能通过高剪切搅拌或与糖或其他固体成分混合后易于分散。

3.5.1.11 冷水膨胀淀粉

普通玉米淀粉在75%～90%的乙醇中加热或通过特殊的喷雾干燥工艺可以制得在冷水中极易膨胀的颗粒淀粉，该类产品可归类为预糊化淀粉或速溶淀粉。它与常规的预糊化淀粉的区别在于，尽管通过处理破坏了颗粒的结晶排布，但颗粒仍是完整的。因此，当添加到水中时，它们像被煮熟一样膨胀。冷水膨胀淀粉通过快速搅拌掺入到糖溶液或葡萄糖浆中制成分散体系，倒入模具后可形成硬质凝胶，该凝胶非常容易切片，产品是胶质软糖。冷水膨胀淀粉也可用于制作甜点和包含颗粒(例如蓝莓)的松饼面糊，在烘烤加热使面糊增稠之前，颗粒会沉降到底部。

3.5.2 纤维素

纤维素是由β-D-吡喃葡萄糖基单元通过β-1,4-糖苷键连接而成的高分子直链不溶性的均一高聚物(图 3-36)，其聚合度的大小取决于纤维素的来源，一般可以达到1 000～14 000 Da。α-D-吡喃葡萄糖基单元通过轴向-平伏的1,4-糖苷键连接而成的高分子淀粉形成一个环绕结构(α-螺旋)。相反的，β-D-吡喃葡萄糖基单元通过平伏-平伏的1,4-糖苷键连接而成的纤维素分子形成一个平直的带状结构，链上的每个吡喃葡萄糖基单元都是上下颠倒着与前后的糖基相互连接的。纤维素分子在广泛区域内通过氢键相互结合，形成多晶纤维束，结晶区被非结晶隔开并连接着非结晶区。由于纤维素微晶之间氢键很多，结合很牢固，因此纤维素的化学性质非常稳定。纤维素不溶于水，对稀酸和稀碱也很稳定，在一般加工条件下都很稳定。但是纤维素在高温、高压和酸(60%～70%硫酸或41%盐酸)性条件下能分解为葡萄糖。

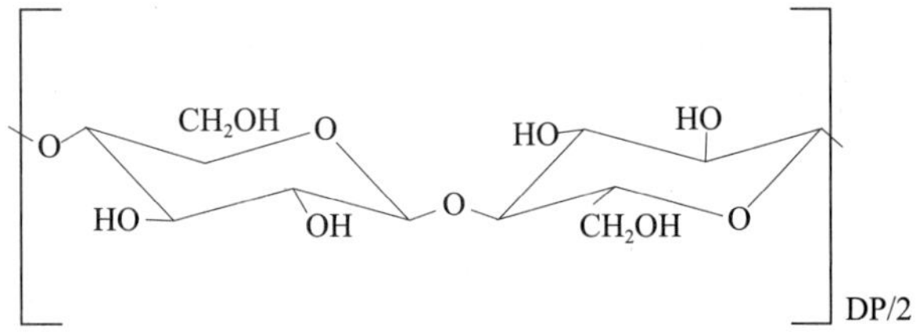

图 3-36 纤维素(重复单元)

纯化的纤维素粉末可用作食品成分，通过木材制浆和纯化获得高质量的纤维素。用于食品中的纤维素不需要达到化学纯度，因为纤维素是所有水果和蔬菜细胞壁的组成部分。粉末状纤维素最常被添加到面包中，以提供无热量的膨松食品。用纤维素粉制成的低热量烘焙食品不仅增加了膳食纤维的含量，而且还能提高持水力和延长保鲜期。

人体内没有β-糖苷酶，因为纤维素不能被消化，并且在通过人体消化道时不会产生热量。但是纤维素具有吸附大量水分、增加粪便量、促进肠蠕动、加快粪便的排泄等作用，同样具有重要的生理功能。

3.5.2.1　微晶纤维素

食品工业中使用的纯化的不溶性纤维素被称为微晶纤维素（microcrystalline cellulose，MCC），是通过部分水解纯木浆纤维素后分离出微晶组分而制得的。纤维素分子是刚性的，是由约3 000个β-D-吡喃葡萄糖基单元组成的直链，很容易缔合，具有长的接合区。但是长而窄的分子链不能完全排成一行。结晶区域的末端是纤维素链的分叉，是无序的、随机的排列，形成了无定形区。当用酸水解纯木浆时，酸会渗透到密度较低的无定形区，该区域中的聚合物链具有更大的移动自由度，被水解断裂后会释放出单个穗状结晶。

已制得的两种MCC都对热和酸稳定。第一种MCC为粉末，是喷雾干燥的产品。喷雾干燥使微晶聚集体附聚，主要用作风味载体和切达干酪的抗结块剂。第二种MCC为胶体，它能在水中分散，具有类似于水溶性胶的功能特性。为了制得MCC胶体，水解后会施加相当大的机械能，以撕裂结合较弱的微晶纤维，使主要部分变成胶体颗粒大小的聚集体（直径$<0.2\ \mu m$）。为防止干燥过程中聚集体重新结合，可以添加羧甲基纤维素钠（CMC-Na）、黄原胶或海藻酸钠。由于CMC提供了稳定的带负电的颗粒，因此将MCC隔开，防止MCC重新缔合，有助于重新分散。

MCC胶体的主要功能有稳定泡沫和乳状液，尤其是在高温加工过程中；形成类似膏状质地的凝胶（形成水合微晶网状结构）；提高果胶和淀粉凝胶的加热稳定性；提高黏附力；替代沙拉酱和冰淇淋等产品中的脂肪；控制冰晶的生长；MCC之所以能稳定泡沫和乳状液是由于MCC吸附在界面处并加固界面膜。MCC是低脂冰淇淋和其他冷冻甜食产品的常用配料。

3.5.2.2　羧甲基纤维素

羧甲基纤维素（carboxymethyl cellulose，CMC）被广泛用作食品胶。用18%氢氧化钠溶液处理纯木浆会得到碱性纤维素。当碱纤维素与氯乙酸钠盐反应时，生成了纤维素的羧甲基醚钠盐（纤维素-*O*-CH_2-CO_2—Na^+，CMC-Na）。大多数商用CMC产品的取代度DS范围为0.4～0.8，聚合度为500～2 000。作为食品配料用和市场上销售量最大的CMC的DS值为0.7。

由于CMC是由带负电荷的、长的刚性分子链组成，大量离子化的羧基会产生静电斥力使CMC分子在溶液中伸展，并且相邻的链间会互相排斥，因而溶液具有高黏性和稳定性，并与取代度和聚合度有关。取代度为0.7～1.0的CMC易溶于水，形成非牛顿流体，且黏度随温度升高而降低。溶液在pH 5～10时稳定，在pH 7～9时稳定性最高，并且当pH为7时黏度最大，而pH在3以下时则易生成游离酸沉淀；当有二价金属离子存在时其溶解度降低，并形成不透明的液体分散系；三价阳离子存在下能产生凝胶或沉淀，其耐盐性较差。目前，各种黏度等级的CMC产品均可以生产。

CMC-Na能够稳定蛋白质的分解体系，尤其是在蛋白质等电点的pH附近，如鸡蛋清可通过与CMC-Na一起干燥或冷冻而得到稳定，CMC-Na也能提高乳制品稳定性以防止酪蛋白沉淀。在果酱、番茄酱中添加CMC-Na，不仅能增加黏度，而且可增加固形物的含量，还可以使其组织柔软细腻。在面包和蛋糕中添加CMC-Na，可增加其保水作用，防止淀粉的老化。在方便面中加入CMC-Na，较易控制水分，减少面饼的吸油量，并且还可以增加面条的光泽，一般用量为0.36%。在酱油中添加CMC-Na以调节酱油的黏度，使酱油具有滑润口感。CMC-Na对冰淇淋的作用类似于海藻酸钠，但其价格低廉，溶解性好且保水作用较强，所以CMC-Na常与其他乳化剂并用，以降低成本，而且CMC-Na与海藻酸钠一起有协同作用。

3.5.2.3　甲基纤维素和羟丙基甲基纤维素

将碱性纤维素用一氯甲烷处理，以引入甲醚基（纤维素-*O*-CH_3），从而制得甲基纤维素（methyl cellulose，MC），这种改性属于醚化。这类胶中的许多品种含有羟丙基醚基（纤维素-*O*-CH_2-CHOH-CH_3）。羟丙基甲基纤维素（hydroxypropyl methyl cellulose，HPMC）是由碱性纤维素与氧化丙烯和一氯甲烷反应制得的。商品级MC的甲醚基取代度为1.1～2.2，商品级HPMC的羟丙基醚基的摩尔取代度为0.02～0.3。这两种产品都能在冷水中溶解，因为甲基和羟丙基醚基会沿着主链向空间伸展，从而阻止纤维素的分子间缔合。

沿链分布的少量醚基会使纤维素的水溶性大大增强，同时链的水解也降低了，这是因为极性较小的醚基取代持水的羟基，因而水合能力有所下降，这是该类胶的独特性质。醚基会限制纤维素链的溶剂化使其处于水溶性的极限程度。当加热水溶液时，聚合物水合的水分子从主链上解离，水合明显降低，分子间缔合增加(可能通过范德华力相互作用)发生胶凝。凝胶冷却可使分子重新水合并溶解，因此胶凝是可逆的，即是热凝胶。

由于醚基的存在，胶链有表面活性并会吸附在界面处，这有助于稳定乳状液和泡沫，因而 MC 本身是一种优良的乳化剂。MC 可以减少食品中脂肪的用量，主要通过两种机制：①它们具有类似脂肪的特性，可以减少产品的脂肪含量；②它们可以减少油炸食品对油脂的吸收，因为通过热胶凝产生的凝胶结构具有阻油和持水的能力，可以充当一种黏合剂。

3.5.3 果胶

果胶(pectins)是植物细胞壁的成分之一，存在于所有陆生植物的细胞壁和细胞间层，是一种较复杂的分子，可通过酸提取转化成商业产品。在植物的根、茎、叶、果实等器官中，果实中果胶的含量最高。商业果胶主要来源于柑橘皮和苹果渣。通常，柠檬和酸橙皮中的果胶最容易分离，且质量最高。

3.5.3.1 果胶的化学结构和分类

果胶(图 3-37)是 α-D-吡喃半乳糖醛酸基通过 α-1,4-糖苷键连接而成的聚合物，即多聚半乳糖醛酸，相对分子质量在 50～300 kD。其中，半乳糖醛酸残基中部分羧基与甲醇形成酯，剩余的羧基部分与钠、钾或铵离子形成盐。在主链中相隔一定距离含有 α-L-鼠李吡喃糖基侧链，因此果胶的分子结构由均匀区(α-D-半乳糖醛酸基组成)与毛发区(α-L-鼠李吡喃糖基)组成。

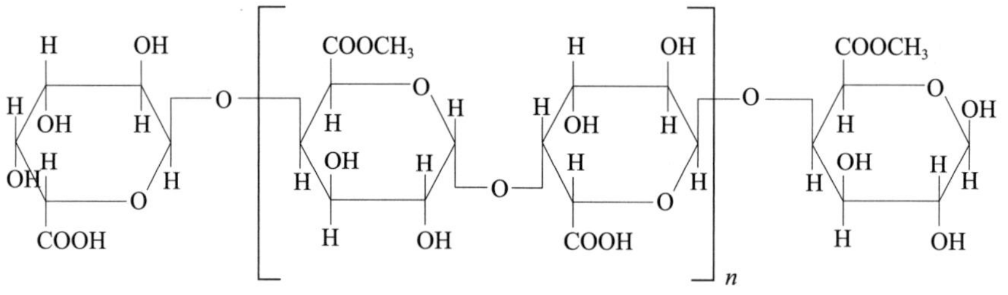

图 3-37 果胶的化学结构

根据果蔬的成熟过程，果胶物质一般有 3 种形式：①原果胶。与纤维素和半纤维素结合在一起的甲酯化半乳糖醛酸链，只存在于细胞壁中，不溶于水，水解后生成果胶。在未成熟果蔬组织中与纤维素和半纤维素黏结在一起形成较牢固的细胞壁，使整个组织比较坚固。②果胶。果胶是羧基不同程度甲酯化和阳离子中和的聚半乳糖醛酸链，存在于植物的细胞汁液中，成熟果蔬的细胞液内含量较多。③果胶酸。果胶酸是完全未甲酯化的聚半乳糖醛酸链，在细胞汁液中于 Ca^{2+}、Mg^{2+}、K^+、Na^+ 等矿物质形成不溶于水或稍溶于水的果胶酸盐。当果蔬变成软的状态时，果胶酸的含量较多。

果胶物质通常以部分甲基化形式存在，酯化的半乳糖醛酸基与总半乳糖醛酸基的比值称为酯化度(the degree of esterification,DE)，也有用甲氧基含量来表示酯化度的。按照酯化度来分类：通常将酯化度大于 50％的果胶称为高甲氧基果胶(high-methoxyl pectin, HM)，酯化度小于 50％的果胶称为低甲氧基果胶(low-methoxyl pectin, LM)。高甲氧基果胶按照果胶甲酯化程度又可以分为 3 种：全甲酯化聚半乳糖醛酸(DE 为 100％)、速凝果胶(DE 大于 70％)和慢凝果胶(DE 在 50％～70％)。此外，低甲氧基果胶用氨的醇溶液处理时某些甲酯基会转化为羧酰胺基(15％～25％)，在该过程中形成的产品被称为酰胺化低甲氧基果胶(图 3-38)。

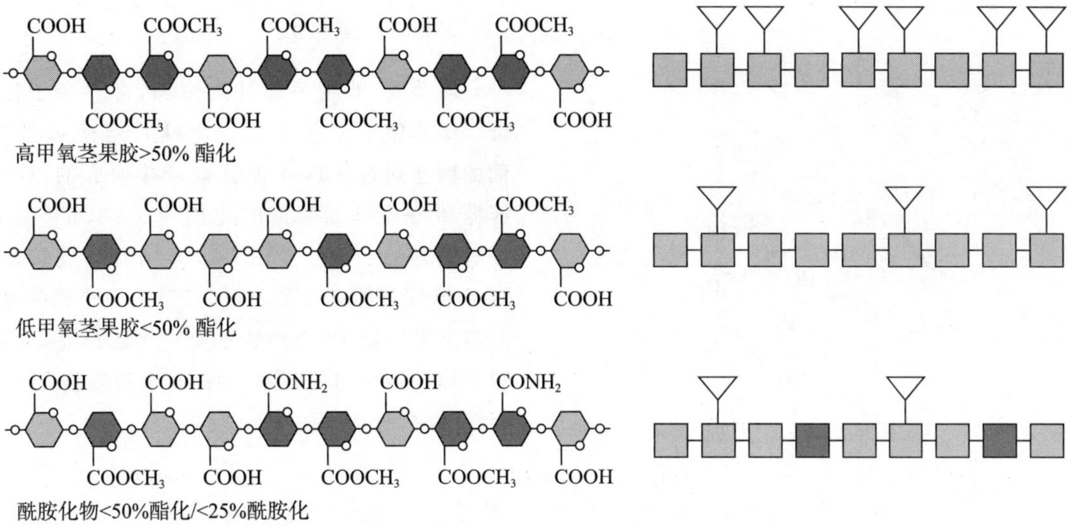

图 3-38　高甲氧基果胶、低甲氧基果胶和酰胺化低甲氧基果胶的结构

3.5.3.2　果胶物质的特性

果胶在水中形成的是一种带负电荷的高黏度溶液，其黏度与分子链长度成正比。一般认为，果胶及果胶酸在水中的溶解度随聚合度的增加而减小，还随着酯化程度的增加而加大。果胶酸的溶解度较小（1%），但其衍生物，如甲醇酯和乙醇酯溶解度较大。

在不加任何试剂的情况下，果胶物质的水溶液是呈酸性的，主要是果胶酸和半乳糖醛酸。但是果胶物质在强酸或强碱条件下能发生水解，可使酯基或糖苷键裂解；在高温强酸条件下，糖醛酸残基发生脱羧作用。

3.5.3.3　果胶物质的凝胶的形成

当果胶水溶液含糖量 60%～65%，pH2.0～3.5，果胶含量为 0.3%～0.7%（依果胶性能而异）时，在室温甚至接近沸腾的温度下，果胶也能形成凝胶。在凝胶过程中，水的含量影响很大，过量的水会阻碍果胶形成凝胶。在果胶溶液中加入糖类的目的是脱水，促进果胶分子周围的水化层发生变化，使原来胶粒表面吸附的水减少，果胶分子间易于结合而产生链状胶束。高度失水会加快胶束的凝聚，并相互交织，无定形地形成三维网状结构。在果胶-糖分散体系内添加一定的酸，酸产生的 H^+ 能使果胶分子所带的羧基质子化，从而降低其负电荷。当 pH 达到一定值时，果胶接近电中性，于是其溶解度降低，故加酸能加速果胶胶束结晶、沉淀和凝聚，有利于凝胶的形成。

果胶的凝胶强度受到果胶相对相对分子质量、酯化度、pH、糖浓度和温度等因素的影响。在相同条件下，果胶相对分子质量越大，形成的凝胶越强；如果果胶分子链降解，则形成的凝胶强度就比较弱。果胶的凝胶强度还随着其酯化度增加而增大，因为凝胶网络结构形成时的结晶中心位于酯基团之间，同时果胶的酯化度也直接影响凝胶速度，果胶的凝胶速度随酯化度增加而增大。尤其是高甲氧基果胶在碱性条件下，适当的 pH 有助于果胶-糖凝胶体系的形成，不适当的 pH 会导致果胶水解，低甲氧基果胶具有较少的甲基空间阻碍，因此更易形成接合区，但需要加适当酸来结合羧基增强链间作用使其缔合。当为低甲氧基果胶凝胶时不需要加糖，但是添加 10%～20% 的蔗糖会使凝胶更好。0～50℃ 的温度对果胶凝胶影响不大，但温度过高，或者加热时间过长会导致淀粉降解从而影响果胶强度。

高甲氧基果胶溶液在足够的酸和糖存在时会胶凝。当果胶溶液的 pH 降低时，高度水合且带电的羧基会转化为不带电荷且仅少量水合的羧基。由于失去了一些电荷和水合作用，聚合物分子的某些部分就会缔合，从而使聚合物形成接合和网状结构，从而截留了含有溶质分子的水溶液。高浓度（约 65%，至少 55%）的糖会与果胶分子竞争水合水，从而减少链的水合作用，使分子链彼此之间相互作用，以促进接合区的形成。

低甲氧基果胶溶液仅在二价阳离子存在条件下形成凝胶，二价阳离子的作用是产生桥联。增加二价阳离子的浓度（在食品应用中仅使用钙离子）会增加胶凝温度和胶凝强度。添加钙离子后低甲氧基果胶溶液形成的凝胶符合“蛋壳”模型。由于低甲氧基果胶凝胶时不需要糖，因此低甲氧基果胶可用于制作低糖果酱、果冻等(图3-39)。

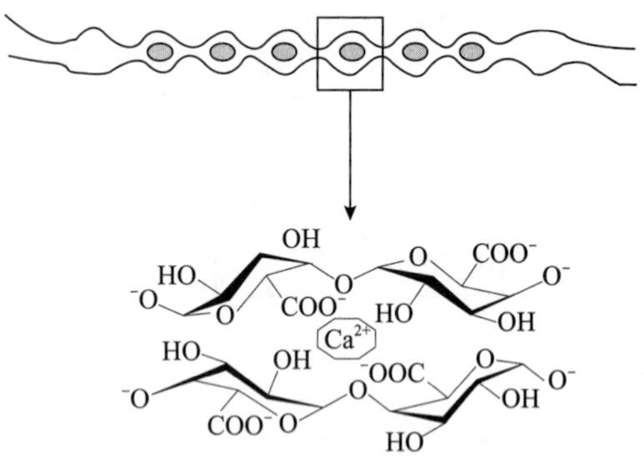

图3-39 低甲氧基果胶凝胶的"蛋壳"结构

3.5.4 魔芋胶

魔芋胶,即魔芋葡甘露聚糖,常存在于植物、酵母等细胞壁中。它是由*D*-吡喃甘露糖基和*D*-吡喃葡萄糖基通过*β*-1,4-糖苷键连接而成的,*D*-吡喃甘露糖和*D*-吡喃葡萄糖的比例为1∶1.6。主链上的*D*-甘露糖的C-3处经由*β*-1,3-糖苷键连接支链,每32个糖残基约有3个支链,支链由几个糖残基组成;主链上平均每19个糖残基有一个乙酰基,它有助于魔芋葡甘露聚糖的溶解。每20个糖残基含有1个葡萄糖醛酸,结构如图3-40所示。

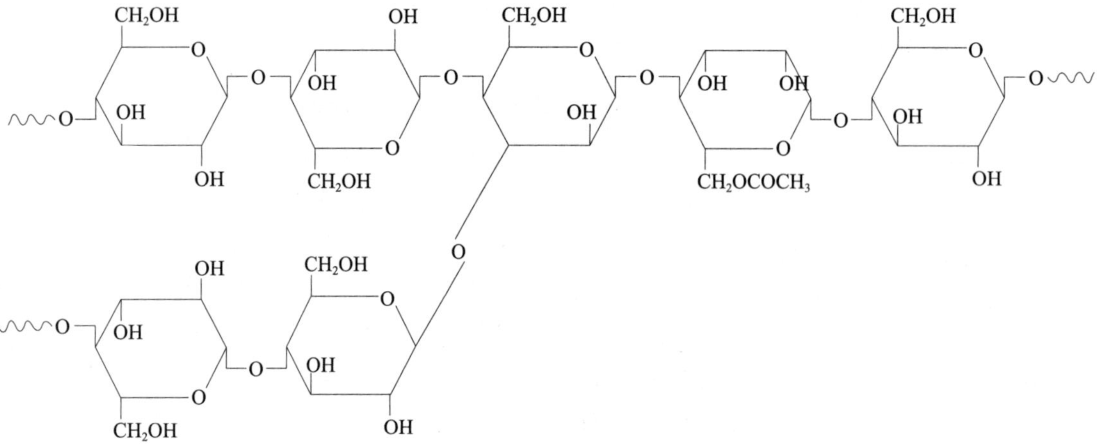

图3-40 魔芋葡甘露聚糖的化学结构

魔芋葡甘露聚糖具有很强的持水能力,能吸附其自身体积200倍的水分子。它可溶于水并形成高黏度的溶液,加热和机械搅拌均可提高其溶解度。魔芋葡甘露聚糖也是一种膳食纤维,不受人体的消化酶的影响,也不会产生热量。它经碱处理脱乙酸后会形成稳定的热不可逆凝胶。魔芋葡甘露聚糖与黄原胶混合使用会形成热可逆凝胶,比例为1∶1时的凝胶强度最大,其熔化温度为30～63℃。凝胶强度还随着浓度的增加而增加,随盐浓度的增加而减少。由于具有形成热不可逆凝胶的特性,魔芋葡甘露聚糖可用于制作各种食品,如魔芋糕、魔芋丝、仿生食品(虾仁、肚片等)和可食膜。魔芋葡甘聚糖经氧化、交联还可用于活性因子递送体系的构建,它是也结肠靶向递送中常用的食物多糖。

3.5.5 瓜尔胶和刺槐豆胶

瓜尔胶和刺槐豆胶[角豆胶(carob or locust bean gum,LBG)]均是重要的增稠多糖。瓜尔胶的黏度是所有天然商业胶中最高的。两种胶都来源于种子的胚乳,其主要成分是半乳甘露聚糖。半乳甘露聚糖主链由*β*-*D*-吡喃甘露糖基单元通过1,4-糖苷键连接而成,在O-6处连接一个*α*-*D*-吡喃半乳糖基侧链(图3-41)。瓜尔胶特定多糖组分是瓜尔多糖。半乳糖基均匀分布于瓜尔多糖的吡喃甘露糖主链,其中约有一半是含有*α*-*D*-吡喃半乳糖基侧链的。

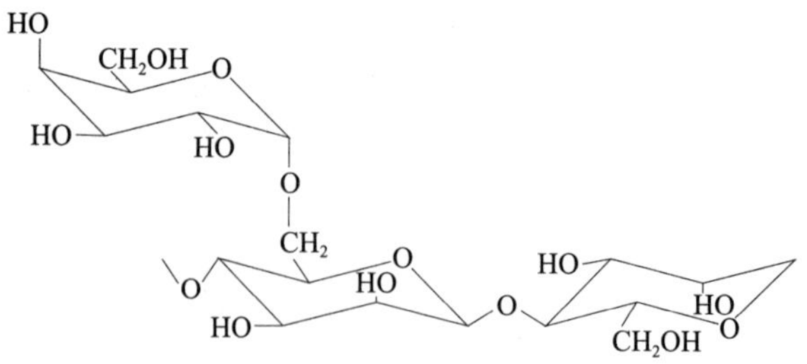

图3-41 半乳甘露聚糖分子的代表性片段

刺槐豆胶的半乳甘露聚糖的支链比瓜尔胶少,且结构更不规则,由具有很长的光滑区(约由80个未衍生化的*D*-甘露糖基单元组成,无侧链)与具有半乳糖基侧链的毛发区组成。由于结构上的差异,瓜尔胶和刺槐豆胶的物理性质也有所不同。瓜尔胶的半乳糖基单元均匀分布在主链，因此链上几乎没有适合形成接合区的位置；而刺槐豆胶具有较长的光滑区，可以形成连接区。刺槐豆胶分子能与黄原胶和卡拉胶螺旋相互作用形成接合区，形成具有弹性的凝胶。

瓜尔胶主要用作增稠剂，其价格低廉，且易于水合产生很高的黏度。它经常与其他食用胶混合使用，例如，在冰淇淋中，通常与 CMC、卡拉胶和 LBG 复合使用。刺槐豆胶的应用与瓜尔胶基本相同。大约 85％的 LBG 用于乳制品和冷冻甜点产品。它很少单独使用，而是与其他胶（例如 CMC、卡拉胶、黄原胶和瓜尔胶）复合使用。LBG 与 κ-卡拉胶和黄原胶复合使用，对凝胶的形成有协同效应。LBG 的用量为 0.05％～0.25％。

3.5.6　阿拉伯胶

阿拉伯胶（gum arabic）是金合欢树的分泌物。它通常由两种主要成分组成：一部分（70％）是由不含或含少量蛋白质的多糖组成的；另一部分是具有高相对分子质量的蛋白质结构。多糖通过共价键与蛋白质上的羟脯氨酸、丝氨酸结合，总蛋白质含量约 2％，特殊组分的蛋白质含量可高达 25％。多糖分子是高度分支的酸性阿拉伯半乳聚糖，其大致组分为：*D*-半乳糖，44％；*L*-阿拉伯糖，24％；*D*-葡萄糖醛酸，14.5％；鼠李糖，13％；4-*O*-甲基-*D*-葡萄糖醛酸，1.5％。阿拉伯胶的主链是由 *β*-*D*-吡喃半乳糖基单元通过 1,3-糖苷键连接而成的，侧链由 *β*-*D*-吡喃半乳糖基单元通过 1,3-糖苷键连接成 2-4 个单元，侧链通过 1,6-糖苷键连接到主链上。

在搅拌条件下，阿拉伯胶易溶于水。在食品胶中，阿拉伯胶是独特的，它具有高溶解度和低溶液黏度的特点，溶解度可高达 50％，高于该浓度时体系有点像凝胶。阿拉伯树胶既是一种好的乳化剂，又是一种好的乳状液稳定剂。它具有表面活性，会在油滴周围形成一层厚的、具有空间稳定性的大分子层，防止油滴聚集。通过将香料油和阿拉伯树胶制成的乳液进行喷雾干燥可以生产不吸湿的干燥香料粉，可防止香料油氧化和挥发。添加阿拉伯胶还会在不影响产品黏度的同时快速分散和释放风味。这些稳定的风味粉可用于固体产品，例如固体饮料、蛋糕粉、甜食粉、布丁粉和汤料粉等。阿拉伯树胶的另一个重要特征是与高浓度糖的相容性，因此在高糖含量和低水含量的糖果中应用广泛，例如硬糖、太妃糖，软糖和软果糕等。它可以防止蔗糖结晶，乳化脂肪并防止脂肪从表面析出产生“白霜”。

3.5.7　卡拉胶

卡拉胶，又称为鹿角藻胶，是指通过稀碱溶液从红藻中分离提取得到的一种硫酸化半乳聚糖（一般制得的是卡拉胶钠盐）。卡拉胶是由 *D*-吡喃半乳糖基单元通过 *α*-1，3-*D*-和 *β*-1，4-*D*-糖苷键交替连接而成的直链，大多数糖单元具有与 C-2 和/或 C-6 位置上羟基酯化的 1 个或 2 个硫酸酯基，总硫酸酯基含量为 15％～40％，通常含有3，6-脱水环。卡拉胶有 3 种主要类型：kappa（κ）、iota（ι）和 lambda（λ）（图 3-42）。图 3-42 中所示的二糖单元代表每种类型卡拉胶的主要结构单元，但不是重复的单元结构，提取的卡拉胶是非均一多糖的混合物。

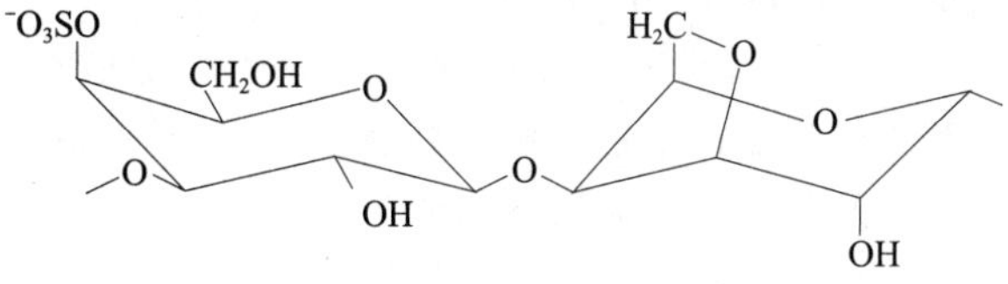

κ-长拉胶

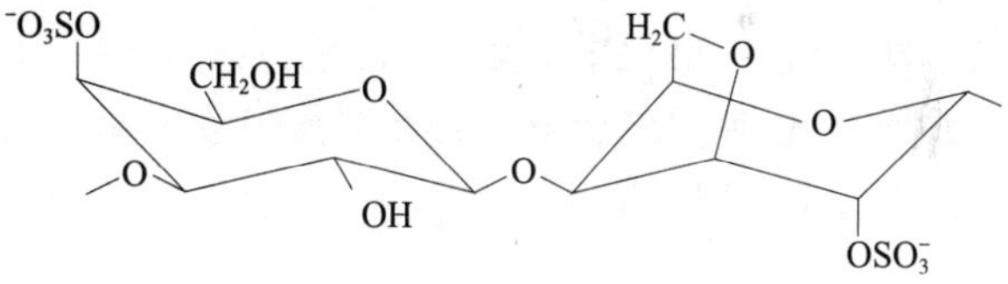

ι-长拉胶

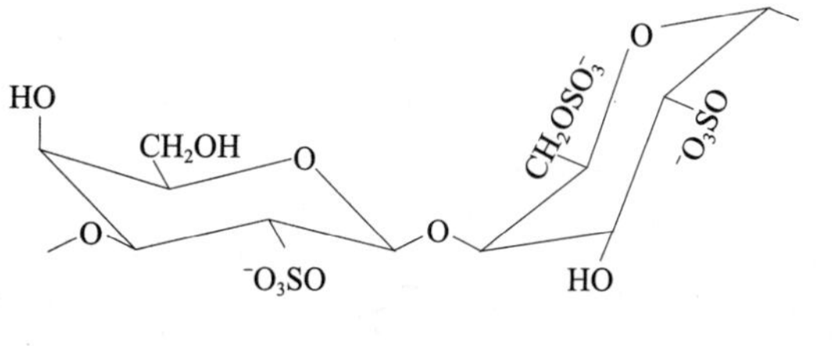

λ-长拉胶

图 3-42　κ-型卡拉胶、ι-型卡拉胶和 λ-型卡拉胶的理想单元结构

卡拉胶溶于水会形成高黏度溶液。溶液黏度在很宽的 pH 范围内都很稳定，因为即使在强酸性条件下，硫酸-酯基始终被离子化，使分子带负电。由于卡拉胶在热的酸性溶液中会发生解聚，因此在使用卡拉胶产品时应避免这些情况。

κ-型卡拉胶和 ι-型卡拉胶分子片段是以双螺旋

形式存在的平行链。在存在钾或钙离子的情况下，含双螺旋链段的热溶液冷却会形成热可逆凝胶。溶液浓度低于0.5%可能发生胶凝。当在钾离子存在下冷却κ-型卡拉胶溶液时，其会形成硬的脆性凝胶。钙离子不能有效地引起胶凝。钾离子和钙离子复合会产生高强度的凝胶。在卡拉胶制成的凝胶中，κ-型卡拉胶制成的凝胶是最强的，由于其具有最少的带电基团因此电荷排斥力小更易于靠近形成凝胶的接合区，因此多用于凝胶剂。这些凝胶由于结构内部接合区扩大而具有脱水收缩的倾向。其他胶的存在会减少脱水收缩。

与κ-型卡拉胶相比，ι-型卡拉胶的溶解度略高，但是同样仅钠盐形式可溶于冷水。钙离子存在下ι-型最易成胶，且形成的凝胶柔软而有弹性，因此多用于增稠剂，具有良好的冻融稳定性，并且不会脱水收缩，可能是因为ι-型卡拉胶比κ-型卡拉胶具有更多带电基团更亲水，结构内部接合区更少。

κ-型卡拉胶和ι-型卡拉胶溶液在冷却期间形成凝胶是因为存在结构的不规则性，线性分子不能形成连续的双螺旋。而在适当的阳离子存在下，螺旋的线性部分会缔合形成三维凝胶(图3-43)。λ-型卡拉胶的所有盐均可溶且不胶凝。

在热溶液中，聚合物分子以线圈状态存在；当溶液冷却时，它们相互缠绕成双螺旋结构；随着溶液进一步冷却，这种双螺旋结构会在钾离子或钙离子的作用下交织成网状结构。

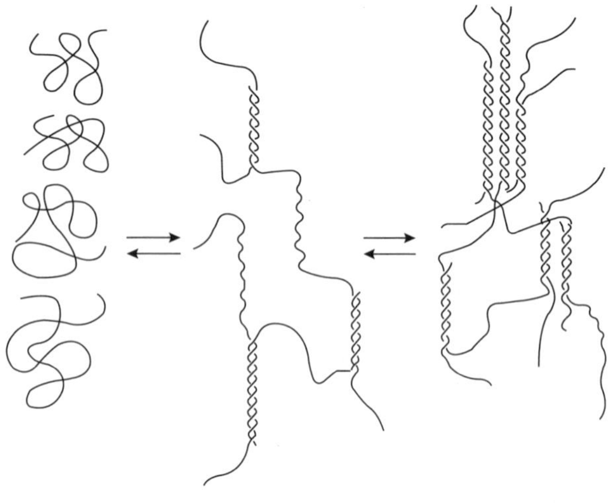

图3-43 κ-型卡拉胶和ι-型卡拉胶的假想胶凝机理

卡拉胶的重要性质之一是其能够与蛋白质，特别是牛奶中的蛋白质相互作用形成稳定的复合物，使凝胶强度增加，这是由于卡拉胶的硫酸酯基阴离子与酪蛋白胶粒表面上正电荷间的静电作用而形成交互网络结构。κ-型卡拉胶与牛奶中的κ-酪蛋白胶束结合会形成一种弱的、触变性的、可倾倒的凝胶。在牛奶中κ-型卡拉胶的增稠作用是水的5～10倍。该特性可用于巧克力牛奶的制备，形成的触变性的凝胶结构可防止可可颗粒的沉降，且仅需要添加约0.025%的卡拉胶即可达到稳定效果。该特性还用于制备冰淇淋、淡奶、婴儿配方食品，冻融稳定的鲜奶油以及用植物油代替乳脂的乳液。

卡拉胶形成的凝胶较硬，而其与刺槐豆胶之间的协同作用(图3-44)会形成弹性更大、凝胶强度更强的凝胶，且会减少凝胶的脱水收缩。卡拉胶与刺槐豆胶组合使用可以给冰淇淋提供较大的稳定性和持泡能力，但咀嚼感较强，可通过添加瓜尔豆胶来软化凝胶结构，从而代替明胶用作甜食的凝胶。

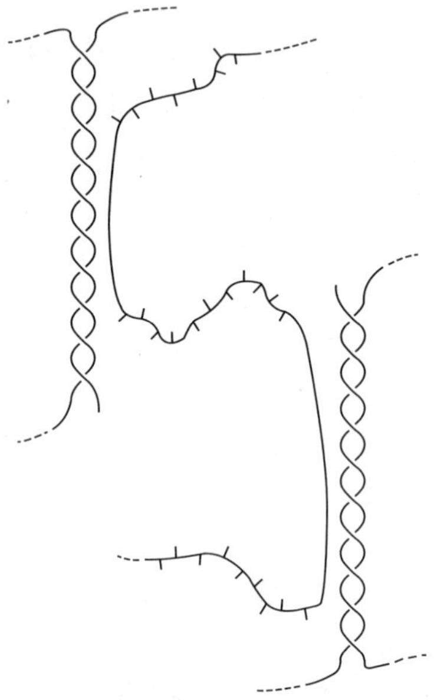

图3-44 刺槐豆胶分子与黄原胶或卡拉胶双螺旋分子相互作用形成的三维网状结构凝胶

在冷火腿和家禽肉卷中添加1%～2%的κ-型卡拉胶可多吸收20%～80%的盐水，从而改善切片性。肉品上的卡拉胶涂层可以用作机械保护剂，以及调味料和风味物的载体。除此之外，卡拉胶还用于保持水分含量，可在烹饪过程中维持肉类产品的柔软度。通常，脂肪具有维持柔软性的作用，而卡拉胶由于能够结合蛋白质和强的亲水性可用于部分替代瘦肉产品中的天然动物脂肪。因此卡拉胶是一种多功能的食品添加剂，其在食品工业中的具体应用见表3-6。

3.5.8　海藻胶

海藻胶是从褐藻中提取的直链海藻酸聚合物，主要以钠盐形式存在。海藻酸由 *β-D-*吡喃甘露糖醛酸和 *α-L-*吡喃古洛糖醛酸两种单体单元通过 1，4-糖苷键连接而成，包括均匀区域（只由一种单元组成）和混合单元区。仅包含 *β-D-*吡喃甘露糖基单元的链段称为 M 块，而仅包含 *α-L-*吡喃古洛糖基单元的链段称为 G 块。M 块区域由于平伏-平伏成键而具有平滑的带状、类似于纤维素的构型。G 块区由于轴向-轴向糖苷键具有褶状（波纹状的）构象。不同来源的海藻胶的不同区段百分比不同，因而性质也不同。具有更高 G 块含量的海藻胶容易和钙离子发生配位作用产生更高强度的凝胶。

海藻酸钠溶液黏度很高，其钙盐不溶于水，不溶性是由钙离子和 G 块区之间的配位相互作用引起的。两个 G 块区链之间形成的空腔能结合钙离子，形成接合区，被称为“蛋盒”排列，其中钙离子类似于在纸盒内的鸡蛋（图 3-45）。凝胶的强度取决于海藻胶中 G 块的含量和钙离子的浓度。

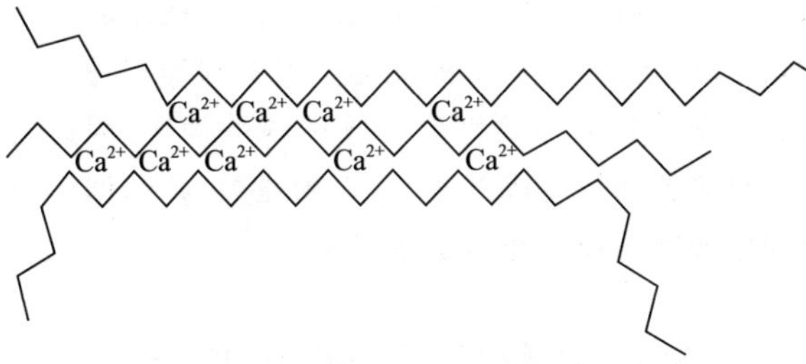

图 3-45　由钙离子促进而形成的三个海藻酸盐分子 G 块区间的接合区的推测

海藻酸盐由于具有形成凝胶的能力因而常用作食品添加剂。它们可在低浓度下提供高黏度，并且当低浓度钙离子存在时效果更好。通过扩散胶凝、内部胶凝和冷却胶凝可以获得海藻酸钙凝胶。扩散胶凝可用于制备结构食品，将原料依次与增稠剂瓜尔胶和海藻酸钠混合，混合物被输送到传送带后，加入钙离子使其凝胶，最后将其切条进行充填。水果混合物、果泥以及仿制水果的内部胶凝是在混合物内部缓慢释放钙离子。冷却胶凝是在热水中溶解钙盐，然后加入少量可溶性酸和螯合剂，冷却后形成胶凝。海藻酸盐凝胶具有一定热稳定性，只有少量脱水收缩作用或没有脱水收缩作用。海藻酸盐凝胶是热不可逆凝胶，不需要冷藏即可用于制造甜品等，即使在高温下也不会融化，因而也不能在口腔中融化。海藻酸是低 pH 下海藻酸盐溶液，添加钙离子或不添加钙离子，均可用于制备柔软的、触变性的、不熔化的凝胶。

3.5.9　黄原胶

黄原胶是一种由黄杆菌产生的多糖，可通过大罐发酵来生产，广泛用作食用胶。黄原胶与纤维素的主链相同。在黄原胶分子中，纤维素主链上每隔一个 *β-D-*吡喃葡萄糖基单元就在 O-3 位置连接一个 *β-D-*甘露吡喃糖基-1，4-*β-D-*葡萄糖醛酸吡喃糖基-1，2-6-*O*-乙酰基-*β-D-*甘露吡喃糖基三糖单元。约一半的末端 *β-D-*甘露吡喃糖基单元连接丙酮酸形成 4，6-环乙酰。黄原胶在溶液中三糖侧链与主链平行，形成稳定的硬棒结构。黄原胶的相对分子质量约为 2×10^6，已报道的相对分子质量由于多糖聚集而导致测量的相对分子质量偏大（图 3-46）。

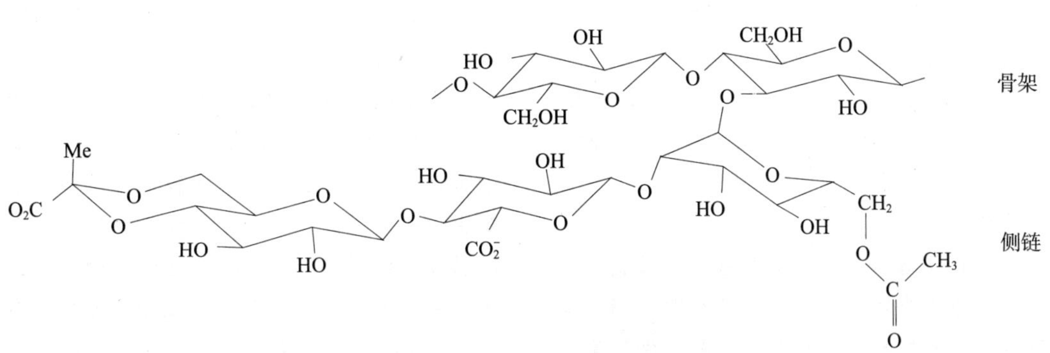

图 3-46　黄原胶五糖重复单元结构

黄原胶与瓜尔胶的协同作用可增加溶液黏度，与刺槐豆胶相互作用则形成了热可逆凝胶。

黄原胶因具有以下的重要特性而被广泛用作食用胶：它在热水和冷水均可溶；低浓度时能产生高溶液黏度；在 0～100℃ 的温度范围内，溶液黏度没有明显变化，这在食用胶中是独一无二的。在酸性体系中既可溶又稳定；与盐具有极好的相容性；与LBG结合使用时可形成凝胶；它是很好地稳定悬浮液和乳状液；具有很好地冻融稳定性。黄原胶的独特性质与其刚性结构和分子结构是分不开的，根本在于其分子具有直链的纤维素主链以及有阴离子的三糖侧链保护。

黄原胶是稳定水分散液、悬浮液和乳状液的理想选择。其溶液的黏度随温度变化很小，即其溶液在冷却后不会变稠，因而它在增稠和稳定如可倾倒的沙拉酱和巧克力糖浆时是不可替代的。另外希望肉汁在冷却时既不会明显变稠，在加热时也不会变稀。在普通的沙拉酱中，黄原胶既可用作增稠剂，又可用作调味料，它能悬浮颗粒并稳定O/W乳状液。在无油的色拉调味料中，黄原胶也可作为增稠剂和悬浮剂。在含油和无油沙拉酱中，黄原胶总是与藻酸丙二醇酯(PGA)复合使用。PGA降低了黄原胶分散体系的黏度并降低了其假塑性。两种胶的复合使用可以获得所需的与黄原胶假塑性相关的可倾倒性以及与非假塑性溶液相关的乳脂感。

3.5.10 结冷胶

结冷胶是由一种鞘胺醇单胞菌产生的一种阴离子胞外多糖。结冷胶分子是线性的，由*β-D*-吡喃葡萄糖基、*β-D*-吡喃葡萄糖醛酸基和*α-L*-吡喃鼠李糖基糖基单元以2∶1∶1的摩尔比组成。天然结冷胶在同一个葡萄糖基单元上包含两个酯基、一个乙酰基和一个甘油基。平均每个四糖重复单元有一个甘油酸酯基，每两个重复单元有一个乙酸酯基。

结冷胶可与一价和二价阳离子形成凝胶，二价阳离子的效力比一价阳离子高约十倍，浓度为0.05%即可形成凝胶。将含有阳离子的热溶液冷却可获得凝胶，冷却过程中的剪切会阻止胶凝发生，产生光滑、均匀的触变性流体，从而有效地稳定乳液和悬浮液。

结冷胶有三种基本形式：高酰基的(天然的)、低酰基纯化的和低酰基未纯化的。结冷胶通过碱处理可去酯化得到低酰基结冷胶。低酰基结冷胶会形成牢固、易碎、无弹性的凝胶。高酰基结冷胶会形成柔软、有弹性的非脆性凝胶。食品中大多使用低酰基纯化的结冷胶。高酰基的结冷胶和低酰基的结冷胶混合使用可得到具有中间性质的产品。

结冷胶可用作食品添加剂加入面包等烘焙产品，在室温下不会发生水合作用，也不会增加面糊的黏度；在加热时会发生水合并能够保持产品的水分。结冷胶由于其持水功能可用于配制营养棒；其低浓度溶液容易分散(不产生高黏度)因而可用于营养和保健饮料中。

3.5.11 菊粉和低聚果糖

菊粉是一种天然碳水化合物，存在于很多植物中，包括洋葱、大蒜、芦笋和香蕉等，主要的商业来源是菊苣根。菊粉由*β-D*-呋喃果糖糖基单元通过2→1糖苷键连接而成，多聚链的结构末端通常是蔗糖单元的还原端。菊粉与低聚果糖共存于植物中，平均DP值为2～60。

含有呋喃糖基单元的分子(如菊粉和蔗糖分子)比含吡喃糖基单元的分子更容易发生酸水解。菊粉是一种储备多糖，总是处于合成的不同阶段，也总是发生降解，因此制备的菊粉通常是低聚果糖和小的多糖分子的混合物。菊粉也常会被人为地解聚为低聚果糖，它与由其产生的低聚果糖均是益生元。

菊粉在水中的溶解度高达50%，当冷却浓度大于25%的菊粉热溶液时，会形成热可逆凝胶。菊粉凝胶是具有乳脂状、类似脂肪质构的颗粒状凝胶(尤其是在剪切后)，因此可用作减脂产品中的脂肪替代物，它改善了低脂冰淇淋和酱汁的质构和口感。菊粉和低聚果糖都不被胃或小肠中的酶消化，因此它们是膳食纤维的组成部分，其血糖指数为零，即不会增加血液中的葡萄糖和胰岛素水平。

3.6 多糖在食品工业中的应用

多糖被广泛应用于食品加工、稳定化和保藏，也可用作黏合剂、增稠剂、填充剂、结晶抑制剂、包衣剂/成膜剂、乳化剂、乳液稳定剂、包封剂等。多糖最常见的应用是利用多糖的增稠和胶凝特性来提高产品的质构、稳定性和感官品质。多糖还可作为加工助剂，稳定食品乳液和悬浮液。多糖的涂膜保鲜在食品领域也应用广泛。此外，近年来，以多糖为壁材构建微胶囊以结合风味化合物、递送和控释功能因子也成为研究热点。不同多糖在食品中的不同用途总结于表3-6，其中典型的几个重要应用如下进行具体介绍。

3.6.1 增稠剂

多糖是一类常用的增稠剂，由于具有较高的相对分子质量能够显著提高食品的黏度，多糖链之间还可通过非共价键形成凝胶。在食品体系添加多糖还有助于保持体系相对稳定或形成悬浮状态,改变食品的物理性状,从而赋予食品黏润的口感。多糖类的增稠剂有几种来源:植物来源、动物来源、海藻来源和微生物来源。植物来源的多糖增稠剂主要由植物黏液提取纯化而来,包括阿拉伯胶、果胶、刺槐豆胶、瓜尔胶等;从动物组织中提取的多糖增稠剂主要有明胶、琼脂和壳聚糖;海藻来源的多糖增稠剂是从海藻中提取而来,最常用的包括卡拉胶和海藻酸及其钠盐;微生物来源的多糖增稠剂则是从微生物胞外代谢物中提取而来,有结冷胶和黄原胶。除此之外,经过一些化学修饰改性的天然原料半合成的多糖,如改性淀粉、纤维素衍生物等,也具有良好的增稠效果。目前,多糖由于具有增稠作用在食品中的应用广泛,包括在肉制品、面制品、果冻、饮品以及糖果、罐头等领域应用。例如,0.2%黄原胶、0.2%海藻酸钠和0.3%卡拉胶组合能提高牛肉的持水性。在挂面中添加1%～1.5%的海藻酸钠可以提高面团的弹性和可塑性,改善产品口感。在果冻中添加果胶、明胶、魔芋胶、卡拉胶等多糖会起到增稠和胶凝的作用。不同多糖由于结构不同而具有不同的增稠性和用途,接下来将对多糖在食品中的不同应用进行逐一介绍。

3.6.2　稳定乳状液

多糖大多数是亲水的,因此通过疏水改性可以提高多糖的两亲性,具有两亲性的多糖具有界面活性因而能够稳定乳状液。当多糖添加到乳液体系中后,其疏水基团会吸附到油滴的表面,形成保护膜,使表面张力降低从而阻止油滴的聚集。多糖的亲水基团则暴露在水相。由于多糖的电荷排斥和立体稳定作用以及增稠作用,减少了由乳液液滴之间的碰撞所导致的聚集,避免了奥式熟化,从而提高了乳状液的稳定性。阿拉伯胶由于具有带电的高度分支,存在较大的空间位阻和静电作用,从而提高了乳状液的稳定性。壳聚糖在酸性条件下主要通过静电吸附和增加黏度来稳定乳状液。低相对分子质量和高取代度的甲氧基化果胶也显示出良好的乳化性能。黄原胶也可作为乳化剂来提高乳饮料的胶体稳定性,防止油水分层,增强蛋白质的稳定性,满足消费者对黏稠乳制品的感官需求。微晶纤维素和改性淀粉均可用于制备具有高稳定性的 Pickering 乳液,并且微晶纤维素颗粒比改性淀粉颗粒更能够提高脂质抗氧化能力,这是由于微晶纤维素颗粒在油滴周围形成了较厚的界面膜,从而阻止了脂质的氧化。氧化纤维素纳米纤维也可稳定油水界面,稳定水包油 Pickering 乳液,并且具有阻碍脂肪酶入侵,减缓油脂消化的作用。

多数蛋白质在多肽链上分布着亲水氨基酸和疏水氨基酸,因而自身具有优异的两亲性和乳化性。因此食品上常常通过多糖与蛋白结合来拓展并改善多糖的乳化特性。在食品体系中,多糖-蛋白质间的相互作用能显著地提高二者在油-水界面的吸附稳定性和活性,从而提高乳状液产品的货架期。多糖和蛋白质的结合可通过静电作用、美拉德反应、酶促交联反应等实现。多糖和蛋白质间静电结合较容易实现,但也会受 pH 变化的影响而解离。相比之下,通过美拉德反应、酶促反应等共价键结合的蛋白质-多糖的共聚物能够在较低的 pH 和较强离子强度下保持稳态。多糖与蛋白质聚合物往往能改善乳液中油-水界面性质。当聚合物吸附到界面上时,两者的分子链柔性伸展,暴露疏水基团,进行分子重定向,使得疏水基团能够更接近油水界面,而亲水基团则仍存在于水相中,该过程又称为“界面变性”。魔芋多糖与大豆分离蛋白的复合物由于分子间的氢键相互作用和两者之间的协同增稠、复合凝胶作用改善了魔芋多糖的乳化性能。黄原胶、香豆胶等多糖与乳清分离蛋白复合后乳化性能也有所改善。

3.6.3　涂膜保鲜功能

多糖具有良好的成膜性和抗菌性,可用于涂膜保鲜。将适当浓度的多糖溶液通过浸渍、喷洒、涂布等方法包裹在食物表面,会形成透明或半透明膜。这类薄膜的透气性具有选择性、透水性较低,能阻隔外界环境对食物的有害影响。多糖用于涂膜保鲜水果,可以改变水果内部的气体环境,使果实采后的呼吸强度下降,从而延缓果蔬的衰老,同时多糖涂膜还可以减少贮藏期内果实水分的散失,防止其被病菌感染,从而延长果蔬的保存期;多糖还可以用于涂膜保鲜禽蛋,能够有效地减少禽蛋的失重率,在室温下延长其保质期,增强蛋壳硬度,减少禽蛋的碰撞破损。茁霉多糖是一种理想的涂膜保鲜剂,它制备的薄膜透明、有光泽、强度高且透气性差、保水作用强,对辣椒、油桃、苹果等果蔬具有良好的保鲜效果,烂果率和失重率均很低。壳聚糖是一种高分子阳离子多糖,可诱变产生壳聚糖酶和植物抗生素，因而对真菌具有较好的抑制作用。研究表明，壳聚糖涂膜处理能够有效地降低鸡蛋的失重率，预防哈氏单位和蛋黄指数的降低，延长鸡蛋的保鲜期。壳聚糖本身还具有诱导植物结构抗病性的生理活性，如可使植物细胞壁加厚或木质化程度加强、产生植保素、酚类化合物等抗菌物质等，因此在涂膜保鲜上具有很好的应用前景。海藻多糖，如海藻酸钠、海带多糖、紫菜多糖等，均具有良好的成膜和抑菌性能，可用作涂膜保鲜剂，能够减少果实中活性氧的生成，抑制果实的代谢活动，同时阻隔微生物并抑制其生长和繁殖，减少生鲜食品的衰老和水分蒸发，具有保持食品的新鲜度及品质的作用。研究表明，海藻酸钠和蔗糖脂肪酸酯制备的涂膜剂对黄瓜有较好的保鲜效果。

某些天然多糖由于自身结构的限制，制成涂膜的抗菌性和抗水性较弱，因而需要通过改性来改善其涂膜保鲜效果。改性纤维素，如羟丙基纤维素、羧甲基纤维素等，制成的纤维素醚膜具有一定的机械强度、抗油脂性、较好的成膜性，能够阻隔氧气和水蒸气，可更好地用于食品的保鲜。虽然天然淀粉形成的薄膜光泽性较差、易老化而脆裂，但是可以通过淀粉改性、与高分子聚合物共混或者添加无机纳米粒子等途径改善其性能。

由于多糖的胶凝特性，多糖涂膜还可以负载一些能够缓解果蔬衰老、抗菌防霉的活性成分，从而进一步提高保鲜效果。例如，与单一的壳聚糖涂膜相比，壳聚糖与高良姜或茶多酚的复配涂膜能更明显地降低葡萄在贮藏期间的呼吸代谢强度和水分散失程度，保鲜效果更好。苗霉多糖本身不具有杀菌、抑菌作用，但与特克多等杀虫剂复合使用时会产生良好的杀菌、防病毒、防腐等效果，这是由于苗霉多糖成膜后能隔绝空气、延缓杀虫剂的分解，起到延长药效的效果。魔芋葡甘聚糖也可以和茶多酚、山梨酸钾等功能性添加剂混合制备可食性复合抑菌膜，用于食用菌、柑橘和草莓等果蔬的保鲜。

3.6.4 结合风味化合物

风味化合物通常是易挥发的分子，例如，醛类、酮类及酯类。它们太易挥发因而不能长时间保留在食品中。另外，过早地在贮藏期挥发会导致浓度降低，引起风味效果降低。多糖是一类优异的风味固定剂，能有效地保留食品中的挥发性风味成分。阿拉伯胶在风味保持方面应用较为广泛，可以在风味物质周围形成一层多糖膜，从而防止水分的入侵、蒸发和化学氧化造成的损失。许多天然多糖或改性多糖，如淀粉、明胶等，制备的微胶囊壁材可以固定食品中的风味成分、掩盖食物中的不良风味。例如，碳水化合物天然大分子(壳聚糖、海藻酸钠和低甲氧基果胶)的多糖纳米胶囊能够掩盖橙皮素的苦味。明胶和大豆分离蛋白复合物的微胶囊可以减少酪蛋白水解产物的苦味。此外，负载香草醛的淀粉纳米颗粒还可以用于研究香草醛食用后的味觉，由于口腔中唾液淀粉酶的逐渐降解，淀粉纳米颗粒能够增强口腔中香草醛的风味感知。由于羧甲基纤维素的递送系统可以在口腔中产生钠的控制释放和味觉感受，导致钠的风味平衡对开发低钠食品提供技术支撑。

3.6.5 食品功能因子的定向递送和控制释放

多糖还可以通过化学或物理交联方式，通过反向乳液聚合形成三维网络结构的凝胶球递送体系，或者和蛋白质通过复合凝聚法形成微胶囊的运载体系，也可通过多糖自组装形成纳米级的包埋体系，这些递送体系可应用于包埋难溶于水、易失活和吸收率低的食品功能因子，提高其在食品中的分散性、稳定性及耐加工贮藏稳定性，并将其靶向递送至肠道吸收，提高其生物利用率。淀粉、纤维素、魔芋、阿拉伯胶、卡拉胶和海藻酸钠等多糖具有良好的生物相容性和生物可降解性经常被用作递送载体的壁材。例如，通过氢键将芳香薄荷酮和薄荷醇包封到直链淀粉 α-螺旋中以形成对唾液淀粉酶有响应的淀粉/风味化合物复合物。风味化合物可以在口服摄取之前在储存条件下很好地被保留，并且在摄取期间可以在口腔中缓慢释放。维生素 E 可以被包封在改良的木薯淀粉纳米胶囊中，同时提高了其溶解度和稳定性。海藻酸钠或者果胶通过和钙离子的配位作用可以包埋益生菌、蛋白和活性小分子等，并保护其不在胃环境中遭到破坏。魔芋葡甘聚糖-羟丙基甲基纤维素胶囊能够特异性地向结肠递送 5-氨基水杨酸，它可以避免胃液的降解，但在结肠中被 β-甘露聚糖酶的降解而释放。涂有壳聚糖聚合物的固体脂质纳米粒子能够显著改善姜黄素的口服生物利用度，而壳聚糖涂覆的多孔硅纳米载体也可用于双肽释放，具有增强的黏膜黏附性。

研究发现，电荷是载体高效荷载的关键。针对多糖，采用精准氧化改性形成富含羧基的氧化多糖，可构建电荷可控的羧化多糖凝胶载体，提高了载体的容纳空间和静电吸附力。例如，负电荷的氧化淀粉微球能够吸附正电荷的蛋白质，花色苷和乳清蛋白 β-胡萝卜素纳米乳，具有 pH 响应性释放特性，能在胃液环境（pH＜2）中保持稳定的结构，只在小肠环境（pH 7.0）中释放出所包埋的功能因子，极大地提高了功能因子的营养吸收率。和功能因子不同，益生菌需要在肠道黏附达到一定活菌数才能发挥功效，巯基化改性多糖可进而提高多糖和小肠粘蛋白（富含半胱氨酸）的相互作用，可应用于益生菌的肠道靶向递送。通过设计和构建巯基化羧化魔芋微球来包埋菌体，载体中的羧基能结合屏蔽胃酸 H^+；双交联微球在胃中稳定，只在肠道响应性释放菌体，解离后的巯基化多糖还可作为桥梁增强菌体在黏液层的黏附定植，极大提高益生菌的肠道活菌数。

多糖和蛋白质组成的复合体系是制造微胶囊最常用的传统手段，该复合体系的活性因子递送系统已被广泛报道，在包封和递送活性物质方面得到了一定的产业化应用。分离乳清蛋白/果胶稳定的多层乳化载体可以在口腔中递送具挥发性的风味化合物。酪蛋白/藻酸盐复合物凝聚水凝胶包封亲脂性活性成分后可以在储存期间有效地保护脂滴，可在 pH 为 7 的条件下解离促使活性成分在肠道释放。溶菌酶/半乳糖修饰氧化淀粉纳米球能够将疏水活性分子白藜芦醇靶向递送至肝脏，有效缓解非酒精性脂肪肝。魔芋葡甘聚糖具有结肠靶向的特性，因此可以采用氧化魔芋多糖构建结肠靶向递送载体，同时魔芋微球和乳清蛋白纳米球载体结构优势互补形成微球-纳米球复合载体，可以将荷载姜黄素的 α-乳白蛋白纳米球靶向递送至结肠。由于该复合载体具有肠 pH 响应释放特性，荷载姜黄素的蛋白纳米球可进一步靶向进入结肠炎或结肠癌细胞，以有效干预结肠炎和结肠癌。

多糖的功能因子能定向递送控制释放载体体系，如图 3-47 所示。水溶性非淀粉食品多糖如表 3-6 所列。

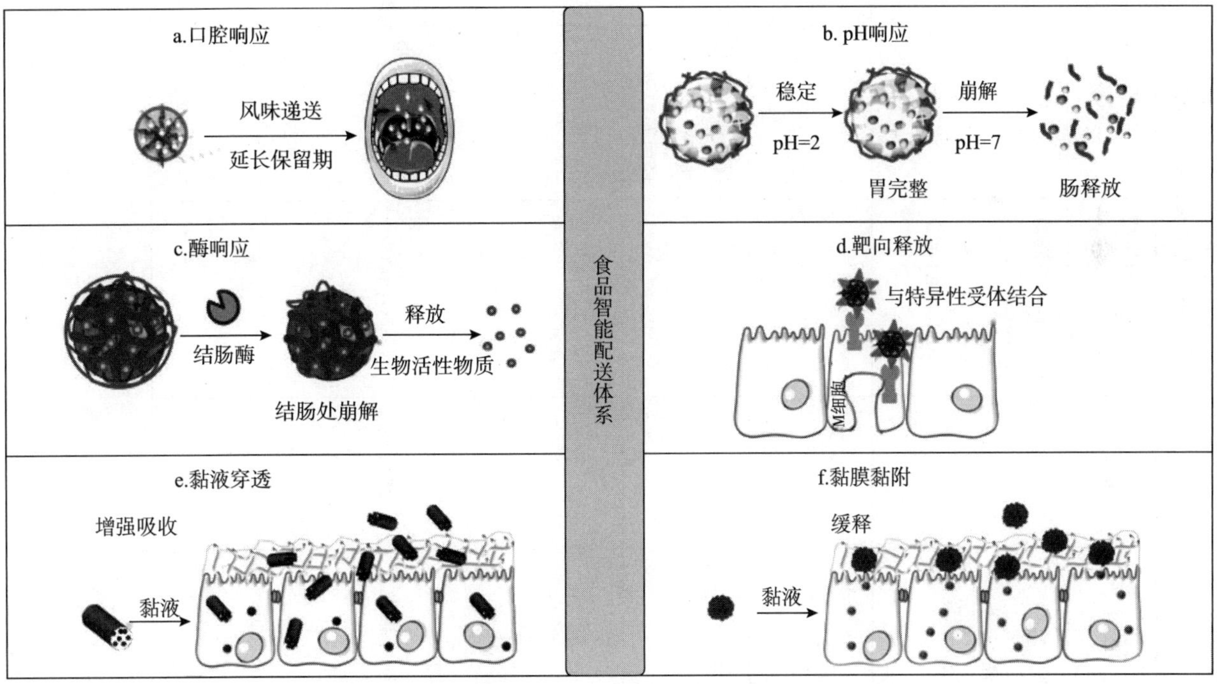

图 3-47　基于多糖的功能因子定向递送控制释放载体体系

（引自 Chai J J，Jiang P，Wang P J，et al. 2018）

二维码 3-1　碳水化合物

表 3-6　主要使用的水溶性非淀粉食品多糖

胶	来源	类别	一般形状	单体单元和连接数（近似比率）	非碳水化合物取代基	水溶性	主要特征	主要食品应用
藻类（藻酸盐）（通常为海藻酸盐）	褐藻	海藻（藻类）提取物聚脲醛酸）	线性	以下单元的嵌段共聚物：→4)-βManpA(1.0)→4)αlGulpA(0.5-2.5)		海藻酸钠可溶性	具有 Ca^{2+} 黏性的凝胶，不是假塑性溶液	形成非融化凝胶（甜点凝胶、水果类似物、其他结构食品）肉类类似物
						海藻酸不溶		海藻酸形成柔软的，触变的，不熔化的凝胶（番茄冻、果冻型烘焙馅料、填充水果的早餐谷物产品）
					海藻酸丙二醇酯（PGA）中的羟丙基酯基	易溶	对酸和 Ca^{2+} 稳定的表面活性溶液	奶油色沙拉酱中的乳液稳定剂低热量色拉酱中的增稠剂
羧甲基纤维素	衍生自纤维素	改性纤维素	线性	→4)-βGlcp-(1→	羧甲基醚（DS 0.4～0.8）[a]	高溶解性	清晰，稳定的溶液，可以是假塑性的或触变性的	延缓冰淇淋和其他冷冻甜品产品中的冰晶生长；各种调味料、调味料和涂抹酱中的增稠剂、助悬剂，保护性胶体和口感，身体和质地的改善剂；润滑剂，成膜剂和挤出制品的加工助剂；蛋糕及相关混合物中的面糊增稠剂和保湿剂；结冰、糖霜、浇头、馅料和布丁中的水分黏合剂和结晶和/或脱水收缩的阻滞剂；糖浆增稠剂；干粉，冷热混合饮料中的悬浮助剂和增稠剂；干宠物食品中的肉汁制造

续表 3-6

胶	来源	类别	一般形状	单体单元和连接数（近似比率）	非碳水化合物取代基	水溶性	主要特征	主要食品应用
角叉菜胶	红藻	海藻（藻类）提取物硫酸半乳聚糖	线性		硫酸半酯			冰淇淋及相关产品中的次要稳定剂；制备淡奶，婴儿配方奶粉，冻融稳定的鲜奶油，乳制品甜点和巧克力奶；肉包衣；提高黏附力并提高肉类乳制品的保水能力；改善低脂肉制品的质地和质量
				κ 类型：→3)-βGalp4-SO—3(1→4)-3，6An-αGalp(1→		κ 类型：溶于冷水中的 Na^+ 盐，不溶于 K^+ 和 Ca^{2+} 盐；所有在 > 65℃的温度下可溶的盐；溶于热牛奶，不溶于冷牛奶	形成 $K^+ > Ca^{2+}$ 的坚硬，易碎的热可逆凝胶；低浓度时使牛奶增稠和胶凝；与 LBG 协同凝胶化	
				ι 类型：→3)-βGalp2-SO—3(1→4)-3，6An-αGalp2-SO—3(1→		ι 类型：溶于冷水的 Na^+ 盐，不溶于 K^+ 和 Ca^{2+} 盐；所有在 > 55℃的温度下可溶解的盐；溶于热牛奶，不溶于冷牛奶	形成 $Ca^{2+} > K^+$ 的柔软，有弹性，热可逆的凝胶；凝胶不协同作用，并具有良好的冻融稳定性	

续表 3-6

胶	来源	类别	一般形状	单体单元和连接数（近似比率）	非碳水化合物取代基	水溶性	主要特征	主要食品应用
角叉菜胶				λ 类型：→3)-βGalp2-SO—3(1→4)-αGalp2，6-diSO—3(1→		λ 类型：所有盐可溶于冷热水和牛奶	增稠冷牛奶	
柯德兰	发酵培养基	微生物多糖	线性	→3)-βGlcp-(1→		易溶	加热溶液时凝胶不可逆转	分层，不融化的甜点凝胶
吉兰	发酵培养基	微生物多糖	线性的	→4)-αlRhap-(1→3)-βGlcp-(1→4)-βGlcpA-(1→4)-βGlcp-(1→	天然型在每个重复单元上都包含一个乙酸酯基和一个甘油酯基	溶于温水	含任何阳离子的凝胶；解决方案的收益率很高；低酰基类型形成牢固，脆性，非弹性的凝胶；高酰基类型形成柔软，有弹性，不脆的凝胶	面包混合；营养棒；营养饮料；水果浇头；酸奶油和酸奶产品
瓜尔胶	瓜尔豆种子	种子半乳甘露聚糖	带单支链的线性（表现为线性聚合物）	→4)-βManp(～0.56)αGalp 1↓6 →4)-βManp(～1.0)(Man∶Gal=～1.56∶1)		高	稳定，不透明，非常黏稠，中等假塑性溶液经济增稠	结合水，防止冰晶生长，改善口感，软化卡拉胶＋LBG 产生的质地，并减缓冰淇淋和冰块中的融化作用乳制品，预制食品，烘焙产品，调味料，宠物食品

续表 3-6

胶	来源	类别	一般形状	单体单元和连接数(近似比率)	非碳水化合物取代基	水溶性	主要特征	主要食品应用
阿拉伯胶(阿拉伯胶)	相思树	渗出胶	分支-分支,高度分支	复杂,可变的结构,包含多肽		很高	乳化剂和乳化稳定剂;与高浓度糖兼容高浓度下极低的黏度	防止糖果中的蔗糖结晶;乳化和分散糖果中的脂肪成分制备风味水包油型乳液;锅涂糖果的涂层成分;调味粉的制备
菊粉	菊苣根	植物提取物	线性	→2)-β 果糖(1→		易溶	冷却热溶液时凝胶;可以用作模仿脂肪	营养,早餐,能量棒和蔬菜肉饼中的成分,可作为膳食纤维和模拟脂肪的来源
刺槐豆胶	刺槐豆种子	种子半乳甘露聚糖	带单支链的线性(表现为线性聚合物)	→4)-βManp(～2.5)αGalp 1↓6 →4)-βManp(～1.0)(Man∶Gal =～3.5∶1)		仅溶于热水;需要 90℃才能完全溶解	与黄原胶和角叉菜胶相互作用形成硬质凝胶;很少单独使用	在冰淇淋和其他冷冻甜品产品中提供出色的耐热冲击性,平滑的融化和理想的质感
甲基纤维素(MC)和羟丙基甲基纤维素(HPMC)	衍生自纤维素	改性纤维素	线性	→4)-βGlcp-(1→	羟丙基(MS 0.02-0.3)a 和甲基(DS 1.1～2.2)[a]醚基	易溶于冷水;不溶于热水	透明溶液热凝胶化;表面活性	MC:具有类似脂肪的特征;减少油炸产品中的脂肪吸收;通过成膜和黏稠度赋予乳脂感;提供润滑性;烘烤过程中的气体保留;保持水分并控制烘焙产品中的水分分布(延长保质期并赋予柔软性) HPMC:非乳制品搅打配料,可稳定泡沫,改善搅打特性,防止相分离并提供冻融稳定性

续表 3-6

胶	来源	类别	一般形状	单体单元和连接数(近似比率)	非碳水化合物取代基	水溶性	主要特征	主要食品应用
果胶	柑橘皮、苹果渣	植物提取物聚脲醛酸	线性	主要由→4)-α GalpA 单元组成	甲酯基可能含有酰胺基	易溶	在糖和酸存在下或与 Ca^{2+} 形成果冻和果酱型凝胶	HM 果胶：高糖果冻，果酱，蜜饯和果酱 酸性乳饮料 LM 果胶：营养果冻，果酱，果酱和果酱
黄原胶	发酵培养基	微生物多糖	与三糖单元成线性；在每个其他主链单元上分支(表现为线性聚合物)	βManp1↓4 βGlcpA 1↓2 αManp6-Ac 1↓3 →4)-βGlcp-(1→ 4 βGlcp-(1→	乙酰酯；在某些 βManp 末端单元上的丙酮基环状缩醛	高溶解性	极假塑性的高黏度溶液；优异的乳液和悬浮稳定剂；溶液黏度不受温度影响；溶液黏度不受 pH 的影响；极好的盐相容性；与瓜尔豆胶相互作用后黏度协同增加；LBG 热可逆凝胶	分散液，悬浮液和乳液的稳定性；增稠剂

思考题

1. 同样相对分子质量的多糖，一个具有较多的直链结构，另一个具有较多的支链结构，请问哪一种提高食品黏度的性能更好？为什么？同样结构的多糖，带电的和不带电的哪一个提高食品黏度的性能更好？

2. 低甲氧基果胶和高甲氧基果胶哪一个形成凝胶的效果更好？为什么？

参考文献

ABIDI S L, RENNICK K A, 2003. Determination of nonvolatile components in polar fractions of rice bran oils[J]. Journal of the american oil chemists society, 80: 1057-1062.

ATKINS P W, 1994. Physical chemistry[M] Oxford: Oxford University Press.

BIRKER P J M W L, PADLEY F B, 1987. Recent advances in chemistry and technology of fats and oils[M]. London : Elsevier Applied Science.

CHAI J J, JIANG P, Wang P J et al., 2018. The intelligent delivery systems for bioactive compounds in foods: Physicochemical and physiological conditions, absorption mechanisms, obstacles and responsive strategies[J]. Trends in food science and technology, 78: 144-154.

DECKER E A, 1996. The role of stereospecific saturated fatty acid position on lipid nutrition[J]. Nutrition reviews, 54: 108-110.

DENG C, LIU Y, LI J, et al, 2018. Diverse rheological properties, mechanical characteristics and microstructures of corn fiber gum/soy protein isolate hydrogels prepared by laccase and heat treatment[J], Food hydrocolloids, 76: 113-122.

FOOD AND NUTRITION BOARD, INSTITUTE OF MEDICINE, 2001. Dietary reference intakes for Vitamin C, Vitamin E, selenium and carotenoids [M]. Washington DC: National Academy Press.

GERMAN J B, CREVELING R K, 1990. Identification and characterization of a 15-lipoxygenase from fish gills[J]. Journal of agricultural and food chemistry, 38: 2144-2147.

LIU Y, LIU B, LI D, 2020. Improved gastric acid resistance and adhesive colonization of probiotics by mucoadhesive and intestinal targeted konjac glucomannan microspheres[J]. Advanced functional materials, 30:2001157.

MULLIN J W, 2001. Crystallization[M] Oxford: Butterworth-Heinmann.

SHI M X, BAI J, ZHAO L Y, et al, 2017. Co-loading and intestine-specific delivery of multiple antioxidants in pH-responsive microspheres based on TEMPO-oxidized polysaccharides[J]. Carbohydrate polymers, 157: 858-865.

TENG W D, ZHAO L Y, YANG S T, et al, 2019. The hepatic-targeted, resveratrol loaded nanoparticles for relief of high fat diet-induced nonalcoholic fatty liver disease[J]. Journal of controlled release, 307: 139-149.

ZHAO R, DU S J, LIU Y, et al, 2020. Mucoadhesive-to-penetrating controllable peptosomes-in-microspheres co-loaded with anti-miR-31 oligonucleotide and Curcumin for targeted colorectal cancer therapy[J]. Theranostics, 10: 3594-3611.

第 4 章

氨基酸和蛋白质

学习目的与要求

1. 掌握氨基酸与蛋白质的基本结构；
2. 掌握蛋白质的基本理化性质；
3. 了解蛋白质在食品加工保藏过程中的变化；
4. 了解蛋白质的变化对食品的色泽、风味、质构和安全性等的影响与控制。

4.1 引言

蛋白质本质上是由天然氨基酸以脱水缩合的方式组成的多肽链，经过进一步折叠形成的具有特定空间结构的复杂有机、大分子聚合物。与糖类和脂类不同，蛋白质的组成元素组成除了碳、氢、氧、氮，还有少量的硫、磷和金属元素等。少数蛋白质还含有一些微量元素，例如铜、铁、锌等。蛋白质广泛存在于自然界中，是机体细胞的重要组成部分，是生命活动进行的物质基础。

从化学层面上看，蛋白质是一类复杂的有机化合物，相对分子质量通常为 10^4～10^5，部分蛋白质的相对分子质量甚至能够达到 10^6。氨基酸是蛋白质的基本组成单位，N-端氨基酸的羧基和 C-端氨基酸的氨基通过形成肽键(属于酰胺键)相连，先形成多肽链。同一条肽链中的氨基酸残基上的侧链之间相互作用以及多肽链间的相互作用，最终使蛋白质以特定的空间结构形成不同的有机大分子。构成生物体内蛋白质的氨基酸主要有 20 种，氨基酸的不同排列组合决定了蛋白质结构的复杂性。蛋白质是一切生命的物质基础，是细胞的重要组成部分(如细胞骨架)；参与营养物质的运输，维持机体正常的新陈代谢(如载体蛋白)；能够抵御病原体的侵袭，是机体正常生理代谢的保卫者(如抗体)；能促进营养物质的消化、吸收、利用，催化和调节机体内的生化反应(如酶)；机体内重要的信息传递者，调节机体生理活动(如激素)；必要时，蛋白质还能为机体提供生命活动的能量。蛋白质的多样性及其复杂性使其行使不同的生物功能，并表现出不同的食品功能。

氨基酸脱水缩合形成肽，生物体内存在许多长短不一的肽段，构成蛋白质的主要是较长的多肽链，而生物体中还有许多以游离态形式存在的短肽，且具有特殊的生物活性，例如谷胱甘肽、缬氨霉素、脑啡肽和抗菌肽等。

蛋白质分子中的氨基酸残基从 N-末端到 C-末端的排列顺序即为蛋白质的一级结构；在一级结构的基础上，蛋白质的二级结构和三级结构决定了多肽链的三维结构，而多肽链之间的空间排布情况则是蛋白质的四级结构。蛋白质的一级结构决定了高级结构，而高级结构决定了蛋白质的功能。

生命活动离不开蛋白质，因此，生命活动的研究就必须从分子水平认识和明确蛋白质分子的结构和功能。研究蛋白质的结构和功能对认识生命活动具有重大意义。当今社会消费者对食品的品质提出了更高要求，不仅要考虑食品的营养价值、感官质量等传统品质，还要保证食品安全以及食品的呈现形式，以便消费者更加舒适快捷也消费。蛋白质作为食品中三大营养素之一，是提高食品各项品质的重要原料。蛋白质通过提供人体所需的必需氨基酸，为机体的生长发育和生命维持提供物质基础；除此之外，蛋白质化学结构的多样性还对食品的组织结构的形成具有重要意义，这种功能性质是其他食品成分无法替代的。

蛋白质的功能特性是指除营养价值外的那些对食品所需特性有利的蛋白质的物理化学性质，例如凝胶作用、溶解作用、发泡作用、乳化作用等。蛋白质的结构和存在方式以及环境因素、食品加工方式都会直接影响食品成品的质地特征，所以研究蛋白质的结构与功能，并在此基础上改进蛋白质的化学结构和存在形式，探明其功能与性质之间的关系，了解不同加工处理方式方法对蛋白质功能性质产生的影响，是食品化学研究的重要内容。

4.2 氨基酸和蛋白质的结构

4.2.1 氨基酸

氨基酸是蛋白质的基本组成单位。目前自然界中已发现 500 多种天然氨基酸，但是只有 20 种氨基酸参与了蛋白质的合成，有对应的密码子。这 20 种氨基酸普遍存在于生物体内，用于合成蛋白质的氨基酸被称为标准氨基酸。这 20 种标准氨基酸是从蛋白质水解产物中分离出来的。其中除了脯氨酸，其余均为 α-氨基酸，因此，这 20 种氨基酸有共同的结构通式。它的通式如下：

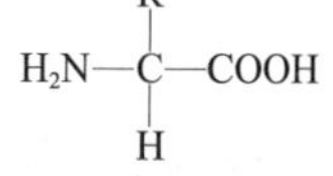

将羧酸($R—CH_2—COOH$)α-碳原子上的一个氢原子用氨基取代后即得到 α-氨基酸。除甘氨酸外，其他 α-氨基酸的 α-碳原子都是手性中心，又称不对称中心，并且天然存在的氨基酸都是 *L*-型氨基酸，具有旋光性。α-氨基酸的 R 基团可以是氢原子(即甘氨酸)、脂肪烃基、芳香烃基，也可以是杂环基。不同的 R 基团结构不同，因此氨基酸表现出的性质也不同，

氨基酸的基本骨架决定了氨基酸的共性，而侧链决定了不同氨基酸的特性，可以根据侧链的极性和所带电荷情况将这20种标准氨基酸分为以下四类。

4.2.1.1 非极性氨基酸

非极性氨基酸包括甘氨酸、丙氨酸、亮氨酸、异亮氨酸、缬氨酸、脯氨酸、色氨酸、苯丙氨酸和甲硫氨酸(蛋氨酸)9种。其中，甘氨酸是最简单的氨基酸，它的侧链是氢原子，因而是唯一一个不含手性碳原子的氨基酸，不具有旋光性。甘氨酸常与非极性氨基酸聚在一起，但它对蛋白质疏水性的贡献并不明显，介于极性与非极性之间，有时甚至会被归入不带电荷极性氨基酸种。脯氨酸存在特殊的环结构，实际上是α-亚氨基酸。该类氨基酸中的其他氨基酸都具有一个非极性的侧链R基团，因此具有疏水性，且疏水程度随着碳链长度的增长而增加。甲硫氨酸含有硫原子，以硫醚键的形式存在，在原核生物合成蛋白质的过程中作为起始氨基酸，也就是原核生物蛋白质中N-端的第一个氨基酸。苯丙氨酸侧链有苯环，色氨酸侧链有吲哚基，具有强疏水性，且在生理pH下不带电荷。

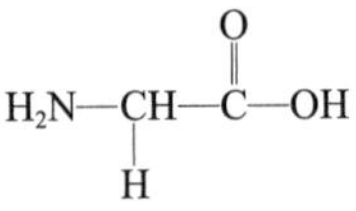
甘氨酸

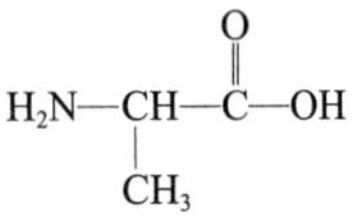
丙氨酸

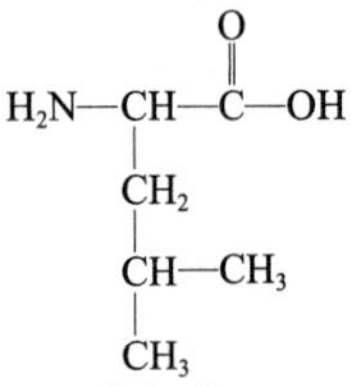
亮氨酸

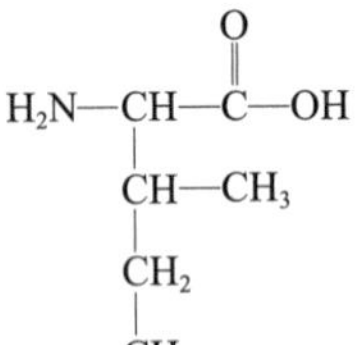
异亮氨酸

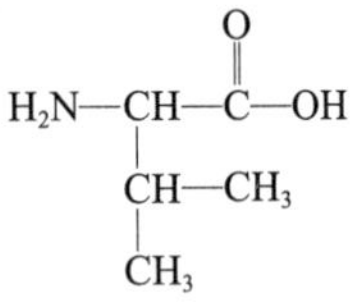
缬氨酸

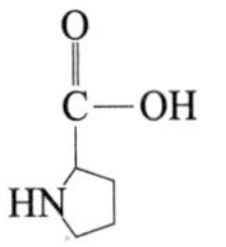
脯氨酸

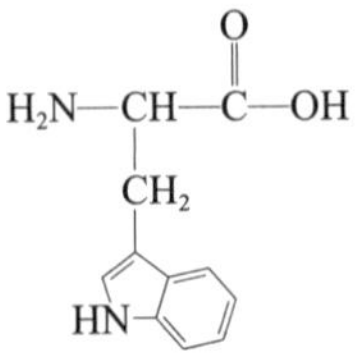
色氨酸

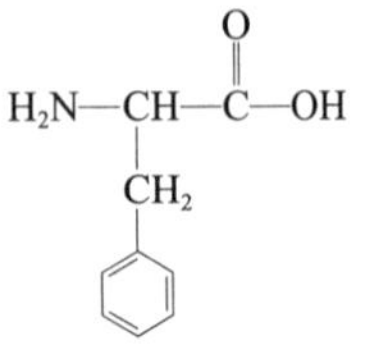
苯丙氨酸

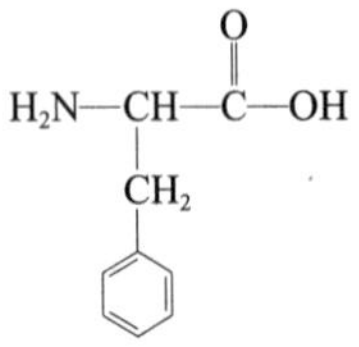
蛋氨酸

4.2.1.2 极性、侧链不带电荷的氨基酸

极性、侧链不带电荷的氨基酸包括丝氨酸、苏氨酸、酪氨酸、半胱氨酸、天冬酰胺和谷氨酰胺6种。它们的共同特点是侧链都含有极性基团，但在生理pH下通常不会发生解离，可以跟其他极性基团相互作用形成氢键。半胱氨酸侧链上的游离巯基(—SH)是一种具有高反应活性的基团，通常会和另外一个半胱氨酸侧链反应形成二硫键(—S—S—)，从而以胱氨酸的形式存在于蛋白质中，这对维持蛋白质的三维结构有重要的作用。天冬酰胺、谷氨酰胺在酸、碱条件下会发生解离，脱去酰胺基从而变成天冬氨酸和谷氨酸；酪氨酸与半胱氨酸的—OH和—SH在强碱环境下会发生解离从而带负电荷。

4.2.1.3 侧链带负电氨基酸

氨基酸带电往往来自其侧链，因为其N-端的氨基和C-端的羧基一般形成肽键而不带电，或者同时带电而中和。带负电的氨基酸包括天冬氨酸和谷氨酸两种。它们的侧链都带有一个羧基，在生理pH下能发生解离从而带负电。这两种氨基酸因为具有在生理pH下释放质子的能力，又被称为酸性氨基酸。天冬酰胺和谷氨酰胺分别是天冬氨酸和谷氨酸侧链衍生化的产物。

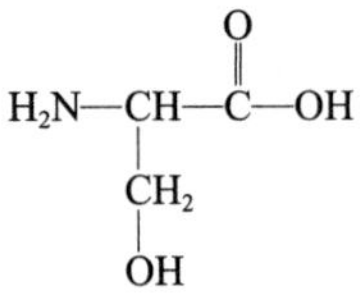
丝氨酸

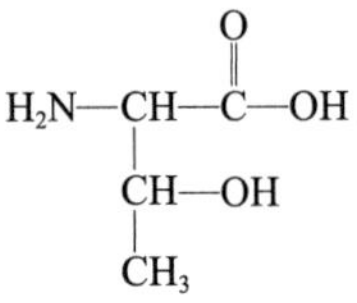
苏氨酸

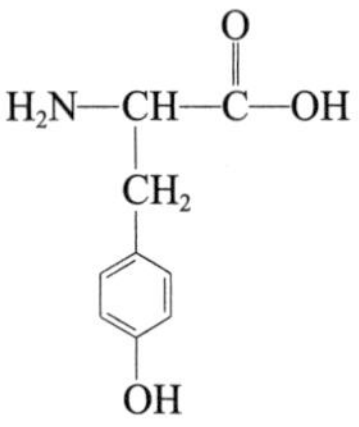
酪氨酸

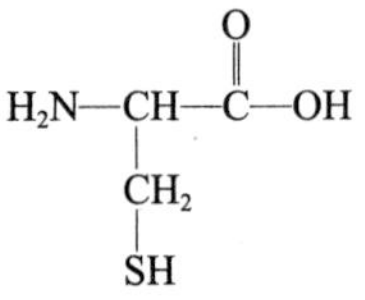
半胱氨酸

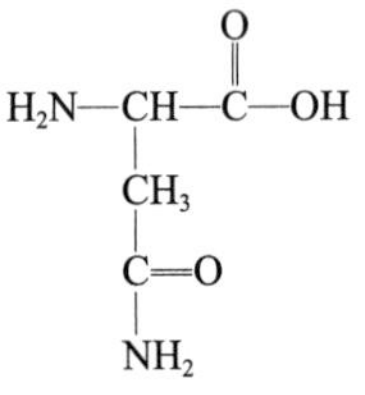
天冬酰胺

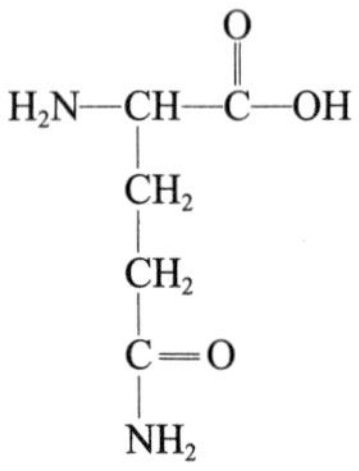
谷氨酰胺

4.2.1.4 侧链带正电氨基酸

侧链带正电氨基酸包括赖氨酸、精氨酸和组氨酸三种。赖氨酸侧链含有氨基，精氨酸侧链含有胍基，它们在生理pH下都能够结合一个质子(H^+)，从而带一分子正电荷；组氨酸侧链含有一个咪唑基，在生理pH下既可以接受一个质子而带正电荷，又可以给出一个质子带负电，得失质子取决于它所在的局部微环境。因而组氨酸通常会出现在酶分子的活性中心，对酸碱催化起着重要作用。这三种氨基酸因为具有在生理pH下获得质子的能力，所以又被称为碱性氨基酸。

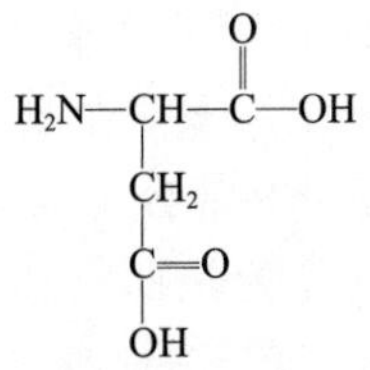

天冬氨酸

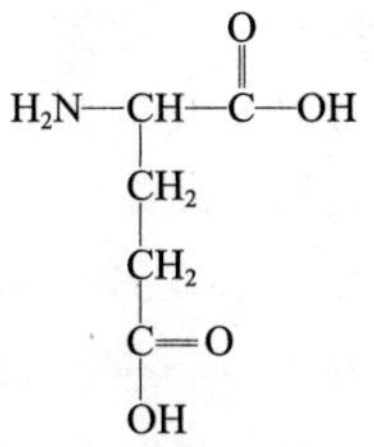

谷氨酰胺

为了更好地揭示氨基酸在蛋白质结构与功能中起的作用，通常使用三字母缩写符或单字母符号来描述氨基酸，见表4-1。三字母缩写符一般是由各氨基酸英文名称的前三个字母组成，首字母大写，例如甘氨酸为"Gly"；单字母符号有的采用英文名称首字母，如甘氨酸为"G"，有的则不一样，如精氨酸为"R"。

表4-1 氨基酸缩写

中文名称	英文名称	三字母缩写	单字母符号	中文名称	英文名称	三字母缩写	单字母符号
丙氨酸	alanine	Ala	A	亮氨酸	leucine	Leu	L
精氨酸	arginine	Arg	R	赖氨酸	lysine	Lys	K
天冬酰胺	asparagine	Asn	N	蛋氨酸	methionine	Met	M
天冬氨酸	asparticacid	Asp	D	苯丙氨酸	phenylalanine	Phe	F
半胱氨酸	cystine	Cys	C	脯氨酸	proline	Pro	P
谷氨酰胺	glutarnine	Gln	Q	丝氨酸	serine	Ser	S
谷氨酸	glutamicacid	Glu	E	苏氨酸	threonine	Thr	T
甘氨酸	glycine	Gly	G	色氨酸	tryptophan	Trp	W
组氨酸	histidine	His	H	酪氨酸	tyrosine	Tyr	Y
异亮氨酸	isoleucine	Ile	I	缬氨酸	valine	Val	V

在以上20种氨基酸中，有8种特殊的氨基酸，分别是缬氨酸、亮氨酸、异亮氨酸、蛋氨酸、苯丙氨酸、色氨酸、苏氨酸和赖氨酸。由于这8种氨基酸人体无法自身合成或合成速度远不能满足机体需求，必须由食物蛋白质供给，否则会使蛋白质代谢失衡。因此，这8种氨基酸被称为必需氨基酸。

4.2.2 蛋白质

蛋白质主要由碳、氢、氧、氮、硫组成，部分还含有磷、铁、铜、锌等元素。无论蛋白质的来源如何，其元素组成有一个重要的特征，即蛋白质的含氮量一般都在15%～17%的范围内。蛋白质的平均含氮量为16%，意味着6.25 g蛋白质中约含有1 g的氮，这一特征就是凯氏定氮法测定样品中蛋白质含量的基础。具体如公式(4-1)所示：

$$样品中蛋白质含量=N\%\times 6.25 \qquad (4\text{-}1)$$

公式(4-1)中，6.25是16%的倒数，表示1 g氮所代表的蛋白质量。

根据蛋白质的化学结构特征，蛋白质可分为单纯蛋白质和缀合蛋白质。单纯蛋白质是指仅由氨基酸组成，不含其他化学成分的蛋白质。根据溶解度，单纯蛋白质可分为清蛋白、球蛋白、谷蛋白、醇溶蛋白、组蛋白、精蛋白、硬蛋白。缀合蛋白质是指除氨基酸外还有其他化学成分作为结构一部分的蛋白质。这些非蛋白质部分称为辅基或配体。根据其非蛋白质部分的不同可以将缀合蛋白质分为糖蛋白、脂蛋白、核蛋白、磷蛋白、金属蛋白、血红素蛋白和黄素蛋白。

自然界中存在成千上万种蛋白质，其功能、性质相差较大，这个现象是由各个蛋白质的结构所决定的。不同蛋白质所含氨基酸残基数不同，少则50多个，多则上千个，而氨基酸排列顺序和多肽链组合的不同，使得蛋白质有了结构复杂、功能多样的特点。为了更好地研究蛋白质的功能，探明其结构的特点。蛋白质结构通常分为4个结构层次：一级结构、二级结构、三级结构和四级结构。为方便研究，在二级结构和三级结构之间又引入超二级结构和结构域两个层次。需要注意的是，并非所有蛋白质都有四级结构，仅由一条肽链形成的蛋白质只有一级结构、二级结构、三级结构，有两条肽链以上组成的蛋白质才可能有四级结构。蛋白质一级结构决定高级结构，高级结构决定蛋白质功能。

由于蛋白质分子组成单元多、结构复杂、相对分子质量大，量子化学和结构化学先驱Linus Pauling在1939年断言，仅靠X射线方法是不可能解析出一个蛋白质的空间结构的。然而仅仅过了 15 年，剑桥大学卡文迪许实验室的 John Kendrew 和 Max Perutz 最早利用 X 射线晶体衍射的方法解析出肌红蛋白和血红蛋白的三维结构。尽管在当时条件限制下所获得的结构分辨率不高，只能观察到蛋白质的碳链骨架走向，却因此获得了 1962 年的诺贝尔化学奖，并拉开了后来半个多世纪以 X 射线晶体衍射为主要手段的结构生物学序幕。随着电子显微镜的发展，冷冻电子显微(Cryo-electron microscopy，Cryo-EM)技术由于其具有不需要蛋白质晶体、样品用量少、可解析天然动态结构等优势，给蛋白质结构的解析带来了一场革命。2017 年诺贝尔化学奖也因此颁发于在冷冻电镜领域做出贡献的科学家 Jacques Dubochet，Joachim Frank 和 Richard Henderson。

4.2.2.1　一级结构

蛋白质的一级结构是组成该蛋白质的多肽链的数目和肽链中各个氨基酸残基从 N-末端到 C-末端的排列顺序，和多肽链内或链间二硫键的数目和位置。不同蛋白质都有其独特的空间构象，仅从一级结构来看，蛋白质是由氨基酸按照特定的排列顺序，通过肽键相互连接起来的多肽链结构。蛋白质一级结构是蛋白质分子结构的基础，包含了决定蛋白质高级结构的全部信息。

1. 肽键

肽键是由 N-端氨基酸的 α-羧基和 C-端氨基酸的 α-氨基发生脱水缩合反应，脱去一个水分子形成的，其本质是酰胺键。肽键的形成是一个复杂的生物化学过程，需要消耗能量。肽键以及与其直接相连的 4 个原子(分别是羰基氧、氨基氢和 2 个 α-碳原子)称为肽基。Linus Pauling 和 Corey 测得肽键长度为 0.132 nm，较 C—N 单键(0.149 nm)短，比 CY＝N 双键(0.127 nm)长，即肽键并非典型的单键或双键，而是具有部分双键性质。其原因在于酰胺氮上的孤电子对与羰基发生了共振相互作用，从而使肽键呈现共振杂化体结构。因为部分双键性质，肽键不能自由旋转，这就导致构成肽键的所有原子都在同一平面上，也就是说肽键是一个刚性平面结构，称为肽平面或酰胺平面(图 4-1)。

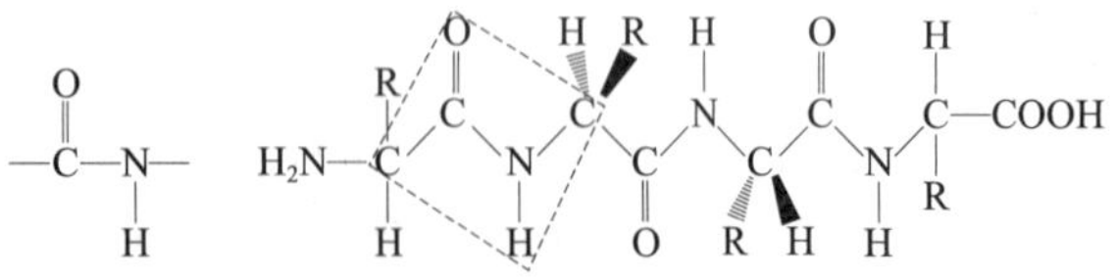

图 4-1　肽键和肽平面

值得一提的是，首先，2 个 α-碳原子与肽键的连接是可以旋转的。其次，肽键具有极性。肽键上的羰基氧带有部分负电荷，氨基氮带有部分正电荷，因而两者可以在形成氢键时分别作为氢的受体和供体。另外，大多数肽键均为反式构象，即羰基氧和氨基氢分别处于肽键的两侧，2 个 α-碳原子分别位于肽平面的两侧，这样的反式构象使得分子具有较小的空间位阻，有利于分子结构的稳定。比较特殊的是，脯氨酸因为四氢吡咯环的形成，引起了空间位阻，消除了反式构象的优势，因而顺式、反式构象均可能出现。

2. 肽链

氨基酸按照一定的顺序通过肽键连接在一起就形成了多肽链，通常把多肽链中每个氨基酸单位称为残基。自然界中的多肽链主要是线性结构，少数为环状结构。线性多肽具有方向性，一端为游离的 α-NH_3^+，称为氨基端或 N 端；另一端为游离的 α-COO^-，称为羧基端或 C 端。通常在书写多肽链时，习惯将多肽链的 N 端作为起始端，写在最左边，将多肽链的 C 端写在最右边，按从左到右的顺序写出多肽链所含氨基酸的排列顺序，可以用三字母符号或单字母符号表示。

多肽链由一条主链和多条侧链组成。在主链中，氨基氮、α-碳原子和羰基碳依次重复出现，构成多肽链的骨架，而组成多肽链的氨基酸残基的侧链 R 基团则向外伸出，构成多条侧链。根据肽链中氨基酸残基的数量不同，可以将肽分为寡肽和多肽。一般把含有 2～6 个氨基酸残基的肽链称为寡肽，含有更多氨基酸残基的肽链称为多肽。例如，由两个氨基酸残基组成的肽链称为二肽，三个氨基酸残基组成的肽链称为三肽，依此类推。氨基酸在生物体内主要以蛋白质的形式存在，但也有少量以游离形式存在的寡肽或多肽，虽然含量很少，但它们具有重要的生物学活性，被称为活性肽。

谷胱甘肽(GSH)是一种广泛存在于动物、植物以及部分微生物体内的三肽，由谷氨酸、半胱氨酸、甘氨酸组成，活性基团为巯基，故常以 GSH 表示(图 4-2)。值得注意的是，谷氨酸和半胱氨酸之间的肽键是由谷氨酸的 γ-羧基与半胱氨酸的 α-氨基形成的，属于异肽键。为强调这一点，常用 γ-GSH 表示谷胱甘肽。谷胱甘肽作为一种巯基缓冲剂可以保护血红蛋白或其他巯基酶的半胱氨酸残基，维持还原状态，还可以消除过氧化物对细胞膜的损伤破坏作用，维持细胞膜的完整性，还能参与氨基酸的吸收和转运。

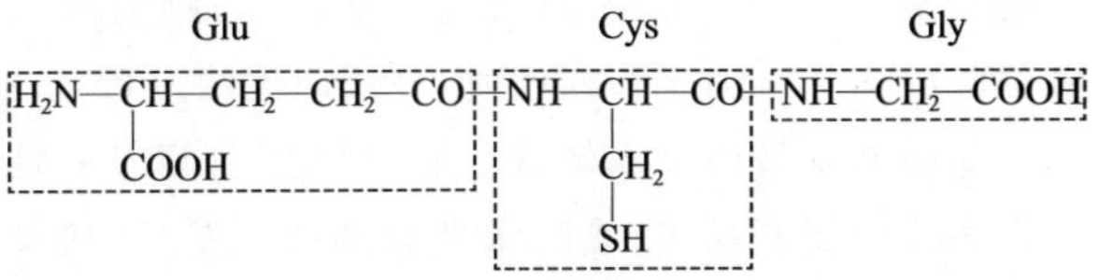

图 4-2 还原型谷胱甘肽(GSH)

3. 一级结构分析

蛋白质一级结构分析包括氨基酸种类、氨基酸残基排列顺序、二硫键位置、肽链数目等。测定氨基酸排列顺序对蛋白质结构和功能的研究具有重要意义，不仅有利于揭示多肽链的折叠规律、蛋白质生物活性与结构的关系以及分子水平揭示物种进化关系，还有利于揭示分子遗传病的分子机理、为药物设计提供理论基础。

在美国科学家 Marshall Nirenberg 等阐明了 DNA 序列编码蛋白质氨基酸序列的基本原理和密码子(表 4-2)对应的氨基酸种类后，目前蛋白质一级结构的测定得益于 DNA 测序的飞速发展。由于测定克隆基因的核苷酸序列比测定蛋白质氨基酸序列更快、更有效、信息更多，因此主要由编码该蛋白的基因核苷酸序列推导出来。一般来说，测定蛋白质的氨基酸序列往往先通过测定编码该蛋白质的基因序列，再通过每三个核苷酸编码一个氨基酸残基，推导出该段基因序列所编码的氨基酸序列。

表 4-2 密码子

第一位 5′端	第二位(中间)				第三位 3′端
	U	C	A	G	
U	苯丙氨酸 Phe P	丝氨酸 Ser S	酪氨酸 Tyr Y	半胱氨酸 Cys C	U
	苯丙氨酸 Phe P	丝氨酸 Ser S	酪氨酸 Tyr Y	半胱氨酸 Cys C	C
	亮氨酸 Leu L	丝氨酸 Ser S	终止	终止	A
	亮氨酸 Leu L	丝氨酸 Ser S	终止	色氨酸 Trp W	G
C	亮氨酸 Leu L	脯氨酸 Pro P	组氨酸 His H	精氨酸 Arg R	U
	亮氨酸 Leu L	脯氨酸 Pro P	组氨酸 His H	精氨酸 Arg R	C
	亮氨酸 Leu L	脯氨酸 Pro P	谷氨酰胺 Gln Q	精氨酸 Arg R	A
	亮氨酸 Leu L	脯氨酸 Pro P	谷氨酰胺 Gln Q	精氨酸 Arg R	G
A	异亮氨酸 Ile I	苏氨酸 Thr T	天冬酰胺 Asn N	丝氨酸 Ser S	U
	异亮氨酸 Ile I	苏氨酸 Thr T	天冬酰胺 Asn N	丝氨酸 Ser S	C
	异亮氨酸 Ile I	苏氨酸 Thr T	赖氨酸 Lys K	精氨酸 Arg R	A
	蛋氨酸 Met M	苏氨酸 Thr T	赖氨酸 Lys K	精氨酸 Arg R	G
G	缬氨酸 Val V	丙氨酸 Ala A	天冬氨酸 Asp D	甘氨酸 Gly G	U
	缬氨酸 Val V	丙氨酸 Ala A	天冬氨酸 Asp D	甘氨酸 Gly G	C
	缬氨酸 Val V	丙氨酸 Ala A	谷氨酸 Glu E	甘氨酸 Gly G	A
	缬氨酸 Val V	丙氨酸 Ala A	谷氨酸 Glu E	甘氨酸 Gly G	G

而在此之前，英国剑桥大学 Frederick Sanger 通过 2，4-二硝基氟苯(DNFB)和多肽链 N-末端氨基酸残基反应，结合纸层析的方法，历时十多年，于 1953 年测定出牛胰岛素的氨基酸排列顺序，被称为世界上氨基酸排列顺序测定的开拓者和奠基人。牛胰岛素是第一个被测定氨基酸顺序的蛋白质，该成果揭示了蛋白质具有特定氨基酸顺序，在蛋白质研究领域具有重要的里程碑意义。牛胰岛素由两条多肽链组成，A 链含 21 个氨基酸残基，B 链含 30 个氨基酸残基，各氨基酸残基按照特定的顺序排列，A 链中有一个链内二硫键，整个蛋白质分子含有两个链间二硫键。

蛋白质的氨基酸残基测序是十分复杂的，对样品的要求较高，且要求已知相对分子质量。蛋白质测序技术发展很快，使用蛋白质自动测序仪即可分析大部分蛋白质序列，但其原理与传统方法是相同的。蛋白质一级结构测定包括以下几步。

(1)多肽链末端氨基酸残基分析　用于一级结构测序的蛋白质样品需要有较高的纯度和均一性，若一个蛋白质由多条肽链复合而成，则需要将肽链分离，才能用于测序。通过分析蛋白质多肽链末端氨基酸的种类与含量就可以确定有多少条多肽链。

以胰岛素为例，N-末端氨基酸残基分析显示，苯丙氨酸和甘氨酸两种氨基酸残基等量存在，则胰岛素至少含有两条不同的多肽链。多肽链末端氨基酸残基的鉴定方法主要有两类：

①N-末端氨基酸残基分析法。常用方法有 Edman 降解法、Sanger 法和丹磺酰氯法。

②C-端氨基酸残基分析法。常用方法由羧肽酶法和肼解法。

(2)多肽链分离　若经过末端氨基酸分析，发现测序蛋白质由多条多肽链组成，则需要将它们分开。如果多肽链之间通过非共价键相连，使用蛋白质变性剂即可将它们分离；如果多肽链之间通过共价键相连（主要是二硫键），则需要用氧化法或还原法先打断链间二硫键和链内二硫键。

(3)多肽链氨基酸组分分析　为了进一步处理和分析多肽链，需要对多肽链进行氨基酸组分分析，即测定该多肽链中的氨基酸种类和含量。这就需要将多肽链进行彻底水解，释放出游离氨基酸。

多肽链彻底水解的方法主要有两种：一是酸水解，即将多肽链置于 6 mol/L 的 HCl 溶液中回流煮沸 20 h。其优点在于水解产物仍是 *L*-氨基酸；其缺点是色氨酸被破坏，羟基氨基酸和酰胺类氨基酸受到不同程度的破坏。二是碱水解，即将多肽链置于 5 mol/L的 NaOH溶液中回流煮沸 20 h。其优点是不会破坏色氨酸，但产物中不仅有 *L*-氨基酸，还会生成 *D*-氨基酸，从而产生消旋现象，而且大多数氨基酸会被破坏。

多肽链彻底水解成氨基酸后，可利用层析技术对游离的氨基酸进行鉴定。当前蛋白质氨基酸组分分析已经实现自动化，可以使用氨基酸自动分析仪进行分析。该仪器的原理在于将标记后的氨基酸经过离子交换层析，通过测定洗脱峰位置来定性氨基酸，测定标记后氨基酸的紫外吸收值来定量氨基酸。

(4)确定多肽链氨基酸序列　测序的多肽链长度不宜超过 50 个氨基酸残基，残基过多会影响测序结果的可靠性。因此，需要将过长的多肽链进行专一性有限水解，分离出大小不同的重叠小肽段，将这些肽段分离纯化后进行测序，最后根据重叠部分推断出完整肽链的氨基酸排列顺序。专一性裂解多肽链的方法主要有以下几种。

①溴化氰裂解法。溴化氰专一性水解甲硫氨酸羧基形成的肽键，它能将甲硫氨酸转变为高丝氨酸内酯，生成以高丝氨酸内酯为末端的肽。

②胰蛋白酶水解法。胰蛋白酶专一性水解由赖氨酸和精氨酸羧基形成的肽键。然而，当赖氨酸与精氨酸的羧基与脯氨酸相连时，该反应无法进行。

③胰凝乳蛋白酶水解法。胰凝乳蛋白酶专一性水解由芳香族氨基酸（或疏水性较强的氨基酸）羧基形成的肽键。与胰蛋白酶类似，当它们的羧基与脯氨酸相连时，该酶无法作用于多肽链。

④胃蛋白酶水解法。当肽键两端都是疏水性氨基酸时，胃蛋白酶能水解该肽键。

小肽段氨基酸序列的测定一般用 Edman 降解法。对同一个样品进行可控循环反应、重复抽提和氨基酸鉴定，即可得到每个肽段的氨基酸排列顺序。分析每个肽段的氨基酸顺序，最后推断出完整肽链的氨基酸排列顺序。

(5)确定二硫键位置　若蛋白质中存在二硫键，则需要测定二硫键的位置，其通常使用对角线电泳进行分析。选择胃蛋白酶、胰蛋白酶或胰凝乳蛋白酶在微酸性条件对测序蛋白质进行不完全水解，并保持二硫键的完整性。将样品点在方形滤纸中央进行电泳，此时各氨基酸或寡肽会因所带电荷不同而得以分离。将第一向电泳后的滤纸进行过甲酸蒸汽处理，使样品中的二硫键氧化成磺基丙氨酸，随后将滤纸旋转 90°，在相同条件下进行第二向电泳。此时除含有磺基丙氨酸的肽段外，其他氨基酸和肽段仍保持原先的迁移率，最终呈对角线排列。而磺基丙氨酸因多带一个负电荷，在第二向电泳时表现除较快的迁移速度，会偏离对角线，对其进行氨基酸组分分析，即可确定二硫键的位置。

4.2.2.2　二级结构

蛋白质的二级结构是指多肽链中的极性基团形成氢键，并沿一维方向形成周期性的结构，包括 α-螺旋、β-折叠、β-转角和无规卷曲等。

1. *α-螺旋*

α-螺旋是蛋白质中出现频率最高、含量最丰富、结构最稳定的二级结构元件，是一种多肽链主链借助氢键紧密卷曲而成的周期性螺旋状构象。α-螺旋中氨基酸侧链以螺旋形式向外伸展，特征二面角为 $\varphi=-57°$，$\Psi=-48°$。每个 α-螺旋含有 3.6 个氨基酸残基，螺距为 0.54 nm，即沿螺旋轴方向上升了 0.54 nm。其中每个残基绕轴旋转 100°，相邻氨基酸轴向距离为 0.15 nm。α-螺旋是右手螺旋，相邻螺圈之间可以形成氢键，氢键的方向几乎与螺旋轴平行，每一个氨基酸的羰基氧和它前面第四个氨基酸残基的氨基氢形成氢键；由每一个氢键闭合形成的环包含13个原子，故α-螺旋又称为3.6_{13}-螺旋。各标准氨基酸在α-螺旋中出现的频率并不相同：谷氨酸、丙氨酸和亮氨酸出现频率较高；脯氨酸因无酰胺氢，无法形成链内氢键，故会引起α-螺旋的终止。

α-螺旋有左手螺旋和右手螺旋两种，蛋白质中的α-螺旋几乎都是右手螺旋，因为右手螺旋较左手螺旋稳定。两者都是由*L*-型氨基酸构成的，在左手螺旋中，*L*-型氨基酸残基侧链上的第一个碳原子过于接近主链上的羰基氧原子，导致能量过高，构象不稳定；右手α-螺旋空间位阻较小，在肽键折叠中容易形成构象稳定的结构。α-螺旋是手性结构，具有旋光性。但α-螺旋的比旋并非构成自身氨基酸比旋的简单加和，它是α-碳原子的构型不对称性、α-螺旋构象不对称性的总反应，因此应用圆二色性光谱（CD）可以研究蛋白质的二级结构。

在不同蛋白质中，α-螺旋的含量变化很大。如在肌红蛋白、血红蛋白分子中，α-螺旋是主体结构；但在胰凝乳蛋白酶中不存在α-螺旋。α-螺旋以单股形式存在时，其长度较短，一般不超过4 nm（图4-3）。

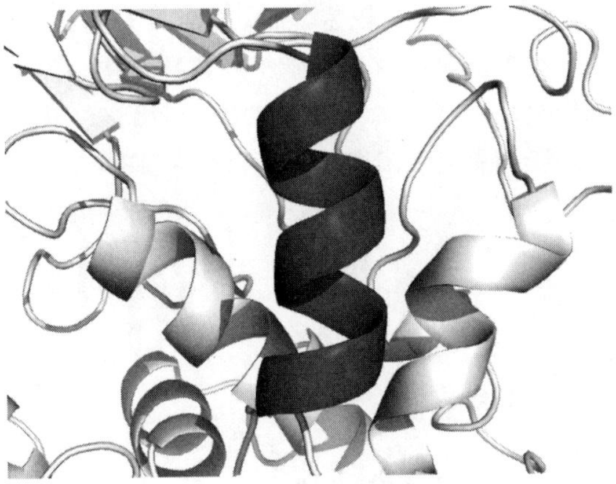

图4-3　典型的α-螺旋

二维码4-1　典型的α-螺旋彩图

2. β-折叠片

两条或两条以上几乎完全伸展的多肽链或同一多肽链之中的不同肽段，依靠氢键侧向聚集在一起形成的片状结构即为β-折叠片（图4-4）。在β-折叠片中，多肽主链呈现锯齿状折叠构象，α-碳原子位于折叠线上，氨基酸残基的侧链都交替分布在片层平面的两侧，相邻氨基酸的轴向距离为0.35 nm。缬氨酸和异亮氨酸最容易形成β-折叠片。β-折叠片有两种形式，一种是平行式，另一种是反平行式。若相邻多肽链肽键是同向的，则称为平行β-折叠片；若相邻多肽链肽键是反向的，则称为反平行β-折叠片。

与反平行*β*-折叠片相比，平行β-折叠片中形成的氢键有明显的弯折，反平行β-折叠片中重复周期为0.7 nm，而平行β-折叠片中为0.65 nm。平行*β*-折叠片比反平行β-折叠片更规则，平行式的特征二面角为$\varphi=-119°$，$\Psi=+113°$，比反平行式（$\varphi=-139°$，$\Psi=+135°$）要小。

在纤维状蛋白质中，β-折叠片主要是反平行式，且氢键主要是在不同肽链之间形成；在球状蛋白质中，反平行式和平行式几乎同样广泛存在，氢键即可在不同肽链和分子之间形成，也可以在同一肽链的不同肽段之间形成。

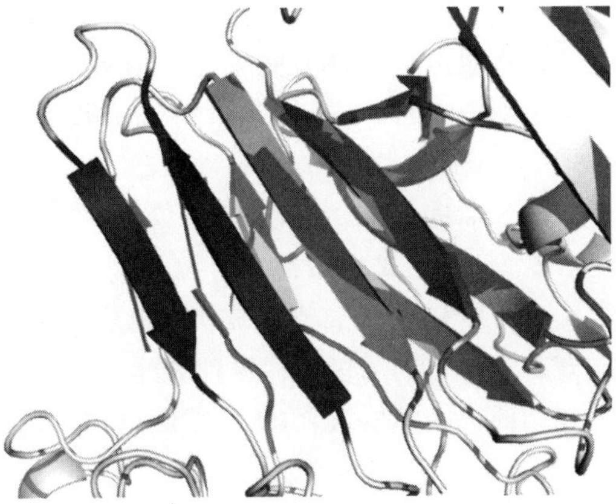

蓝色的为反向平行*β*-股；绿色的为平行*β*-股。

图4-4　一组由4条*β*-股形成的β-折叠

二维码4-2　一组由4条*β*-股形成的β-折叠彩图

3. β-转角与β-凸起

自然界中的大多数蛋白质是球状蛋白质，α-螺旋和β-折叠片是其主要结构，不具备弯曲的能力，因此多肽链中必须存在一些具有弯曲、回折能力的结构。研究发现，在蛋白质中存在一种简单的非重复性结构，能够允许蛋白质倒转肽链的方向，称为β-转角。β-转角由4个氨基酸残基组成，其中第一个氨基酸残基的羰基氧和第四个氨基酸残基的氨基氢之间以氢键结合，形成一个紧密的环状结构，使多肽主链以180°回转。β-转角主要有两种形式，主要差别在于中央肽键旋转180°。脯氨酸和甘氨酸是β-转角的主要组成氨基酸。脯氨酸具有环状结构和固定的 φ 角，有助于β-转角的形成，促使多肽链自身回折；甘氨酸侧链较小，仅含有一个H，在β-转角中能很好地调整其他残基的空间位阻。β-转角常出现在球状蛋白质分子的表面，有助于反平行β-折叠片的形成。

β-凸起是一种小片的非重复性单位，能单独存在，大多数情况下经常作为反平行β-折叠片中的一种不规则情况而存在。β-凸起可以认为是β-折叠片中额外插入的一个残基，能够引起多肽链主链产生微小弯曲，从而使多肽链在一定程度上改变方向，有利于球状蛋白质结构的稳定。

4. 无规则卷曲

无规则卷曲泛指那些不能被归入明确二级结构(如α-螺旋、β-折叠片等)的多肽片段。无规则卷曲并非完全没有规则，它具有明确而稳定的结构，促使蛋白质能够形成空间上具有周期性结构的化合物。但是它们受侧链相互作用的影响很大，经常构成酶活性部位和其他蛋白质的特异功能部位。

4.2.2.3 超二级结构

在蛋白质分子中，特别是球状蛋白质分子中，经常出现若干相邻的二级结构原件彼此相互作用，形成有规则的二级结构组合，如α-螺旋束(αα)、βαβ单元和ββ折叠等。这些由若干个相邻二级结构形成的具有一定规律的结构组合被称为超二级结构。

1. α-螺旋束(αα)

α-螺旋束是由两股平行或反平行排列的右手螺旋区段相互缠绕而成的左手卷曲螺旋，又称超螺旋结构。α-螺旋束是纤维状蛋白质，如α-角蛋白、肌球蛋白和原肌球蛋白的主要元件，也少量存在于球状蛋白质中。α-螺旋束主链的 φ 和 Ψ 与正常α-螺旋有一定的差异，每圈螺旋为3.5个氨基酸残基，而非正常的3.6个。α-螺旋束沿超螺旋轴有一定程度的倾斜，重复距离从0.54 nm缩短到0.51 nm，螺距约为14 nm，直径为2 nm。两股α-螺旋束的超螺旋轴相距1 nm，这使得两股α-螺旋束的侧链能够发生紧密相互作用以增强结构的稳定性。

以α-角蛋白为例，毛发中的α-螺旋相互缠绕形成α-角蛋白，称为原纤维；原纤维排列呈"9+2"的电缆式结构，形成直径8 nm的微原纤维；数百根微原纤维结合成直径200 nm的大原纤维。大原纤维是毛发皮层细胞的主要成分。这就是毛发能抗一定张力、抗拉伸的主要原因之一。

2. βαβ单元

βαβ单元是由两端平行β-折叠股和一段作为连接链的α-螺旋组成，2个β-折叠股之间以氢键相连。连接链反平行地交叉在2个β-折叠股之间，β-折叠片的疏水侧链面向α-螺旋的疏水面，两者形成紧密的结构。除了α-螺旋之外，无规则卷曲也可以作为连接链。通常βαβ单元是由3段平行的β-折叠股和2段α-螺旋构成，相当于2个βαβ单元组合在一起，称为Rossman折叠(βαβαβ)。

3. ββ

ββ实际上就是反平行折叠片，不过在球状蛋白质中，一般是由一条多肽链的若干段β-折叠股反平行组合而成，2个β-折叠股间通过一个短环连接起来。最简单的ββ结构是β-发夹结构，数个β-发夹结构可以形成更大更复杂的折叠片结构，如β-曲折和希腊钥匙拓扑结构。β-曲折是一种常见的超二级结构，是由多个反平行β-折叠股通过紧凑的β-转角连接而成，整个结构含有较多氢键，因而具有高稳定性，广泛存在于蛋白质中。希腊钥匙拓扑结构也是反平行β-折叠片中常见的一种折叠方式，因该结构与古希腊陶瓷花瓶上的图案相似而得名，见图4-5。

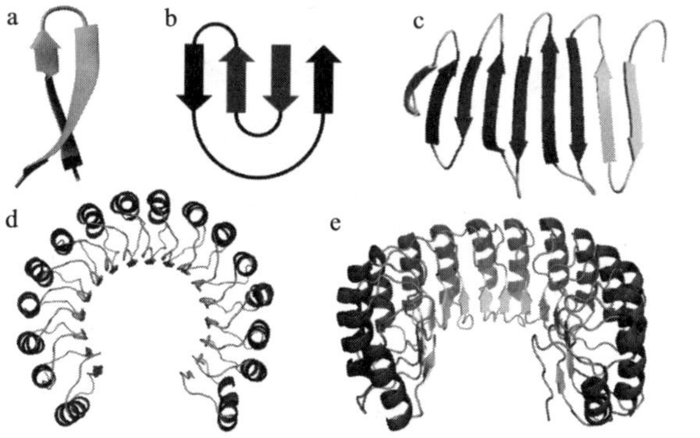

a. β-发卡结构；b. 希腊钥匙拓扑结构；
c. β-曲折结构；d，e. 马蹄铁结构。

图4-5 蛋白质的超二级结构

二维码4-3 蛋白质的超二级结构彩图

蛋白质构象是由超二级结构组合在一起形成的，因此了解 α-螺旋之间、β-折叠片之间以及这两者之间的相互作用是研究蛋白质构象的基础。

4.2.2.4 球状蛋白质与三级结构

虽然纤维状蛋白质在各种生物体内发挥重要的作用，且含量丰富，但是它们的种类只占自然界中蛋白很小的一部分，球状蛋白质的种类远远多于纤维状蛋白质。球状蛋白质的构象相较纤维状蛋白质复杂得多，且具有多种多样的生物功能，例如，催化作用、运输作用、免疫作用和调节作用等。

蛋白质的三级结构是指由各种二级结构元件（α-螺旋、β-折叠片、β-转角和无规则卷曲等）借助各种次级键构建成的总三维结构，包括一级结构中相距较远的肽段之间的级和相互关系和侧链在三维空间中彼此的相互关系（图 4-6）。

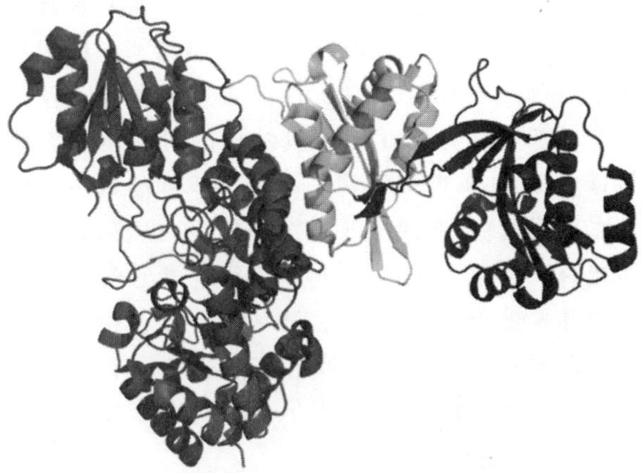

糖苷水解酶家族3中的米黑根毛霉菌来源 *β-N*-乙酰氨基葡糖苷酶的三级结构，红色、绿色、蓝色分别代表不同的结构域，整个结构是由一条肽链盘绕折叠而成。

图 4-6 蛋白质的三级结构

二维码 4-4 蛋白质的三级结构彩图

1. 球状蛋白质的分类

球状蛋白质可以根据它们的结构域类型分为四大类：全 α 结构、α，β 结构、全 β 结构和富含金属和二硫键结构。除少数混合型结构，大多数已知结构的蛋白质都可以归入这 4 个类别。

（1）全 α 结构（反平行 α-螺旋）蛋白质　在这类蛋白质中，α-螺旋结构占极大的优势。全 α 结构有几种亚类结构，最简单的、最大的亚类是反平行螺旋束。相邻螺旋之间以环状结构相连，形成近似筒状的螺旋束，常见为四螺旋束。这类螺旋束呈现轻微左手扭曲，疏水面朝内、亲水面朝外，活性部位位于螺旋束的一段，由不同螺旋上的残基共同构成。

（2）α，β 结构（平行或混合型 β-折叠片）蛋白质　平行 β 折叠片的两侧分布有疏水侧链，意味着平行 β 折叠片的任意一侧都不能暴露在溶剂中，因此平行 β 折叠片一般存在于蛋白质的疏水核心区域。

α，β 结构可分为两个亚类：一类称为单绕平行 β 桶或平行 β 桶，如磷酸丙糖异构酶和丙酮酸激酶结构域Ⅰ；另一类称为双绕平行 β 片或马鞍形扭曲片，也称核苷酸结合结构域，如乳酸脱氢酶结构域Ⅰ和磷酸甘油酸激酶结构域Ⅱ。

以核苷酸衍生物烟酰胺腺嘌呤二核苷酸（NAD）、黄素腺嘌呤单核苷酸（FMN）等为辅基的蛋白质都含有核苷酸结合结构域。核苷酸结合部位位于 β-折叠片中肽链改变方向处的一个裂隙内。单绕平行 β 桶是 4 个主链层和 3 个疏水区，而双绕平行 β 片蛋白是 3 个主链结构层和两个疏水区。

（3）全 β 结构（反平行 β-折叠片）蛋白质　反平行 β-折叠片一般将疏水残基安排在折叠片的一侧，亲水残基在另一侧。因此，一个反平行 β-折叠片蛋白质至少有两个主链结构层：两层或一层 β-折叠片和一层 α-螺旋。两个 β-折叠片的疏水面相互作用形成疏水区，相背的两面则暴露于溶剂。这类结构域由 4～10 个 β-折叠股构成。反平行 β-折叠片可分为两个主要类型：反平行 β 桶和反平行 β 片。

与单绕平行 β 桶相比，反平行 β 桶对称性差，氢键强度较小，在蛋白质中出现频率较高。反平行 β 桶常由偶数 β-折叠股组成。反平行 β 片由 3～15 个 β 折叠股的单层反平行 β 折叠片组成，虽然也是扭曲的，但不闭合成桶。在 β 片的一侧由一层 α-螺旋和回环，另一侧暴露于溶剂中。

（4）富含金属和二硫键（小的不规则）的蛋白质　许多氨基酸残基数小于 100 的蛋白质或结构域往往不具备规则的结构，只有很少量的二级结构，但富含金属离子（如铁氧还蛋白）或二硫键（如胰岛素）。金属离子形成的配体或二硫键往往具有稳定蛋白质构象的功能。

2. 球状蛋白质三维结构的特征

蛋白质晶体结构数据库资料表明，确定晶体结构的蛋白质已有300多种。虽然每种蛋白质都有自己独特的三维结构，但是它们仍具有某些共同特征。球状蛋白质三维结构的特征如下。

(1)球状蛋白质分子含多种二级结构元件　除肌球蛋白，一种纤维状蛋白质只含有一种二级结构元件，如α-角蛋白含α-螺旋，丝心蛋白含反平行β-折叠片。然而球状蛋白质分子含有两种或两种以上的二级结构元件，如溶菌酶含有α-螺旋、β-折叠片、β-转角和无规则卷曲等。在不同的球状蛋白质中，各种元件的含量不同。

(2)球状蛋白质三级结构具有明显的折叠层次　与纤维状蛋白质相比，球状蛋白质的结构具有更加明显而丰富的折叠层次。多肽链主链在熵驱动下折叠成靠氢键维系的α-螺旋、β-折叠片等二级结构。在一级序列上相邻的二级结构往往在三维折叠中彼此靠近并相互作用形成超二级结构。由超二级结构进一步组装成相对独立的球状实体——结构域或三级结构，或再由两个或多个结构域组装成紧密的球状或椭圆形的三级结构，如已糖激酶。如果这是亚基的三级结构，将有三级结构的亚基缔合成四级结构的多聚体，如血红蛋白。

(3)球状蛋白质分子是紧密的球状或椭球状实体　多肽链折叠过程中各种二级结构彼此紧密装配，它们之间也插入松散的肽段。一个蛋白质组成氨基酸的范德华体积总和(组成原子的范德华作用范围所占的总体积)除以蛋白质所占的体积，即得到装配密度，一般为0.72～0.77。这意味着即使紧密装配，约25%的蛋白质总体积也不被原子所占据。值得注意的是，邻近活性部位的区域密度比平均值低得多，这意味着有较大的空间可塑性，构象容易发生变化，允许活性部位的结合基团和催化基团有较大的活动范围。这是酶与底物、别构酶与调节物、其他功能蛋白与效应物相互作用的结构基础。

(4)球状蛋白质疏水侧链埋藏在分子内部，亲水侧链暴露在分子表面　蛋白质折叠形成三维结构的驱动力是形成可能的、最稳定的结构。其中有两种力发挥作用：一是肽链必须满足自身结构的固有限制，包括折叠中α-碳原子的二面角的限制以及手性效应；二是肽链必须折叠以便埋藏疏水侧链，使之与水的接触降到最低程度(疏水作用)。蛋白质的疏水核心几乎全部由α-螺旋、β-折叠片组成。它们的肽主链虽然是极性的，但由于这两种二级结构形成很好的氢键网，主链极性已被有效的中和，因而能稳定地处于疏水核心区域。球状蛋白质中，多数α-螺旋都是一面向外暴露在溶剂中，另一面朝向蛋白质的疏水内部。平行β-折叠片一般位于蛋白质疏水核心；反平行β-折叠片疏水一侧朝向分子内部，亲水一侧与溶剂接触。球状蛋白质分子中的80%～90%的疏水侧链被埋藏，分子表面主要是亲水侧链，因此球状蛋白质是水溶性的。

(5)球状蛋白质分子的表面有一个空穴　这种空穴常常是结合底物、效应物等配体并产生生物功能的活性部位。空穴能容纳1个或2个小分子配体或大分子配体的一部分。空穴周围分布着许多疏水侧链，为底物等发生化学反应营造了一个疏水环境(低介电区域)。

4.2.2.5　四级结构

在自然界中，很多蛋白质是以独立折叠的球状蛋白质的聚集体形式存在的，它们通过非共价键彼此缔合在一起，构成蛋白质的四级结构。在四级结构中的每一个球状蛋白质称为亚基或单体。仅由一个亚基组成并因此无四级结构的蛋白质称为单体蛋白质，如核糖核酸酶。由两个亚基的蛋白质称为二聚体蛋白，有四个亚基组成的蛋白质称为四聚体蛋白。由两个或两个亚基以上组成的蛋白质统称为寡聚蛋白质、多聚蛋白质或多亚基蛋白质。寡聚蛋白质包括很多很重要的酶和转运蛋白。通常多亚基蛋白质的亚基单独存在时无法发挥生物学活性(图4-7)。

多聚蛋白质可以由相同亚基组成，称为同聚蛋白质，如肝乙醇脱氢酶(α2)、酵母已糖激酶(α4)等；或由几种不同的亚基组成，称为杂聚蛋白质，如血红蛋白(α2β2)、天冬氨酸转甲酰酶(r6c6)等。对称的寡聚蛋白质分子可视为由两个或多个不对称的相同结构成分组成，这种相同结构成分被称为原聚体。在同聚体中每个亚基都是原聚体，但是在杂聚体中原聚体是由两种或两种以上的亚基组成。例如，血红蛋白分子可看成是由两个原体组成的对称二聚体，其中，每个原体是由一个α-亚基(一条α珠蛋白链)和一个β-亚基(一条β珠蛋白链)构成的聚集体(αβ)。这里把原聚体看作单体，可称血红蛋白为二聚体；若把亚基看作单体，则称血红蛋白为四聚体。

蛋白质的四级结构涉及亚基种类、数目、各亚基或原聚体在整个分子中的空间排布，包括亚基间的结合位点和作用力。大多数寡聚蛋白质分子中亚基数目为偶数，且以2、4居多；也有少数是奇数，如荧光

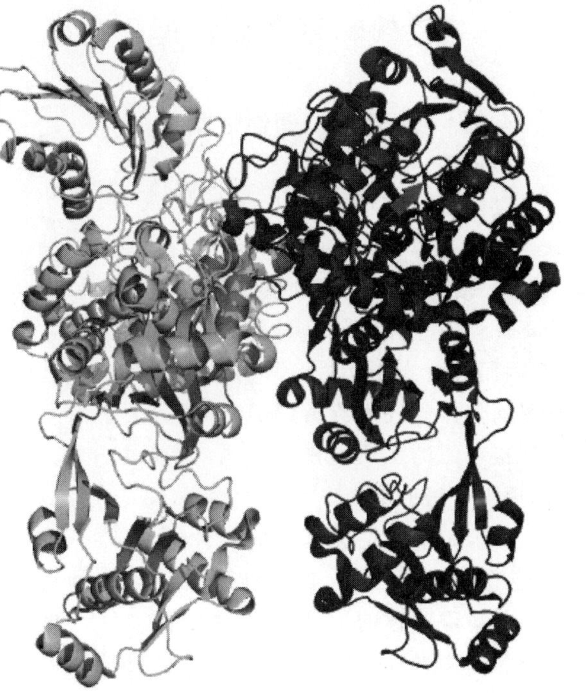

糖苷水解酶家族3中米黑根毛霉菌来源β-*N*-乙酰氨基葡糖苷酶的四级结构。两个亚基（绿色、蓝色）分别由一条完整的、氨基酸序列完全相同的肽链组成。两个相同的亚基通过分子间相互作用形成二聚体发挥作用。

图4-7　蛋白质的四级结构

二维码4-5　蛋白质的四级结构彩图

素酶分子含3个亚基。大多数蛋白质分子的亚基种类为1～2种，少数蛋白质分子的亚基种类多于2种。

多肽链的α-碳原子是不对称的，通常折叠后的多肽也是不对称或低对称结构，因此单体蛋白质和亚基都是手性分子。然而，X射线衍射结构分析和电子显微镜观察发现，大部分寡聚蛋白质分子的亚基排列都具有对称性。可见，对称性是具备四级结构蛋白最重要的性质之一。

维系蛋白质一级结构的作用力主要是肽键，维持二级结构构象稳定主要靠氢键，而四级结构与三级结构类似，主要由氢键、静电作用、疏水相互作用和范德华力等作用力来维持。与共价键相比，这些作用力键能较小，所以在外来因素的影响下蛋白质结构很容易发生改变而导致蛋白质变性。

4.2.3　蛋白质结构和功能的关系

4.2.3.1　蛋白质一级结构与功能的关系

1. 同源蛋白质的氨基酸序列具有明显的相似性

有些蛋白质存在于不同的生物体内，但具有相同的生物学功能，这些蛋白质被称为同功能蛋白质。通过研究这类蛋白质的一级结构，发现其既存在明显的相似性，也存在一定的种属差异，故又称为同源蛋白质。在同源蛋白中，有些位点的氨基酸残基在进化上比较保守，对蛋白质特定结构和功能起决定作用，称为不变残基或保守残基；有些位点的氨基酸残基则没有这种作用，可以发生变化，称为可变残基。同源蛋白之间长度可能存在差异，但局部特征序列是一致的，通过比较蛋白质之间的保护序列，可以推测蛋白质的功能。根据同源蛋白的序列相似性可以绘制出分子进化树，可以在分子水平显示同源蛋白之间的进化关系。

以哺乳类、鸟类和鱼类等动物体内的胰岛素为例，胰岛素分子由51个氨基酸残基组成，但在这三类动物体内，只有24个氨基酸残基始终不变，即不变残基。绝大多数不变残基都是带有疏水侧链的氨基酸，经X射线晶体结构分析，这些非极性的氨基酸对维持胰岛素分子的高级结构起着重要的作用。

2. 一级结构相同的蛋白质的功能也相同

蛋白质的一级结构差异越小，其功能的相似性越大。以促肾上腺皮质激素（ACTH）和促黑激素（α-MSH）为例，两者N-末端的13个氨基酸残基完全相同，唯一差别是α-MSH的N-末端为乙酰化的丝氨酸，而非游离氨基酸。若将ACTH分子从C-末端开始逐个水解氨基酸残基，当剩下N-末端的13个氨基酸残基时，ACTH的活性完全消失，反而具备显著的α-MSH的活性。

3. 一级结构上的细微变化可直接影响其功能

蛋白质一级结构各异是其具有各种各样生物学功能的分子基础，而有时一级结构的微小差异就可以表现出不同的生物学功能。

分子病是由遗传基因的突变导致了蛋白质分子结构的改变或缺乏某种蛋白质所引起的。镰刀型细胞贫血病是最早发现的一种分子病，表现为患者血液中许多红细胞呈镰刀状，这种红细胞无法与氧正常结合，最终导致患者缺氧窒息而死。对患者血红蛋白的一级结构进行分析，发现其β-亚基N-末端的肽段出现异常，第 6 位 Glu 变成了 Val。

正常型 β 链------Val-His-Leu-Thr-Pro-Glu-Lys------

镰刀型 β 链------Val-His-Leu-Thr-Pro-Val-Lys------

Val 的侧链是一个非极性基团，Glu 在生理条件下带负电，Val 取代 Glu 不仅导致血红蛋白 β 亚基电荷性质发生变化，且在镰刀型细胞血红蛋白分子表面形成了一个疏水性凸起，容易和相邻血红蛋白分子的 β 亚基疏水凹槽相结合，从而形成刚性纤维束。血红蛋白这种高级结构的变化，导致红细胞变形成为长而薄的镰刀状，失去原有的平滑与弹性，在毛细血管处形成栓塞，造成细胞缺血受伤，引起疼痛和炎症反应，甚至会引起红细胞自身发生破碎溶血。

4.2.3.2 蛋白质的空间结构与功能的关系

蛋白质分子特定的空间构象是表现其生物学功能和活性所必需的。

1. 蛋白质前体的活化

为了防止某些酶在不合适的时间、地点发挥功能而引起细胞损伤，细胞在翻译这些酶时，首先合成无活性的前体物质，然后运输、分泌到特定部位后，在专一性蛋白水解酶或其他因素的作用下才转化为有活性的形式。这种无活性的前体物质称为“酶原”，该活化过程称为酶原激活。以胰蛋白酶为例，胰蛋白酶由胰腺细胞分泌进入小肠后，在 Ca^{2+} 和肠激酶作用下受到激活，Lys6-Ile7 之间肽键断裂，在氨基末端移去一个酸性六肽：Val-$(Asp)_4$-Lys，即可形成活性酶的构象。虽然不同酶原激活方式不同，但其实质是一样的，都是发生专一性蛋白质水解，除去阻碍形成活性构象的肽段，促使酶活性中心形成。经过激活的蛋白质才具有特定的空间结构，从而表现出完整的生物活性。

2. 蛋白质的变构现象

蛋白质与一些代谢物发生可逆结合，其一级结构不变而空间构象发生一定的变化，从而导致其生物学功能的改变，称为蛋白质的变构现象或别构现象(allostery)。这是蛋白质执行其生物学功能的一种普遍且十分重要的现象，能够有效调节蛋白生物学功能。如变构酶类的生物催化作用，血红蛋白运输 O_2 和 CO_2 的功能等。

4.3 氨基酸和蛋白质的理化性质

4.3.1 氨基酸的理化性质

4.3.1.1 氨基酸的物理性质

1. 旋光性

除甘氨酸，其他标准氨基酸分子都具有至少一个不对称中心，即与 *α*-碳原子连接的 4 个基团各不相同，因而具有光学活性。具有光学活性的物质可以使平面偏振光发生旋转，旋转方向取决于手性碳原子连接基团的性质和排列方式，通常用“＋”表示右旋，用“－”表示左旋。

含有一个手性碳原子的化合物，其周围四个取代基有两种排列方式，*L*-型和 *D*-型，两者之间是无法重叠的镜像对称的关系，称为对映体。*L*-型和 *D*-型氨基酸的旋光方向相反，但旋光程度相同，等摩尔 *L*-型和 *D*-型氨基酸的混合物没有旋光性，称该混合物为消旋物。将蛋白质用碱法加热水解或用化学合成法合成氨基酸时，得到的氨基酸产物都是无旋光性的 *DL*-消旋物。而采用发酵法得到的氨基酸都是 *L*-型氨基酸。

氨基酸的旋光符号和大小取决于侧链 R 基团的性质，同时还与测定时溶液的 pH 有关。其原因在于不同的 pH 条件下的氨基和羧基具有不同的解离状态。比旋光度是 *α*-氨基酸的一个重要物理常数，为鉴别不同氨基酸提供依据。

2. 溶解度

氨基酸呈内盐形式存在，一般都溶于水，几乎不溶于非极性溶剂。而脯氨酸和羟脯氨酸可溶于乙醇和乙醚。所有 *α*-氨基酸都能溶解在强酸或强碱溶液中，除了半胱氨酸和酪氨酸之外，都能溶于水。氨基酸在水中溶解度(25℃)见表 4-3。

3. 光学性质

标准氨基酸在可见光区域(400～780 nm)内没有吸收，但在远紫外区都有吸收，原因在于氨基酸都具有羧基。另外，由于酪氨酸、色氨酸和苯丙氨酸的侧链 R 基含有苯环共轭双键系统，因此它们在近紫外光区有较强吸收。酪氨酸的最大光吸收波长是 275 nm，摩尔消光系数为 1 400 mol/(L · cm)；色氨酸的最大光吸收波长是 280 nm，摩尔消光系数为 5 600 mol/(L · cm)；苯丙氨酸的最大光吸收波长是 258 nm，摩尔消光系数为 200 mol/(L · cm)。

表 4-3　氨基酸在水中的溶解度(25℃)　g/L

氨基酸	溶解度	氨基酸	溶解度
丙氨酸(Ala)	167.2	亮氨酸(Leu)	21.7
精氨酸(Arg)	855.6	赖氨酸(Lys)	739.0
天冬酰胺(Asn)	28.5	蛋氨酸(Met)	56.2
天冬氨酸(Asp)	5.0	苯丙氨酸(Phe)	27.6
半胱氨酸(Cys)	—	脯氨酸(Pro)	1 620.0
谷氨酰胺(Gln)	7.2(37℃)	丝氨酸(Ser)	422.0
谷氨酸(Glu)	8.5	苏氨酸(Thr)	13.2
甘氨酸(Gly)	249.9	色氨酸(Trp)	13.6
组氨酸(His)	—	酪氨酸(Tyr)	0.4
异亮氨酸(Ile)	34.5	缬氨酸(Val)	58.1

溶液中氨基酸浓度越高，光吸收值也越高，在一定的范围内，两者呈正比，符合比尔定律(Beer's Law)：

$$A=\varepsilon bc \tag{4-2}$$

公式(4-2)中，ε 是摩尔消光系数[mol/(L·cm)]；b 是比色皿的光径(cm)；c 是溶液中氨基酸浓度(mol/·L)；A 为吸光值，又称为光密度值(optical density，OD)。值得注意的是，不同氨基酸在不同波长下摩尔消光系数不同。

一般蛋白质都含有酪氨酸、色氨酸和苯丙氨酸，因此具有紫外吸收能力，通常最大光吸收在 280 nm 波长处。因此，可以通过紫外分光光度法测定蛋白质的含量。

4. 呈味性质

自然界存在 *D*-型和 *L*-型氨基酸，而食物中的氨基酸主要以 *L*-氨基酸为主。在一般情况下，*D*-型氨基酸以甜味为主，如甘氨酸、组氨酸、亮氨酸、异亮氨酸、甲硫氨酸、色氨酸、缬氨酸、酪氨酸、丝氨酸等。而 *L*-型氨基酸的甜味则取决于侧链 R 基团的疏水性，当侧链 R 基团疏水性较小时，主要呈现甜味，如甘氨酸、丙氨酸、丝氨酸、脯氨酸、羟脯氨酸、天冬酰胺等；而当侧链 R 基团疏水性较大时，主要呈现苦味，例如亮氨酸、异亮氨酸、苯丙氨酸、色氨酸、酪氨酸等；当侧链 R 基团为酸性基团(如—COOH)时，则以酸味为主，如天冬氨酸和谷氨酸。

鲜味是饮食生活中的五种基本味道之一，而谷氨酸则是形成鲜味物质的重要前提物质。当谷氨酸作为蛋白质中的一部分以结合态存在时，无法呈现鲜味，只有当其以游离态形式存在，才能体现出鲜味。而游离态谷氨酸天然存在于肉类、海鲜及蔬菜等食品之中。

目前食品工业中应用最为广泛的呈味氨基酸主要是 *L*-谷氨酸钠(MSG)、*L*-丙氨酸、*L*-甘氨酸。*L*-谷氨酸钠是味精的主要成分，其强烈鲜味的产生，是由 α-NH_3^+ 和 γ-COO^- 两个基团静电吸引，形成五元环结构而生成的。L-MSG 的鲜味与溶液的 pH 有关，在 pH 6.0 时，鲜味最佳；在高酸(pH 2.2～4.4)和高温条件下，L-MSG 的 α-NH_3^+ 和 γ-COO^- 倾向于失去一分子水，而生成羧基吡咯烷酮，从而呈酸味，味道变差；在 pH 7.0 以上时，鲜味消失。其原因在于碱性环境中，*L*-MSG 氨基和羧基之间的静电作用减少，无法形成五元环，导致鲜味消失。而 *D*-MSG 因为立体结构阻碍了其与味觉感受器的结合，无法呈现鲜味。

4.3.1.2　氨基酸的化学性质

1. 两性性质

两性性质是氨基酸的重要性质，根据 Bronste Lowery 的酸碱定义，能给出质子的称作酸，能接受质子的称作碱，而氨基酸分子既能给出质子又能接受质子，具有两性性质。在中性 pH 范围的溶液中，氨基酸分子的氨基与羧基都处于离子化状态，α-氨基接受一个质子带一个正电荷，α-羧基释放一个质子带负电荷，这种分子被称为偶极离子或兼性离子。偶极离子所带电荷随溶液 pH 的变化而变化，当偶极离子正负电荷数值相等时，所带静电荷为零，氨基酸分子在直流电场中不发生移动，此时的 pH 称作氨基酸的等电点(isoelectric point，pI)。

等电点可以由各个基团的解离常数的方程式来推导，且溶液中正负离子浓度相等时的 pH 即为等电点。对于疏水氨基酸和中性氨基酸而言，$pI=(pK_1+pK_2)/2$；对于碱性氨基酸而言，$pI=(pK_2+pK_R)/2$；对于酸性氨基酸而言，$pI=(pK_1+pK_R)/2$。各标准氨基酸的解离常数和等电点见表 4-4。

通过比较氨基酸的 pI 和溶液的 pH，可以很容易地判断此时氨基酸分子的带电情况和在电场中的状态。当溶液的 pH＜pI 时，氨基酸分子带正电荷，在电场中向负极方向移动；当溶液的 pH＞pI 时，氨基酸分子带负电荷，在电场中向负极方向移动；当 pH＝pI 时，氨基酸分子静电荷为零，在电场中不移动。

在相同 pH 环境中，不同氨基酸带点情况不同。大多数氨基酸的 pI 在 6.0 左右，在生理 pH(pH＝7.0 左右)下呈偶极离子状态；酸性氨基酸的 pI＜生理 pH，带负电；碱性氨基酸中的赖氨酸和精氨酸的 pI＞生理 pH，带正电。而组氨酸较为特殊，它的侧链 R 基

表 4-4　标准氨基酸的解离常数和等电点

氨基酸	pK_1	pK_2	pK_R	pI
甘氨酸	2.34	9.60		5.98
丙氨酸	2.35	9.69		6.02
缬氨酸	2.32	9.62		5.96
亮氨酸	2.30	9.60		5.98
异亮氨酸	2.36	9.68		6.02
苯丙氨酸	1.83	9.13		5.48
色氨酸	2.38	9.39		5.89
酪氨酸	2.20	9.11	10.07	5.66
天冬氨酸	1.88	9.60	3.65	2.77
天冬酰胺	2.02	8.80		5.41
谷氨酸	2.19	9.67	4.25	3.22
赖氨酸	2.18	8.95	10.53	9.74
谷氨酰胺	2.17	9.13		5.65
甲硫氨酸	2.28	9.21		5.74
丝氨酸	2.20	9.15		5.68
苏氨酸	2.21	9.15		5.68
半胱氨酸	1.96	10.28	8.18	5.07
脯氨酸	1.94	10.60		6.30
组氨酸	1.82	9.17	6.00	7.59
精氨酸	2.17	9.04	12.48	10.76

团的解离常数为6.04，在生理 pH 条件下有近一半发生质子化，既能接受质子，又能释放质子，这就是组氨酸能够在酶活性中心发挥酸碱催化作用的原因。

2. 亲水性和疏水性

氨基酸分子由于含有氨基和羧基，在生理条件下易发生解离，形成离子型化合物，对有较强极性的水分子有很强的亲和力，表现为在水中有一定的溶解度。然而，当氨基酸脱水缩合形成肽链时，肽链的亲疏水性取决于氨基酸残基的侧链基团，且氨基酸残基的亲疏水性是影响蛋白质和肽的物理化学性质（如蛋白质在水中的溶解度、结合脂肪的能力）的重要因素。

氨基酸的疏水性可以定义为将 1 mol 的氨基酸从水溶液中转移到乙醇溶液中时所产生的自由能变化。在忽略活度系数的情况下，自由能变化可以用公式(4-3)求得：

$$\Delta G^{\ominus} = -RT\ln(S_{乙醇}/S_{水}) \qquad (4\text{-}3)$$

公式(4-3)中，R 表示气体常数；T 表示绝对温度；S 乙醇表示氨基酸在乙醇中的溶解度(mol/L)；S 水表示氨基酸在水溶液中的溶解度(mol/L)。

因为氨基酸分子中含有多个基团，所以 $\Delta G^{\ominus}$ 应该是氨基酸分子中多个基团的加和函数，即 $\Delta G^{\ominus} = \Sigma\Delta G^{\ominus\prime}$。

以苯丙氨酸为例，将苯丙氨酸分子分为两个部分；一部分是甘氨酰基；另一部分是苄基。

甘氨酰基的转移自由能与给定的甘氨酸的转移自由能相似，因此苯丙氨酸和甘氨酸的转移自由能之差就是侧链的疏水性：

$$\Delta G^{\ominus}(侧链) = \Delta G^{\ominus}(苯丙氨酸) - \Delta G^{\ominus}(甘氨酸) \qquad (4\text{-}4)$$

通过测定各种氨基酸在两种溶液中的溶解度，就可以用以上方法计算出各氨基酸侧链的疏水性数值（表 4-5），并预测氨基酸在疏水性载体上的吸附行为。具有较大的正的 $\triangle G_t^{\ominus}$ 的氨基酸侧链是疏水性的，易溶于有机溶剂，且在蛋白质结构中，倾向于分布在分子的内部；具有较大的负的 $\triangle G_t^{\ominus}$ 的氨基酸侧链是亲水性的，倾向于分布在蛋白质分子的表面。对于赖氨酸，虽然被认为是亲水性氨基酸，但因为含有 4 个易溶于有机溶剂的亚甲基，使得 $\triangle G_t^{\ominus}$ 是正值。

表 4-5　氨基酸侧链的疏水性数值（乙醇→水）

kJ/mol

氨基酸	$\Delta G'$	氨基酸	$\Delta G'$
丙氨酸(Ala)	2.09	亮氨酸(Leu)	9.61
精氨酸(Arg)	—	赖氨酸(Lys)	—
天冬酰胺(Asn)	0	蛋氨酸(Met)	5.43
天冬氨酸(Asp)	2.09	苯丙氨酸(Phe)	10.45
半胱氨酸(Cys)	4.18	脯氨酸(Pro)	10.87
谷氨酰胺(Gln)	−0.42	丝氨酸(Ser)	1.25
谷氨酸(Glu)	2.09	苏氨酸(Thr)	1.67
甘氨酸(Gly)	0	色氨酸(Trp)	14.21
组氨酸(His)	2.09	酪氨酸(Tyr)	9.61
异亮氨酸(Ile)	12.54	缬氨酸(Val)	6.27

3. 氨基的反应

(1) 与亚硝酸反应

在室温下，氨基酸的氨基能够与亚硝酸反应生成氮气，氨基酸被氧化为羟酸。反应式如下：

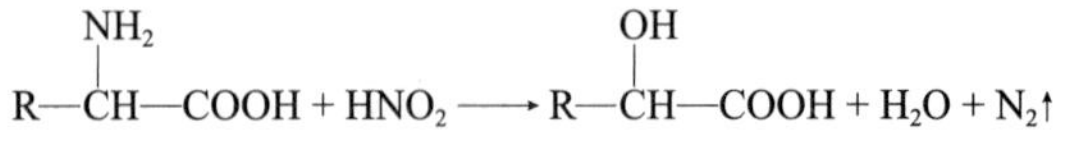

由于反应生成的 N_2 一半来自氨基酸的氨基，另一半来自亚硝酸，因此在标准条件下测定反应所放出的氮气的体积，即可计算出样品中氨基酸的含量。

这是定量测定氨基酸的方法之一，也是范式定氮法的反应原理。值得注意的是，脯氨酸中的亚氨基不能与亚硝酸发生反应。另外，除 α-氨基，赖氨酸的 ε-氨基也能与亚硝酸发生反应，但反应速度较慢。该方法较为精确，反应速度快，是分析和实验中的常用方法，曾被广泛应用于氨基酸的定量检测。

（2）与醛类反应　氨基酸的 α-氨基能与醛类化合物反应，生成希夫碱类化合物。希夫碱与非酶褐变反应有关，是美拉德反应的中间产物。另外，赖氨酸的侧链氨基也能发生该反应。

在中性 pH、室温条件下，氨基酸上的氨基能与甲醛快速结合，形成羟甲基化合物，使氨基的解离平衡向 H^+ 解离的方向移动，促使—NH_3^+ 释放质子，从而使氨基酸能够使用酸碱滴定法测定含量。该法即为甲醛滴定法，是一种间接滴定法。该方法的优点在于简便快速，可快速测定氨基酸含量以及蛋白质水解程度；其缺点是不够精确。

在巯基乙醇存在的条件下，1，2-苯二甲醛能与氨基酸发生反应，生成强荧光异吲哚衍生物（激发波长 380 nm，发射波长 450 nm）。

（3）酰基化反应　氨基酸的氨基与酰氯或酸酐在弱碱性条件下能发生酰基化反应。例如，氨基酸与苄氧基甲酰氯反应，该反应能够在人工合成肽的过程中保护氨基酸的氨基，有利于定向合成多肽。苄氧基甲酰胺等酰基化试剂常在多肽和蛋白质合成中被用作氨基保护剂。

丹磺酰氯（1-二甲氨基萘-5-黄酰氯）是一种酰化试剂，它能与氨基酸反应生成 DNS-氨基酸，该产物在酸性条件下（6 mol/L HCl）100 ℃加热也不会被破坏，且具有强荧光，激发波长 360 nm。丹磺酰氯可用于多肽链 N-末端氨基酸的标记和微量氨基酸的定量测定。

（4）艾德曼反应　在弱碱性条件下，氨基酸的 α-氨基可与异硫氰酸苯酯（phenyl isothiocyanate，PITC）发生烷基化反应，生成苯氨基硫甲酰-氨基酸——PTC-氨基酸。在酸性条件下，PTC-氨基酸环化形成苯基硫代脲（phenyl thiohydantoin，PTH）。该反应最先被瑞典科学家 P. Edman 用于测定蛋白质 N-末端氨基酸，故被称为艾德曼反应。

（5）桑格反应　该反应首先被英国科学家 Frederick Sanger 用于氨基酸鉴定，故称为桑格反应。在弱碱性条件下，氨基酸的 α-氨基很容易与 2，4-二硝基氟苯（FDNB）反应，生成黄色的 2，4-二硝基苯氨基酸（DNP-氨基酸）。

FDNB 能与多肽或蛋白质的 N-末端氨基酸的 α-氨基反应，生成 2，4-二硝基苯肽（DNP-肽）。因硝基苯与氨基结合稳固，不易被酸水解，故用酸水解反应产物时，其余肽键均被水解，即水解产物为 DNP-氨基酸和其他氨基酸的混合物。利用 DNP-氨基酸溶于乙酸乙酯的性质，将 DNP-氨基酸抽提出来进行色谱分析，与标准品对照鉴定该氨基酸的种类。以上就是桑格反应鉴定多肽或蛋白质 N-末端氨基酸的原理。

4. 羧基的反应

（1）酯化反应　氨基酸的羧基能够与醇类发生酯化反应，生成相应的酯。该反应常用于在人工合成多肽中保护氨基酸的 α-羧基。另外，氨基酸酯与氨反应可形成氨基酸酰胺，该产物是生物体储存 NH_3 的主要形式。

（2）还原反应　在 $LiBH_4$ 的催化下，氨基酸的羧基可以加氢还原生成氨基伯醇类化合物。

（3）脱羧反应　氨基酸在特定的脱羧酶作用下，α-羧基能够脱羧生成伯胺并放出二氧化碳气体。在氨基酸发酵生产中，根据上述反应原理测定反应生成的二氧化碳含量，可以估计出氨基酸发酵产量。

（4）成酰氯反应　在氨基酸的氨基被保护基保护后，其羧基可与二氯亚砜反应生成酰氯，在多肽的人工合成中起到激活羧基的作用。

5. 茚三酮反应

该反应为氨基酸的 α-氨基和 α-羧基共同参与的反应。在弱酸性条件下，α-氨基酸与水合茚三酮一起在水溶液中加热，可发生氧化脱氨、脱羧反应生成蓝紫色物质。首先氨基酸被氧化分解生成醛，放出 NH_3 和二氧化碳，水合茚三酮生成还原型茚三酮。随后，还原型茚三酮与 NH_3、一分子水合茚三酮缩合生成蓝紫色物质，反应式如下：

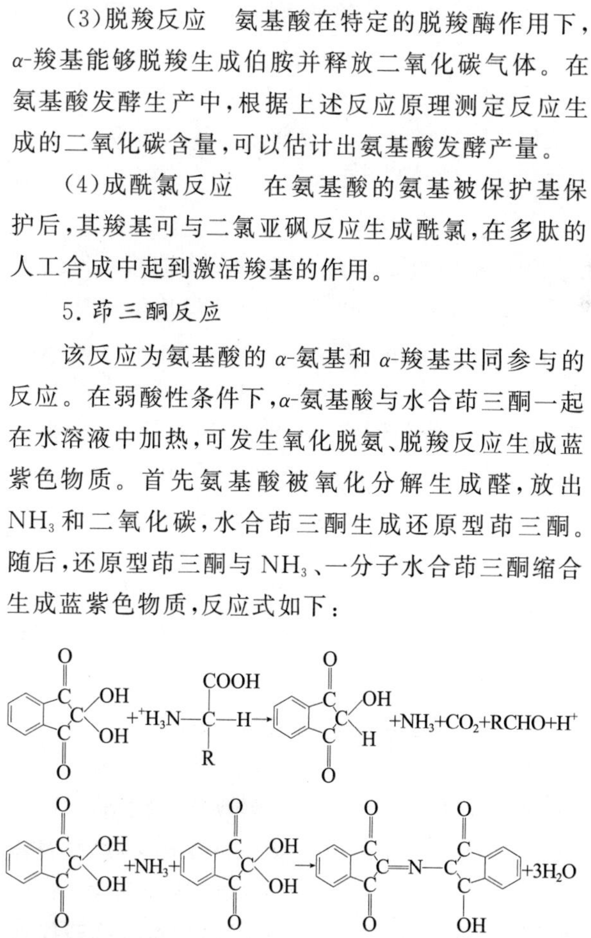

所有氨基酸和含有游离氨基酸的多肽和蛋白质都能发生茚三酮反应，但脯氨酸和羟脯氨酸与茚三酮反应生成黄色物质（因 α-氨基被取代生成其他衍

生物)。该反应十分灵敏,微量氨基酸就能显色。根据反应所生成的蓝紫色深浅,在570 nm波长下进行比色即可测定样品中氨基酸的含量。检测多肽和蛋白质时会因肽段过长而灵敏度降低。

6. 巯基反应

半胱氨酸是唯一含有巯基的氨基酸,且反应性很高。

①在氧化环境中,两个半胱氨酸的巯基相互靠近,氧化形成以二硫键相连的胱氨酸。二硫键在维持蛋白质三维结构中发挥着重要的作用,除了形成二硫键的巯基以外,还有一部分自由巯基与蛋白质活性息息相关,因此为了防止此类巯基被氧化,在蛋白质提取过程中常在溶液中加入含巯基的还原型试剂,如二硫苏糖醇(dithiothreitol, DTT)。

②可以用氧化法或还原法打开蛋白质中的二硫键,便于分析蛋白质结构。氧化法常用过甲酸断裂二硫键,二硫键断裂后,硫原子被氧化成磺酸基团;还原法常用*β*-巯基乙醇做还原剂,将二硫键还原为2个巯基。

③游离的巯基容易再次形成二硫键,为了使巯基能够维持游离状态,可以使用烷基化试剂,如用碘乙酸将巯基暂时保护起来。

7. 侧链基团的反应

氨基酸的侧链R基含有官能团时也可以发生化学反应,一般用于个别氨基酸或蛋白质的定性定量检测。如苯丙氨酸和酪氨酸侧链上有苯环,能与硝酸反应生成黄色物质,从而达到鉴定这两种氨基酸的目的;酪氨酸侧链含有苯酚基,具有还原型,能与$HgNO_3$、$Hg(NO_3)_2$和HNO_3发生Millon反应生成红色物质,还能与磷钼酸、磷钨酸发生Folin反应生成蓝色物质,可用于蛋白质定性定量测定以及酪氨酸鉴定;苯酚基和咪唑基具有芳香环或杂环性质,能与重氮化合物结合生成棕红色物质,可用于定性、定量分析。

4.3.2 蛋白质的理化性质

4.3.2.1 蛋白质的两性性质和等电点

蛋白质分子是由氨基酸分子组成的,含有游离的末端*α*-氨基和末端*α*-羧基以及侧链上的羧基、氨基、胍基、巯基、羟基、咪唑基等官能团,这些基团在一定条件下可以发生解离。因此,蛋白质和氨基酸一样也是两性电解质,能和酸、碱发生作用,在溶液中会发生解离,所带电荷的性质与数量不仅与分子中氨基酸残基的种类和数量有关,还与溶液的pH有关。

蛋白质分子可解离基团的pK_a值和游离氨基酸中相应基团的pK_a值不完全相同,这是由于在蛋白质分子中受到邻近电荷的影响造成的。溶液的pH情况会影响蛋白质分子的带电情况。调节溶液pH可以使蛋白质带正电、带负电、或不带电;在某一pH时,蛋白质分子中所带的正电荷数目与负电荷数目相等,即净电荷为零,在电场中不移动,此时溶液的pH即为该种蛋白质的等电点。在等电点状态下的蛋白质分子,其物理性质有所变化,但最显著的变化是溶解度最小。不同蛋白质因氨基酸组成不同、等电点不同,在同一pH条件下所带净电荷不同,在同一电场中移动的方向、速度不同,因此可以相互分离。

蛋白质的等电点会随介质的离子组成、pH而有所变动。故测定蛋白质的等电点时,要在一定pH、离子强度的缓冲液中进行。在不含任何盐组分的纯水中进行蛋白质等电点的测定时,所得到的值称为等离子点,即分子带电情况仅仅取决于分子本身的解离情况。

4.3.2.2 蛋白质的水解

蛋白质可以被酸、碱或蛋白酶催化水解。在水解过程中,根据水解程度,蛋白质可分为完全水解和部分水解两种情况。完全水解是指蛋白质中的氨基酸残基被完全释放,水解产物中只有各种游离的氨基酸;不完全水解得到的产物是各种大小不等的肽段和部分游离氨基酸。

1. 酸水解

常用HCl或H_2SO_4进行水解。6 mol/L的HCl或4 mol/L的H_2SO_4回流煮沸20 h左右就能将蛋白质完全水解。酸水解法的优点是不引起消旋现象,得到的是*L*-氨基酸。它的缺点是色氨酸完全被破坏,羟基氨基酸(丝氨酸和苏氨酸)小部分被分解,酰胺类氨基酸(天冬酰胺和谷氨酰胺)的酰胺基被水解下来。

2. 碱水解

一般在5 mol/L的NaOH溶液中回流煮沸20 h,即可完全水解蛋白质。碱水解法能使色氨酸稳定存在,但水解过程中多数氨基酸受到不同程度上的破坏,所得产物中不仅有*L*-氨基酸,还会生成*D*-氨基酸,从而产生消旋现象。碱水解还会引起精氨酸脱氨，生成鸟氨酸和尿素。

3.酶水解

与前两种方法相比，酶水解法条件温和，既不会产生消旋现象，也不会破坏氨基酸。然而一种酶往往水解不彻底，需要几种酶协同作用才能使蛋白质完全水解。由于酶水解所需时间长，它常用于不完全水解。常用的酶有胰蛋白酶、胰凝乳蛋白酶和胃蛋白酶等，这些酶主要用于获得蛋白质的部分水解产物，以便进行蛋白质的一级结构分析。

4.3.2.3　蛋白质溶解度

蛋白质按溶解度可分为清蛋白、球蛋白、谷蛋白、醇溶蛋白、组蛋白、精蛋白和硬蛋白七类。这些蛋白溶解度依次下降，清蛋白溶解度最高。

(1)清蛋白　又称白蛋白，相对分子质量较小，溶于水、中性盐溶液、稀酸和稀碱，可被饱和硫酸铵溶液沉淀。清蛋白在自然界分布广泛，如小麦中的麦清蛋白、血液中的血清白蛋白和卵类中的卵清蛋白等。

(2)球蛋白　一般不溶于水而溶于稀盐溶液、稀酸或稀碱溶液，可被半饱和的硫酸铵溶液沉淀。球蛋白广泛存在于生物体内并具有重要的生物功能。如大豆中的豆球蛋白、血液中的血清球蛋白、肌肉中的肌球蛋白等。

(3)谷蛋白　不溶于水、稀盐溶液而溶于稀酸、稀碱溶液。谷蛋白大量存在于植物种子中，如麦谷蛋白和稻谷蛋白。

(4)醇溶蛋白　不溶于水和盐溶液，溶于70%～80%的乙醇水溶液，多存在于禾本科作物的种子中，常见的有玉米醇溶蛋白、小麦醇溶蛋白。

(5)组蛋白　可溶于水或稀酸。组蛋白是染色体的结构蛋白，含有丰富的精氨酸和赖氨酸，是一类碱性蛋白，还包括胸腺组蛋白。

(6)精蛋白　易溶于水或稀酸溶液，是一类相对分子质量较小结构简单的蛋白质。精蛋白含有较多的碱性氨基酸，但缺少色氨酸和酪氨酸，是一类碱性蛋白质。精蛋白广泛存在于成熟的精细胞中，与DNA结合在一起，如鱼精蛋白。

(7)硬蛋白　不溶于水、盐溶液、稀酸、稀碱，主要存在于皮肤、毛发、指甲中，起支撑和保护作用，如角蛋白、胶原蛋白、丝蛋白等。

4.3.2.4　蛋白质大小和形状

蛋白质是一类高分子化合物，分子大小不一，相对分子质量大多为10^4～10^6。通常将相对分子质量低于10^4的称为多肽，高于10^4的称为蛋白质。这也存在例外，如胰岛素的相对分子质量为5 437，习惯上仍称为蛋白质。

蛋白质在溶液中的形状可用蛋白质的不对称常数来描述。不对称常数接近1，则分子呈球形；不对称常数较大，则为纤维状；介于两者之间则为椭圆形。蛋白质的不对称常数可根据扩散系数、黏度或其他物理方法来推算。

4.3.2.5　蛋白质的颜色反应

蛋白质是由氨基酸脱水缩合形成的化合物，因此蛋白质的颜色反应实际上是其氨基酸残基上的一些基团以及肽键与特定试剂作用而产生的化学反应，并非蛋白质的特异反应，因此不能仅根据颜色反应的结果来确认蛋白质的存在，而必须结合蛋白质的其他特性加以分析。蛋白质的颜色反应有很多，下面介绍几种重要的颜色反应。

1.茚三酮反应

在弱酸性条件下，蛋白质与水合茚三酮一起在水溶液中加热，可发生氧化脱氨、脱羧反应生成蓝紫色物质的还原茚三酮、水合茚三酮和氨的缩合物。该反应可用于蛋白质的定性与定量检测。此外，氨基酸、多肽等含有氨基的化合物均能与茚三酮发生相同反应。

2.双缩脲反应

将尿素加热到180 ℃可将两分子尿素缩合成一分子双缩脲，并放出一分子氨。双缩脲在碱性溶液中能与硫酸铜反应生成紫红色络合物，该反应称为双缩脲反应。蛋白质分子中肽键的结构与双缩脲的结构相似，因而也能发生双缩脲反应，且肽键越多反应颜色越深。该法可用于蛋白质的定性检测，结合紫外分光光度法测量产物540 nm处的吸光值可以定量测定蛋白质。

3.酚试剂反应

在碱性条件下，蛋白质分子中的酪氨酸、色氨酸残基可将酚试剂中的磷钨酸、磷钼酸还原成蓝色化合物，蓝色的强度与蛋白质的含量成正比。该法是测定蛋白质浓度的常用方法。其主要优点是灵敏度高，可检测微量蛋白质的含量；其缺点在于本法只与蛋白质中特定的氨基酸发生反应，受蛋白质中氨基酸组成的特异影响，即不同蛋白质所含的酪氨酸、色氨酸残基不同，导致显色的强度有所差异。作为标准的蛋白质，其显色氨基酸的含量应与样品接近，防止出现误差。

4.3.2.6 蛋白质的胶体性质

根据分散程度可以把分散系统分为三类：分散相质点小于 1 nm 的真溶液，大于 100 nm 的悬浊液，以及介于 1～100 nm 的胶体溶液。在蛋白质溶液中，蛋白质分子颗粒是分散相，水是分散介质，蛋白质分子作为分散相质点大小为 1～100 nm，因此蛋白质溶液属于胶体溶液。

胶体溶液中的蛋白质分子具有一定的稳定性，一般不会发生聚集而形成沉淀，原因在于蛋白质分子表面有许多极性基团，可以吸附水分子，迫使水分子在蛋白质分子表面形成一个连续的水化层，从而阻止蛋白质分子彼此靠近而沉淀；另外，在 pH 远离蛋白质 pI 的溶液中，同种蛋白质分子带有同种电荷，相互排斥，不易聚集成大颗粒而沉淀。

蛋白质分子表面的亲水基团在水溶液中能与水分子发生水化作用，使蛋白质分子表面形成一个水化层。蛋白质分子表面的可解离基团，在合适的 pH 条件下(非等电点的 pH)，都带有相同的净电荷，与周围的反离子构成稳定的双电层。蛋白质溶液由于具有水化层和双电层两方面的稳定因素，所以它是相当稳定的胶体系统，若无外界影响则不会发生聚集而沉淀。也就是说，若破坏蛋白质胶体颗粒表面的水化层或者调节溶液 pH 至蛋白质的等电点，蛋白质就会发生沉淀。

蛋白质溶液与一般的胶体系统一样具有丁达尔效应、布朗运动以及不能透过半透膜等性质。因此可以使用透析或超滤等膜分离技术，将蛋白质中所含的低分子物质除去。

4.3.2.7 蛋白质的疏水性

在水溶液中多肽链中，各种极性基团之间的氢键和静电相互作用不足以提供足够的能量来驱动蛋白质高级结构的形成。驱动多肽链折叠的主要作用力来源于非极性基团间的疏水相互作用。从理论上来说，已知一种蛋白质的氨基酸组成就可以根据氨基酸残基的疏水性来推算蛋白质的平均疏水性，即各氨基酸残基疏水性的总和与总氨基酸残基数的比值。

$$\Delta G^{o} = \frac{\sum \Delta G^{o}}{n} \tag{4-5}$$

蛋白质的表面疏水性是一个非常重要的物理化学常数。它与蛋白质的空间结构、蛋白质所呈现的表面性质和脂肪结合能力等有重要的关系。还能反映蛋白质与水、其他化学物质产生作用的实际情况(如疏水性与界面张力、乳化活性指数关系)。蛋白质的表面疏水性在其功能性质方面发挥极其重要的作用。

由于不同蛋白质的一级结构以及高级结构不同，一部分疏水性氨基酸残基包埋在蛋白质分子的内部，只有一部分的疏水性残基暴露在蛋白质三维结构的表面，所以蛋白质的平均疏水性和表面疏水性之间不存在必然的联系，无法根据蛋白质的氨基酸组成以及结构来直接判断蛋白质的表面疏水性。此外，蛋白质分子中的氨基酸残基排列顺序并非是随机的，这就会导致蛋白质分子会存在相对集中的亲水区域和疏水区域的现象。因此大分子蛋白质应在考虑蛋白质三维结构的基础上，重点考虑暴露于介质环境中的疏水性氨基酸，才能更准确地认识蛋白质疏水性的重要功能性质。当前更多的研究蛋白质的表面疏水性，常用化学方法测定一个给定蛋白质的表面疏水性大小。

目前测定蛋白质表面疏水性的方法有很多，但没有统一的标准方法。不过测定的基本方法，甚至原理都是相似的，可以采用探针荧光光谱法、两相分配法、结合法、衍生光谱法等。其中最为简单、最为常用的方法是探针荧光光谱法。

4.4 蛋白质的变性

蛋白质天然构象的信息来源于其肽链中氨基酸的序列，在分子内和分子间的作用力下进一步形成一定的空间结构。由于蛋白质分子的天然构象并不稳定，当受到一定的物理因素和化学因素作用时，其二级结构、三级结构、四级结构会受到不同程度的破坏，但一级结构并不发生改变，这一过程被称为蛋白质变性。蛋白质变性主要涉及一些次级键(氢键、离子键等)和二硫键的断裂，而共价键不发生改变。值得注意的是，蛋白质变性仅涉及物理变化，而没有发生任何化学变化。

在蛋白质变性后，很多性质会发生变化，具体表现为：①一些蛋白质会丧失其生理活性。蛋白质空间结构发生细微的变化有可能会导致其丧失生物活性，如一些酶失去催化活性，抗原与抗体失去其免疫生物活性功能。②分子内部疏水基团暴露。蛋白质倾向将疏水性氨基酸排布在分子内部，将亲水性氨基酸排布在分子表面以达到能量最低的目的。内部疏水性氨基酸的暴露降低了蛋白质在水中的溶解度，使蛋白质分子之间通过疏水相互作用而聚集产生沉淀，且这种作用一般是不可逆的。③物理化学性质的变化主要有两点，即一是蛋白质结合水的能力发生改变；二是溶液中蛋白质黏度增大。④生物化学性质的改变。由于蛋白质变性过程中使肽键更多地暴露出来，使其更容易被蛋白质酶催化水解。⑤蛋白质结晶能力的丧失。⑥蛋白质的旋光度及吸收光谱发生改变。

当蛋白质变性程度较低，除去引起变性的因素，蛋白质还可以恢复其原有的空间结构这一过程称为蛋白质的复性。并非所有蛋白质变性后都可以复性，这与蛋白质本身的结构和变性条件都有一定的关系，蛋白质结构越复杂，变性条件越剧烈则复性越困难。因此，蛋白质变性常被分为可逆变性和不可逆变性。一般来说，在温和的变性条件下，或者在变性剂的作用下，肽链可以稳定存在，此时蛋白质易发生可逆变性；而在剧烈的变性条件下，或是未折叠的肽链通过与其他链的相互作用而稳定存在或二硫键被破坏时将产生不可逆变性。

4.4.1　物理变性

4.4.1.1　加热

加热被广泛应用于食品加工，蛋白质经过加热会发生不同程度的变性，因此为了不影响食品加工过程中蛋白质的功能特性，了解加热对于蛋白变性的影响是十分重要的。当对蛋白质溶液逐渐加热并超过一个临界温度时，蛋白质会迅速从天然态转变为变性态，通常不会经历中间状态。蛋白质热变性是在一个非常狭窄的温度范围下迅速发生的，温度变化范围的中点被称为蛋白质的融化温度 T_m 或变性温度 T_d。在该温度下，已经变性的蛋白质与天然未变性蛋白质的浓度相等。

蛋白质热变性后的一个特点是其空间结构会发生一定的变化，如天然血清蛋白热变性后其分子结构发生了明显的伸展。蛋白质热变性的后另一特点就是有着非常大的温度系数，温度每升高 10 ℃，蛋白质变性速度加快约 600 倍，即蛋白质热变性的温度系数为 600 左右，远高于一般温度系数为 3～4 的其他小分子物质。因此这一特性被广泛应用于食品加工过程中，例如，高温瞬时杀菌和超高温杀菌技术都可以在短时间内破坏具有毒性的蛋白或微生物中的酶，同时减少其他营养物质的损失。

不同蛋白质的热稳定性不同，蛋白质的浓度、pH 和离子强度等均对热稳定性有所影响，具体影响蛋白质热稳定性的因素可以总结为以下几点。

(1)氨基酸组成　蛋白质中疏水性氨基酸（如 Val、Ile、Leu、Pro）比亲水性氨基酸含量高的蛋白质更稳定（表 4-6）。

表 4-6　蛋白质的热变性温度和平均疏水性关系

蛋白质	热变性温度 T_d/℃	每摩尔残基的平均疏水性数值/kJ
胰蛋白酶原	55	3.68
凝乳蛋白酶原	57	3.78
胃蛋白酶原	60	4.02
核糖核酸酶	62	3.24
牛血清清蛋白	65	4.22
血红蛋白	67	3.98
溶菌酶	72	3.72
胰岛素	76	4.16
卵清蛋白	76	4.01
肌红蛋白	79	4.33
α-乳清蛋白	83	4.26
细胞色素 C	83	4.37
β-乳球蛋白	83	4.50
抗生物素蛋白	85	3.81

(2)立体结构　在一般情况下，单体球状蛋白的热变性是可逆的，许多单体酶加热至其变性温度以上甚至在 100 ℃短时间进行加热后迅速冷却至室温，仍能保证酶恢复其生物活性。

(3)水分活度　蛋白质在干燥状态下（如蛋白粉）是十分稳定的，加热不易导致蛋白质变性；在湿热状态下，水分的存在会导致蛋白质发生溶胀，对温度变化的承受力降低，更容易发生热变性。

(4)盐和糖的添加　盐和糖可提高蛋白质溶液的热稳定性，如蔗糖、乳糖、葡萄糖、甘油和氯化钠等，均可以起到稳定蛋白质结构并提高其变性温度的作用。

4.4.1.2　冷冻

低温冷冻处理常被用于海产品及肉制品的保藏，同样是食品加工中重要的加工手段。与热处理一样，冷冻处理同样可能造成蛋白质的变性。如大豆球蛋白在 2 ℃贮藏时会发生聚集沉淀，当恢复到室温时又可以重新溶解。一些寡聚酶，如乳酸脱氢酶和甘油磷酸脱氢酶，在 4 ℃时由于亚基的解离导致酶活性的丧失，当将酶恢复到室温并维持几个小时后，亚基的重新结合又会使其恢复正常的生物活性。

冷冻变性的原因可能有几个方面：①水合环境的变化。由于蛋白质与水的相互作用发生变化，原本维持蛋白质结构的作用力被破坏，主要起源于部分基团的水化层被破坏，导致蛋白质发生聚集或亚基重排。②浓缩效应。由蛋白质引起的浓缩效应可能会导致分子内或分子间二硫键的重排，从而使蛋白质变性。③盐效应。当蛋白质溶液经过冷冻处理后，体系结冰会导致盐浓度的提高从而会导致蛋白质变性。

4.4.1.3 机械处理

在食品加工中，采用的揉捏、搅打等操作会产生剪切力，从而导致蛋白质变性。在剪切力的作用下，α-螺旋结构遭到破坏使蛋白质分子更为伸展。剪切速度越高，蛋白质变性程度越大，而高剪切力也通常都伴随着高温，当这两者相结合的时候，蛋白质的变性通常是不可逆的。例如，在 pH 3.5～4.5 和 80～120 ℃的条件下用 7 500～10 000 r/min 的剪切速度处理浓度为 10%～20%的乳清蛋白可以使其形成直径约1.0 mm 的不溶性球状胶体离子，蛋白质就可成为一种脂肪代用品。

4.4.1.4 静水压

天然球状蛋白质分子并不是一个刚性结构，其分子内部仍有一定的空穴，因此具有一定的柔性和可压缩性，在高压条件下即可发生变形（即变性）。在常温下，大多数蛋白在 100～1 000 MPa 压力下即可发生变性，经压力诱导的球状蛋白体积会减少 30～100 mL/mol，因为变性后蛋白质的展开消除了空穴并且多肽链展开后，其中的非极性氨基酸残基暴露产生了水合作用。将 30～100 mL/mol 体积的减少量换算成体积百分比，体积变化约减少了 0.5%，而球状蛋白完全展开的体积变化约为 2%，这说明即使在 1 000 MPa 压力的作用下，蛋白质也仅仅是部分展开。

压力引起的蛋白质变性是可逆的，在恢复至标准大气压时蛋白质可以复性，如某些酶在高压条件下会导致酶失活，而在高压消除后可以恢复生物活性。这一性质让高压处理被广泛应用于食品加工，在使酶或微生物失活的同时不影响食品本身的风味、色泽以及营养价值，也没有有害化合物生成。当它应用于肉制品加工中时，高压处理可以使肌肉组织中的肌纤维裂解，从而提高肉制品的品质。

4.4.1.5 电磁辐射

蛋白质经过电磁辐射后，蛋白质的二级结构和三级结构伴随着次级键（氢键、离子键等）和二硫键的断裂而遭到破坏，导致蛋白质变性。电磁波对蛋白质结构的影响与自身波长和能量相关，一般可见光的波长较长、能量较低，因此对蛋白质结构的影响不大；高能量电磁波，如紫外线、X 射线、γ 射线等，照射蛋白质后会被芳香族氨基酸吸收，导致蛋白质构象发生改变，还会对氨基酸残基产生影响，如破坏共价键会导致分子离子化、游离基化、氧化巯基等。单纯因辐射而引起的蛋白质构象的改变不会显著影响蛋白质的营养价值。如果发生了氨基酸残基的变化，那么其营养价值可能会遭到破坏。当对食品进行辐射保鲜时，这种影响却很小。其原因主要有两点：一是辐射剂量较低；二是食品中的水的裂解减少了其他物质的裂解。

4.4.1.6 界面作用

蛋白质吸附在界面后发生变性，因为界面上水分子的能量比体系内部水分子能量高，与蛋白质相互作用后，蛋白质能量增加、化学键遭到破坏，水分子可以进入蛋白质分子的内部，导致蛋白质分子结构进一步伸展。此时，蛋白质的疏水性残基和亲水性残基将重新向极性不同的两相排列，最终导致蛋白质分子变性。值得注意的是，蛋白质分子吸附在气-液、液-固或液-液界面后一般都会发生不可逆变性。如果蛋白质分子具有较疏松的结构，其在界面上吸附也就比较容易；如果蛋白质自身结构较为紧密，就不易被界面吸附，界面变性也就比较困难。蛋白质的界面性质在食品中有重要的利用价值，蛋白质被界面吸附后就有利于乳浊液和泡沫的形成和稳定。

4.4.2 化学变性

4.4.2.1 pH

蛋白质在它们的等电点时比任何其他 pH 下的变性作用更加稳定。而在极端的 pH 时，蛋白质分子内的离子基团，如氨基、羧基等会发生解离，产生强静电排斥作用使蛋白质分子伸展并导致变性。在中性条件下，蛋白质所带的净电荷较少，分子内产生的静电斥力也因此较小，不会破坏稳定蛋白质结构的其他作用力，所以蛋白质在中性条件下较为稳定。而极端碱性的 pH 条件对蛋白质的变性作用强于极端酸性的 pH 条件，因为在极端碱性的 pH 条件下，部分埋藏在蛋白质内部的酚羟基和巯基离子化，这些离子化基团的暴露会导致新的作用力，从而使多肽链散开。

pH 诱导的蛋白质变性在多数情况下是可逆的，即当 pH 调回最初可使蛋白质稳定的范围时，蛋白质可恢复原来的结构。如铁贮藏蛋白是一种由 24 个亚基组成的球状蛋白，当将 pH 调至小于 2 或大于 11 时，铁贮藏蛋白可解离成单亚基结构，将 pH 重新调回中性条件下又可使其重新自组装成球状结构。利用这一性质，可将 β-胡萝卜素、姜黄素等脂溶性色素通过 pH 调节的方式包埋至铁贮藏蛋白的内部空腔，以提高脂溶性色素在水中的含量。如果 pH 的变化导致肽键部分水解、天冬酰胺和谷氨酰胺的脱酰胺化、蛋白质发生聚集，那么此时蛋白质的变性是不可逆的。

4.4.2.2　盐类

盐以两种不同的方式影响着蛋白质的稳定性，分别是盐溶效应和盐析效应。在低离子浓度时，离子能与蛋白质发生非特异性的静电相互作用，此时对蛋白质结构起到稳定作用；在高离子浓度时，离子破坏了蛋白质的稳定性，且阴离子的影响大于阳离子。对于阴离子而言，在等离子强度时，不同阴离子影响蛋白质稳定性的能力各不相同。1888 年，Franz Hofmeister 研究了中性盐对蛋白质溶解性的影响，并将阴离子对蛋白质沉淀能力进行了排序，即 $F^- < SO_4^{2-} < Cl^- < Br^- < I^- < ClO_4^- < SCN^- < (Cl_3CCOO^-)$，这个排序被称为 Hofmeister 系列。由 Hofmeister 系列可以看出，氟化物、氯化物和硫酸盐是蛋白质结构稳定剂，而硫氰酸根、三氯乙酸根则是蛋白质结构的去稳定剂。稳定剂主要是可以稳定蛋白质的水化层，而去稳定剂则破坏了蛋白质的水化层。

金属离子同样对蛋白质构象影响很大，如 Ca^{2+}、Mg^{2+} 的去除可能会降低蛋白质分子对热和酶的稳定性。Hg^{2+}、Pb^{2+}、Ag^+ 等一些重金属离子能与蛋白质分子中游离的巯基通过配位键结合，并进一步使蛋白交联聚合，蛋白质失去稳定性，从而导致变性。Hg^{2+}、Pb^{2+} 等可以与组氨酸等残基通过配位结合，也可导致蛋白质变性。

4.4.2.3　有机溶剂

大多数有机溶剂可以影响蛋白质的稳定性。其主要是通过改变溶液的介电常数，进而影响存在于蛋白质中的氢键、静电相互作用以及疏水相互作用来实现的。有机溶剂降低了蛋白质溶液的介电常数，促进了肽氢键的稳定形成。它对蛋白质中的静电相互作用产生双重影响：一方面，低介电常数环境可以使带相反电荷基团之间的静电吸引作用力增强；另一方面，加强了同种电荷之间的排斥作用力。对疏水作用力的影响表现在非极性有机溶剂可以穿透至蛋白质的疏水区域，破坏蛋白质的疏水相互作用，使蛋白质构象发生改变从而产生变性作用。如 2-氯乙醇对于蛋白质分子二级结构的影响，卵白蛋白的 α-螺旋在水溶液中占 31%，而在 2-氯乙醇中占 85%。有机溶剂对蛋白质结构的影响总体表现为在低浓度下对蛋白质影响较小，甚至起到稳定作用，而在高浓度下所有的有机溶剂均可使蛋白质变性。

4.4.2.4　有机化合物

尿素和盐酸胍可以使蛋白质分子中的氢键断裂，是常用的蛋白质变性剂，不同浓度的尿素和盐酸胍对蛋白质的作用程度不同，8 mol/L 的尿素和 6 mol/L 的盐酸胍可以使蛋白质完全变性。盐酸胍因具有离子的性质，所以其变性能力比尿素更强，但盐酸胍诱导的蛋白质变性在除去盐酸胍后可以实现逆转，而由尿素诱导的蛋白质变性实现完全的可逆却相对困难。它的原因是一部分尿素转变成为氰酸盐和氨，而氰酸盐和氨基的作用改变了蛋白质的电荷。

这两种蛋白质变性剂的作用机制可能包含以下两点：第一，尿素和盐酸胍优先与变性蛋白质结合，形成变性蛋白质-变性剂复合体。随着反应的持续进行，变性蛋白质不断以复合体的形式被除去，推动天然蛋白不断朝着变性蛋白的反应方向进行，最终使蛋白质完全变性。值得注意的是，变性剂与变性蛋白的结合十分微弱，只有高浓度的变性剂才能使蛋白质完全变性。第二，由于尿素和盐酸胍有形成氢键的能力，通过破坏溶液中水的结构和水与蛋白质的相互作用，疏水性氨基酸在溶液中的溶解度会增加，从而使蛋白质分子内的疏水性氨基酸残基进一步的伸展。

4.4.2.5　还原剂

β-巯基乙醇、半胱氨酸、抗坏血酸、二硫苏糖醇等还原剂因具有游离的巯基，可以将蛋白质分子中的二硫键还原，从而引起蛋白质构象的变化，导致蛋白质发生不可逆变性。

$$HSCH_2CH_2OH + —S—S—Protein \longrightarrow —S—SCH_2CH_2OH + HS—Protein$$

4.4.2.6 表面活性剂

十二烷基磺酸钠(SDS)是一种作用力非常强的蛋白质变性剂，能够与变性蛋白质分子强烈的结合。SDS的作用原理是可以破坏蛋白质分子的疏水相互作用，促使天然蛋白质分子伸展，且在中性条件下让蛋白质带有大量的净负电荷，增加了蛋白质的内部斥力，进一步使得蛋白质分子伸展幅度加大。3～8 mmol/L的SDS可使大多数球状蛋白质变性，并且该类变性为不可逆变性。球状蛋白质变性后在SDS溶液中二级结构为α-螺旋，呈棒状而不是以无规则的形式存在。

4.5 蛋白质的功能性质

在食品加工、贮藏和销售过程中对食品质构、品质等特性做出有利贡献的物理性质和化学性质被称为蛋白质的功能性质，如胶凝作用、乳化作用、起泡性等。蛋白质的功能性质影响着食品的感官质量和质构特性。根据不同特点，蛋白质的功能性质可分为以下四大类。

(1)水化性质　水化性质是蛋白质与水发生相互作用后的一种性质，包括水的吸附和保留、溶解性、黏合性、膨胀性、分散性等。

(2)结构性质　结构性质是蛋白质分子之间相互作用的结果，包括凝胶作用、面团的形成、沉淀、质构化等。

(3)表面性质　表面性质是蛋白质在极性不同的两相之间产生相互作用的一类性质，包括蛋白质的乳化作用、起泡性、表面张力等。

(4)感官性质　感官性质主要在食品感官质量方面起到一定作用，包括蛋白质在食品中所产生的混浊度、色泽、风味结合、咀嚼性和爽滑感等。

食品中常见的蛋白质功能性质见表4-7。

表 4-7　蛋白质功能性质

功能	作用机制	食品体系	蛋白质种类
溶解性	亲水性	饮料	乳清蛋白
黏度	水结合、流体动力学、分子大小、形状	汤、肉汁、色拉调味料、甜食	明胶
持水性	氢键、离子水合	肉、香肠、蛋糕、面包	肌肉蛋白、鸡蛋蛋白
胶凝作用	水截留和固定、网状结构形成	肉、凝胶、蛋糕、焙烤食品、奶酪	肌肉蛋白、鸡蛋蛋白、乳清蛋白
黏结-黏合	疏水结合、离子结合、氢键	肉、香肠、面条、焙烤食品	肌肉蛋白、鸡蛋蛋白、乳清蛋白
弹性	疏水结合、二硫键交联	肉、焙烤食品	肌肉蛋白、谷物蛋白
乳化	界面吸附、形成膜	香肠、大红肠、汤、蛋糕、调味料	肌肉蛋白、鸡蛋蛋白、乳清蛋白
起泡	界面吸附、形成膜	搅打起泡的浇头、冰淇淋、蛋糕、甜食	鸡蛋蛋白、乳清蛋白
脂肪和风味物质的结合	疏水结合、截留	低脂焙烤食品、油炸面包圈	乳清蛋白、鸡蛋蛋白、谷物蛋白

蛋白质的各个功能性质之间都彼此联系、互相影响，并不是完全独立存在的。蛋白质的功能性质是许多因素共同作用的结果，影响蛋白质功能性质的因素大致可分为三点：①内在因素。其主要涉及蛋白质自身的物理化学性质，如分子大小和形状、化学组成、自身构象等。②环境条件。蛋白质溶液的pH、离子浓度、表面活性剂等物质的添加都会影响蛋白质的功能特性。③加工条件。在食品进行加工过

程中，加热、干燥、物理改性和化学改性等操作会影响蛋白质品质。

4.5.1　水合性质

蛋白质的水合性质也称为蛋白质的水合作用，是蛋白质通过肽键和分子表面上各种极性基团与水分子相互作用而产生的。大多数食品是一个复杂的水合体系，食品中各组分的理化性质和流变学性质与体系中水含量和水分活度有关，比如蛋白质和水的相互作用影响着蛋白质的构象。在食品加工体系中，蛋白质因其具有吸附水和保留水的能力，所以对食品的感官品质、质地结构以及产品数量都有很大的影响，了解蛋白质的水合和复水性质可以使我们将其更好地应用于食品加工中。影响蛋白质水合的因素主要有以下几点。

4.5.1.1　pH

蛋白质溶液中 pH 的变化影响着蛋白质极性氨基酸残基的解离，从而使蛋白质带有不同的净电荷量，这不仅影响到蛋白质分子之间静电作用力的大小也同时对蛋白质与水的相互作用产生影响。当处于等电点 pH 时，蛋白质分子之间作用最强，导致蛋白质与水作用最弱，从而表现出最低的水合作用。如动物屠宰后，僵直期内肌肉 pH 从 6.5 下降到 5.0 左右（接近等电点），此时肌肉组织的持水性最差，肉品质下降。

4.5.1.2　温度

蛋白质结合水的能力一般随温度升高而降低，这主要是因为氢键和离子基团的水合作用会因温度升高而减弱。但某些蛋白，如大豆分离蛋白经热处理后，其结合水的能力有所提高，这是由于在热变性过程中，内部疏水基团暴露导致比表面积和体积比增加。

4.5.1.3　盐浓度

在低浓度时，盐离子与蛋白质分子上的带电基团微弱结合，并且没有影响到带电基团的水合壳层，此时盐能提高蛋白质结合水的能力。而在高浓度时，由于大量的盐离子与水结合，导致蛋白质脱水，故此时蛋白质结合水的能力下降。

4.5.1.4　蛋白质表面极性基团

不同极性基团结合水的能力不同，蛋白质因氨基酸组成不同，因此表现出不同的水合性质。极性氨基酸、离子化的氨基酸等结合水量相应较大，具体氨基酸残基结合水的能力见表 4-8。

一些单体蛋白质结合水的能力根据其氨基酸的组成，可以按照公式（4-7）进行计算：

$$a=f_C+0.4f_P+0.2f_N \tag{4-7}$$

公式（4-7）中，a 代表蛋白质的水合能力（g 水/g 蛋白质）；f_C、f_P、f_N 分别代表蛋白质分子中离子化氨基酸残基、极性氨基酸残基和非极性氨基酸残基所占的百分数。

表 4-8　氨基酸残基结合水的能力

极性氨基酸残基	结合水的能力/（mol/mol）	离子化氨基酸残基	结合水的能力/（mol/mol）
Asn	2	Asp	6
Gln	2	Glu	7
Pro	3	Tyr	7
Ser，The	2	Arg	3
Trp	2	His	4
Asp（非解离）	2	Lys	4
Glu（非解离）	2	疏水性氨基酸残基	
Tyr	3	Ala	1
Arg（非解离）	4	Gly	1
Lys（非解离）	4	Phe	0
		Val、Ile、Leu、Met	1

蛋白质的水合性质决定了蛋白质的功能性质，但在食品体系中，蛋白质的持水能力（water-holding capacity）比其结合水的能力更加重要。结合水主要是指蛋白质通过氨基酸残基和水分子直接结合的水的数量；而蛋白质的持水能力是指蛋白质吸收水并将水保留在蛋白质组织中的能力，这种能力既包括结合水，又包括物理截留的水分。而蛋白的物理截留的水分与食品的嫩度、柔软性等紧密相关，因此蛋白质的持水能力对食品的品质有更重要的意义。

4.5.2　溶解度

蛋白质作为一种有机大分子化合物，在水中是以分散态（胶体态）形式存在的，故蛋白质在水中形成胶体分散系而不是溶液，所以蛋白质的溶解度是指蛋白质在水中的分散量或分散水平。

蛋白质溶解度的常用表示方式有三种，分别是蛋白质分散指数（PDI）、氮溶解指数（NSI）和水可溶性氮（WSN），具体计算公式（4-8）至公式（4-10）如下：

$$PDI = \frac{水分散蛋白}{总蛋白} \times 100\% \quad (4\text{-}8)$$

$$NSI = \frac{水溶解氧}{总氮} \times 100\% \quad (4\text{-}9)$$

$$WSN = \frac{可溶性氮的含量}{样品的质量} \times 100\% \quad (4\text{-}10)$$

影响蛋白质溶解度的因素如下。

4.5.2.1 pH

在食品中，蛋白质的溶解度-pH关系曲线是一条U形曲线(图4-8)，曲线的最低点出现在蛋白质的等电点附近，这是因为蛋白质处于等电点时缺乏静电排斥作用，蛋白质会通过分子间作用力而发生聚集和沉淀。但并不是所有蛋白质的溶解度都在等电点时最低，比如，酪蛋白、大豆蛋白等在等电点时几乎不溶，但乳清蛋白和牛血清清蛋白在等电点时的溶解度却很好。它的原因是这些蛋白质表面上亲水性基团的数量远高于疏水性基团。当蛋白质在低于或者高于等电点pH时，其所带净电荷为正电荷或负电荷，蛋白质的溶解度也随之增加。某些溶解度随pH变化大的蛋白质可以通过改变介质的酸碱度来对目标蛋白进行提取和分离。

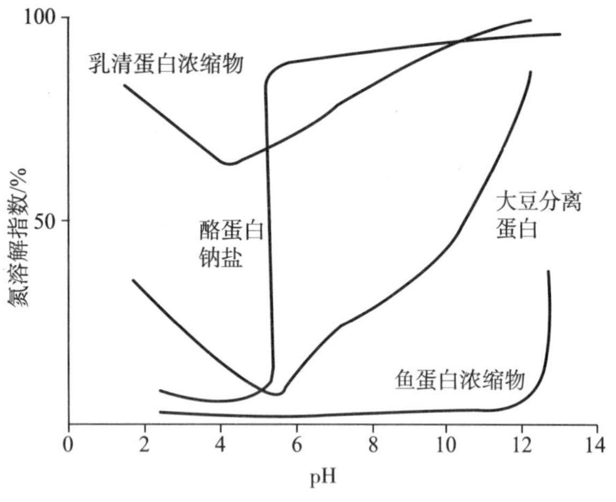

图4-8 几种蛋白质在不同pH下的NSI

4.5.2.2 盐类

盐对蛋白质溶解度的影响主要有盐溶和盐析两种效应。当中性盐的离子强度处于0.1～1 mol/L时，可增加蛋白质的溶解度，这种现象称为盐溶效应。盐溶效应的原理是离子可以中和蛋白质表面的电荷，从而产生电荷屏蔽效应，增加蛋白质的溶解度，发生盐溶现象时溶解度(s)与盐类离子强度(μ)满足关系：

$$s = s_0 + k\mu^{0.5} \quad (4\text{-}11)$$

当中性盐的离子强度大于1 mol/L时，盐对蛋白质溶解度的影响具有特定的离子效应，此时蛋白质的溶解度降低甚至产生沉淀，这种效应称为盐析效应。中性盐是强电解质，在溶液中与蛋白质竞争水分子蛋白质表面的水化层被破坏，同时大量中和了蛋白质表面的电荷，所以导致蛋白质因沉淀而析出。发生盐析现象时溶解度(s)与盐类离子强度(μ)满足关系：

$$\lg s = \lg s_0 - k\mu \quad (4\text{-}12)$$

在相同离子强度时，不同离子对于蛋白质溶解度是不同的，主要遵循Hofmeister序列规律，具体表现为阴离子提高蛋白质溶解度的能力顺序为$SO_4^{2-} < F^- < Cl^- < Br^- < I^- < ClO_4^- < SCN^-$，阳离子降低蛋白质溶解度的能力顺序为$NH_4^+ < K^+ < Na^+ < Li^+ < Mg^{2+} < Ca^{2+}$。

4.5.2.3 温度

温度对蛋白质溶解的影响具体表现为，在0～40 ℃范围内，蛋白质的溶解度随着温度升高而增加，温度进一步升高，就会导致蛋白质分子发生伸展变性，溶解度也因此下降。在加热过程中，蛋白质的溶解度明显降低且不可逆，即使处于比较温和的加热条件下蛋白质也会出现一定程度的不溶。比如，商品脱脂大豆粉、大豆浓缩蛋白、大豆分离蛋白在不同热处理条件下的氮溶解指数分布在10%～90%。

4.5.2.4 有机溶剂

一些能与水互溶的有机溶剂，如乙醇、丙酮等，可以降低蛋白质溶液中的介电常数，使得蛋白质分子之间的静电斥力减弱，蛋白质分子之间的吸引作用增加，导致蛋白质发生聚集，甚至沉淀。

4.5.3 黏度

蛋白质在许多流体食品，如饮料、汤汁中表现出来的主要功能特性是蛋白质的黏度和稠度。蛋白质的黏度和稠度影响着食品的质地和品质，在食品输送、加热和冷却等加工过程中有着重要的意义。

蛋白质溶液是由大分子物质构成的分散系，不具备牛顿流体的性质，其黏度系数(μ)会随着流体剪切速度(γ)或剪切力(τ)的变化而变化，三者之间的关系满足公式(4-13)：

$$\tau = m\gamma^n \quad (4\text{-}13)$$

公式(4-13)中，m 为稠度系数；n 为流动指数，$n<1$。

对蛋白质黏度产生影响的因素包括杀菌、pH、蛋白质水解、无机盐等，而蛋白质分子的表观直径是蛋白质流体黏度的关键因素。影响蛋白质分子表观直径的因素：①自身性质。它包括蛋白质分子的大小、结构、体积、浓度和带电量等。②蛋白质与水分子之间的相互作用。③蛋白质分子之间的相互作用。

蛋白质的溶解度与黏度之间并不是简单地呈正相关或负相关。溶解度低的蛋白并不一定表现出高黏度，如通过热变性得到的不溶性蛋白在水中分散后并不具有高黏度；同样，溶解度高的乳清蛋白因为吸水性和溶胀能力较差同样无法在水中形成高浓度的分散系。但蛋白质的水吸附能力却与黏度呈现出正相关，如大豆蛋白、干酪素钠等，这也是他们作为食品蛋白质配料的重要原因。

4.5.4　胶凝作用

蛋白质的胶凝作用是指蛋白质分子发生聚集并形成有序的蛋白质网络结构的过程。蛋白质的缔合、聚集、沉淀、凝结和絮凝等是发生在不同蛋白质分子水平上的聚集变化，与胶凝作用有明显的不同。蛋白质的缔合是指在亚基或者分子水平上发生的变化，一般尚未形成沉淀；聚集是指较大的聚合物的生成；沉淀是指蛋白质的溶解度部分或全部丧失引起的聚集反应；凝结是变性蛋白质所产生的无序聚集反应，因蛋白质之间的相互作用大于蛋白质和溶剂之间的相互作用而导致凝块的生成；絮凝是因肽链间静电斥力降低而引起的天然蛋白的无序聚集反应。

在蛋白质形成胶凝后，高度水合并具有立体的三维网络空间结构，可以容纳其他物质，对食品的品质以及质构等方面有着重要影响。对于肉类食品而言，这一性质不仅可以形成半固态的黏弹性质地，还具有稳定脂肪、黏结和保水等作用。对于一些蛋白质食品而言，如酸乳、豆腐等，凝胶是这些食品品质形成的基础。目前蛋白质凝胶形成的机制尚未揭示清楚。一般认为蛋白质凝胶的网状结构是蛋白质自身相互作用、蛋白质与水之间的相互作用以及蛋白质分子之间的相互作用(吸引和排斥)三者达到平衡的结果。静电吸引力、蛋白质分子之间的作用(氢键、疏水作用力)和二硫键有利于蛋白质肽链的靠近，而静电斥力和蛋白质与水的相互作用则有利于蛋白质肽链发生分离。

从整体上看，蛋白质的胶凝过程可分为两步：①蛋白质分子构象的改变或部分伸展，发生变性；②经变性的蛋白质分子发生聚集并逐渐形成可以容纳水的有序网状结构。凝胶的形成途径主要有热致凝胶和非热致凝胶两种，进一步对凝胶的热稳定性进行分类，其又可分为热可逆凝胶和非热可逆凝胶。热不可逆凝胶的蛋白质分子之间主要通过疏水作用而结合，热可逆凝胶主要通过蛋白质分子间的氢键作用而保持稳定的结构，而非热可逆凝胶则涉及分子间二硫键的形成。蛋白质凝胶的网状结构主要有串形有序聚集和自由聚集两种形式(图 4-9)。

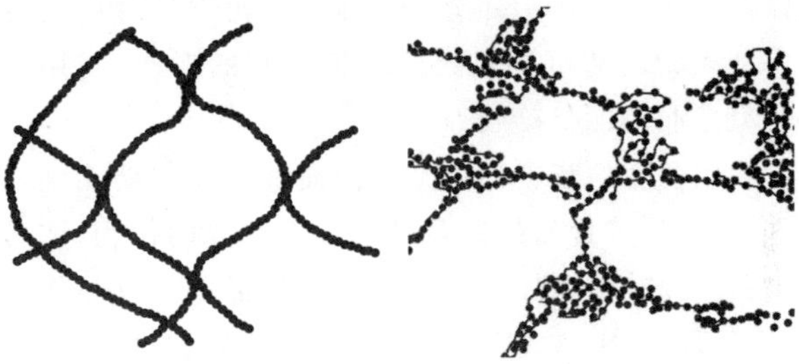

a.串形有序聚集　　b.自由聚集

图 4-9　蛋白质凝胶的网状结构

影响蛋白质形成凝胶的因素主要有以下几点。

(1)蛋白质的氨基酸组成　蛋白质形成的凝胶包括不透明凝胶和透明凝胶两种类型，这与蛋白质中非极性氨基酸的含量有关。当非极性氨基酸残基含量高时，蛋白质在变性时通过疏水作用发生聚集，随后随机缔合凝结成不可逆的不透明凝胶，不溶性蛋白质聚集体的无序网状结构产生的光散射造成了这些凝胶的不透明性。当非极性氨基酸残基含量较低时，蛋白质在变性时会生成可溶性复合物。可溶性复合物的缔合速度缓慢，有利于形成有序、透明的凝胶网状结构。

(2)蛋白质的结构　巯基和二硫键有促进蛋白质聚合的作用，蛋白质中的二硫键含量越高，形成的凝胶强度越大，甚至可以形成不可逆凝胶，因为二硫键一旦形成就不容易再发生断裂，加热不会对其产生破坏作用。

(3)蛋白质浓度　一般来说，蛋白质浓度越大，越有利于蛋白质凝胶的形成。蛋白质形成一个凝胶网状结构所需的最低蛋白质浓度称为最小浓度终点(least concentration endpoint，LCE)，当蛋白质浓度高于最小浓度终点时，凝胶强度(G)和蛋白质浓度(C)之间的关系服从指数定律：

$$G \propto (C-C_0)^n \qquad (4\text{-}14)$$

公式(4-14)中，C_0代表最小浓度终点，对于蛋白质而言，n的数值在1和2之间变动。

(4)pH　当蛋白质pH处于等电点附近时，容易形成凝结块类凝胶；在极端pH条件下，由于静电斥力作用较大，蛋白质倾向于形成弱凝胶。

(5)盐类　通过向蛋白质溶液中添加离子，蛋白质分子的带电基团可以形成交联，如用Ca^{2+}和Mg^{2+}制备蛋白质凝胶。根据这一性质可以用大豆蛋白制备豆腐、海藻酸盐凝胶等。

(6)酶的催化水解作用　酶的催化水解作用可以促使蛋白质凝胶的形成，如在牛乳酪蛋白质胶束中加入凝乳酶可导致凝结块类凝胶的形成，利用转谷氨酰胺酶制备凝胶等。

蛋白质的胶凝作用是蛋白质最重要的功能性质之一，在许多食品的制备之中起着重要的作用，如乳制品、凝胶、各种加热的肉糜和鱼制品等。胶凝作用除了可以用来形成固体弹性凝胶，提高食品的功能特性外，还对食品成分中的乳化-发泡稳定性有所帮助。

4.5.5　组织化

蛋白质是构成许多食品的物质基础。由于自然界的大部分蛋白质不具备相应的组织结构和咀嚼性能，蛋白质直接应用于食品加工时存在一定的限制。为了解决这一问题，我们可以对蛋白质进行组织化处理，使其形成具有咀嚼性能和良好持水性能的薄膜或纤维状产品，并且经过加热或水合处理后仍能保持良好的性能。在食品加工体系中，常将经过组织化的蛋白质作为肉的代用品或替代物或对动物蛋白(如牛肉、禽肉)进行重组织化的加工处理。常见的蛋白组织化方法有以下三种。

4.5.5.1　热凝固和薄膜形成

热凝固法是指将蛋白溶液，如大豆蛋白浓溶液，放置于平滑的热金属表面，通过水分蒸发蛋白质发生热凝结作用，热金属表面会形成一层蛋白薄膜。生成的蛋白薄膜即是经过组织化处理的蛋白，它具备热稳定性和正常的咀嚼性能。传统的豆制品，如腐竹，就是通过这种方法加工制成的。此外，由于形成的蛋白膜还具有一定的机械强度，并且对水和氧气等有一定的屏障作用，所以其也可应用于可食性的食品包装材料。

4.5.5.2　热塑性挤压

热塑性挤压是目前最常用的蛋白质组织化方法。它将蛋白质的混合物在旋转螺杆的推动下通过圆筒，在高压、高温和强剪切力的作用下，固体物料会转化为黏稠状物，此时物料能迅速通过圆筒到达常压环境，物料中的水分迅速蒸发形成高度膨胀、干燥的多孔结构，这种结构被称为组织化蛋白或膨化蛋白。膨化蛋白在吸水后会变为纤维状，具有良好的咀嚼性能，并且十分稳定，可以作为肉类(肉丸、汉堡包等)的替代物和填充物。

4.5.5.3　纤维形成

根据合成纤维的生产方法，可以同样对蛋白质进行组织化处理，形成纤维状结构。具体操作方法如下：将高浓度蛋白质溶液的pH调到10.0以上，此时由于氨基酸基团解离导致静电斥力增加，蛋白质分子充分伸展。随后对蛋白质溶液进行脱气、澄清处理，在高压条件下通过一个有许多小孔的喷头，伸展的蛋白质分子会沿流出方向定向有序的排列并进一步延伸，然后让流出液通过酸性的NaCl溶液。由于等电点和盐析效应作用，蛋白质会发生凝结，并通过离子键、氢键和二硫键等形成水合蛋白质纤维。最后通过滚筒转动，蛋白质纤维能伸展、拉伸，增加纤维的机械阻力和咀嚼性，降低蛋白质纤维的持水性。同时通过滚筒加热除去一部分水，以提高蛋白纤维的黏着力和韧性。在食品工业中，纤维化的蛋白可进一步进行结合、切割、压缩和调味等处理，以作为一种人造肉或类似肉的蛋白质产品。

4.5.6　面团形成

面团形成是指小麦粉在适当水分存在时在室温下混合和揉搓形成强内聚力和黏弹性糊状物的过程。面团形成是利用面粉制作面制品的基础，面团的性能也能直接决定着后续面制品(如面包、馒头、拉面等)的品质。需要指出的是，不同的面制品生产需要不同特性的面团。与面粉能形成面团不同，大麦粉、荞麦粉、燕麦粉、玉米粉等谷类粉体都无法形成面团。小麦粉能形成面团，主要源于其中的蛋白质。按溶解性可将小麦粉中的蛋白质分为可溶性蛋白和不可溶性蛋白质，前者约占总蛋白质的20%，主要包括清蛋白、球蛋白以及少量的糖蛋白，它们对面团形成没有贡献。不可溶性蛋白质主要指面筋蛋白，小麦当中主要的贮藏蛋白即为面筋蛋白，它是小麦粉中不溶性蛋白质的总称，占80%，主要包括麦醇溶蛋白和麦谷蛋白，两者在面筋蛋白中的占比分别约为60%和40%。麦谷蛋白和麦醇溶蛋白的氨基酸组成见表4-9。

表 4-9 麦谷蛋白和麦醇溶蛋白的氨基酸组成

氨基酸	麦谷蛋白 /(mol%)	麦醇溶蛋白 /(mol%)
半胱氨酸	2.6	3.3
蛋氨酸	1.4	1.2
天冬氨酸	3.7	2.8
苏氨酸	3.4	2.4
丝氨酸	6.9	6.1
谷氨酸、谷氨酰胺	28.9	4.6
脯氨酸	11.9	16.2
甘氨酸	7.5	3.1
丙氨酸	4.4	3.3
缬氨酸	4.8	4.8
异亮氨酸	3.7	4.3
亮氨酸	6.5	6.9
酪氨酸	2.5	1.8
苯丙氨酸	3.6	4.3
赖氨酸	2.0	0.6
组氨酸	1.9	1.9
精氨酸	3.0	2.0
色氨酸	1.3	0.4

4.5.6.1 面筋蛋白的性能与其氨基酸组成密切相关

其氨基酸组成的特点：①占比在50%以上的谷氨酰胺、天冬酰胺和脯氨酸残基，极易通过氢键而发生水合，并容易产生分子间氢键而有助于蛋白质分子黏合。②比例很低(<10%)的带电荷氨基酸残基导致了面筋蛋白的低水溶性，且疏水性氨基酸残基占比达到30%，这使面筋蛋白具有较强的疏水性，一方面，通过疏水相互作用促进面筋蛋白分子聚集；另一方面，很容易与脂类等其他非极性成分产生相互作用。③含有较为丰富的胱氨酸和半胱氨酸残基(2%～3%)为面筋蛋白通过巯基氧化交联形成二硫键提供了基础。

4.5.6.2 面团形成的过程

面团形成是通过一系列的物理和化学变化实现的(图4-10)，在剪切力和拉伸力的作用下，面筋蛋白逐渐吸收水分并部分伸展，伸展的面筋蛋白促进了疏水相互作用和二硫键交换反应并导致线状聚合物的形成。这些线状聚合物通过氢键、疏水相互作用以及二硫键交换反应相互缔合形成了可以捕捉气体的片状薄膜结构。在形成线状聚合物和片状薄膜结构的过程中，面团的抗性随着揉搓时间的增长而增加，直至达到最大值后，面筋蛋白网络结构开始出现崩解，此后面筋蛋白在揉搓时的阻力逐渐减小，面筋蛋白网络结构崩解的过程中，蛋白聚合物在剪切方向上发生排列的同时，二硫键断裂，面筋蛋白聚合物的尺寸减小。

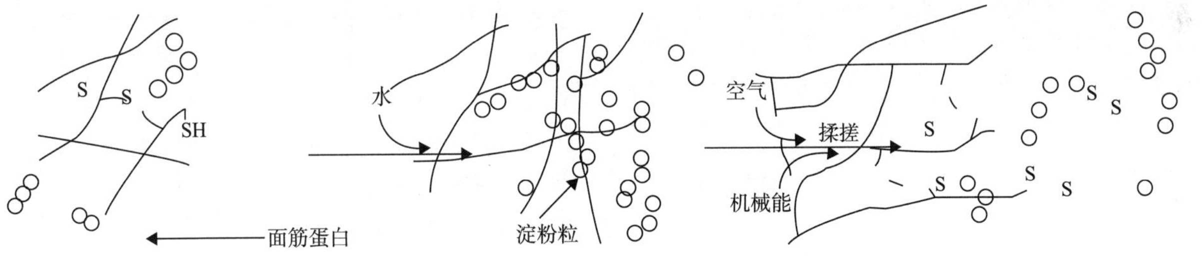

图 4-10 面团形成

4.5.6.3 成熟的面团的特征

与面糊相比，成熟的面团具有两个典型的特征，即拉伸性和膨胀性。拉伸性是指面团在两个相反方向牵引力的作用下发生形变而延长，直至成条状或丝状而保持不断裂的性能，这在拉面等产品加工中非常重要。膨胀性，也称为持气性，是指面团在发酵过程中能够将微生物产生的二氧化碳持续留在面团内而不散失的能力。膨胀性在馒头和焙烤食品的加工中尤为重要。面团拉伸性的形成，既是来源于面筋蛋白分子取向的结果，也是面筋蛋白分子之间相互作用的结果。而面团的膨胀性主要是由于面粉在混合和揉搓时，面团中间夹带的小气泡；蛋白质由于两亲作用向气/水界面富集，到达气/水界面的面筋蛋白取向而排列成行，适度变性后通过疏水相互作用和二硫键形成蛋白质薄膜，气泡表面连续化的具有三维立体结构蛋白质囊泡将气体稳定地持留在其中。未达到气/水界面的面筋蛋白也会形成类似蛋白质薄膜并与上述蛋白质囊泡连接而在面团中形成连续的蛋白质网络。这个网络将淀粉粒和其他食品截留在中间。因此面团实际上是面筋蛋白形成的一种凝胶结构。如果对面团长时间进行机械处理或揉搓，会导致面团特有的结构和质地被破坏，而形成传统所谓的"死面"。一般来说，在面团形成的早期，面团对抗机械作用的能力（即混合耐受性）随揉搓时间的延长而增强，而后达到最大值，保持一段时间后，面团的性能会急剧下降，甚至出现塌陷，这表明维持面团结构和特性的面筋蛋白网络结构被破坏，这很可能是由面筋蛋白网络结构中的二硫键断裂所致。

4.5.6.4 面团形成的影响因素

1. 面筋的含量与质量

面筋蛋白含量高或面筋蛋白筋力强的面粉，需要长时间揉搓才能产生黏合的面团，其忍受机械损伤的能力也较高；而面筋蛋白含量低的面粉形成的面团则很容易出现塌陷。用不同比例的麦醇溶蛋白-麦谷蛋白的均质麦粉制作面团的实验表明，麦谷蛋白决定着面团的弹性、黏结性和混合耐受性、而麦醇溶蛋白决定着面团的流动性、延伸性和膨胀性。因此，在面包制作过程中，麦谷蛋白和麦醇溶蛋白的平衡非常重要。大分子的麦谷蛋白与面包的强度有关，它的含量过高会抑制膨胀，而麦醇溶蛋白含量过高会导致过度的膨胀，面团容易出现塌陷。

2. 氧化还原剂

向面粉中加入半胱氨酸、偏亚硫酸氢盐等还原剂可使部分二硫键断裂而降低面团的黏弹性；相反，氧化剂的加入则能诱导形成更多的二硫键而提高面团的硬度和黏弹性。

3. 添加物

在面粉中加糖、淀粉等可争夺面筋蛋白的水分，阻碍其水化作用；脂也能改变面筋网络；在面团中加入极性脂类、变性球蛋白有利于麦谷蛋白和麦醇溶蛋白的相互作用，提高面筋的网络结构，少量的可溶性蛋白（清蛋白和球蛋白）在焙烤面包的过程中变性和凝集有利于面包芯的形成；焙烤面包时，一部分水分从面筋蛋白中释放而被糊化淀粉吸收，所以面包仍具有良好的柔软性（含水 40%～50%）。

4.5.7 蛋白质的乳化性质

蛋白质是两性分子，能自发地迁移至气-水界面或气-油界面。蛋白质自发地从体相迁移至界面表明，蛋白质处在界面上比处在体相（水相）中具有更低的自由能，因此当达到平衡时，在界面区域的蛋白质浓度总是高于在体相（水相）中的蛋白质浓度。与低分子质量的表面活性剂不同的是，蛋白质作为天然大分子物质能在界面形成高黏弹性的薄膜，高黏弹性薄膜能在加工过程中承受外界机械作用的冲击，蛋白质稳定的泡沫和乳状液体系比采用低相对分子质量的表面活性剂制备的相应分散体系更加稳定。其吸附模式的差异见图 4-11，因此蛋白质在泡沫和乳状液食品体系中作为稳定剂而得到广泛的应用。

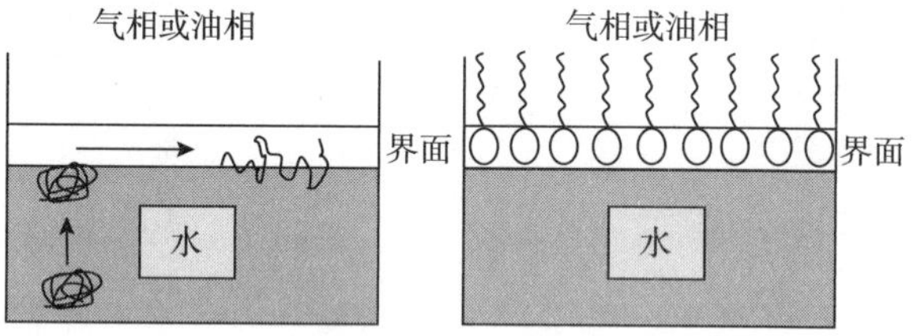

图 4-11 蛋白质（左）和小分子表面活性剂（右）在空气-水或油-水界面处的吸附模式

理想的乳化性质的蛋白质通常具有 3 个性能：①能快速地吸附至界面；②能够快速地展开并在界面上再定向；③一旦达到界面，能够与邻近的分子相互作用，形成具有强黏合和黏弹性质并能够忍受热和机械运动的膜。

蛋白质表面的疏水和亲水小区分布模式决定了该种蛋白质是否能快速地吸附至气-水界面或气-油界面（图 4-12）。当蛋白质的表面处于亲水状态并不含有可辨别的疏水小区时，蛋白质在界面上的自发吸附是无法完成的，但随着蛋白质表面的疏水小区数量的逐渐增加，蛋白质在界面发生自发吸附的可能性也会增加。蛋白质表面的分子特性对蛋白质能否自发地吸附到界面和它将如何有效地起到分散体系的稳定剂的作用有着重大影响。

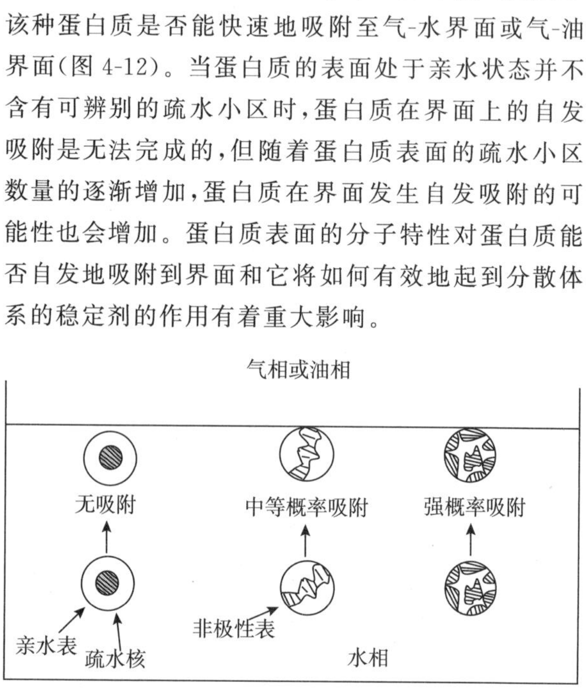

图 4-12 表面疏水小区对蛋白质吸附在界面概率的影响

蛋白质到达界面后仅有一小部分固定在界面，

分子中的大部分仍留在体相中。这一小部分蛋白质分子与界面束缚的牢固程度与固定在界面上的肽段数量和这些片段与界面相互作用的能量有关。只有当肽段与界面相互作用的自由能变化(负值)在数值上远大于蛋白质分子的热动能时，蛋白质才能保留在界面上。固定在界面上的肽段数目部分地取决于蛋白质分子构象的柔性。像酪蛋白这样具有高度柔性的分子，一旦吸附在界面上就能迅速发生构象转变，以适应界面性质的需要，因此有较多的肽段结合到界面上；但刚性球状蛋白质(如溶菌酶和大豆蛋白)则不能在界面上发生广泛的构象转变。

一般来说，蛋白质的疏水性越强，在界面吸附的蛋白质浓度越高，界面张力就越低，乳状液也就越稳定。柔顺的多肽链在界面上通常有列车形、环形和尾形 3 种典型的构型(图 4-13)。当多肽链与界面直接接触时呈现列车形；多肽片段悬浮于界面上时呈环形；而当蛋白质分子的 N-和 C-末端处在界面上时呈尾形。当以列车形构象存在于界面的多肽链比例越大，蛋白质越能强烈地与界面结合，并且表面张力越低，此时的乳状液也就越稳定。

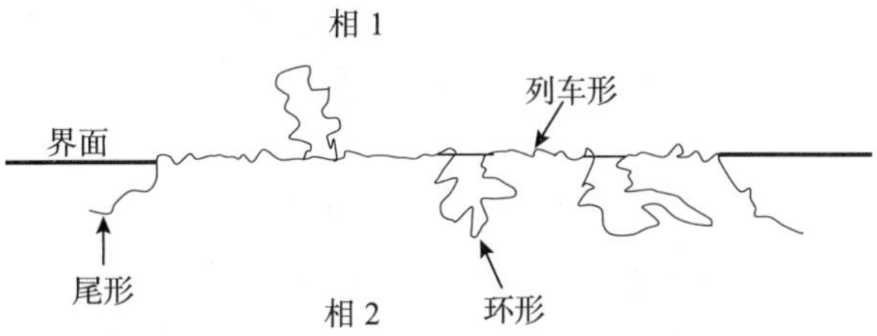

图 4-13　柔性多肽在界面上的各种构型

(1)影响蛋白质乳化作用的因素　蛋白质组成的变化会影响吸附膜的蛋白质组成，从而对乳液稳定性造成影响。一般来讲，食物蛋白往往是由多种蛋白质组成的混合物，例如，鸡蛋蛋白是由 5 种主要蛋白质和其他一些次要蛋白质组成的。乳清蛋白是 α-乳白蛋白和 β-乳球蛋白以及其他几种蛋白组成的混合物，大豆分离蛋白中则至少含有两种蛋白质。在乳化的过程中，混合物的蛋白质组分竞争地吸附到界面上，在界面形成的蛋白质膜的成分取决于混合物中各种蛋白质组分的相对表面活性。例如，在组分为 1∶1 的 α-酪蛋白和 β-酪蛋白混合物被吸附到油/水界面时，当乳状液达到平衡时，蛋白质膜后的 α-酪蛋白的量几乎是 β-酪蛋白的两倍，然而在空气/水界面观察到的现象却与之相反。

蛋白质的溶解度与其乳化性质呈一定的正相关。通常，不可溶性蛋白质几乎不贡献乳化作用，但它们往往能吸附到已形成的乳状液膜上，提高了脂肪球的稳定性，因而起到稳定作用。蛋白质溶解性能的改善将有利于其乳化性能的提高，例如，当肉糜中存在 NaCl 时，由于 NaCl 的盐溶作用，蛋白质的乳化容量增加。

pH 影响由蛋白质稳定的乳状液的形成，在等电点具有高溶解度的蛋白质(如血清蛋白、明胶和蛋清蛋白等)，具有最佳的乳化性质。其他大多数食品蛋白质在等电点时是微溶和缺乏静电排斥力的，因此在等电点 pH 时，它们的乳化性质较差；在非等电点 pH 时，氨基酸侧链的解离增强产生了有利于提高稳定性的静电斥力，避免了液滴聚集，蛋白质溶解度增加，与水的结合增强，蛋白质膜的稳定提高。

乳化前对蛋白质进行局部变性可增加其分子灵活性和表面疏水性，从而增加蛋白质的乳化稳定性，当蛋白质处于未折叠状态时，游离的巯基和分子中的二硫键发生巯基交换反应进行缓慢聚合，导致了在油/水界面上高黏弹性蛋白膜的形成，蛋白质的乳化稳定性得以提高。加热处理通常会降低吸附在界面上的蛋白质膜的黏度和硬度，从而降低乳状液的稳定性。如果在加热过程中，蛋白质产生了胶凝作用，其黏度和硬度就会提高，乳状液的稳定性也会增加，如肌原纤维的胶凝作用可增强灌肠等乳化体系的稳定性，提高产品的保水性和脂肪保持性，还增强了各成分间的黏结性。

小分子表面活性剂(如磷脂和甘油一酯等)通常能与蛋白质竞争地结合吸附在界面上，导致蛋白质吸附于界面的作用力减弱，蛋白膜黏度降低，乳状液稳定性降低，因此小分子表面活性剂不利于蛋白质乳化稳定性。

(2)蛋白质乳化性质的测定方法　测定蛋白质乳化性质的方法常见的有乳化能力、乳化活性指数和乳状液稳定性。

①乳化能力(emulsion capacity, EC)：又称作乳化容量，是指在乳状液相转变(从 O/W 乳状液转变成 W/O 乳状液)前每克蛋白质所能乳化的油的体积(mL)。

②测定蛋白质乳化能力的方法：将一定量的蛋白质溶于水，恒温状态下以不变的速度连续向不断搅拌的蛋白质溶液中加入油或熔化的脂肪，根据蛋白质溶液黏度和颜色(通常会加入染料)的突然变化或电阻的增加检测相的转变。对于由蛋白质稳定的乳状液而言，相转变通常会发生在 φ 为 0.65～0.85 的范围内。相转变并非是瞬时过程，而是在相转变发生之前形成 W/O/W 双重乳状液。蛋白质的乳化

能力是以每克蛋白质在相转变之前能乳化的油的体积表示，因此，该值随相转变达到时蛋白质浓度的增加而减少，而未吸附的蛋白质累积在水相。

③乳状液稳定性(emulsion stability，ES)：由蛋白质稳定的乳状液在一定时间内是稳定的。通过保藏在高温或在低速离心等这样剧烈的条件来评价乳状液的稳定性。乳状液的稳定性通常可以定性为：

$$\text{ES}=\frac{\text{乳状液的最终体积}}{\text{乳状液的最初体积}}\times 100\% \qquad (4\text{-}15)$$

乳化能力和乳状液的稳定性反映了蛋白质的两种功能：通过降低界面张力帮助形成乳状液；通过在界面上形成物理障碍帮助稳定乳状液。

④乳化活性指数(emulsifying activity index，EAI)：由蛋白质稳定的乳状液的物理和感官性质取决于所形成的液滴的大小和总界面面积。具体的测定方法为取 1 mL 乳状液，用 0.1%十二烷基苯磺酸钠(SDS)水溶液稀释 1 000～5 000 倍，然后用 1 cm 比色皿于 500 nm 下测定吸光度(A)，乳状液的浊度(T)可以由公式(4-16)计算：

$$T=2.303A \qquad (4\text{-}16)$$

公式(4-16)中，A 为 500 nm 波长下测得的吸光度。

根据光散射的 Mie 理论，乳状液的界面积是它的浊度的 2 倍，即 $A=2T$。假设油的体积分数为 φ($\varphi=\frac{\text{油体积}}{\text{油体积}+\text{蛋白质水溶液体积}}$)，每单位体积水相中蛋白质的量为 c(g/m^3)，则可根据公式(4-17)计算蛋白质的 EAI：

$$\text{EAI}=\frac{2T}{\varphi c} \qquad (4\text{-}17)$$

该方法测定蛋白质的乳化活力指标简便实用。由于食品乳状液的浊度与波长有关，因此根据上式计算得到的 EAI 值是在 500 nm 波长下测定得到的浊度计算得到的界面面积，因此并不是非常的准确，但仍可采用整个方法定性比较不同蛋白质的乳化活力或蛋白质经过不同方式处理后的蛋白质乳化活力的变化。

⑤蛋白质载量(protein load)：乳状液的稳定性与吸附在界面上的蛋白质的量有关。蛋白质载量是指在一定温度下每平方米界面面积所吸附的蛋白质质量(mg)。一般情况下，蛋白质载量在 1～3 mg/m^2 界面面积范围内。在乳状液中蛋白质含量保持不变的情况下，蛋白质载量随油相体积分数增加而降低。高脂肪乳状液和小尺寸液滴则需要更多的蛋白质来覆盖界面才能使乳状液得以稳定。

4.5.8 蛋白质的起泡性质

4.5.8.1 泡沫的形成

食品泡沫通常是指气泡分散在含有表面的活性剂的连续液相或半固相中的分散体系。泡沫的基本单位是液膜所包围的气泡(图 4-14)，气泡的直径从微米到数厘米不等，液膜和气泡间的界面上吸附着表面活性剂，起着降低表面张力和稳定气泡的作用。泡沫和乳状液的主要差别在于分散相既是气体又是脂肪，并且在泡沫体系中气体所占的体积百分数更大，所以泡沫有很大的界面面积，界面张力也远大于乳化分散体系，泡沫也更不稳定，更容易破裂。蛋白质在泡沫食品体系中对泡沫的形成和稳定起着重要作用。蛋白质的起泡性质是指蛋白质在气/液界面形成坚韧的薄膜使大量气泡并入和稳定的能力。

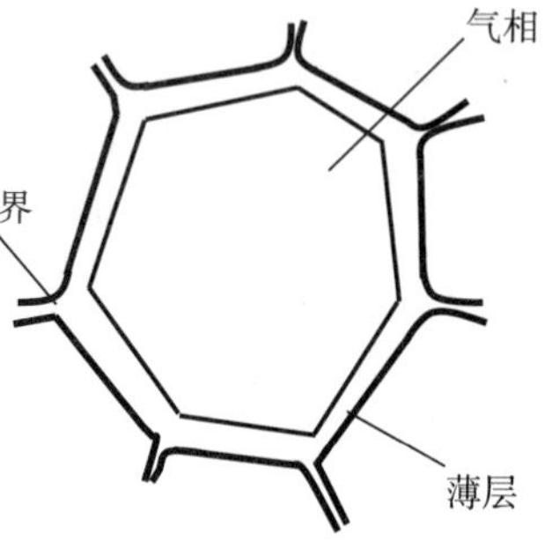

图 4-14 泡沫的结构

蛋白质能作为起泡剂主要取决于蛋白质的表面活性和成膜性，例如在鸡蛋清中的水溶性蛋白质在鸡蛋搅打时可被吸附到气泡表面来降低表面张力，又因在搅打的过程中变性，逐渐凝固在气液界面间形成有一定刚性和弹性的薄膜，从而使泡沫更加稳定。

典型的食品泡沫应具备这几种特征：①含有大量的低密度气体；②在气相和连续液相之间有较大的表面积；③溶质的浓度在表面较高；④要具有能胀大，且具有刚性或半刚性并有弹性的膜或壁；⑤具有可反射的光，因此泡沫看起来不透明。

泡沫形成的方法主要有三种：第一种方法是将气体通过多孔分配器鼓入低浓度的蛋白质溶液中产生泡沫；第二种方法是在有大量气体的条件下，通过打擦或振荡蛋白质溶液而产生泡沫；第三种方法是将一个预先被加压的气体溶于要产生泡沫的蛋白质溶液中，然后突然减压，系统中的气体则会膨胀而产生泡沫。

由于泡沫具有很大的界面面积(气液界面可达 1 m^2/mL 液体)，因而是极不稳定的，在重力和由表面张力引起的气泡内外压差以及蒸发的作用下液膜会排水、形成的泡沫中，气体会从小泡向大泡扩散，泡沫的总表面能会自发地降低，如果连续相黏度大、气体在其中的溶解度和扩散速度较小时，形成的泡沫就比较稳定。但在液膜不断排水变薄的过程中，气泡会受到机械剪切力、气泡与气泡之间碰撞的作用力以及超声振荡的作用，气泡液膜也会破裂。但如果液膜本身具有较强的刚性或蛋白质吸附层富有一定强度和弹性时，形成的泡沫就会比较稳定，液膜不会轻易破裂。另外，如果在液膜上粘有无孔隙的细微固体粉末并且未被完全润湿时，其可具有防止液膜破裂的作用；如有多孔杂质或消泡性的表面活性剂存在时，其破裂将会加剧。

4.5.8.2　蛋白质起泡性质的评价方法

蛋白质起泡性质的评价指标主要有泡沫密度、泡沫强度、气泡平均直径和直径分布、蛋白质的起泡能力和泡沫的稳定性。在实际中，最常用的指标是蛋白质的起泡能力和泡沫的稳定性两个指标，不同蛋白质的起泡能力见表4-10。

表4-10　不同蛋白质溶液的起泡能力(FP)　　%

蛋白质	起泡力	蛋白质	起泡力
牛血清蛋白	280	β-乳球蛋白	480
乳清分离蛋白	600	血纤维蛋白原	360
鸡蛋蛋清	240	大豆蛋白(经酶水解)	500
卵清蛋白	40	明胶(酶法加工猪皮明胶)	760
牛血浆	260		

1. 起泡能力

一种蛋白质的起泡能力是指蛋白质能产生界面面积的量，可以通过膨胀率或稳定状态泡沫值、起泡力或泡沫膨胀几种方式来表示。通常采用起泡力来比较在指定浓度下各种蛋白质的起泡性质。

$$膨胀率=\frac{泡沫体积-起始液体的体积}{起始液体的体积}\times100\% \tag{4-18}$$

$$起泡力(FP)=\frac{并入液体的体积}{液体的体积}\times100\% \tag{4-19}$$

2. 泡沫的稳定性

泡沫的稳定性也称为持久性，是指在单位体积的气体保持在泡沫中的时间，通常采用50%液体从泡沫中排出所需要的时间，或者泡沫体积减小50%所需要的时间来表示。

泡沫强度或坚硬度是指一种泡沫在破裂前能忍受的最大重量，可采用测定泡沫黏度的方法来评价此性质。

4.5.8.3　影响泡沫形成和稳定性的因素

蛋白质的内在性质、pH、盐、糖、脂类以及热处理等因素都会影响蛋白质泡沫的形成和稳定性。

1. 蛋白质的内在性质

一个具有良好发泡性质的蛋白质应该是蛋白质分子能够快速地扩散到气/液，易于在界面吸附、展开和重排，并且通过分子间作用形成具有黏弹性的吸附膜。具有疏松的自由卷曲结构的β-酪蛋白就是这样的蛋白质，而相比之下，溶菌酶是一个自身紧密缠绕的球蛋白，同时具有多个分子内的二硫键，因此发泡性质很差。

一般具有良好发泡性质的蛋白质其泡沫稳定性一般很差，而发泡能力较差的蛋白质，泡沫稳定性却较好，主要是由于蛋白质的发泡能力和泡沫稳定性由两类不同的分子性质决定。发泡能力取决于蛋白质分子的快速扩散、对界面张力的降低、疏水基团的分布等，主要由蛋白质的溶解度、疏水性、肽链的柔软性决定(表4-11)。泡沫稳定性主要由蛋白质溶液的流变学性质决定，如吸附膜中蛋白质的水合、蛋白质浓度、膜厚度、适当的蛋白质分子间相互作用等。通常，卵清蛋白是良好的蛋白质发泡剂，其他蛋白质如血清蛋白、明胶、酪蛋白、谷蛋白、大豆蛋白等也具有较好的发泡性质。

表4-11　影响蛋白质发泡性质的内在性质

性质	作用
溶解度	快速扩散至气/液界面
疏水性	极性区域疏水区的相对独立分布，产生降低界面张力的作用
肽链的柔韧性	有利于蛋白质分子在界面上的伸展、变形
肽链间的相互作用	有利于蛋白质分子间的相互作用，形成黏弹性好、稳定的吸附膜
基团的解离	有利于气泡间的排斥，但是高电荷密度也不利于蛋白质在膜上的吸附
极性基团	有利于水的结合、蛋白质分子之间的相互作用，维持吸附膜的稳定性

2. 盐

盐通过影响蛋白质的溶解度、黏度、伸展以及解聚来影响其发泡性质。大多数球状蛋白，如牛血清蛋白、卵清蛋白、谷蛋白和大豆蛋白等的起泡性质和泡沫稳定性会随着 NaCl 浓度的增加而增加(表 4-12)，这主要是由于盐中和了蛋白质的电荷；相反，另外一些蛋白质(如乳清蛋白、β-乳球蛋白)由于盐溶作用，其起泡性和泡沫稳定性会随着盐浓度的增加而降低。钙离子通常能与蛋白质中的羧基形成盐桥从而提高泡沫稳定性。

表 4-12　NaCl 对乳清分离蛋白起泡力和泡沫稳定性的影响

NaCl 浓度/(mol/L)	每毫升泡沫总界面面积/cm^2	50%起始面积破裂的时间/s
0.00	333	510
0.02	317	324
0.04	308	288
0.06	307	180
0.08	305	165
0.10	287	120
0.15	281	120

3. 糖

糖类往往会破坏蛋白质的起泡性质，但能提高泡沫的稳定性。在糖溶液中，蛋白质的结构较为稳定，吸附在界面上的蛋白质分子难以伸展开，从而降低了蛋白质在搅打过程中产生大的界面面积和泡沫体积的能力。糖溶液提高了体相的黏度从而降低了泡沫结构中薄层液体排出的速度，蛋白质的泡沫稳定性得以提高。在加工蛋白甜饼、蛋奶酥和蛋糕等含糖泡沫型甜食产品时，如在搅打后加入糖，能使蛋白质吸附、展开并形成稳定的膜，从而提高泡沫的稳定性。

4. 脂类

当浓度超过 0.5%时，脂类物质，尤其是磷脂会显著破坏蛋白质的起泡性质。这是因为脂类物质具有比蛋白质更强的表面活性，在泡沫形成过程中，脂类会首先吸附到气/水界面，并抑制蛋白质的吸附，于是减少了膜的厚度和黏合性并最终因膜的削弱而导致泡沫稳定性下降。

5. pH

pH 通过影响蛋白质的荷电性质进而改变其溶解度，并影响蛋白质分子间的相互作用力和持水力来改变蛋白质的起泡性质和泡沫的稳定性。对于在等电点具有一定溶解度的蛋白质而言，其稳定的泡沫在该蛋白质的等电点 pH 时比在其他 pH 时更为稳定，但泡沫的膨胀率在蛋白质的等电点 pH 时一般都较小。例如，球蛋白(pH 5～6)、谷蛋白(pH 6.5～7.5)以及乳清蛋白(pH 4～5)都具有这种特性。其原因可能是在等电点时，排斥相互作用弱，有利于处在界面上的蛋白质分子之间发生相互作用，从而形成黏膜。有些蛋白质在极限 pH 时泡沫稳定性会增大，这可能是因为溶液的黏度增加。卵清蛋白在 pH 8～9(处于天然状态下的 pH)和接近等电点 pI(4～5)时都显示最大的起泡性能。

6. 热处理

形成泡沫前适当进行热处理可提高蛋白质的起泡性能，但过度加热则会破坏蛋白质的起泡性质。在个别情况下，将已经形成的泡沫进行加热可能会因蛋白质吸附膜产生胶凝作用而产生足够的刚性使得气泡得以稳定；在大多数情况下，其会导致空气膨胀、黏性降低、气泡破裂以及泡沫崩溃。

4.5.9　蛋白质与风味物质的结合

蛋白质本身是没有气味的，一些风味物质能够被吸附或结合到蛋白质中可以影响食品的感官品质。一些蛋白质，尤其是油料种子蛋白和乳清浓缩蛋白，能结合具有不良风味的物质，限制了它们在食品中的应用。当然，蛋白质也可作为风味物的载体和改良剂，对肉的风味物质的结合和其他需要风味物的可逆结合，可使食品在保藏和加工过程中保持其风味。

4.5.9.1　蛋白质与风味物质间的相互作用

蛋白质与风味物质的结合主要包括物理吸附和化学吸附。物理吸附主要通过范德华力和毛细管作用吸附，作用能通常在 20 kJ/mol，一般为可逆结合。而化学吸附则主要包括静电吸附、氢键结合和共价结合，作用能在 40 kJ/mol 以上，通常是不可逆的结合。

有些食品在生产加工过程当中会产生苯环类的风味物质，如 Camembert 干酪在成熟过程中会产生苯甲酸、苯基乙基乙酸酯等物质；发酵芽菜的挥发性成分中包含了苯乙醇、甲基异丙醇等苯环类的芳香物质。除醇、醛、酸、酯与蛋白质通过范德华力或氢键作用相互结合，蛋白质残基中的苯环与挥发性风味物的苯基之间还能因 π-π 相互作用而形成可逆的结合。π-π 相互作用又可以称为 π-π 堆积，是一种发生在芳香物质间的弱相互作用，通常存在于相对富电子和缺电子的两个分子间，其作用能为 1～50 kJ/mol，多数在 10 kJ/mol 以下。π-π 相互作用有面对面和面对边两种堆积方式（图 4-15），其中面对面堆积又可以分为完全正面堆积和错位面对面堆积（offset face-to-face，F-型堆积），面对面堆积时，两个芳香体系基本平行；面对边堆积（edge-to-face，T-型堆积）中，两个芳香体系呈垂直状态。在一般情况下，由于会产生强烈的排斥作用，完全正面相对的芳香体系的堆积很少会出现，T-型堆积则可以看作一个芳环上轻微缺电子的氢原子和另一个芳环上富电子的 π 电子云之间形成的弱氢键，因此具有较强的稳定性。

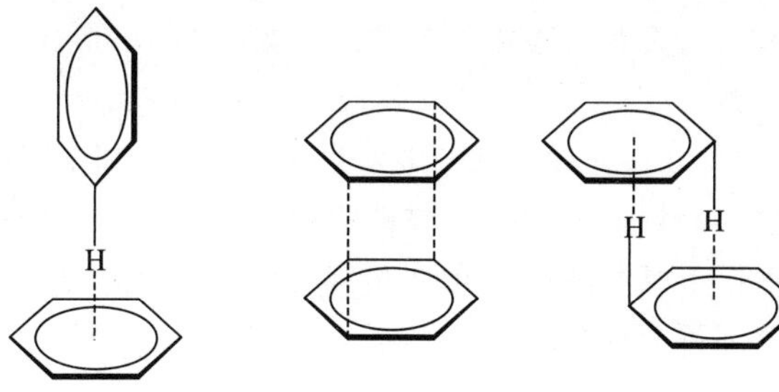

图 4-15　π-π 堆积的三种类型

蛋白质中有的部位与极性风味物质结合，如乙醇可与极性氨基酸残基结合形成氢键；有的部位则与弱极性风味物结合，如中等链长的醇、醛和杂环风味物可能在蛋白质的疏水区发生结合；还有的部位能与醛、酮、胺等挥发性较强的物质结合，如赖氨酸的 ε-氨基可与风味物质的醛基和酮基结合形成希夫碱（schiff base），而谷氨酸和天冬氨酸的游离羧基可与风味物的氨基结合形成酰胺。蛋白质具有许多相同并且彼此独立的结合部位，风味物质与蛋白质结合的相互作用可以用下列模型表示：

$$\text{Protein} + n\text{F} \rightleftharpoons \text{protein-F}_n$$

根据该模型，风味物质与蛋白质的相互作用在热力学上可用斯卡特尔特（Scatchard）关系式表示：

$$V/[L] = nK - VK \qquad (4\text{-}21)$$

公式（4-21）中，V 是每摩尔蛋白质结合的风味物质的摩尔数；$[L]$ 是在平衡时游离的风味物质的浓度（mol/L）；n 是每摩尔蛋白质具有的总结合部位数；K 是平衡结合常数（mol/L）。

按照公式（4-21），以 $V/[L]$ 对 V 作图得到一条直线，K 是直线的斜率，nK 为截距。该关系式是假设在高浓度风味物质下不存在蛋白质-蛋白质的相互作用，因此一般只适用于单链蛋白质和多肽。风味物质与蛋白质结合的自由能变化可根据方程式 $\Delta G = -RT\text{In}K$ 计算。

当风味物质与蛋白质相结合时，蛋白质的构象实际上发生了变化。如风味物质扩散至蛋白质分子的内部则破坏了蛋白质链段之间的疏水作用，使蛋白质的结构失去稳定性；含有活性基团的风味物质，如醛类化合物，能共价地与赖氨酸残基的 ε-氨基相结合，改变蛋白质的净电荷，导致蛋白质分子展开，更有利于风味物质的结合。因此任何能改变蛋白质构象的因素都能影响其与风味物质的结合。

4.5.9.2　影响蛋白质与风味物质结合的因素

1. 水

水能促进极性挥发物与蛋白质的结合，但对非极性物质没有影响。在干燥的蛋白质中挥发物的扩散是有限的，加水能提高极性挥发物的扩散速度和遇到结合部位的机会。脱水处理即使是冷冻干燥，通常也会使最初被蛋白质结合的挥发物质降低 50% 以上。

2. pH

pH 的影响一般与 pH 诱导的蛋白质构象变化有关，通常在碱性条件下比在酸性条件下更能促进与风味物质的结合，这是因为蛋白质在碱性条件下比在酸性条件下发生了更广泛的变性。

3. 热处理

热处理使蛋白质发生局部变性可提高蛋白质结合风味物质的能力，但其结合常数仍低于天然蛋白质，如在 10% 的大豆蛋白水溶液在有正己醛存在时于 90 ℃加热 1 h 或 24 h，然后冷冻干燥，其对正己醛的结合量分别是未加热时的 3 倍和 6 倍。

4. 化学改性

化学改性会改变蛋白质的风味物质的结合性

质。如蛋白质分子中的二硫键被亚硫酸盐裂解后，蛋白质结构舒展，与风味物质结合的能力增强；蛋白质经过酶解后，原先分子结构中的疏水区被打破，疏水区的数量也明显减少，这会降低蛋白质与风味物质结合的能力。除此之外，蛋白质还能通过弱相互作用或共价键结合很多其他物质，如色素、合成染料和致突变及致敏等其他生物活性物质等，这些物质的结合可能会导致毒性增强或解毒，同时蛋白质的营养价值也受到了影响。

4.6 蛋白质在贮藏加工中的变化及安全性问题

食品在贮藏加工过程中通常会涉及加热、冷冻、干燥、辐照、发酵和化学处理等，这些处理将不可避免地引起蛋白质的物理、化学和营养变化。因而对此必须有一个全面详细的了解，以便在食品加工和贮藏中选择适宜的处理条件，促进蛋白质发生有利的变化，避免蛋白质发生不利的变化。

4.6.1 热处理的变化

热处理是对蛋白质影响较大的处理方法，往往会对蛋白质造成结构变化，比如，肽键水解、氨基酸侧链改性和蛋白质分子与其他分子的缩合等。这些变化取决于加热强度和时间、水分活度、pH、盐含量以及其他活性分子的种类和浓度等。在热处理中，涉及的化学反应有变性、分解、氨基酸氧化、氨基酸键之间的交换、氨基酸新键的形成等。该过程中的侧链改性和缩合反应对营养价值具有不利影响。

绝大多数的蛋白质在加热后营养价值得到提高，因为在适宜的加热条件下，蛋白质发生变性后，原有的圆球状的肽链因受热而造成肽键断裂，使原来折叠部分的肽链松散，容易受到消化酶的作用，从而提高消化率和必需氨基酸的生物有效性。受到温和热变性的蛋白质双螺旋结构展开，形成特殊的伸展结构，其二级结构、三级结构的改变使 *α*-螺旋、*β*-折叠、*β*-回旋、随机卷曲结构的比例发生改变，最终可使蛋白质分子有规则的稳定结构转变为不规则的疏松构象，使疏水性基团向外暴露。

蛋白质或蛋白质食品在不添加其他物质的情况下进行加热处理，可引起氨基酸脱硫、脱酰胺或异构化等化学变化，有时甚至会伴随有毒化合物的产生，这主要取决于加热处理的条件。如蛋白质在 115 ℃加热 72 h，将会有 50%～60%的半胱氨酸被破坏，并产生硫化氢（图 4-16）。

$$2\ \text{protein}—CH_2SH \longrightarrow \text{protein}—S—CH_2—\text{protein} + H_2S$$

半胱氨酸残基　　　　羊毛硫氨酸残基

$$\text{protein}—CH_2SH + H_2S \longrightarrow \text{protein}—CH_2OH + H_2S$$

半胱氨酸残基　　　　丝氨酸残基

图 4-16　蛋白质的脱硫反应

在强烈加热（150 ℃以上）过程中，赖氨酸的 *ε*-氨基容易与天冬氨酸或谷氨酸之间发生反应，形成新的酰胺键（图 4-17）。该反应既可以在同一肽链中发生，也可以在邻近的肽链中发生，新的酰胺键产生不仅会影响赖氨酸和谷氨酸的吸收利用，还会干扰相邻肽链上氨基酸的消化性和利用性，新产生的肽链本身还可能具有毒性。

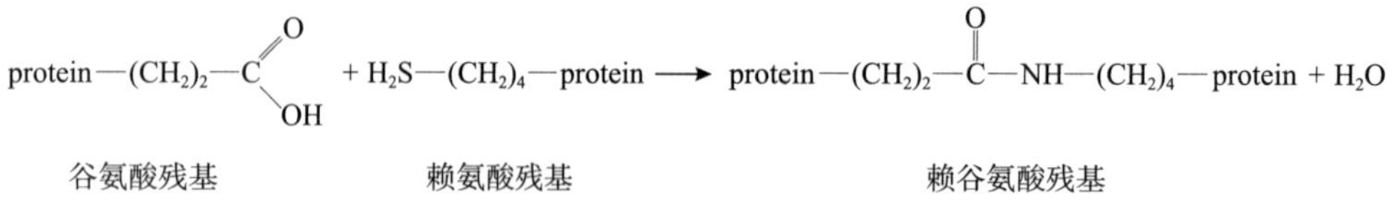

图 4-17　蛋白质在加热过程中酰胺键的形成

经剧烈热处理的蛋白质还可以生成环状衍生物，其中有些具有强致突变作用，色氨酸在 200 ℃以上环化转变成具有致癌作用的 *α*-卟啉、*β*-卟啉和 *γ*-卟啉（图 4-18）。

蛋白质在温度超过 100 ℃加热时会发生脱酰胺反应，释放出的氨主要来源于谷氨酰胺和天冬酰胺的酰胺基（图 4-19），这些反应并不会破坏蛋白质的营养价值，但释放出的氨气会导致蛋白质荷电性质和功能性质发生变化。而当温度升高到超过 200 ℃时，蛋白质经过剧烈的热处理后会导致氨基酸残基的异构化。从 *L*-氨基酸转变为 *D*-氨基酸，由于大多数 *D*-氨基酸不具有营养价值，因此该变化会降低食物的营养价值。此外，一些 *D*-氨基酸还具有毒性，其毒性的大小与肠壁吸收的 *D*-氨基酸成正比。

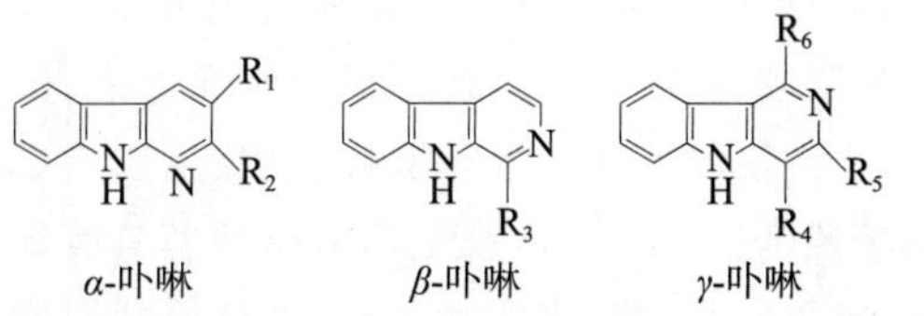

图 4-18　α-咔啉、β-咔啉和 γ-咔啉结构

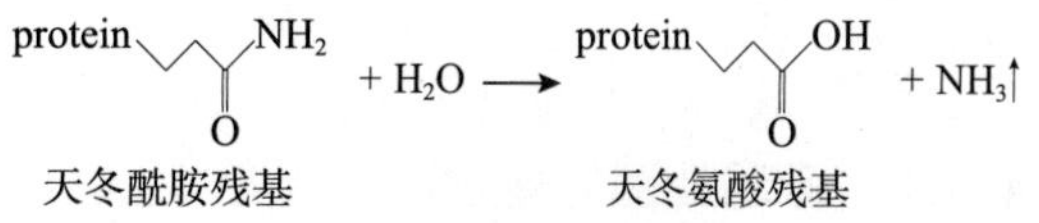

图 4-19　蛋白质的脱酰胺反应

食品组分并非单一的体系，在加热过程中，蛋白质通常会与食品中存在的糖类、脂类、食品添加剂甚至是污染物发生反应，产生各种有利和不利的变化。在加热时，赖氨酸、精氨酸、色氨酸、苏氨酸和组氨酸等易与葡萄糖、果糖和乳糖等还原性糖发生美拉德反应，使食品变成金黄色或棕褐色，如在焙烤时，由于小麦面粉的清蛋白中含有较多的色氨酸，因此小麦面粉焙烤后会呈现金黄色。

蛋白质与脂类的反应（表 4-13）是脂类在加热时首先被氧化生成了氢过氧化物和脂类的分解产物，之后发生脂类分解产物与蛋白质发生共价结合以及脂类诱导的蛋白质聚合反应：

ROO・＋Protein ⟶ ・ROO-Protein（脂类-蛋白质游离基）

・ROO-Protein＋O_2 ⟶ ・OOROO-Protein

・OOROO-Protein＋Protein ⟶ Protein-OO-ROO-Protein（蛋白质-脂类交联）

ROO・＋Protein ⟶ ROOH＋Protein・（蛋白质游离基）

Protein・＋Protein ⟶ Protein-Protein・（二聚物）

Protein-Protein・＋Protein ⟶ Protein-Protein-Protein・（三聚物）

表 4-13　蛋白质与氧化脂肪作用时氨基酸的损失情况

反应体系		反应条件		氨基酸损失率/%
蛋白质	脂肪	时间	温度/℃	
细胞色素 c	亚麻酸	5 h	37	组氨酸 59、丝氨酸 55、脯氨酸 53、缬氨酸 49、精氨酸 42、蛋氨酸 38、半胱氨酸 35
胰蛋白酶	亚油酸	40 min	37	蛋氨酸 83、组氨酸 12
溶菌酶	亚油酸	8 d	37	色氨酸 56、组氨酸 42、赖氨酸 17、蛋氨酸 14、精氨酸 9
酪蛋白	亚油酸乙酯	4 d	60	赖氨酸 50、蛋氨酸 47、异亮氨酸 30、苯丙氨酸 30、精氨酸 19、组氨酸 28、苏氨酸 27、丙氨酸 27
卵白蛋白	亚油酸乙酯	24 h	55	蛋氨酸 17、丝氨酸 10、赖氨酸 9、亮氨酸 8、丙氨酸 8

蛋白质的交联聚合可以导致蛋白质营养价值的降低，脂类的氧化产物丙二醛还可以与各种多肽链的游离氨基发生反应，生成 1-氨基-3-亚氨基丙烯型共价化合物（图 4-20），从而使蛋白质的某些功能性质劣化，如经过丙二醛改性的蛋白质不容易被蛋白酶水解，一般来说，脂类与蛋白质之间的相互作用通常是有害的反应，会降低蛋白质的功效比和生理价值。

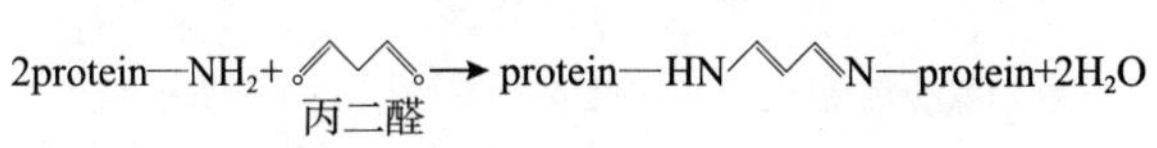

图 4-20　蛋白质与丙二醛的交联反应

三氯化氮可作为面粉的成熟剂能与小麦蛋白质的甲硫氨酸残基发生反应生成有毒的甲硫氨酸磺基亚氨。溴甲烷作为谷物熏蒸剂能与蛋白质中的赖氨酸残基发生甲基化反应（图 4-21），生成 N-ε-甲基化衍生物，导致蛋白质的消化率降低。鱼表面的微生物繁殖会产生甲醛，甲醛又与赖氨酸残基发生缩合反应生成有毒化合物，使得鱼的肉质在冷藏加工过程中变硬，用福尔马林（甲醛水溶液）浸泡碱发毛肚，甲醛也能与毛肚蛋白质中的赖氨酸残基反应，因而毛

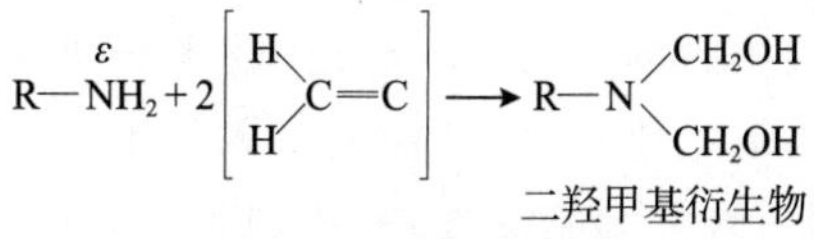

图 4-21　蛋白质中 ε-氨基的缩合反应

肚在煮烫时会变得更加爽脆。因此，食品加工中选择适宜的加热处理条件对保持蛋白质的营养价值具有重要意义。

4.6.2 低温处理的变化

食品的低温贮藏可以延缓或阻止微生物的生长、抑制酶的活性并降低化学反应的速率，一般对蛋白质的营养价值影响较小甚至没有影响，但会严重影响蛋白质的性质。例如，肉类食品经冷冻后解冻，组织及细胞膜被破坏，并且蛋白质间会产生不可逆的结合代替蛋白质与水间的结合，使得肉类食品的质地变硬，保水性降低。牛乳中的酪蛋白经冷冻以后会形成不易分散的沉淀，影响感官品质。鱼肉蛋白不稳定，在冷冻或冻藏以后，肌球蛋白变性并与肌动蛋白结合，导致肌肉变硬、持水力下降，解冻后的鱼肉变得干且有韧性。同时由于鱼脂肪中不饱和脂肪酸含量高，极易发生氧化，生成过氧化物和自由基，再与肌肉蛋白作用使蛋白质聚合，氨基酸也会被破坏。蛋黄能冷冻并可贮藏在−6 ℃，解冻后就会呈现胶状结构，黏度也会增大，但若在冷冻前加入10%的糖或盐则可防止该现象出现。

食品低温处理的方式通常有：①冷却（冷藏），即将温度控制在稍高于冻结温度之上，蛋白质较稳定，微生物生长也受到抑制。②冷冻（冻藏），即将温度控制在低于冻结温度之下（一般为−18 ℃），对食品的风味多少有些破坏，但若控制得好，蛋白质的营养价值一般不会降低。

冷冻使蛋白质变性的原因主要是蛋白质质点分散密度的变化。由于温度下降，冰晶逐渐形成，蛋白质分子中的水化膜减弱，甚至消失，蛋白质的侧链基团暴露，同时加上冰晶的挤压作用，蛋白质质点相互靠近并结合，致使蛋白质质点凝集沉淀。这种蛋白质在冷冻条件下变性程度与冷冻速度有关。一般来说，冷冻速度越快，形成的冰晶越小，挤压作用也就越小，变性程度也越小。故此，一般采用快速冷冻的方法，尽量保持食品原有的质地和风味。

4.6.3 碱处理的变化

蛋白质的浓缩、分离、起泡、乳化或使溶液中的蛋白质炼成纤维状，常常需要靠碱处理。在食品加工中，若用碱并结合热处理，特别是在强碱条件下，蛋白质会发生一些不良反应，蛋白质的营养价值严重下降，甚至产生安全性问题。

蛋白质经过碱处理后会发生很多变化，生成各种新的氨基酸，在较高温度下碱处理蛋白质，丝氨酸残基、半胱氨酸残基会发生脱磷、脱硫反应生成脱氢丙氨酸残基（图 4-22）。脱氢丙氨酸残基具有很强的活泼性，可与蛋白质中的赖氨酸、半胱氨酸等残基发生加成反应，生成人体无法消化吸收的赖氨丙氨酸残基（LAL）、羊毛硫氨酸残基和鸟氨丙氨酸残基。

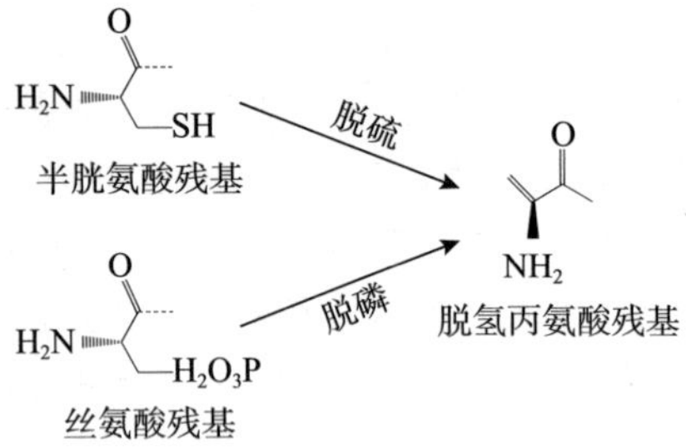

图 4-22 脱氢丙氨酸残基的形成

脱氢丙氨酸还可与精氨酸、组氨酸、苏氨酸、丝氨酸、酪氨酸和色氨酸等残基通过缩合反应生成不常见的衍生物（图 4-23）。在碱处理过程中，随着温度的升高、时间的延长，生成的赖氨丙氨酸的量就会增加，当蛋白质形成这种共价键时，其营养价值降低。动物实验表明，老鼠摄入含有赖氨丙氨酸的蛋白质后会发生腹泻、胰腺肿大和脱毛的现象。精氨酸经过碱性热处理还会生成鸟氨酸和尿素。

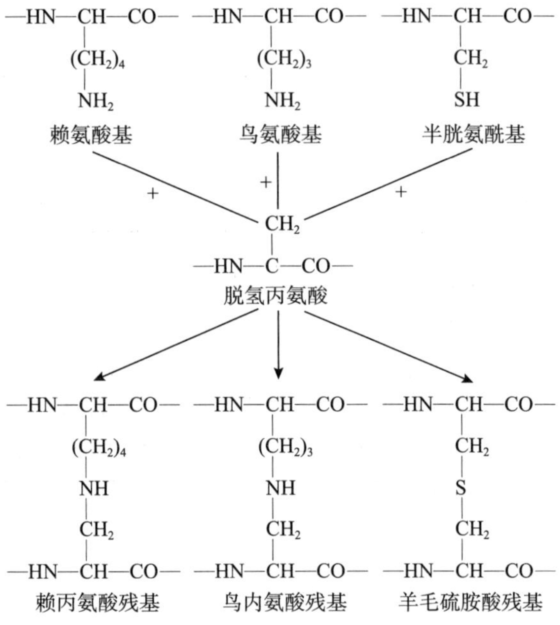

图 4-23 脱氢丙氨酸的缩合反应

当温度超过 200 ℃时，进行的碱处理会引起蛋白质氨基酸残基的异构化反应，天然氨基酸的 *L*-型结构会有部分转化成 D-型结构(图 4-24),从而使得氨基酸的营养价值降低。由于与羰基相连的碳原子(手性碳原子)最先发生脱氢反应,生成平面结构的负离子。当再次形成氨基酸残基时,氢离子将会有两个不同的进攻位点,所以最终形成的产物中 L-型、D-型的理论比值为 1∶1,而大多数 D-型氨基酸不具备营养价值。另外,剧烈的热处理还可能导致环状衍生物的生成,而环状衍生物可能具有剧烈的诱变作用。在必需氨基酸中,苯丙氨酸、异亮氨酸的异构化程度较高。

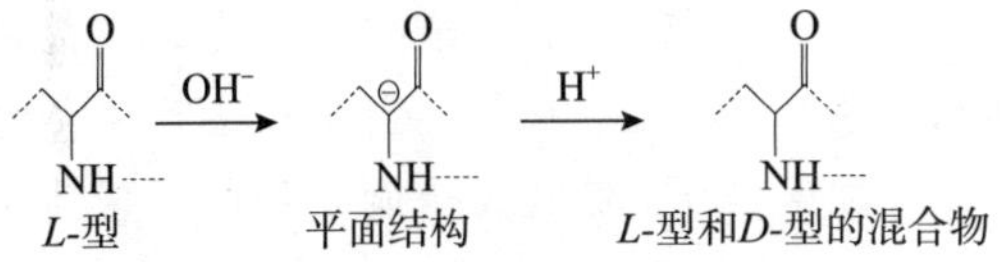

图 4-24　氨基酸的消旋化

4.6.4　氧化处理的变化

在食品的加工过程当中,有时会利用过氧化氢、过氧乙酸和过氧化苯甲酰作为“冷灭菌剂”和漂白剂,如用于无菌包装系统的包装容器的杀菌,面粉、乳清粉、鱼浓缩蛋白的漂白等,在该过程中可引起蛋白质发生氧化变化。

当食品中含有天然光敏物质时,在光照和有氧存在的条件下,很容易发生含硫氨基酸的光氧化。由于很多植物中存在酚类物质,在中性或碱性条件下,酚类物质则很容易被氧化成醌类物质,当与蛋白质接触,蛋白质残基就可能会被氧化。在用干的热空气对食品进行干燥时,蛋白质残基也会发生氧化反应,在食品发酵的过程中也存在氨基酸的氧化。

蛋白质被氧化的机理较复杂(图 4-25),对氧化最为敏感的氨基酸是含硫氨基酸和芳香族氨基酸,氨基酸易被氧化的程度为甲硫氨酸＞半胱氨酸＞胱氨酸和色氨酸。蛋白质氧化反应的发生会导致其营养价值降低,甚至还会产生有害物质。

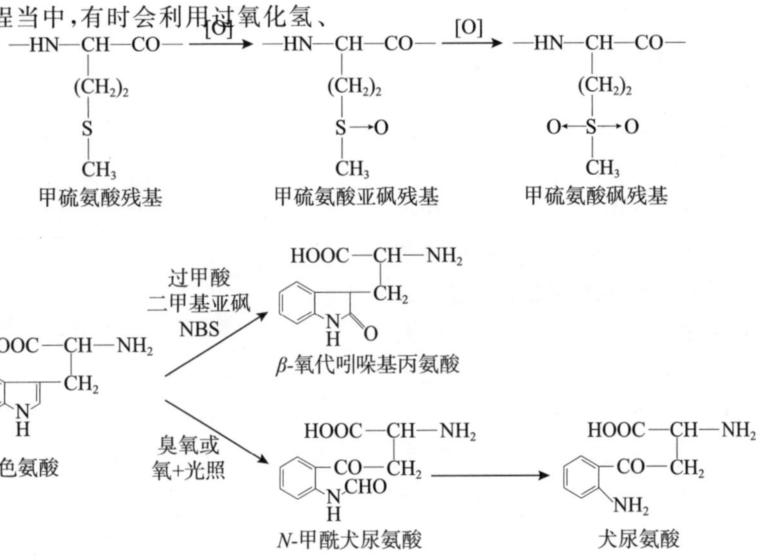

图 4-25　蛋白质的氧化反应

4.6.5　机械处理的变化

机械处理对蛋白质的影响较大,蛋白质粉末或浓缩物经过彻底的干磨之后会产生小粒子和大表面的粉末。与未经研磨的试样相比,其吸收水的能力、蛋白质溶解的能力、脂肪吸收的能力和起泡性质等都会得到改善。蛋白质粉末经过彻底研磨之后有可能采用空气分级来制备高蛋白质含量的产品。

机械处理一般包括搅打、均质、研磨或挤压等,蛋白质聚集体在高强度的剪切力的作用下破碎成亚基,如牛乳均质后蛋白质聚集体破碎,牛乳的乳化能力得以提高。在气/液界面施加剪切力,通常会引起蛋白质的变性和聚集,这是因为在气/液界面的能量高于体相的能量时,蛋白质在界面经受构象变化,致使非极性残基定向至气相,同时极性残基定向至水相,而部分蛋白质变性可以使气泡变得更加稳定。但某些蛋白质,如鸡卵蛋白被过度搅打时会发生蛋白质聚集,使泡沫难以形成且稳定性下降。

4.6.6 辐照处理的变化

以辐照方式来贮藏食品已被许多国家采用，但不同食品和不同辐照目的，其要求不同的辐照剂量，如高剂量（10～50 kGy，1 kGy =100 krads）能使肉或肉制品灭菌；中等剂量能延长冷藏的鲜鱼、鸡、水果和蔬菜的货架寿命，低剂量可防止马铃薯和洋葱的发芽，延迟水果的成熟以及杀死谷类、豌豆和菜豆中的昆虫。按照规定，任何食品在辐照剂量小于 10 kGy 时，不需要进行毒理学试验。

辐照可以使水分子解离成游离基和水合电子，再与蛋白质发生脱氢反应或脱氨反应、脱二氧化碳反应。蛋白质的二级结构、三级结构、四级结构一般不会被辐照解离。总体来说，一般剂量的辐照对氨基酸和蛋白质的营养价值影响不大。在辐照情况下，水分子可以被裂解为羟自由基，羟自由基与蛋白质作用产生蛋白质自由基，它的聚合可导致蛋白质分子间的交联，因此会改变蛋白质的功能性质。

4.6.7 脱水处理的变化

食品脱水的目的在于贮藏、减轻重量以及增加稳定性，同时能降低许多不利反应的速率。当蛋白质溶液中的水分大部分被除去时，蛋白质-蛋白质间的相互作用会引起蛋白质聚集。如果采用高温来提供将水除去所需要的能量，情况就会更加明显。这可能会造成蛋白质溶解度和表面活性的明显下降。由于干燥是制备蛋白质配料的最后一步操作，因此它对功能性质的影响也是不能忽略的。干燥会影响蛋白质粉末粒子的大小以及表面和内部的多孔性，因而也影响着吸湿性、水吸收能力、分散性或溶解性等方面的许多性质。在食品工业中，常用的脱水方法有很多种，引起蛋白质变化的程度也不同。

（1）热风干燥　脱水后的肉类、鱼类会变得坚硬、复水性差，烹调后既无香味又会感觉坚韧，目前已经较少使用。

（2）真空干燥　较热风干燥对肉类品质影响小，由于真空时氧气分压低，所以氧化速度慢，而且温度较低可以减少美拉德反应和其他化学反应的发生。

（3）转鼓干燥　通常使蛋白质的溶解度降低，并可能产生焦煳味，目前也很少使用。

（4）冷冻干燥　可使食品保持原有的形状，食品具有多孔性，具有较好的回复性，但仍会使部分蛋白质变性，持水性下降，而对蛋白质的营养价值及消化吸收率没有影响。特别适合用于生物活性蛋白，例如酶、益生菌等的加工。

（5）喷雾干燥　由于液体食品以雾状进入快速移动的热空气，水分快速蒸发而成为小颗粒，颗粒物的温度很快降低，所以对蛋白质的影响较小。对于蛋白质固体食品或一些蛋白质配料来说，喷雾干燥是常用的脱水方法。

4.6.8 与其他物质的反应

4.6.8.1 与亚硝酸盐的作用

在食品加工中，常用亚硝酸盐作为肉制品的防腐剂和发色剂，蔬菜在腌制过程中也会产生亚硝酸盐。在酸性条件下，亚硝酸盐能与仲胺反应生成亚硝胺（图 4-26），游离的或结合的氨基酸如脯氨酸、色氨酸、酪氨酸、半胱氨酸等是这一反应的活泼底物，亚硝基化合物对人类的健康存在极大的危害。目前已经发现，许多亚硝胺具有致突变作用。

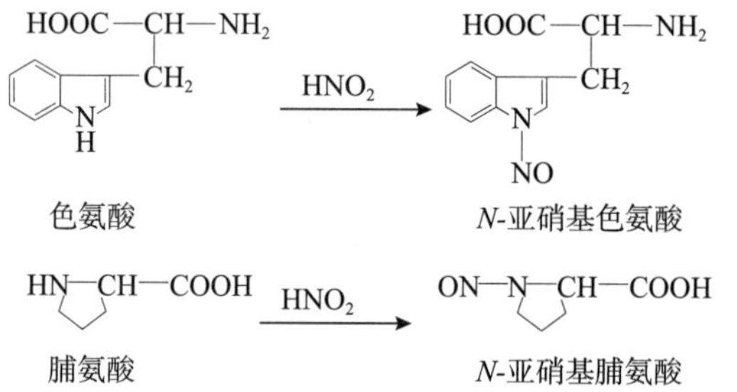

图 4-26　氨基酸与亚硝酸盐反应过程

亚硫酸盐能作为还原剂还原蛋白质中的二硫键并生成 *S*-磺酸盐衍生物。若还原剂是半胱氨酸或巯基乙醇，*S*-磺酸盐衍生物可以转化成为半胱氨酸，而在酸性或碱性条件下，*S*-磺酸盐衍生物分解形成二硫化合物。对二硫键的 *S*-磺酸化作用不会影响半胱氨酸的生物利用性。增加了蛋白质的负电荷和二硫键的断裂会导致蛋白质分子构象的改变并影响其功能性质。亚硫酸盐与二硫键的相互作用（图 4-27）。

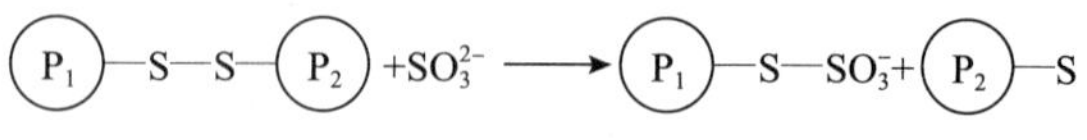

图 4-27　亚硫酸盐与二硫键的相互作用

4.6.8.2 与 *N*-羧化脱水酸苷的反应

蛋白质与 *N*-羧化脱水酸苷的反应可将一种氨基酸以异肽键的方式连接在蛋白质分子的 ε-NH_2 位置上（图 4-28），反应的结果则是通过多聚作用在蛋白质分子上形成新的多聚氨基酸链，相当于一个延长的蛋白质侧链。新形成的肽链具有生物可利用性，因此这个反应可用于蛋白质氨基酸组成的调整，如用来增加某种限制性氨基酸的量。

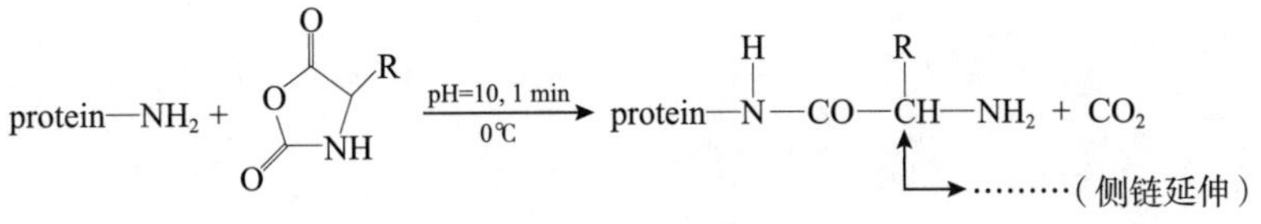

图 4-28 蛋白质的侧链延长反应

4.6.8.3 丙烯酰胺的形成

丙烯酰胺存在于许多高温加工的食品中，如油炸马铃薯片、炸薯条等，但在一般加工的食品中含量较低。丙烯酰胺的生成途径可能是由油脂分解形成丙烯酸酰胺，或者可能是由天冬氨酸与还原性糖的作用形成(图 4-29)。研究表明，丙烯酰胺具有神经毒性、潜在的致癌性和生殖毒性，易通过饮食摄入人体，一旦被摄入则会很快分布到各个器官，如肾脏、心脏和肝脏等。因此，在食品加工中减少或避免丙烯酰胺的生成具有重要意义。

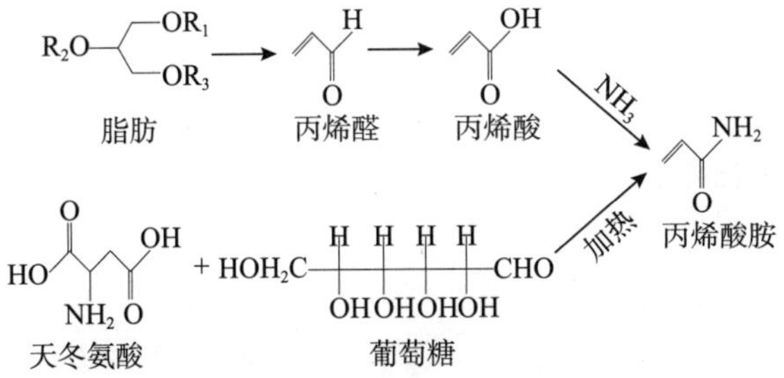

图 4-29 丙烯酰胺的形成途径

二维码 4-6 氨基酸和蛋白质

思考题

1. 蛋白质的空间结构有哪几种类型？稳定这些结构的主要化学键分别有哪些？

2. 说明蛋白质变性所产生的结果和常用的变性手段并阐述相关的变性机制。

3. 在制作面包和面团时，谷蛋白发挥的作用是什么？并阐述要求麦谷蛋白和麦醇溶蛋白的比例适当的原因。

4. 为什么牛奶中加入果汁会出现沉淀？

5. 为什么经过冷冻贮藏后的肉制品会吃起来又干又硬？

参考文献

GAYATHRI P, BANERJEE M, VIJAYALAKSHMI, A, et al, 2007. Structure of triosephosphate isomerase (TIM) from methanocaldococcus jannaschii[J]. Acta Crystallographica, 63(2): 206-220.

ANTONYUK S V, STRANGE R W, ELLIS M J, et al 2010. Structure of *D*-lactate dehydrogenase from aquifex aeolicus complexed with NAD^+ and lactic acid (or pyruvate)[J]. Acta Crystallographica, 65: 1209-1213.

第5章
脂　质

学习目的与要求

1. 了解脂质的分类与命名；
2. 掌握脂质的物理性质；
3. 掌握脂质的化学性质；
4. 了解脂质品质评价；
5. 了解脂质的加工和改良。

5.1 引言

脂质又称脂类，是脂肪及类脂的总称，是指生物体内一大类溶于有机溶剂而不溶于水的天然有机化合物。它分布于动植物体内的天然脂质主要为三酰甘油酯（约占95%），俗称为油脂或脂肪；另外还有少量非酰基甘油酯的类脂，如磷脂、甾醇、糖脂、类胡萝卜素等。

植物组织中脂类主要存在于种子或果仁中，在根、茎、叶中含量较少；动物体中主要存在于脂肪组织，皮下组织，腹腔、肝和肌肉内的结缔组织中。许多微生物细胞中也能积累脂肪。目前，人类食用和工业用的脂类主要来源于植物和动物，人们习惯上把室温下呈液态的称为油，呈固态的称为脂，油和脂在化学结构上没有本质区别。

人类可食用的脂类是食品中重要的组成成分和营养成分。日常摄入的食用脂通常可分为两种形式：一种是从植物或动物中分离出来的游离脂，如奶油、猪油和花生油等；另一种是作为食品组分存在，如肉、乳、大豆中的脂。油脂是一类高热量化合物，每克能产生约38 kJ的热量。该值远大于蛋白质与淀粉所产生的热量（约16 kJ/g）。油脂还能提供给人体必需的脂肪酸（如亚油酸、亚麻酸和花生四烯酸等），也是脂溶性维生素（维生素A、维生素D、维生素K和维生素E）的载体。但是过多摄入油脂会对人体产生的不利影响，如引起肥胖，增加心血管疾病发病率，这也是近几十年来研究和争论的热点。

食用油脂所具有的物理和化学性质，对食品的品质有十分重要的影响。油脂能溶解风味物质，赋予食品良好的风味；在食品加工时，如用作热媒介质（煎炸食品、干燥食品等）不仅可以脱水，还可产生特有的香气；为食品提供滑润的口感，光润的外观；塑性脂肪可用于蛋糕、巧克力或其他食品的造型。但油脂化学性质活泼，在食品加工、贮存、运输过程中容易发生水解、聚合、氧化等反应，严重影响食品的色、香、味以及营养和安全，为食品品质带来诸多不利因素。

5.2 脂质的分类

脂质按其结构和组成可分为简单脂质、复合脂质和衍生脂质（表5-1）。天然脂类物质中最丰富的一类是酰基甘油酯，广泛分布于动植物的脂质组织中。

表5-1 脂质的分类

主类	亚类	组成
简单脂质	酰基甘油酯 蜡	甘油＋脂肪酸 长链脂肪醇＋长链脂肪酸
复合脂质	磷酸酰基甘油 鞘磷脂类 脑苷脂类 神经节苷脂类	甘油＋脂肪酸＋磷酸盐＋含氮基团 鞘氨醇＋脂肪酸＋磷酸盐＋胆碱 鞘氨醇＋脂肪酸＋糖 鞘氨醇＋脂肪酸＋碳水化合物
衍生脂质		类胡萝卜素、类固醇、脂溶性维生素等

5.2.1 简单脂质

简单脂质是指由脂肪酸与各种不同的醇类形成的酯，包括酰基甘油酯和蜡。

5.2.1.1 酰基甘油酯

酰基甘油酯是指由甘油的羟基与一至三个脂肪酸形成的酯。按脂肪酸个数，它分为一酰基甘油酯、二酰基甘油酯和三酰甘油酯。三酰甘油酯，简称甘油三酯是天然脂质的主要成分（约占95%），俗称为油脂或脂肪。甘油分子本身无不对称碳原子，但如果它的三个羟基被不同的脂肪酸酯化，则中间一个碳原子成为不对称原子，因而有两种不同的构型（*L*-构型和*D*-构型），天然的甘油三酯多为*L*-构型。

5.2.1.2 蜡

蜡是由高级脂肪醇与高级脂肪酸形成的酯，广泛分布于动、植物组织内，在生理上蜡有保护机体的作用。蜡在动植物油脂的加工过程中会溶入油脂中，如米糠毛油中含蜡量达到2%～4%，对油脂的外观产生不良影响。由于不同动植物中脂肪醇与脂肪酸的分子大小的差异，不同来源的蜡的理化特性有明显差别，如蜂蜡的熔点为60～70℃，大豆蜡为78～79℃，葵花子蜡为79～81℃。

5.2.2 复合脂质

复合脂质是指含有其他化学基团的脂肪酸酯，动物体内主要含磷脂和糖脂两种复合脂质。

5.2.2.1 磷脂

磷脂（phospholipid）是生物膜的重要组成部分。

其特点是在水解后产生含有脂肪酸和磷酸的混合物。根据磷脂的主链结构分为磷酸甘油酯和鞘磷脂。

1. 磷酸甘油酯

磷酸甘油酯(phosphoglycerides)主链为甘油-3-磷酸,甘油分子中的另外两个羟基都被脂肪酸所酯化,磷酸基团又可被各种结构不同的小分子化合物酯化后形成各种磷酸甘油酯。人体内含量较多的是磷脂酰胆碱(卵磷脂)、磷脂酰乙醇胺(脑磷脂)、磷脂酰丝氨酸、磷脂酰甘油、二磷脂酰甘油(心磷脂)及磷脂酰肌醇等,每一磷脂可因组成的脂肪酸不同而有若干种,见图 5-1。从其分子结构可知,甘油分子的中央原子是不对称的,因而有不同的立体构型。

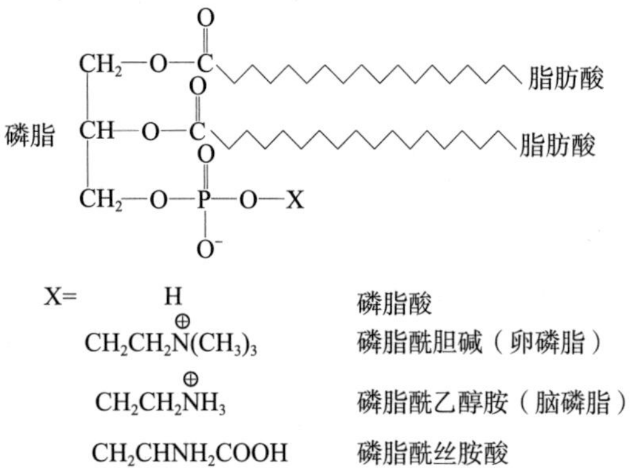

图 5-1 生物体中几类重要的磷脂

2. 鞘磷脂

鞘磷脂(sphingomyelin)是指含鞘氨醇或二氢鞘氨醇的磷脂,其分子不含甘油,是一分子脂肪酸以酰胺键与鞘氨醇的氨基相连。鞘氨醇或二氢鞘氨醇是具有脂肪族长链的氨基二元醇,有疏水的长链脂肪烃基尾和两个羟基及一个氨基的极性头(图 5-2)。其化学结构式为:

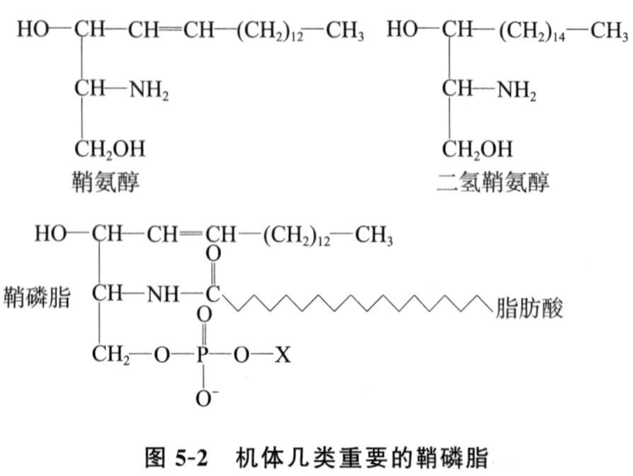

图 5-2 机体几类重要的鞘磷脂

鞘磷脂含磷酸的末端取代基团为磷酸胆碱或乙醇胺。人体含量最多的鞘磷脂是神经鞘磷脂,由鞘氨醇、脂肪酸及磷酸胆碱构成。神经鞘磷脂是构成生物膜的重要磷脂。它常与卵磷脂并存细胞膜外侧。

5.2.2.2 糖脂

糖脂是一类含糖类残基的复合脂质化学结构各不相同的脂类化合物,且不断有糖脂的新成员被发现。糖脂也分为两大类:糖基酰甘油和糖鞘脂。

1. 糖基酰基甘油

糖基酰甘油结构与磷脂相类似,主链是甘油,含有脂肪酸,但不含磷及胆碱等化合物。糖类残基是通过糖苷键连接在 1,2-甘油二酯的 C-3 位上构成糖基甘油酯分子。已知这类糖脂可由各种不同的糖类构成它的极性头。其不仅有二酰基油脂,也有 1-酰基的同类物。自然界存在的糖脂分子中的糖主要有葡萄糖、半乳糖,脂肪酸多为不饱和脂肪酸。

2. 糖鞘脂

有人将该类物质列为鞘脂和鞘磷脂一起讨论,故又称鞘糖脂。糖鞘脂分子母体结构是神经酰胺。脂肪酸连接在长链鞘氨醇的 C-2 氨基上,构成的神经酰胺糖类是糖鞘脂的亲水极性头。含有一个或多个中性糖残基作为极性头的糖鞘脂类称为中性糖鞘脂或糖基神经酰胺,其极性头带电荷,最简单的脑苷脂是在神羟基上,以 β-糖苷链接一个糖基(葡萄糖或半乳糖)。

5.2.3 衍生脂质

衍生脂质主要包括脂肪酸及其衍生物、长链脂肪醇如鲸蜡醇、类固醇;如胆固醇、类胡萝卜素、脂溶性维生素等。

类固醇又叫甾醇,是天然甾族化合物中的一大类,以环戊烷多氢菲为基本结构(图 5-3),环上有羟基的即甾醇。动物、植物组织中都有,对动物、植物的生命活动很重要。动物普遍含胆甾醇,习惯上称为胆固醇与胆固醇脂肪酸酯,在生物化学中有重要的意义。植物很少含胆甾醇而含有豆甾醇、菜籽甾醇、菜油甾醇、谷甾醇等。麦角甾醇存在于菌类。

胆固醇(图 5-4)以游离或以脂肪酸酯的形式存在,存在于动物的血液、脂肪、脑、神经组织、肝、肾上腺、细胞膜的脂质混合物和卵黄中。胆固醇可在人的胆道中沉积形成结石,并在血管壁上沉积,引起动脉硬化。胆固醇能被动物吸收和利用,动物自身也能合成,人体内胆固醇含量太高或太低都对人体健康不利,但其生理功能尚未完全清楚。胆固醇不溶于水、稀酸及稀碱液，不能皂化，在食品加工中几乎不被破坏。

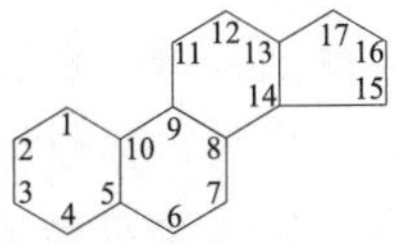

图 5-3　环戊烷多氢菲的结构

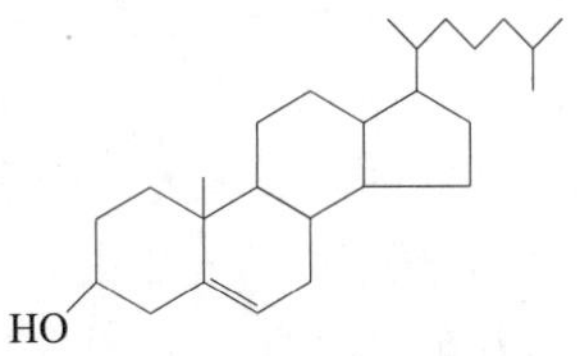

图 5-4　胆固醇的结构

5.3　脂肪的结构及命名

天然脂肪是甘油与脂肪酸形成的一酯、二酯和三酯，分别称为一酰基甘油酯、二酰基甘油酯和三酰基甘油酯。三酰基甘油酯是动物脂肪和植物油最主要的组成成分（图 5-5）。

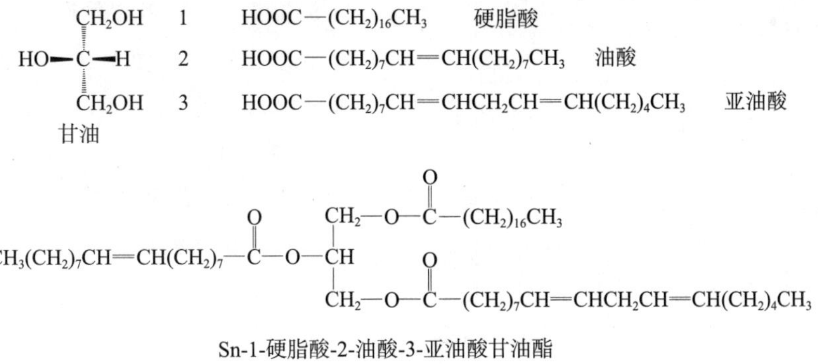

Sn-1-硬脂酸-2-油酸-3-亚油酸甘油酯

图 5-5　一种典型甘油三酯的分子结构及其组成

5.3.1　脂肪的组成

5.3.1.1　甘油

甘油（图 5-5）的学名叫丙三醇，是最简单的一种三元醇，它是多种脂类的固定构成成分。甘油的各种化学性质来自它的三个醇羟基，按序称为：1、2、3 或 α、β、α' 位羟基。甘油与有机酸或无机酸发生酯化反应，构成多种脂类物质；同一种酸与不同位置的甘油羟基发生酯化反应形成的酯，其理化性质略有差别。

5.3.1.2　脂肪酸

脂肪酸按其碳链长短可分为长链脂肪酸（14 碳以上）、中链脂肪酸（含 6～12 碳）和短链（5 碳以下）脂肪酸；按其饱和程度可分为饱和脂肪酸（saturated fatty acid，SFA）和不饱和脂肪酸（unsaturated fatty acid，USFA）。食物中的脂肪酸以链长 16 碳、18 碳的为主。脂肪随其脂肪酸的饱和程度越高、碳链越长，其熔点也越高。动物脂肪中含饱和脂肪酸多，故常温下是固态；植物油脂中含不饱和脂肪酸较多，故常温下呈现液态。棕榈油和可可籽油虽然含饱和脂肪酸较多，但因碳链较短，故其熔点低于大多数的动物脂肪。

脂肪酸碳链中不含双键的为饱和脂肪酸。天然食用油脂中存在的饱和脂肪酸主要是长链（碳数＞14）、直链、偶数碳原子的脂肪酸，奇碳链或具支链的极少，而短链脂肪酸在乳脂中有一定量的存在。

天然食用油脂中存在的不饱和脂肪酸常含有一个或多个烯丙基（$-CH=CH-CH_2-$）结构，两个双键之间夹有一个亚甲基。不饱和脂肪酸根据所含双键的多少又分为单不饱和脂肪酸（monounsaturated fatty acid，MUSFA），其碳链中只含一个不饱和双键；和多不饱和脂肪酸（polyunsaturated fatty acid，PUSFA），其碳链中含有两个及以上双键。

不饱和脂肪酸由于双键两边碳原子上相连的原子或原子团在空间排列方式不同，有顺式脂肪酸（cis-fatty acid）和反式脂肪酸（trans-fatty acid）之分（图 5-6），脂肪酸的顺、反异构体物理与化学特性都有差别，如顺油酸的熔点为 13.4 ℃，而反油酸的熔点为 46.5 ℃。天然脂肪酸都是顺式结构，在油脂加工和贮藏过程中，部分顺式脂肪酸可转变为反式脂肪酸。

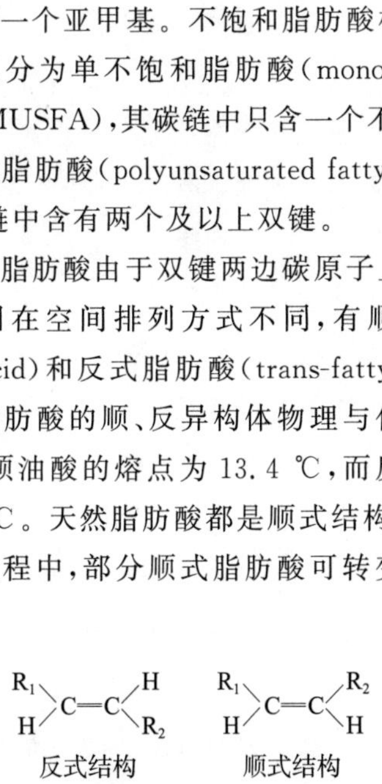

图 5-6　脂肪酸的顺反结构

5.3.2　脂肪酸的命名

脂肪酸的命名（nomenclature）应给出所述脂肪酸碳原子个数，不饱和双键个数及具体位置主要有以下几种方法。

5.3.2.1 系统命名法

选择含羧基和双键的最长碳链为主链，从羧基端开始编号，并标出不饱和键的位置，例如，亚油酸：

$CH_3(CH_2)_4CH{=}CHCH_2CH{=}CH(CH_2)_7COOH$ 系统命名为 9,12-十八碳二烯酸。

5.3.2.2 数字缩写命名法

缩写为碳原子数：双键数（双键位置）

如 $CH_3CH_2CH_2CH_2CH_2CH_2CH_2CH_2CH_2COOH$ 可缩写为 10：0；$CH_3(CH_2)_4CH{=}CHCH_2CH{=}CH(CH_2)_7COOH$ 可缩写为 18：2 或 18：2(9,12)。

双键位置的标注有两种表示法，其一是从羧基端开始记数，如 9,12-十八碳二烯酸两个双键分别位于第 9、第 10 碳原子和第 12、第 13 碳原子之间，可记为 18：2 (9,12)；其二是从甲基端开始编号记作 n 数字或 ω 数字，该数字为编号最小的双键的碳原子位次，如 9,12-十八碳二烯酸从甲基端开始数第一个双键位于第 6 碳原子、第 7 碳原子之间，可记为 18：2(n-6)或 18：2ω6。但此法仅用于顺式双键结构和五碳双烯结构（天然多烯酸多具有此结构），其他结构的脂肪酸不能用 n 法或 ω 法表示。第一个双键定位后，其余双键的位置也随之而定，因此只需标出第一个双键碳原子的位置即可。

5.3.2.3 俗名或普通名

许多脂肪酸最初是从天然产物中得到的，故常根据其来源命名。例如，月桂酸(12：0)、肉豆蔻酸(14：0)、棕榈酸(16：0)等。

5.3.2.4 英文缩写

用一个英文缩写符号代表一个酸的名字，例如，月桂酸为 La，肉豆蔻酸为 M，棕榈酸为 P 等。

一些常见脂肪酸的名称和英文缩写见表 5-2。

表 5-2 一些常见脂肪酸的名称和英文缩写

数字缩写	系统名称	俗名或普通名	英文缩写
4：0	丁酸	酪酸(butyric acid)	B
6：0	己酸	己酸(caproic acid)	H
8：0	辛酸	辛酸(caprylic acid)	Oc
10：0	癸酸	癸酸(capric acid)	D
12：0	十二酸	月桂酸(lauric acid)	La
14：0	十四酸	豆蔻酸(myristic acid)	M
16：0	十六酸	棕榈酸(palmitic acid)	P
16：1	9-十六烯酸	棕榈油酸(palmitoleic acid)	Po
18：0	十八酸	硬脂酸(stearic acid)	St
18：1 ω9	9-十八烯酸	油酸(oleic acid)	O
18：2 ω6	9,12-十八烯酸	亚油酸(linoleic acid)	L
18：3 ω3	9,12,15-十八烯酸	α-亚麻酸(linolenic acid)	α-Ln, SA
18：3 ω6	6,9,12-十八烯酸	γ-亚麻酸(linolenic acid)	γ-Ln ,GLA
20：0	二十酸	花生酸(arachidic acid)	Ad
20：3 ω6	8,11,14-二十碳三烯酸	DH-γ-亚麻酸(linolenic acid)	DGLA
20：4 ω6	5,8,11,14-二十碳四烯酸	花生四烯酸(arachidonic acid)	An
20：5 ω3	5,8,11,14,17-二十碳五烯酸	eciosapentenoic acid	EPA
22：1 ω9	13-二十二烯酸	芥酸(erucic acid)	E
22：6 ω6	4,7,10,13,16,19-二十二碳六烯酸	DHA(docosahexenoic acid)	DHA

5.3.3 脂肪的命名及组成特点

5.3.3.1 酰基甘油酯的结构

三酰基甘油酯是由一分子甘油与三分子脂肪酸酯化而成的。如果3个脂肪酸 R_1、R_2 和 R_3 相同则称为单纯甘油酯，橄榄油中有70%以上的三油酸甘油酯；当3个脂肪酸不完全相同时，则称为混合甘油酯，天然油脂多为混合甘油酯。当 R_1 和 R_3 不同时，则 C_2 原子具有手性，且天然油脂多为 *L*-型。

5.3.3.2 三酰基甘油酯的命名

三酰基甘油酯的命名通常按赫尔斯曼提出的立体有择位次编排命名法(stereospecific numbering, Sn)命名，规定甘油的费歇尔(Fischer)平面投影式第二个碳原子的羟基位于左边，并从上到下将甘油的三个羟基定位为 Sn-1，Sn-2，Sn-3。如图5-5的脂肪分子结构式可采用如下三种命名方式：①数字命名，即 Sn -18：0 -18：1-18：2。②英文缩写命名，即 Sn-StOL。③中文命名，即 Sn-1-硬脂酸酯-2-油酸酯-3-亚油酸甘油酯

采用Sn命名法可把复杂的酰基甘油酯分子进行简单明了的记录，有益于油脂的科学研究，如对油脂旋光性研究，可很容易看出 Sn-StOM 与 Sn-MOSt 是一对1位上硬脂酸与3位上的肉豆蔻酸相互换位的旋光异构体，如果两者分子数相等，该对分子是相互消旋的，也叫外消旋，可记为 rac-StOM；相反，如果两者分子数不相等，说明不能消旋，则记为：β-StOM。在油脂的组成与结构研究中还可采用很多基于 Sn 命名系统的简化方式，如 Sn-SSS、Sn-UUU 分别表示的是三饱和脂肪酸甘油酯与三不饱和脂肪酸甘油酯。

5.3.3.3 不同来源脂肪组成特点

目前食用油脂主要来源于植物和动物。不同来源脂肪中的脂肪酸的组成具有不同的特点。

(1)植物脂肪　按其脂肪酸组成特点可以分为以下四类。

①油酸-亚油酸类。这类油脂中含有大量的油酸和亚油酸以及含量低于20%的饱和脂肪酸，如棉籽油、玉米油、花生油、向日葵油、红花油、橄榄油和麻油。

②亚麻酸类。例如，豆油、麦胚油、亚麻籽油、大麻籽油和紫苏子油等，亚麻酸含量相对较高。由于亚麻酸易氧化，该类油不易贮藏。

③月桂酸类。如椰子油和巴巴苏棕榈油，含有40%～50%的月桂酸，中等含量的 C_6、C_8、C_{10} 脂肪酸和较低含量的不饱和脂肪酸。

④植物脂类。如可可脂因含有较高比例的 C_{16} 和 C_{18} 饱和脂肪酸，熔点较高，但熔点范围较窄(32～36 ℃)，是制作巧克力的好原料。

(2)陆生动物脂肪类　为家畜的贮存脂肪，其含有大量的 C_{16} 和 C_{18} 脂肪酸，中等含量的不饱和脂肪酸如油酸、亚油酸，一定数量的饱和脂肪酸以及少数的奇数酸。如猪油、牛油、羊油，这类油脂熔点较高。

(3)乳脂类　含有大量的棕榈酸、油酸和硬脂酸，一定数量的 C_4～C_{12} 短链脂肪酸，少量的支链脂肪酸和奇数脂肪酸。因短链脂肪酸具有挥发性，该类脂具有较重的气味，因此牛奶、羊奶等有奶腥味。

(4)海生动物油类　含有大量的长链多不饱和脂肪酸，双键数目可多达6，含有丰富的维生素A和维生素D。由于它们的高度不饱和性，所以它们比其他动物油、植物油更易氧化。

常见食用油脂中脂肪酸的组成见表5-3。

表 5-3　常见食用油脂中脂肪酸的组成　　%

乳酸	乳脂	猪脂	可可脂	椰子油	棕榈油	棉籽油	花生油	芝麻油	豆油	鳕鱼肝油
	2.8～4.0									
6：0	1.4～3.0									
8：0	0.5～1.7									
10：0	1.7～3.2									
12：0	2.2～4.5	0.1		48						
12：1										
14：0	5.4～14.6	1		17	0.5～6	0.5～1.5	0～1			2.4
14：1	0.6～1.6	0.3								

续表 5-3

乳酸	乳脂	猪脂	可可脂	椰子油	棕榈油	棉籽油	花生油	芝麻油	豆油	鳕鱼肝油
15：0		0.5								0.2
16：0	26～41	26～32	24	9	32～45	20～23	6～9	7～9	8	11.9
16：1	2.8～5.7	2～5					0～1.7			7.8
17：0										0.5
18：0	6.1～11.2	12～16	35	2	2～7	1～3	3～6	4～55	4	2.8
18：1	18.7～33.4	41～51	38	7	38～52	23～35	53～71	37～49	28	26.3
18：2	0.9～3.7	3～14	2.1	1	5～11	42～54	13～27	35～47	53	1.5
18：3		0～1							6	0.6
18：4										1.3
20：0						0.2～1.5	2～4			
20：1										10.9
20：2										
20：4		0～1								1.5
20：5										6.2
22：0							1～3			
22：1										6.9
22：4										
22：5										1.4
22：6										12.4

5.3.3.4 天然脂肪中脂肪酸位置分布特点

脂肪酸在三酰基甘油酯中的分布，简言之就是脂肪酸与甘油的三个羟基酯化的情况。研究者使用立体有择位分析技术，详细测定了许多脂肪中三酰基甘油酯的每个位置上脂肪酸的分布，结果发现植物与动物脂肪在脂肪酸分布模式上存在一定的差别。

1.植物的三酰基甘油酯

一般含有常见脂肪酸的种子油优先把不饱和脂肪酸排列在 Sn-2 位，尤其亚油酸集中在这个位置上。饱和酸几乎只出现在 1，3 位上。在大多数情况下，各个饱和酸或不饱和酸是近似等量的分布在 Sn-1 和 Sn-3 位。

在椰子油中，80％左右的三酰基甘油酯是三饱和的，月桂酸集中在 Sn-2 位，辛酸集中在 Sn-3 位，肉豆蔻酸和棕榈酸集中在 Sn-1 位。

含有芥酸的植物油，例如，菜籽油在脂肪酸的位置排列上具有极大的选择性，芥酸优选在 1，3 位，但是在 Sn-3 位的量超过在 Sn-1 位的量。

2.动物的三酰基甘油酯

在不同的动物之间与同一动物不同部位之间，三酰基甘油酯的脂肪酸分布模式是各不相同的。一般来说，在动物脂肪中，Sn-2 位的饱和酸含量高于植物脂肪，并且 Sn-1 与 Sn-2 位的组成也有较大的差别。在大多数的动物脂肪中，16：0 酸优先在 Sn-1 位进行酯化，而 14：0 则在 Sn-2 位进行酯化。在乳脂肪中，短链酸是选择性地与 Sn-3 位结合，牛脂肪中三酰基甘油酯多数是 SUS 型的。

动物脂肪中猪脂肪是非常特别的，16：0 酸主要集中在 Sn-2 位置，18：0 酸主要集中在 Sn-1 位，18：2集中在 Sn-3 位，大量油酸在 Sn-3 位和 Sn-1 位。在猪脂肪中，三酰基甘油酯的主要品种是 Sn-StPSt、OPO 以及 POSt。

在水产动物脂肪中，不饱和脂肪酸的含量占绝大部分，种类也很多，饱和脂肪酸仅含少量。淡水鱼脂肪中 C_{18} 不饱和脂肪酸含量高，而海生动物油的特点是长链不饱和脂肪酸优先定位于 Sn-2 位，且 C_{20}、C_{22} 不饱和脂肪酸占优势。

5.4 油脂的物理性质

5.4.1 对紫外-可见光的吸收

饱和脂肪酸分子内没有不饱和双键，因此对紫外光没有吸收；不饱和脂肪酸随分子内双键数的增加最大吸收波长向长波方向移动，且吸收率有所增加，共轭二烯酸于230～235 nm处有单一吸收峰，共轭三烯酸于260 nm、270 nm和280 nm处表现有三重峰，峰值波长会随双键的构型稍有改变。

天然纯净的脂肪酸、三酰甘油酯等分子中没有长的共轭双键区段，不能吸收可见光，因此它们是无色的。但一般的油脂在加工过程中溶解了一定量的色素物质，故都带有一定色泽。利用对可见光吸收的特征来分析油脂中的色素。把油脂的吸收光谱与已知的纯净油脂的光谱比较，即可知该油脂中所含的色素。如胡萝卜素的最大吸收波长为450 nm，叶绿素的最大吸收波长为660 nm，棉酚的最大吸收波长为366 nm，这些色素多见于植物油中，其中棉酚为棉籽油所特有。

5.4.2 气味

多数油脂无挥发性，因此纯净脂肪是无色无味的。但是日常生活中，我们接触不同的油脂都有其特征气味，很容易通过这些气味来分辨它们。这些气味主要由特征的挥发性非脂成分引起的。如芝麻油的香气是由乙酰吡嗪引起的，椰子油的香气是由壬基甲基酮引起的，而菜籽油受热时产生的刺激性气味，则是由其中所含的黑芥籽苷分解所致的。

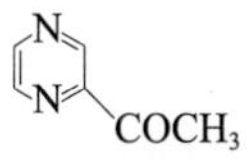
乙酰吡嗪

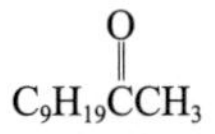
壬基甲基酮

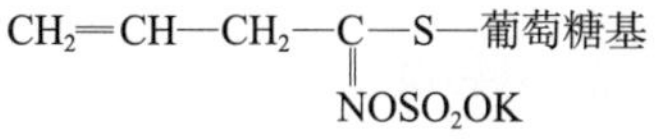

黑芥籽苷

油脂气味可以反映油脂的品质变化，如由加工不当、违规贮藏、超期存放、高温加热、反复使用等导致的油脂品质变化都会在油脂的挥发组分中体现。如存在发酵、氨基酸转化、霉菌活动、氧化活动等情况，或者不饱和脂肪酸受到高温、氧气、光、金属，还有其他氧化剂的影响，油脂就会因为氧化分解而产生异味。油脂气味的产生除了与油料本身的特性有关，还与油脂提取工艺、精炼加工、成品的储存状况、使用情况等因素有关。

5.4.3 熔点和沸点

天然的油脂没有确定的熔点(melting point)仅有一定的熔点范围。这是因为天然油脂是混合三酰甘油酯，各种三酰甘油酯的熔点不同，另外，三酰基甘油酯是同质多晶型物质，不同晶型熔点也不同。

三酰基甘油酯中脂肪酸的碳链越长，饱和度越高，则熔点越高；反式结构的熔点高于顺式结构，共轭双键结构的熔点高于非共轭双键结构。可可脂和陆生动物油脂因为饱和脂肪酸含量较高，因此熔点较高，在室温下呈固态；而植物油因不饱和脂肪酸含量较高，室温下呈液态。

油脂的熔点和它消化性密切相关。当油脂的熔点低于人体温度37 ℃时，消化率达96%以上；当油脂的比人体温度37 ℃高出越多，越不容易消化。油脂的熔点与消化率关系见表5-4。

油脂的沸点与其组成的脂肪酸有关，一般为180～200℃，沸点随脂肪酸碳链增长而增高，但与饱和程度关系不大。油脂在贮藏和使用过程中会随游离脂肪酸增多，油脂变得容易冒烟，发烟点低于沸点。

表5-4 油脂的熔点与消化率关系

油脂名称	熔点/℃	消化率/%
羊脂	44～45	81
牛脂	42～50	89
猪脂	36～50	94
奶脂	28～36	98
椰子油	28～33	98
花生油	0～3	98
棉籽油	3～4	98
大豆油	−8～−18	97.5
向日葵油	−16～−19	96.5

5.4.4 烟点、闪点和着火点

油脂的烟点(smoking point)、闪点(flash point)和着火点(fire point)是油脂在接触空气加热时的热稳定性指标。烟点是指在不通风的情况下观察到试样发烟时的温度。闪点是油脂中挥发的物质能被点燃但不能维持燃烧的温度。着火点是油脂中挥发的物质能被点燃并维持燃烧不少于5 s的温度。各种油脂的烟点、闪点和着火点的差异不大，精炼后的油脂烟点在240 ℃左右，但未精炼的油脂，特别是游离脂肪酸含量高的油脂，其烟点、闪点和着火点都被大大降低。

5.4.5 油脂晶体特性

5.4.5.1 晶体的结构

通过X射线衍射测定，当脂肪固化时，三酰甘油酯分子趋向于占据固定位置，形成一个重复的、高度有序的三维晶体(crystalloid)结构，称为空间晶格。如果把空间晶格点相连，就形成了许多相互平行的晶胞，其中每一个晶胞含有所有的晶格要素。一个完整的晶体被认为是由晶胞在空间并排堆积而成的。图5-7所给出的是简单空间晶格。在18个晶胞的每一个晶胞中，每个角具有1个原子或1个分子。由于每个角被8个相邻的其他晶胞所共享，因此，每个晶胞中仅有1个原子(或分子)，由此看出，空间晶格中每个点类似于周围环境中所有其他的点。轴向比a∶b∶c以及晶轴*OX*、*OY*以及*OZ*间角度是恒定的常数，用于区别不同的晶格排列。

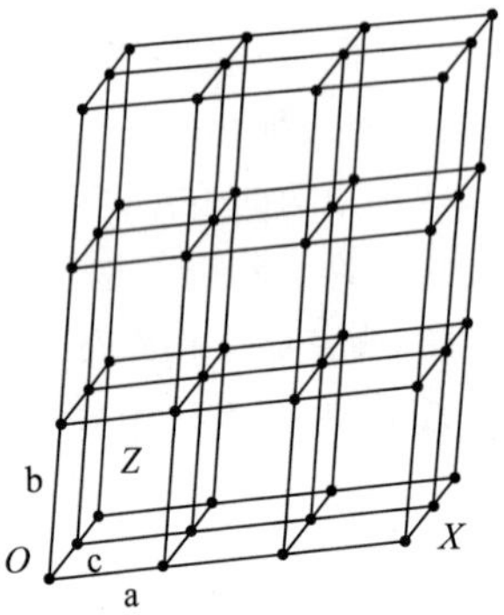

图5-7 晶体晶格

5.4.5.2 油脂的同质多晶现象

同质多晶(polymorphism)是指具有相同的化学组成，但可形成不同的结晶晶型，在熔化时得到相同的液相的物质。某化合物结晶时，产生的同质多晶型物与纯度、温度、冷却速率、晶核的存在以及溶剂的类型等因素有关。

对于长链化合物而言，同质多晶与烃链的不同堆积排列或不同的倾斜角度有关。脂肪酸烃链中的最小重复单位(亚晶胞)是亚乙基(—CH_2CH_2—)，可用来描述脂肪中脂肪酸烃链的晶体结构的堆积或排列方式。已经知道烃类亚晶胞有7种堆积类型，其中最常见的是图5-8所示的三斜、正交和六方3种类型。

三斜堆积(T//)常称为β型，所有亚晶胞的取向都是一致的，故在这三种堆积方式中是为稳定的。正交(O⊥)堆积也被称为β′型，位于中心的亚晶胞取向与4个顶点的亚晶胞取向互相垂直，所以稳定性不如β型。六方形堆积(H)一般称为α型，当烃类快速冷却到刚刚低于熔点以下时，往往会形成六方形堆积。分子链随时定向，并绕着它们的长垂直轴而旋转。在同质多晶型物中，α型是最不稳定的。

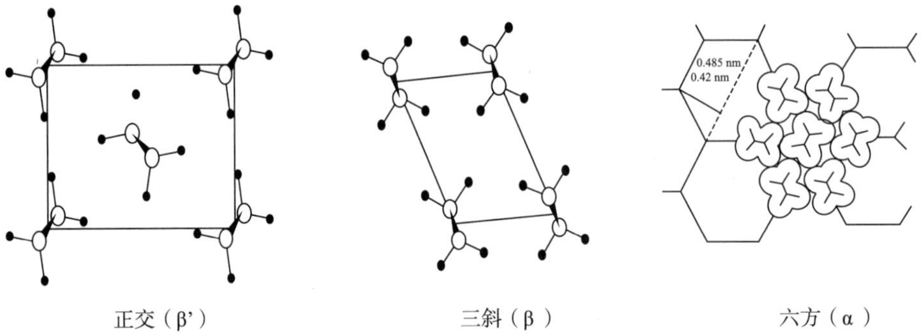

正交(β')　　三斜(β)　　六方(α)

图5-8 脂肪的亚晶胞最常见的堆积方式

研究者对β型硬脂酸进行了详细的研究，发现晶胞是单斜的，含有4个分子，其轴向大小为a=5.54 Å，b=7.38 Å，c=48.84 Å (1 Å=0.1 nm)。其中c轴是倾斜的，与a轴的夹角为63°38′，这样产生的长间隔为43.76 Å(图5-9)。

油酸是低熔点型，每个晶胞长度上有2个分子长，在分子平面内顺式双键两侧的烃链以相反方向倾斜(图5-10)。

一般三酰基甘油酯的分子链相当长，具有许多烃类的特点，除了某些例子，它们具有3种主要的同质多晶型物：α、β′及β。其典型性质见表5-5。

如果一个同酸三酰基甘油酯如Sn-StStSt从熔化状态开始冷却，它最先结晶成密度最小和熔点最低的α型。α型进一步冷却，分子链更紧密缔合逐步转变成β型。如果将α型加热到它的熔点，能快速转变成最稳定的β型。通过冷却熔化物和保持在α型熔点几度以上温度，也可直接得到β′型，当β′型加热到它的熔点，也可转变成稳定的β型。

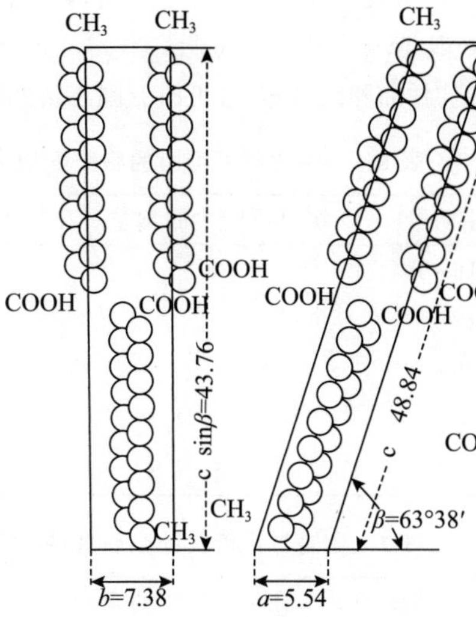

图 5-9 硬脂酸的晶胞

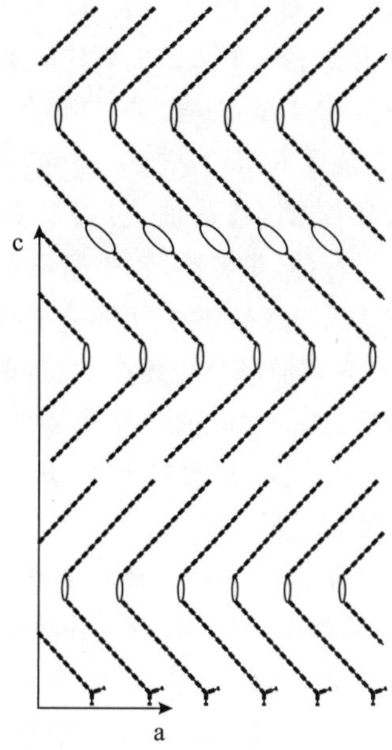

图 5-10 油酸的晶体结构

表 5-5 同酸三酰基甘油酯($R_1=R_2=R_3$)3 种晶型的特性

特性	β 型		β′型		α 型
堆积方式	三斜		正交		六方形
熔点	β	>	β′	>	α
密度	β	>	β′	>	α
有序程度	β	>	β′	>	α

在同酸三酰基甘油酯的晶格中,分子排列一般是双链长的变型音叉或椅式结构,如图 5-11 所示的三月桂酸甘油的分子排列那样,1 位,3 位上的链与 2 位上的链的方向是相反的。因为天然的三酰基甘油酯含有许多脂肪酸,与上面所述的简单的同质多晶型物有所不同,一般来说,含有不同脂肪酸的三酰基甘油酯的 β′型比 β 型熔点高,混合型的三酰基甘油酯的多晶型结构就更复杂。

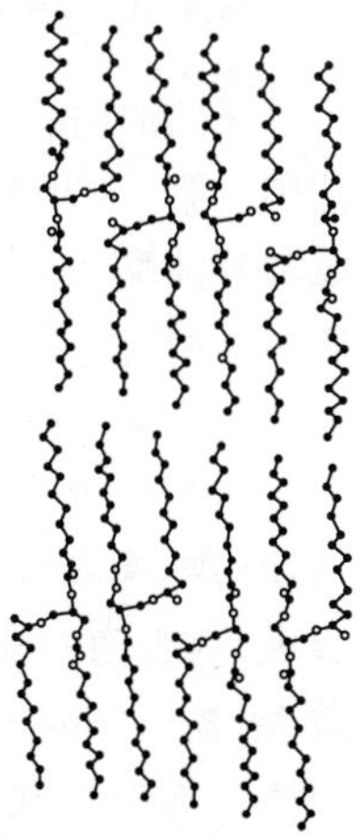

图 5-11 月桂酸甘油酯晶体的排列方式

5.4.5.3 天然三酰基甘油酯的晶体

天然油脂一般都是不同脂肪酸组成的三酰基甘油酯,其同质多晶性质很大程度上受到酰基甘油中脂肪酸组成及其位置分布的影响。由于碳链长度不一样,大多存在 3～4 种不同晶型,根据 X 射线衍射测定结果,三酰基甘油酯晶体中的晶胞的长间隔大于脂肪酸碳链的长度,因此认为脂肪酸是交叉排列的。其排列方式主要有两种,即"二倍碳链长"排列形式和"三倍碳链长"排列形式,如图 5-12 所示,并在三种主要晶型(α、β′、β)后用阿拉伯数字表示,如两倍碳链长的 β 晶型为 β-2,三倍碳链长的 β 晶型为 β-3,在此基础上,根据长间距不同还可细分为多种类型,并用Ⅰ、Ⅱ、Ⅲ、Ⅳ、Ⅴ等罗马数字表示,如可可脂可形成 α-2、β′-2、β-3Ⅴ、β-3Ⅵ等晶型。

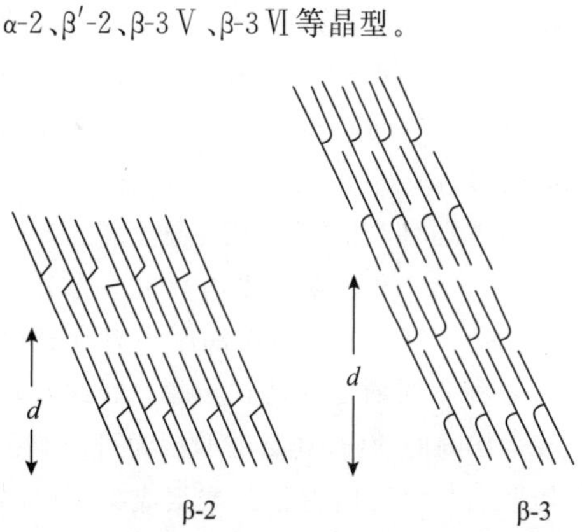

图 5-12 三酰基甘油酯 β 晶型的两种排列形式

一般来说，同酸三酰基甘油酯易形成稳定的β结晶，且呈β-2排列；不同酸三酰基甘油酯由于碳链长度不同易停留在β′型，且呈β′-3排列。在天然油脂中，倾向于结晶成β型的脂类有豆油、花生油、玉米油、橄榄油、椰子油、红花油、可可脂和猪油。棉籽油、棕榈油、菜籽油、牛乳脂肪、牛脂以及改性猪油倾向于形成β′晶型，该晶体可以持续很长时间。在制备起酥油、人造奶油以及焙烤产品时，期望得到β′型晶体，因为它能使固化的油脂软硬适宜，有助于大量的空气以小的空气泡形式被搅入，从而形成具有良好塑性和奶油化性质的产品。

已知可可脂含有三种主要甘油酯POSt(40%)、StOSt(30%)和POP(15%)以及六种同质多晶型(Ⅰ～Ⅵ)。Ⅰ型最不稳定，熔点最低，仅为23.3 ℃。Ⅴ型熔点为33.8 ℃，是最适合巧克力的熔点，在室温下不融化，而在嘴里能缓慢融化；且Ⅴ型能从熔化的脂肪中结晶出来，使巧克力的外表具有光泽。Ⅵ型的熔点(36.2 ℃)比Ⅴ型高，但不能从熔化的脂肪中结晶出来，它仅以很缓慢的速度从Ⅴ型转变而成。在巧克力贮存期间，Ⅴ型向Ⅵ型的转变对其品质影响很大，因为这种晶型转变同被称为“巧克力起霜”的外表缺陷的产生有关。这种缺陷一般使巧克力失去期望的光泽以及产生白色或灰色斑点的暗淡表面。

除了依据多晶型转变理论解释巧克力起霜的原因，也有人认为，熔化的巧克力脂肪移动到表面，一旦冷却时，产生重结晶，造成不期望的外表。由于可可脂的同质多晶性质在起霜中起了重要的作用，为了推迟外表起霜，采用适当地技术固化巧克力是必需的。这可通过下列调温过程完成：可可脂-糖-可可粉混合物加热至50 ℃，加入稳定的晶种，当温度下降到26～29 ℃时，通过连续搅拌慢慢结晶，然后将它加热到32 ℃。如不加稳定的晶种，一开始就会形成不稳定的晶型，这些晶型很可能会熔化、移动并转变成较稳定晶型(起霜)。此外，乳化剂已成功地应用于推迟不期望的同质多晶晶型转变或熔化脂肪移动至表面的过程。

一般动植物脂(如牛油、花生油)中主要的脂肪酸为4～8种，每一种脂肪酸都有可能分布到甘油的Sn-1、Sn-2、Sn-3等位上。如果油脂中有n种脂肪酸就可能有n^3种不同的三酰基甘油酯。因此两种脂肪酸组成基本相同的油脂，其结晶的行为可能有很大的差异。如牛油与可可脂的脂肪酸组成类似(表5-6)，但晶体特性相差却很大。可可脂晶体易碎、熔点28～36 ℃；而牛油晶体有弹性，熔点45 ℃左右，这种差异的产生是由脂肪酸在三酰基甘油酯中的分布不同所致的(表5-7)。从表中可看出牛油中三饱和甘油酯远高于可可脂，故其熔点远高于可可脂。由此可知，改变脂肪酸在三酰基甘油酯的分布，就可改变固态脂的特性。

表5-6　牛油与可可脂的脂肪酸组成　%

脂肪酸	在可可脂中的含量	在牛油中的含量
16∶0	25	36
18∶0	37	25
20∶0	1	0
18∶1	34	37
18∶2	3	2

表5-7　牛油与可可脂的脂肪酸分布类型　%

三酰基甘油酯类型*	在可可脂中的含量	在牛油中的含量
Sn-SSS	2	29
Sn-SUS	81	33
Sn-SSU	1	16
Sn-SUU	15	18
Sn-USU	0	2
Sn-UUU	1	2

注：* 三酰基甘油酯类型为简化表达方式；S为饱和脂肪酸；U为不饱和脂肪酸。

5.4.6 油脂的熔融特性

天然的油脂没有确定的熔点，仅有一定的熔点范围。第一，天然油脂是混合三酰基甘油酯，各种三酰基甘油酯的熔点不同。第二，三酰基甘油酯是同质多晶型物质，从α晶型开始熔化到β晶型溶化终了需要一个温度阶段。

图5-13是混合油脂的热焓或膨胀熔化曲线。固态油脂吸收适当的热量后转变为液态油脂，在该过程中，油脂的热焓增大或比热容增加，叫作熔化膨胀，或者相变膨胀。在固体熔化时，吸收热量，直到固体全部转变成液体为止。脂肪在熔化时体积膨胀，在同质多晶型物转变时体积收缩，因此，将其比体积的改变(膨胀度)对温度作图可以得到与量热曲线非常相似的膨胀曲线，熔化膨胀度相当于比热容。由于膨胀测量的仪器很简单，它比量热法更为实用，膨胀计法已广泛用于测定脂肪的熔化性质。如果存在几种不同熔点的组分，那么，熔化的温度范围很广。

在图5-13中，随着温度的升高，固体脂的比容缓慢增加，至 X 点为单纯固体脂的热膨胀，即在 X 点以下体系完全是固体。X 点代表熔化开始，X 点以上发生了部分固体脂的相变膨胀。Y 点代表熔化的终点，在 Y 点以上，固体脂全部熔化为液体油。ac 长为脂肪的熔化膨胀值。曲线 XY 代表体系中固体组分逐步熔化过程。如果脂肪熔化温度范围很窄，熔化曲线的斜率是陡的。相反，如果熔化开始与终了的温度相差很大，则该脂肪具有“大的塑性范围”。于是，脂肪的塑性范围可以通过在脂肪中加入高熔点或低熔点组分进行调节(图 5-13)。

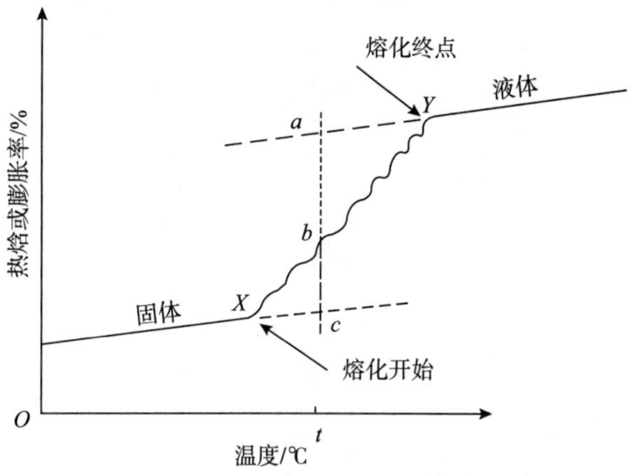

图 5-13 混合甘油酯的热焓或膨胀熔化曲线

由图 5-13 还可看出，在一定温度范围内(XY 区段)液体油和固体脂同时存在。如当温度为 t 时，ab/ac 代表固体油脂比例，bc/ac 代表液体油脂比例，而固液比值 ab/bc 称为该温度下的固体脂肪指数(SFI)。图 5-14 为 3 种脂肪在不同温度下的 SFI 值曲线。油脂的这种物理特性与其在食品中的应用密切相关，因为固液比值决定了油脂的塑性。油脂的塑性是指在一定压力下，脂肪具有抗变形的能力，这种能力的获得是许多细小的固体脂肪被液体脂肪包围着，固体微粒的间隙很小，使液体油无法从固体脂肪中分离出

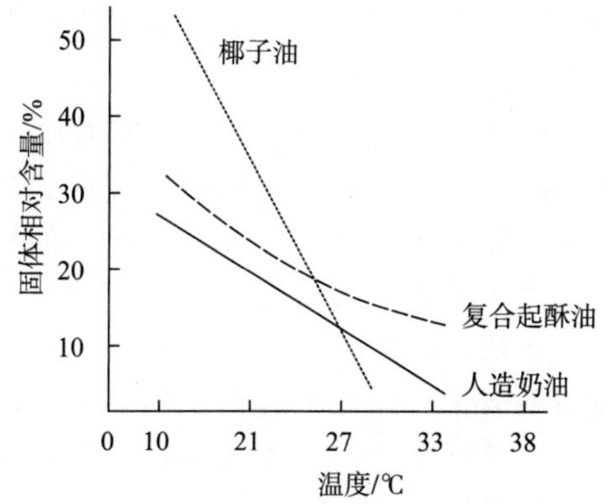

图 5-14 3 种脂肪在不同温度下的 SFI 值曲线

来，使固液两相均匀交织在一起而形成塑性脂肪。

塑性脂肪(plastic fats)具有良好的涂抹性(涂抹黄油等)和可塑性(用于蛋糕的裱花)。塑性脂肪用在焙烤食品中具有起酥作用。在面团揉制过程中加入塑性脂肪可形成较大面积的薄膜和细条，增强面团的延展性，油膜的隔离作用使面筋粒彼此不能粘合成大块面筋，降低了面团的吸水率，使制品起酥；塑性脂肪在面团揉制时能包含和保持一定数量的气泡，增加面团体积。在饼干、糕点、面包生产中专用的塑性脂肪称为起酥油(shortening)，具有在 40℃ 不变软，在低温下不太硬，不易氧化的特性。例如，人造奶油、人造黄油均是典型的塑性脂肪，其涂抹性、软度等特性取决于油脂的塑性大小。

而油脂的塑性取决于一定温度下的固液两相之比、脂肪的晶型、熔化温度范围和油脂的组成等因素。当油脂中固液比适当时，塑性好；当固体脂过多时，则过硬；当液体油过多时，则过软，易变形，塑性均不好；当脂肪为 β' 晶型时，可塑性最强。熔化温度范围越大，脂肪的塑性越好。

5.4.7 油脂的液晶(介晶)相

油脂处在固态(晶体)时在空间形成高度有序的排列；油脂处在液态时则为完全无序排列。处于某些特定条件下，如存在乳化剂的情况下，其极性区由于有较强的氢键而保持有序排列，而非极性区由于分子间作用力小变为无序状态，这种同时具有固态和液态两方面物理特性的相称为液晶(介晶)相。由于乳化剂分子含有极性和非极性部分，当乳化剂晶体分散在水中并加热时，在达到真正的熔点前，其非极性部分烃链间由于范德华引力较小而先开始熔化，转变成无序态；而其极性部分由于存在较强的氢键作用力仍然是晶体状态，呈现液晶结构，故油脂中被加入乳化剂有利于液晶相的生成。在脂类-水体系中，液晶结构主要有三种，分别层状结构、六方结构及立方结构(图 5-15)。

层状结构类似生物双层膜。排列有序的两层脂中夹一层水，当层状液晶加热时，可转变成立方或六方Ⅱ型液晶。在六方Ⅰ型结构中，非极性基团朝着六方柱内，极性基团朝外，水处在六方柱之间的空间中；在六方Ⅱ型结构中，水被包裹在六方柱内部，油的极性端包围着水，非极性的烃区朝外。立方结构中也是如此。

在生物体系中，液晶态对于许多生理过程都是

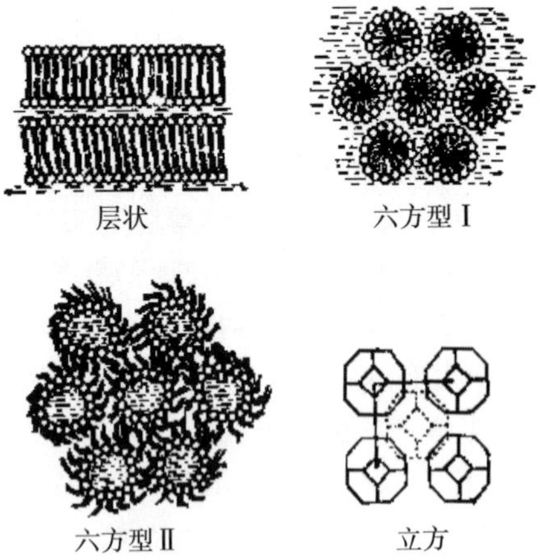

图 5-15 脂肪的液晶结构

非常重要的，例如，液晶会影响细胞膜的可渗透性，液晶对乳浊液的稳定性也起着重要的作用。

5.4.8 油脂的乳化及乳化剂

因极性不同，油和水互不相溶，但在一定条件下，两者也可以形成介稳态的乳浊液。乳浊液是由互不相溶的两种液相组成的体系，其中一相以液滴形式分散在另一相中，液滴的直径为 0.1～50 μm。以液滴形式存在的相称为“内相”或“分散相”，液滴以外的另一相就称为“外相”或“连续相”，连续相的性质决定了体系的许多重要性质。食品中的油水乳浊液有两类：O/W 型表示油分散在水中，水为连续相（水包油，oil-in-water）；W/O 型表示水分散在油中，油为连续相（油包水，water-in-oil）。在食品类乳浊液中，O/W 型是最普通的形式，如牛奶及其乳制品、稀奶油、蛋黄酱、色拉调味料、冰淇淋、汤料、调料和汤等。黄油和人造黄油、人造奶油等则属于 W/O 型乳浊液。

乳浊液在热力学上是不稳定的，在一定条件下可以发生多种物理变化，会失去稳定性，出现分层、絮凝，甚至聚结，如图 5-16 所示。

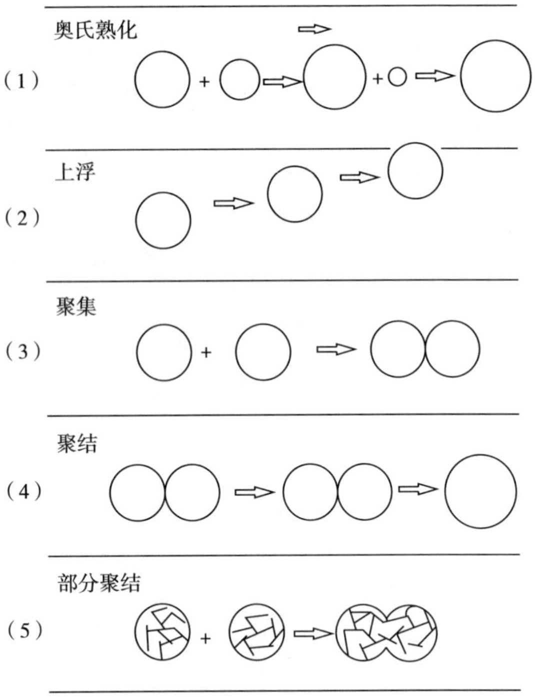

在(5)中粒子内的短线段代表三酰甘油酯晶体。

图 5-16 O/W 乳浊液体系不稳定类型

乳浊液的各种变化还会相互影响。粒子聚集会极大的促进上浮，上浮的结果又反过来促进聚集速度，如此以往。聚结发生的前提是分散相粒子必须紧紧地靠在一起，也就是说，它只能发生在粒子聚集的状态下，或者发生在上浮的脂肪层中。

5.4.8.1 乳浊液不稳定的主要原因

（1）两相界面具有自由能　它会抵制界面积增加，导致液滴聚结而减少分散相界面积的倾向，从而最终导致两相分层（破乳），因此外界必须施加能量才能产生新的表面（或界面）。液滴分散得越小，两液相间界面积就越大，需要外界施加的能量就越大。

（2）重力作用导致分层　重力作用可导致密度不同的相上浮、沉降或分层。

（3）分散相液滴表面静电荷不足会导致聚集　分散相液滴表面静电荷不足则液滴与液滴之间的排斥力不足，液滴与液滴相互接近而聚集，但液滴的界面膜尚未破裂。

（4）两相间界面膜破裂导致聚结　两相间界面膜破裂，液滴与液滴结合，小液滴变为大液滴，严重时，会完全分相。

5.4.8.2 乳化剂的乳化作用

由于界面张力是沿着界面的方向（即与界面相切）发生作用以阻止界面的增大，所以具有降低界面张力的物质会自动吸附到相界面上，因为这样能降低体系总的自由能，我们把这一类物质通称为表面活性剂（surfactant）。在食品体系中，可通过加入乳化剂（emulsifying agents）来稳定乳浊液。乳化剂绝大多数是表面活性剂，在结构特点上具有两亲性，分子中既有亲油的基团，又有亲水的基团。绝大多数乳化剂既不全溶于水，也不全溶于油，其中一部分结构处于亲水的环境（如水或某种亲水物质）中，而另一部分结构则处于疏水环境（如油、空气或某种疏水物质)中,即分子位于两相的界面,因此降低了两相间的界面张力,从而提高了乳浊液的稳定性。乳化剂的乳化作用(emulsification)主要体现在:

(1)减小两相间的界面张力 乳化剂浓集在水-油界面上,亲水基与水作用、疏水基与油作用降低了两相间的界面张力,稳定了乳浊液。

(2)增大分散相之间的静电斥力 有些离子表面活性剂可在含油的水相中建立起双电层,导致小液滴之间的斥力增大,使小液滴保持稳定,适用于O/W 型体系。

(3)形成液晶相 乳化剂分子由于含有极性和非极性部分,故易形成液晶态。它们可导致油滴周围形成液晶多分子层,这种作用使液滴间的范德华引力减弱,为分散相的聚结提供了一种物理阻力,从而抑制液滴的聚集和聚结。当液晶相黏度比水相黏度大得多时,这种稳定作用更加显著。

(4)增大连续相的黏度或生成弹性的厚膜 明胶和许多树胶能使乳浊液连续相的黏度增大,蛋白质能在分散相周围形成有弹性的厚膜,可抑制分散相聚集和聚结,适用于泡沫和 O/W 型体系。如牛乳中的脂肪球外有一层酪蛋白膜起乳化作用。

此外,比分散相尺寸小得多的且能被两相润湿的固体粉末,在界面上吸附,会在分散相液滴间形成物理位垒,阻止液滴聚集和聚结,起到稳定乳浊液的作用。具有这种作用的物质有植物细胞碎片、碱金属盐、黏土和硅胶等。

5.4.8.3 乳化剂的选择

表面活性剂的一个重要特性是它们的 HLB (hydrophile-lipophile balance)值。HLB 是指一个两亲物质的亲水-亲油平衡值。一般情况下,疏水链越长,HLB 值就越低,表面活性剂在油中的溶解性就越好;亲水基团的极性越大(尤其是离子型的基团),或者是亲水基团越大,HLB 值就越高,则在水中的溶解性越高。当 HLB 为 7 时,意味着该物质在水中与在油中具有几乎相等的溶解性。表面活性剂的 HLB 值在 1～40 范围内。表面活性剂的 HLB 与溶解性之间的关系对表面活性剂自身是非常有用的,它还关系到一个表面活性剂是否适用于作为乳化剂。当 HLB>7 时,表面活性剂一般适于制备 O/W 乳浊液。当 HLB<7 时,表面活性剂适于制造 W/O 乳浊液。在水溶液中,HLB 高的表面活性剂适于做清洗剂。表 5-8 中列出了不同的 HLB 值及其适用性。

表 5-8 HLB 值及其适用性

HLB 值	适用性	HLB 值	适用性
1.5～3	消泡剂	8～18	O/W 型乳化剂
3.5～6	W/O 型乳化剂	13～15	洗涤剂
7～9	湿润剂	15～18	溶化剂

表 5-9 列出了一些常用食品乳化剂的 HLB 值。根据其亲水基团的性质,它们被划分为非离子型、阴离子型和阳离子型。同时,乳化剂被分为天然的(如一酰基甘油和磷脂等)和合成的两大类。吐温(Tween)系列的乳化剂与其他乳化剂有点不同,原因在于这类物质的亲水基团含有 3～4 条聚氧乙烯链(其链长约为 5 个单体的长度)。

表 5-9 一些常见食品乳化剂的 HLB 值

乳化剂类型	乳化剂实例	HLB
非离子型		
脂肪醇	十六醇	
一酰基甘油	甘油单硬脂酸酯	1.0
	双甘油单硬脂酸酯	3.8
一酰基甘油类酯	丙醇酰甘油单棕榈酸酯	8.0
司盘类	脱水山梨醇三硬脂酸酯(Span15)	2.1
	脱水山梨醇单月桂酸酯(Span20)	8.6
	脱水山梨醇单硬脂酸酯(Span60)	4.7
	脱水山梨醇单油酸酯(Span80)	7.0
	聚氧乙烯失水山梨醇单棕榈酸酯(Tween-40)	15.6
	聚氧乙烯失水山梨醇单硬脂酸酯(Tween-60)	14.9
	聚氧乙烯失水山梨醇单油酸酯(Tween-80)	16.0
阴离子型		
肥皂	油酸钠	18.0
乳酸酯	硬脂酰-2-乳酸钠	21.0
磷脂	卵磷脂	比较大
阴离子去垢剂	十二烷基硫酸钠	40.0
阳离子型		大

注:阳离子型不能用于食品,常用于洗涤剂。

此外,乳化剂的 HLB 值具有代数加和性,混合乳化剂的 HLB 值可通过计算得到,但这不适合离子型乳化剂。通常混合乳化剂比具有相同 HLB 值的单一乳化剂的乳化效果更好。

5.5 油脂在贮藏和食品加工中的化学变化

5.5.1 水解反应

油脂在有水存在的条件下以及加热和脂酶的作用下可发生水解反应(hydrolysis),生成游离脂肪酸并使油脂酸化。反应过程如下:

三酰基甘油 —脂解酶,湿、热→ 二酰基甘油+游离脂肪酸

→ 单酰基甘油+游离脂肪酸

→ 甘油+游离脂肪酸

在活的动物脂肪中,不存在游离脂肪酸,但在屠宰后,通过酶的作用能生成游离脂肪酸,故在动物宰后尽快炼油就显得非常必要。与动物脂肪相反,在收获时成熟的油料种子中的油由于脂酶的作用已发生部分水解,产生了一定量的游离脂肪酸,因此,植物油在提炼时需要用碱中和,“脱酸”是植物油精炼过程中必要的工序。鲜奶还可因脂解产生的短链脂肪酸导致哈喇味的产生(水解哈喇)。此外,在各种油中,如果含水量偏高,就有利于微生物的生长繁殖,微生物产生的脂酶同样可加快脂解反应。

在油炸过程中,如果食物中的水进入油中,就会导致油脂在湿热情况下发生酯解而产生大量的游离脂肪酸,油炸用油不断酸化,一旦游离脂肪酸含量超过 0.5%～1.0%,水解速度就会更快,因此油脂水解速度往往与游离脂肪酸的含量成正比。如果游离脂肪酸的含量过高,油脂的发烟点和表面张力降低,从而影响油炸食品的风味(表 5-10)。此外,游离脂肪酸比甘油脂肪酸酯更易氧化。严重时,油脂脂解可产生不正常的嗅味,这种臭味主要来自游离的短链脂肪酸,如丁酸、己酸、辛酸具有特殊的汗嗅气味和苦涩味。

表 5-10 油脂中游离脂肪酸的含量与发烟点的关系

游离脂肪酸/%	发烟点/℃
0.05	226.6
0.10	218.6
0.50	176.6
0.60	148.8～160.4

油脂在碱性条件下水解称为皂化反应,水解生成的脂肪酸盐称为肥皂,所以工业上用此反应生产肥皂。

在大多数情况下,人们采取工艺措施降低油脂的水解;在少数情况下,则有意地增加酯解。如为了产生某种典型的“干酪风味”特地加入微生物和乳脂酶,在制造面包和酸奶时也采用有控制和选择性的脂解反应以产生这些食品特有的风味。

5.5.2 氧化反应

脂质的氧化是食品变质的主要原因之一。油脂在食品加工和贮藏期间由于空气中的氧、光照、微生物、酶和金属离子等的作用而发生氧化,会产生不良风味和气味(氧化哈败),降低食品营养价值,甚至产生一些有毒性的化合物,使食品不能被消费者接受,这些通称为油脂的酸败。因此,脂质氧化对于食品工业的影响是至关重要的。但在某些情况下(如陈化的干酪或一些油炸食品中),油脂的适度氧化对风味的形成是必需的。

脂质的氧化分两个步骤:首先是氢过氧化物的生成;其次是氢过氧化物的分解及聚合。氢过氧化物分解产生小分子的醛、酮、醇、酸等具有令人不愉快的气味,即哈喇味;而聚合产物使油脂黏度增大,颜色加深。油脂氢过氧化物的生成又有三种方式,分别是自动氧化,光敏氧化和酶促氧化。自动氧化是指油脂在光、金属离子等环境因素的影响下的一种自发性的氧化反应,是油脂氧化变质的主要方式。

5.5.2.1 氢过氧化物生成的 3 种方式

1. 自动氧化方式

油脂的自动氧化是指活化的不饱和脂肪与基态氧发生的自由基反应,包括引发(诱导)、链传递和终止 3 个阶段(图 5-17)。

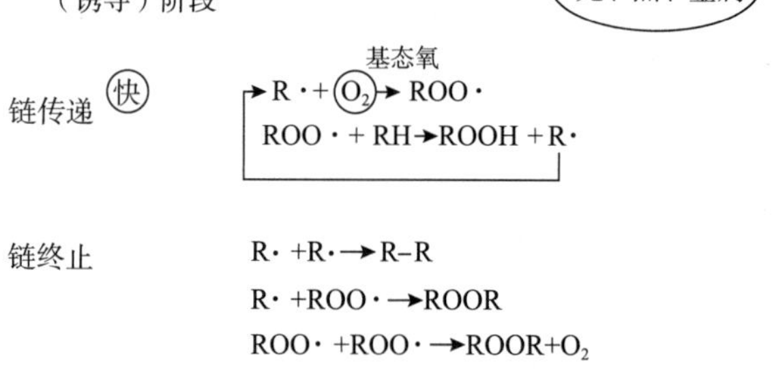

图 5-17 油脂自动氧化生成氢过氧化物的过程

(1)引发(诱导)阶段　酰基甘油中的不饱和脂肪酸,受到光线、热、金属离子和其他因素的作用,在邻近双键的亚甲基(α-亚甲基)上脱氢,产生自由基(R·),如用RH表示酰基甘油,其中的H为亚甲基上的氢,R·为烷基自由基。

由于自由基的引发通常所需活化能较高,必须依靠催化才能生成,所以这一步反应相对较慢。当脂质为纯物质时,自动氧化反应存在一较长的诱导期。有人认为光照、金属离子或氢过氧化物分解引发氧化的开始,但近年来有人认为,组织中的色素(如叶绿素、肌红蛋白等)作为光敏化剂,单重态氧作为其中的催化活性物质从而引发氧化的开始。

(2)链传递阶段　R·自由基与空气中的氧相结合,形成过氧化自由基(ROO·),而过氧化自由基又从其他脂肪酸分子双键的α-亚甲基上夺取氢,形成氢过氧化物(ROOH),同时被夺走氢的脂肪酸又形成新的R·自由基,如此循环下去,重复连锁反应使大量的不饱和脂肪酸氧化。由于链传递过程所需活化能较低,故该阶段反应进行很快,油脂氧化进入显著阶段,此时油脂吸氧速度很快,增重加快,并产生大量的氢过氧化物。生成的氢过氧化物种数为双键处α-亚甲基的两倍,对于含1,4-戊二烯结构的脂肪酸(亚油酸、亚麻酸)而言,其仅对双侧有双键的亚甲基计数(图5-18至图5-20)。

(3)终止阶段　各种自由基和过氧化自由基互相聚合,形成环状或无环的二聚体或多聚体等非自由基产物,至此反应终止。

图5-18为油酸酯的自动氧化过程:引发剂最先在双键的α-C处(C-8和C-11)引发自由基,故先生成8位或11位两种烯丙基自由基中间物。由于烯丙基结构中单电子的离域化作用,C-8和C-11处的单电子还可以分别流动到C-10和C-9处,同时双键发生位移并生产顺反异构体,导致C-9和C-10位自由基的生成。基态氧在每个自由基的碳上进攻,生成C-8、C-9、C-10和C-11处四种ROOH的顺反异构混合物。当反应在25 ℃进行时,C-8位或C-11位ROOH反式与顺式的量差不多,但C-9位与C-10位主要是反式的。

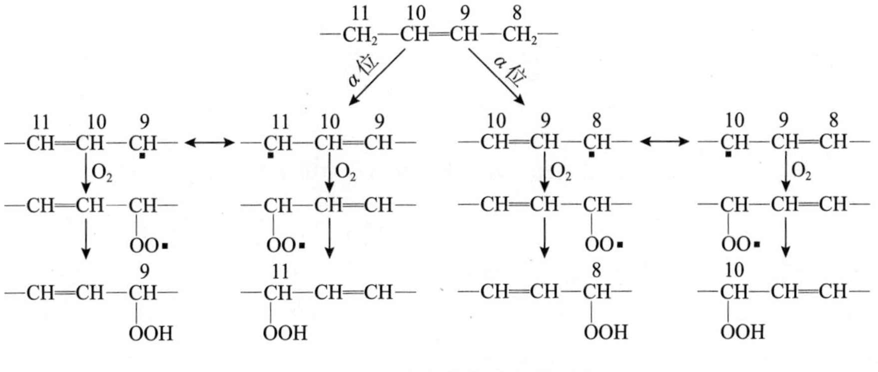

图5-18　油酸酯的自动氧化过程

图5-19为亚油酸酯的自动氧化过程:亚油酸酯的自动氧化速度是油酸酯的10～40倍,这是因为亚油酸中的1,4-戊二烯结构使它们对氧化的敏感性远远地超过油酸中的丙烯体系(约为20倍),两个双键中间(11位)的亚甲基受到相邻的两个双键双重活化而变得非常活泼,更容易形成自由基,该自由基发生异构化(位置和顺反异构),生成两种具有π-π共轭双键结构的亚油酸酯自由基,再与基态氧作用生成两种ROOH。因此当油脂中的油酸和亚油酸共存时,亚油酸可诱导油酸氧化,使油酸诱导期缩短。

图5-20为亚麻酸酯的自动氧化过程:在亚麻酸中存在两个1,4-戊二烯结构。碳11和碳14的两个活化的亚甲基脱氢后生成两个戊二烯自由基。

氧进攻每个戊二烯自由基的端基碳生成9-、12-、13-和16-氢过氧化物的混合物,这4种氢过氧化物都存在几何异构体,每种具有共轭二烯,或是顺式、反式或是反式构型 、反式构型,隔离双键总是顺式的。生成的C-9和C-16氢过氧化物的量大大超过C-12和C-13异构物,这是因为氧优先与C-9和C-16反应;C-12和C-13氢过氧化物分解较快。

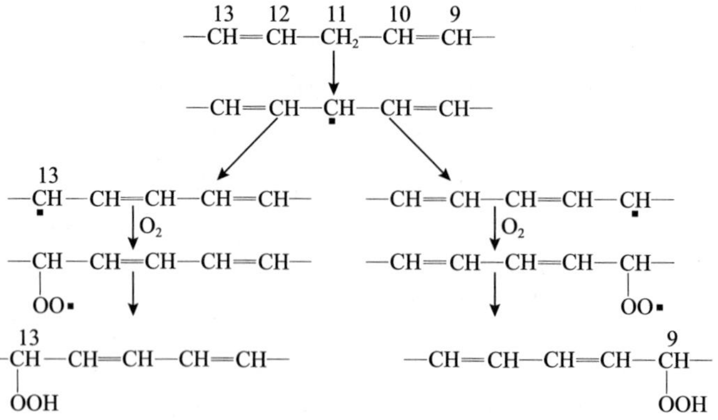

图 5-19 亚油酸酯的自动氧化过程

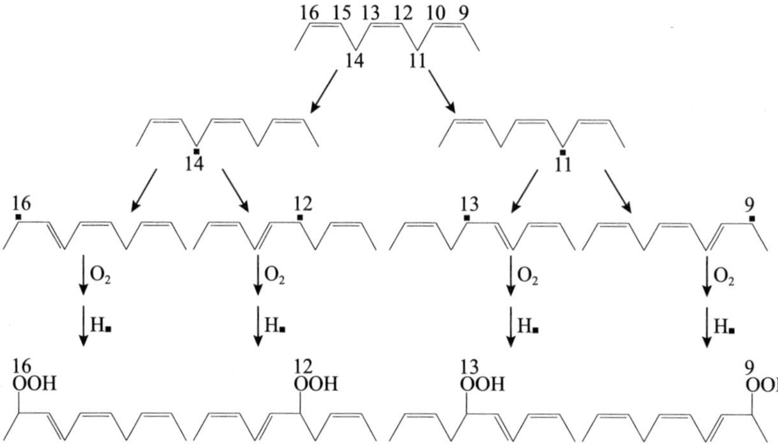

图 5-20 为亚麻酸酯的自动氧化

2. 光敏氧化方式

(1)单重态氧与三重态氧　由于电子带电，故像磁铁一样具有两种不同的自旋方向，自旋方向相同则为+1，自旋方向相反则为－1。在原子中，电子的总角动量为 $2S+1$，S 为总自旋。由于氧原子在外层轨道上具有 2 个未成对电子，所以它们的自旋方向可能相同或相反，当自旋方向相同时，则电子总角动量为 $2(1/2+1/2)+1=3$，称为三重态氧($^3O_2$)；当自旋方向相反时，则电子总角动量为 $2(1/2-1/2)+1=1$，称为单重态氧($^1O_2$)。

在三重态氧中，2 个自旋方向相同的电子服从“Pauli 不相容原理”而彼此分开分别填充在两个元素轨道中，所以静电排斥很小(图 5-21)。

在单重态氧中，两个电子具相反的自旋方向，静电作用力很大，故产生激发态(图 5-22)。单重态氧的亲电性比三重态氧强，它能快速地(比 $^3O_2$ 快 1 500 倍)与分子中具有高电子云密度分布的 C=C 键相互作用，而产生的氢过氧化物再裂解，从而引发常规的自由基链传递反应。单重态氧可以由多种途径产生，其中最主要的是由食品中的天然色素经光敏氧化产生的。光敏氧化有 2 条途径。

第一条途径是光敏化剂吸收光后与作用物(A)形成中间产物，然后中间产物与基态(三重态)氧作用产生氧化产物。

光敏化剂 ＋ A ＋ 光能⟶中间物－Ⅰ＊(＊为激发态)

中间物－Ⅰ＊＋ $^3O_2$⟶中间物－Ⅰ＊＋ $^1O_2$⟶产物＋光敏化剂

第二条途径是光敏化剂吸收光时与分子氧作用，而不是与作用物(A)相互作用。

光敏化剂＋ $^3O_2$＋ 光能⟶中间物－Ⅱ(光敏化剂 ＋$^1O_2$)

中间物－Ⅱ＋ A ⟶产物＋光敏化剂

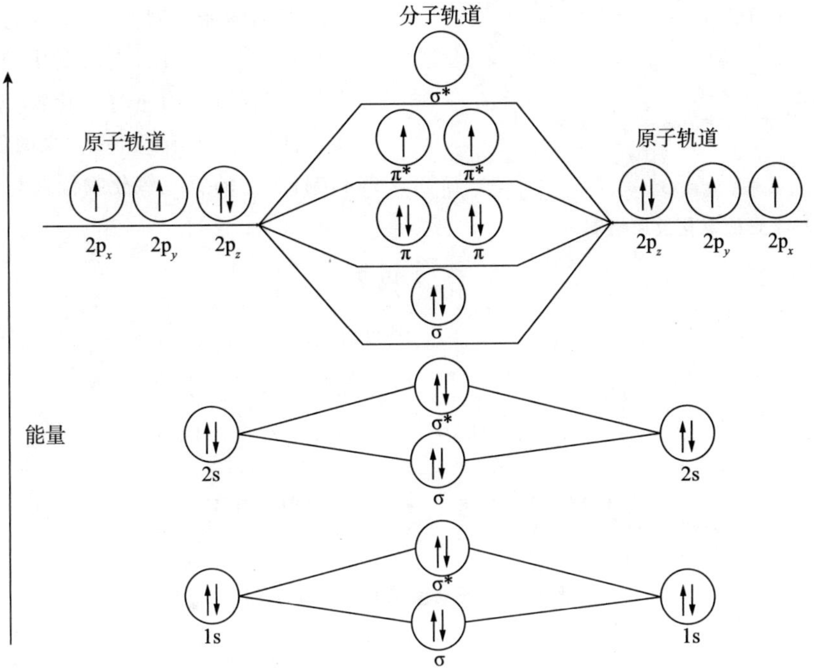

图 5-21　三重态氧分子轨道

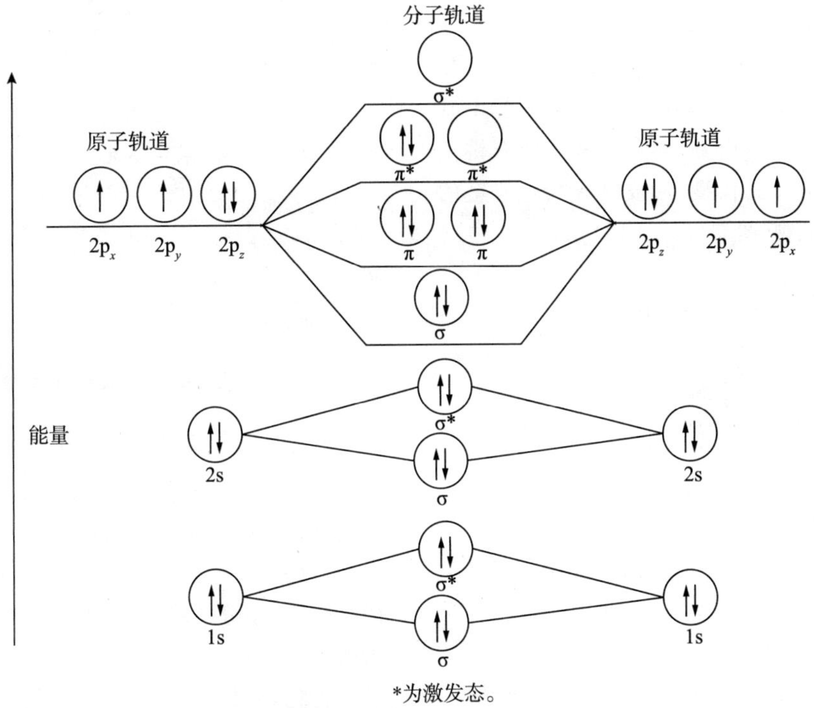

图 5-22　单重态氧分子轨道

在食品存在的某些天然色素，如叶绿素-a，脱镁叶绿素-a 以及血卟啉和肌红蛋白以及合成色素赤藓红都是很有效的光敏化剂。

与此相反，β-胡萝卜素则是最有效的$^1O_2$猝灭剂，生育酚也有一定的猝灭效果，合成物质丁基羟基茴香醚(BHA)和丁基羟基甲苯(BHT)也是有效的$^1O_2$猝灭剂。

(2)光敏氧化　由于单重态氧生成氢过氧化物的机制最典型的是“烯”反应——高亲电性的单重态氧直接进攻高电子云密度的双键部位上的任一碳原子，形成六元环过渡态，氧加到双键末端，然后位移形成反式构型的氢过氧化物，生成的氢过氧化物种类数为 2 倍双键数(图 5-23)。

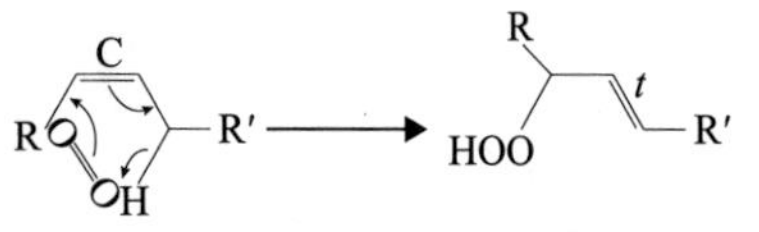

t 表示反式构型。

图 5-23　光敏氧化反应机制

以亚油酸酯为例子,其反应机制如图 5-24 所示。

与自动氧化相比,光敏氧化的特征包括:不产生自由基,产物直接为氢过氧化物;双键的顺式构型改变成反式构型;没有诱导期;光的影响远大于氧浓度的影响;产生的氢过氧化物位置与双键位置相同。

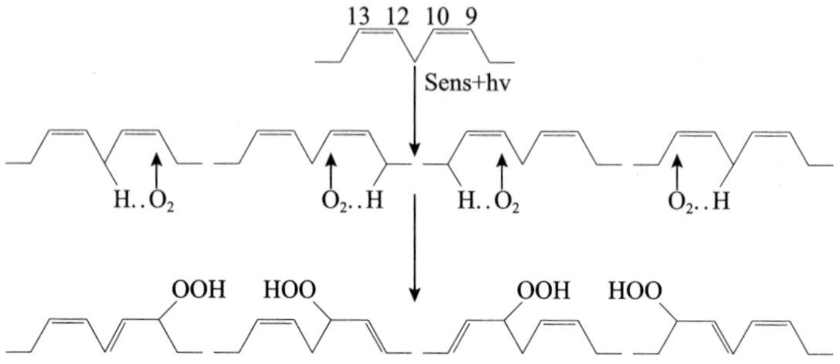

图 5-24　亚油酸酯光敏氧化机制

3. 酶促氧化方式

脂肪在酶参与下所发生的氧化反应,称为酶促氧化(enzymic oxidation)。

脂肪氧合酶(lipoxygenase;Lox)专一性地作用于具有 1,4-顺,顺-戊二烯结构的多不饱和脂肪酸(如 18∶2, 18∶3, 20∶4),在 1,4-戊二烯的中心亚甲基处(即 ω8 位)脱氢形成自由基,然后异构化使双键位置转移,同时转变成反式构型,形成具有共轭双键的 ω6 和 ω10 氢过氧化物(图 5-25)。

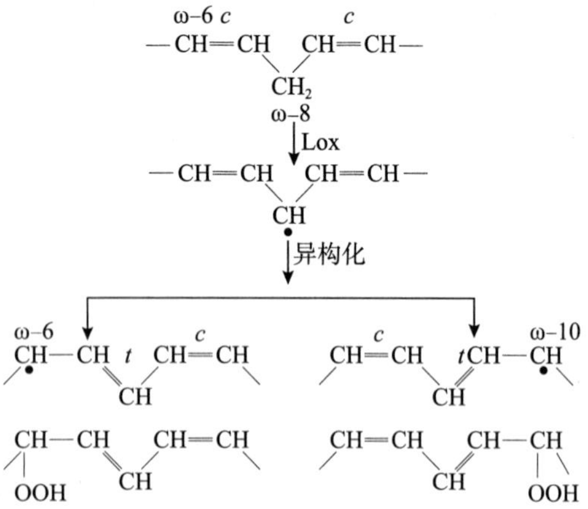

t 表示反式构型;*c* 表示顺式构型。

图 5-25　脂肪氧合酶酶促氧化过程

此外,我们通常所称的酮型酸败,也属酶促氧化,是由某些微生物繁殖时所产生的酶(如脱氢酶、脱羧酶、水合酶)的作用引起的。该氧化反应多发生在饱和脂肪酸的 β-碳位上,因而又称为 β-氧化作用,且氧化产生的最终产物酮酸和甲基酮具有令人不愉快的气味,故称为酮型酸败(图 5-26)。

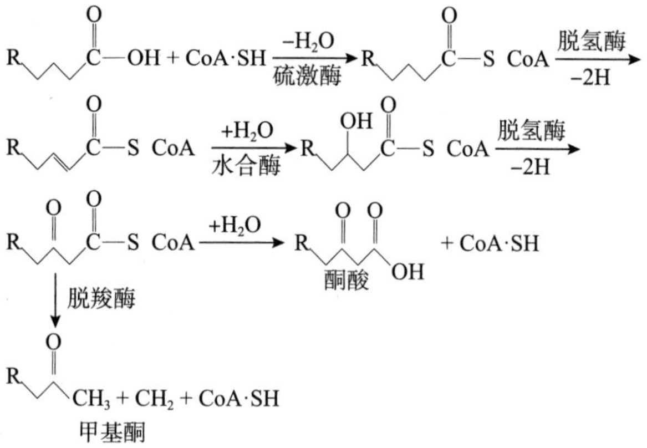

图 5-26　油脂酮型酸败过程

5.5.2.2　氢过氧化物的分解及聚合

各种氧化途径产生的氢过氧化物只是一种反应中间体,非常不稳定,可裂解产生许多分解产物,其中产生的小分子醛、酮、酸等具有令人不愉快的气味即哈喇味;小分子醛还可缩合为环状化合物,完成油脂酸败的全过程。

首先,一般氢过氧化物的分解是在氧-氧键处均裂,生成烷氧自由基和羟基自由基。

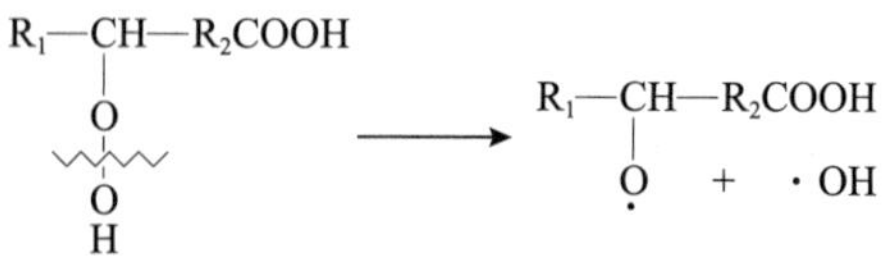

其次,烷氧自由基在与氧相连的碳原子两侧发生碳—碳键断裂,生成醛、酸、烃和含氧酸等化合物。

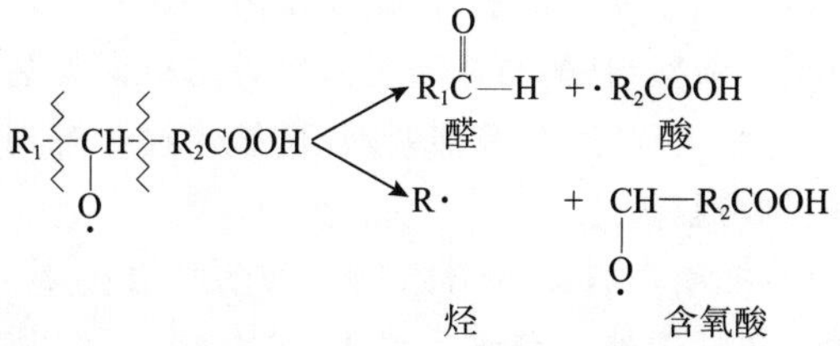

最后，烷氧自由基还可通过下列途径生成酮、醇化合物。

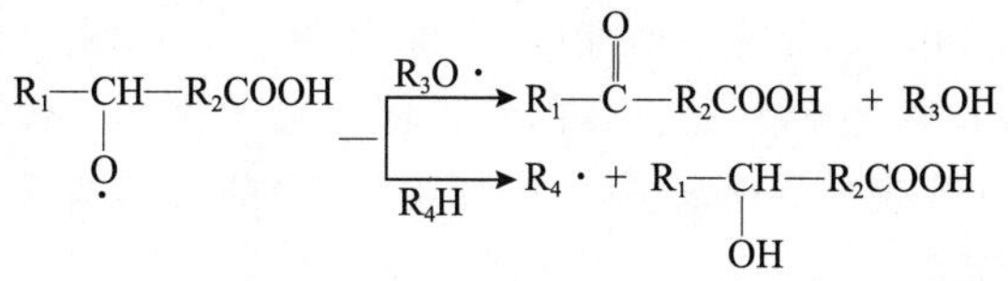

其中生成的醛类物质的反应活性很高，可再分解为相对分子质量更小的醛，典型的产物是丙二醛，小分子醛还可缩合为环状化合物，如己醛可聚合成具有强烈臭味的环状三戊基三噁烷：

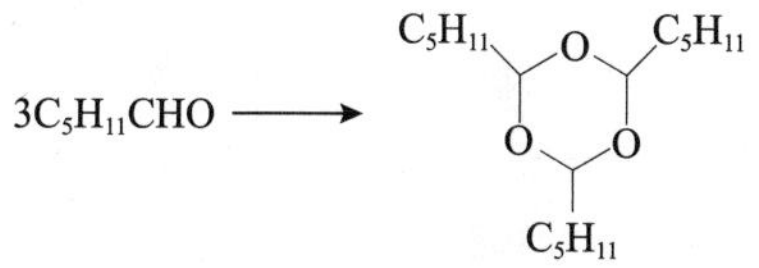

5.5.2.3 影响油脂氧化速率的因素

1. 油脂中的脂肪酸组成

油脂中的饱和脂肪酸和不饱和脂肪酸都能发生氧化反应，但饱和脂肪酸的氧化必须在特殊条件下才能发生，即有霉菌的繁殖或有酶存在或有氢过氧化物存在的情况下，才能使饱和脂肪酸发生 β-氧化作用而形成酮酸和甲基酮。然而饱和脂肪酸的氧化速率往往只有不饱和脂肪酸的 1/10。而不饱和脂肪酸的氧化速率又与与本身双键的数量、位置与几何形状有关。花生四烯酸、亚麻酸、亚油酸与油酸氧化的相对速度约为 40∶20∶10∶1。顺式酸比它们的反式酸易于氧化，而共轭双键比非共轭双键的活性强。游离脂肪酸与酯化脂肪酸相比，氧化速度要高一些。脂肪酸在 25℃时的诱导期和相对氧化速率如表 5-11 所列。

表 5-11 脂肪酸在 25℃ 时的诱导期和相对氧化速率

脂肪酸	双键数	诱导期/h	相对氧化速率
18∶0	0		1
18∶1(9)	1	82	100
18∶2(9,12)	2	19	1 200
18∶3(9,12,15)	3	1.34	2 500

2. 水分活度

纯净的油脂中要求含水量很低，以确保微生物不能在其中生长，否则会导致氧化。对各种含油食品来说，控制适当的水分活度能有效抑制自动氧化反应，因为研究表明，油脂氧化速度与水分活度密切相关(图 5-27)。水分活度对脂肪氧化作用的影响很复杂，在水分活度<0.1 的干燥食品中，油脂的氧化速度很快；当水分活度增加到 0.3 时，由于水的保护作用，阻止氧进入食品而使脂类氧化减慢，并往往达到一个最低速度。这可能是因为水与脂类氧化生成的氢过氧化物以氢键结合，保护氢过氧化物的分解，阻止氧化进行；水与金属离子水合，降低了催化活性。水分活度在该基础上再增高时可能是由于增加了氧的溶解度，因而提高了存在于体系中的催化剂的流动性和脂类分子的溶胀度而暴露出更多的反应位点，所以氧化速度加快。

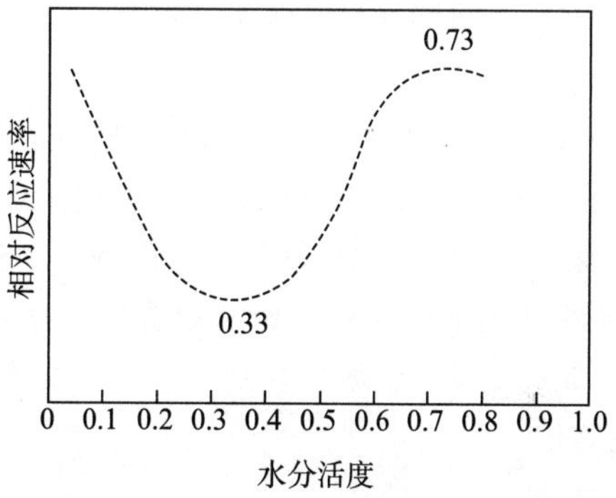

图 5-27 水分活度对油脂氧化速度的影响

3. 氧气

在非常低的氧气压力下，氧化速度与氧压近似成正比，如果氧的供给不受限制，那么氧化速度与氧压力无关(图 5-28)。同时氧化速度与油脂暴露于空气中的表面积成正比，如膨松食品(方便面)中的油比纯净的油易氧化。因而可采取排除氧气，采用真空或充氮包装和使用透气性低的包装材料来防止含油脂食品的氧化变质。

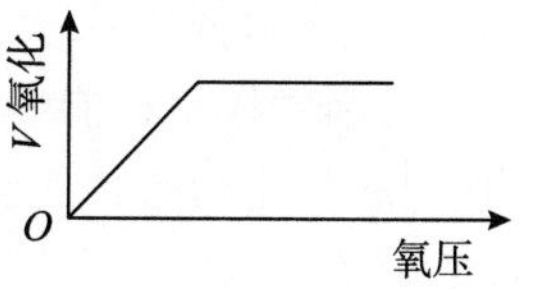

图 5-28 氧气对油脂氧化速度的影响

4. 金属离子

凡具有合适氧化还原电位的二价或多价过渡金属(如铅、铜、铁、锰与镍等)都可促进自氧化反应，即使浓度低至 0.1 mg/kg，它们仍能缩短诱导期和提高氧化速度。不同金属对油脂氧化反应的催化作用的强弱是：铜>铁>铬、钴、锌、铅>钙、镁>铝、锡>不锈钢>银。其催化机制可能如下。

①使$^3O_2$活化，产生$^1O_2$和过氧自由基（HO_2·）。

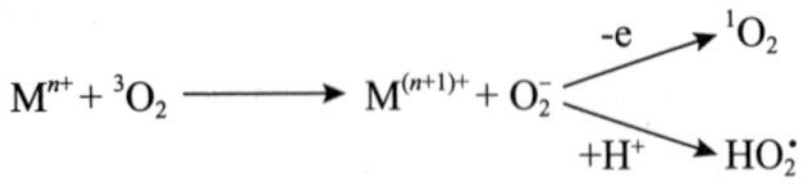

②直接与未氧化底物作用，诱导产生自由基。

$$M^{n+} + RH \longrightarrow M^{(n-1)+} + H^+ + R\cdot$$

③促进 ROOH 分解。

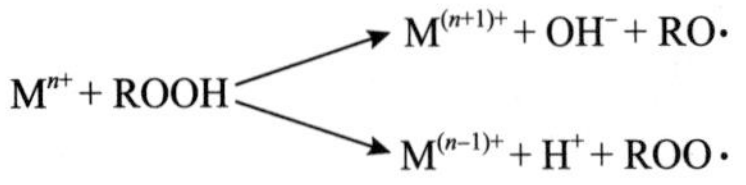

食品中的金属离子主要来源于加工、贮藏过程中所用的金属设备，因而在油的制取、精制与贮藏中，最好选用不锈钢材料或高品质塑料。

5. 光敏化剂

光敏化剂是一类能够接受光能并把该能量转给分子氧的物质，大多数为有色物质，如叶绿素与血红素。与油脂共存的光敏化剂可使其周围产生过量的$^1O_2$而导致氧化加快。动物脂肪中含有较多的血红素，所以促进氧化；植物油中因为含有叶绿素，同样也促进氧化。

6. 温度

一般来说，氧化速度随温度的上升而加快，高温既能促进自由基的产生，也能促进自由基的消失，另外，高温也促进氢过氧化物的分解与聚合。因此，氧化速度和温度之间的关系会有一个最高点。温度不仅影响自动氧化速度，而且也影响反应的机理。在常温下，氧化大多发生在与双键相邻的亚甲基上，生成氢过氧化物。当温度超过 50 ℃时，氧化发生在不饱和脂肪酸的双键上，生成环状过氧化物。

7. 光和射线

可见光线、紫外光线和γ射线是有效的氧化促进剂。这主要是由于光和射线不仅能够促进氢过氧化物分解，而且还能把未氧化的脂肪酸引发为自由基，其中以紫外光线和γ射线辐照能为最强，因此，油脂和含油脂的食品宜用有色容器包装或遮光容器包装。

5.5.2.4 抗氧化剂

1. 抗氧化剂的作用机理

凡能延缓或减慢油脂氧化的物质称为抗氧化剂。抗氧化剂种类繁多，依据其作用机理不同，可分为自由基清除剂（酶与非酶类），单重态氧淬灭剂、金属螯合剂、氧清除剂、酶抑制剂、过氧化物分解剂、紫外线吸收剂等。

（1）非酶类自由基清除剂　非酶类自由基清除剂主要包括天然成分维生素 E、维生素 C、β-胡萝卜素和还原型谷胱甘肽（GSH）以及合成的酚类抗氧化剂丁基羟基茴香脑（BHA）、二丁基-4-甲基苯酚（BHT）、没食子酸丙酯（PG），特丁基对苯二酚（TBHQ）等，它们均是优良的氢供体或电子供体。若以 AH 代表抗氧化剂，则它与脂类（RH）的自由基反应如下：

$$R\cdot + AH \longrightarrow RH + A\cdot$$

$$ROO\cdot + AH \longrightarrow ROOH + A\cdot$$

$$ROO\cdot + A\cdot \longrightarrow ROOA$$

$$A\cdot + A\cdot \longrightarrow A_2$$

由上述反应可知，此类抗氧化剂可以与油脂自氧化反应中产生的自由基反应，将之转变为更稳定的产物，而抗氧化剂自身生成较稳定的自由基中间产物（A·），并可进一步结合成稳定的二聚体（A_2）和其他产物（如 ROOA 等），导致 R·减少，油脂的氧化链式反应被阻断，从而阻止了油脂的氧化。应注意的是，将该类抗氧化剂加入尚未严重氧化的油中是有效的，但将它们加入已严重氧化的体系中则无效，因为高浓度的自由基掩盖了抗氧化剂的抑制作用。

以常用的酚类抗氧化剂为例，作为优良的氢供体，其可清除原有的自由基，同时生成比较稳定的自由基中间体，如：

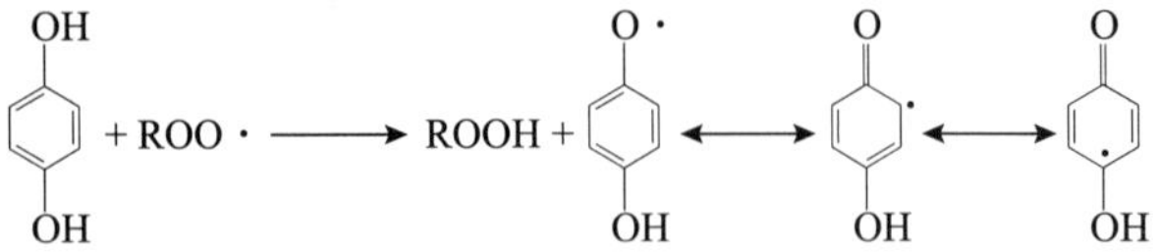

酚类抗氧化剂的新自由基氧原子上的单电子可与苯环上的π电子云共轭，使之稳定。当酚羟基邻位有叔丁基时，存在空间位阻阻碍了氧分子的进攻。因此，叔丁基减少了烷氧自由基进一步引发自由基链反应的可能性，从而具有更强的抗氧化能。市场上常用的酚类抗氧化剂 BHA 和 BHT 的结构式如下：

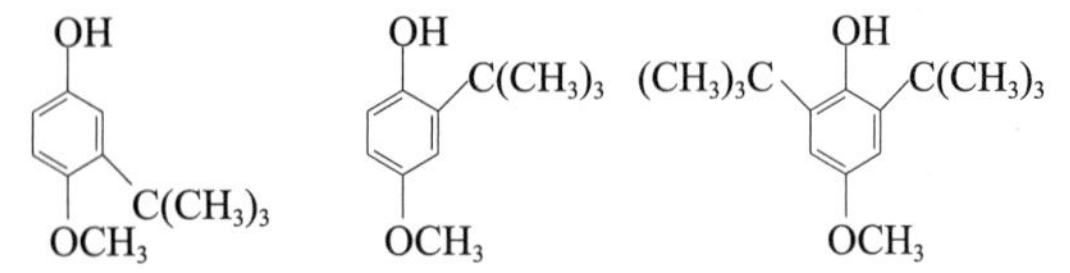

3-叔丁基对羟基茴香醚（3-BHA）　2-叔丁基对羟基茴香醚（2-BHA）　2,6-二叔丁基-4-甲基苯酚（BHT）

(2)酶类自由基清除剂 酶类自由基清除剂主要有超氧化物歧化酶(superoxide dismutase, SOD)、过氧化氢酶(catalase, CAT)、谷胱甘肽过氧化物酶(GSH-PX)。

在生物体中,各种自由基对脂类物质起氧化作用,超氧化物歧化酶(SOD)能清除由黄质氧化酶和过氧化物作用产生的超氧化物自由基 $O_2^-\cdot$,同时生成 H_2O_2 和 $^3O_2$,H_2O_2 又可以被过氧化氢酶(CAT)清除生成 H_2O 和 $^3O_2$。除 CAT,GSH-Px 也可清除 H_2O_2,还可清除脂类过氧化自由基 ROO· 和 ROOH,从而起到抗氧化作用。反应式如下:

$$O_2^-\cdot + O_2^-\cdot + 2H^+ \xrightarrow{SOD} H_2O_2 + {}^3O_2$$

$$H_2O_2 \xrightarrow{CAT} H_2O + {}^3O_2$$

$$ROOH + 2GSH \xrightarrow{GSH\text{-}Px} GSSG + ROH + H_2O$$

其中 SGH 为还原型谷胱甘肽(glutathione),GSSG 为氧化型谷胱甘肽(oxidized form glutathione)。值得注意的是 GSH-Px 在催化反应中需 GSH 作氢供体。

(3)单重态氧淬灭剂 单重态氧易与同属单重态的双键作用,转变成三重态氧,所以含有许多双键的类胡萝卜素是较好的 $^1O_2$ 淬灭剂。其作用机理是激发态的单重态氧将能量转移到类胡萝卜素上,使类胡萝卜素由基态(^{1}类胡萝卜素)变为激发态(^{3}类胡萝卜素),而后者可直接放出能量回复到基态。

$$^1O_2 + {}^1\text{类胡萝卜素} \rightarrow {}^3O_2 + {}^3\text{类胡萝卜素}$$

此外,$^1O_2$ 淬灭剂还可使光敏化剂由激发态回复到基态:

$$^1\text{类胡萝卜素} + {}^3Sen^* \rightarrow {}^3\text{类胡萝卜素} + {}^1Sen$$

(4)金属离子螯合剂 食用油脂通常含有微量的金属离子,重金属,尤其是那些具有二价或更高价态的重金属可缩短自氧化反应诱导期的时间,加快脂类化合物氧化的速度。金属离子(M^{n+})作为助氧化剂起作用,一是通过电子转移,二是通过诸如下列反应从脂肪酸或氢过氧化物中释放自由基。超氧化物自由基 $O_2^-\cdot$ 也可以通过金属离子催化反应而生成,并由此经各种途径引起脂类化合物氧化。

柠檬酸、酒石酸、抗坏血酸、EDTA 和磷酸衍生物等物质对金属具螯合作用而使它们钝化,从而起到抗氧化的作用。

(5)氧清除剂 氧清除剂通过除去食品中的氧而延缓氧化反应的发生,可作为氧清除剂的化合物主要有抗坏血酸、抗坏血酸棕榈酸酯、异抗坏血酸和异抗坏血酸盐等。在清除罐头和瓶装食品的顶隙氧方面,抗坏血酸的活性强一些,而在含油的食品中则以抗坏血酸棕榈酸酯的抗氧化活性更强,这是因为其在脂肪层的溶解度较大。此外,抗坏血酸与生育酚复合使用可以使抗氧化效果更佳,这是因为抗坏血酸能将脂类自氧化产生的氢过氧化物分解成非自由基产物。

(6)氢过氧化物分解剂 氢过氧化物是油脂氧化的初产物,有些化合物如硫代二丙酸及其月桂酸、硬脂酸酯可将链式反应生成的氢过氧化物转变为非活性物质,从而起到抑制油脂氧化的作用。

2. 增效作用

在实际应用抗氧化剂时,常同时使用两种或两种以上的抗氧化剂,几种抗氧化剂之间产生协同效应,导致抗氧化效果优于单独使用一种抗氧化剂,这种效应被称为增效作用(synergism)。其增效机制通常有两种。

①在两种游离基受体中,其中增效剂的作用是主抗氧化剂能再生,从而引起增效作用。如同属酚类的抗氧剂 BHA 和 BHT,前者为抗氧化剂,它将首先成为氢供体,而 BHT 由于空间阻碍只能与 ROO· 缓慢地反应。BHT 的主要作用是 BHA 能再生(图 5-29)。

②增效剂为金属螯合剂。如酚类+抗坏血酸,其中酚类是主抗氧化剂,抗坏血酸可螯合金属离子,此外,抗坏血酸还是氧清除剂且可使酚类抗氧化剂再生,两者联合使用,抗氧化能力更强。另外,柠檬酸的螯合金属离子能力也很强。

5.5.3 油脂在高温下的化学反应

油脂在高温下的反应十分复杂。在不同的条件下,油脂会发生聚合、缩合、氧化和分解等反应,使其黏度、酸价增高,碘值下降,折光率改变,还会产生刺激性气味,同时营养价值有所下降。表 5-12 列出了棉籽油在 225℃加热时的质量参数变化。

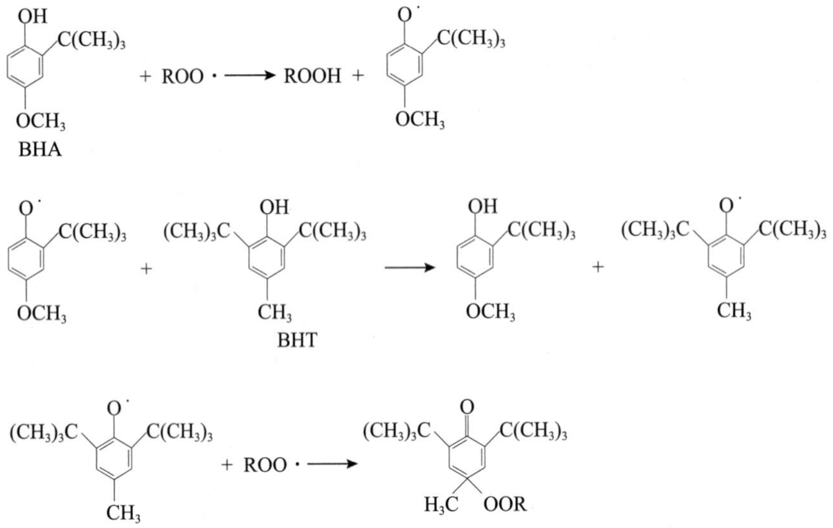

图 5-29　BHT 对 BHA 的增效机理

表 5-12　棉籽油在 225℃加热时的质量参数变化

质量参数	加热时间/h		
	0	72	194
平均相对分子质量	850	1 080	1 510
黏度	0.6	2.1	18.1
碘值	110	91	73
过氧化值	2.5	1.5	0

5.5.3.1　热分解反应

在高温条件下，油脂中的饱和脂肪酸与不饱和脂肪酸反应情况不一样，两者又分别在有氧和无氧条件有不同反应，大致反应情况如图 5-30 所示。

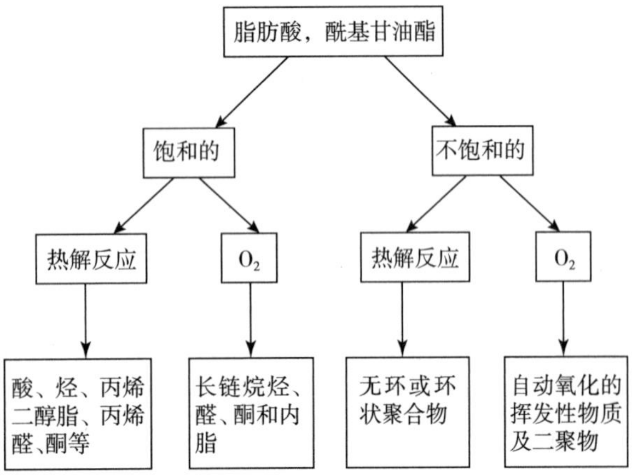

图 5-30　脂类热分解

1. 饱和油脂在无氧条件下的热解

一般来说，饱和脂肪酸酯必须在高温条件下加热才产生显著的非氧化反应。通过对同酸三酰甘油酯在真空条件下加热的情况分析发现，分解产物中主要为 n 个碳（与原有脂肪酸相同碳数）的脂肪酸、$2n$-1 个碳的对称酮、n 个碳的脂肪酸羰基丙酯，另外还产生一些丙烯醛、CO 和 CO_2。由此可知，无氧热解反应是从脱酸酐开始的，主要反应如图 5-31 所示。

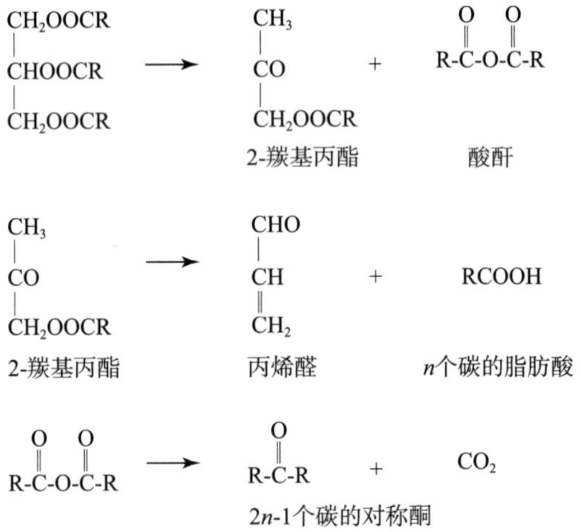

图 5-31　饱和油脂的无氧热解反应

2. 饱和油脂在有氧条件下的热氧化反应

饱和脂肪酸酯在空气中加热到 150℃以上时会发生氧化反应，通过收集其分解产物进行分析，发现绝大多数的产物为不同相对分子质量的醛和甲基酮，也有一定量的烷烃与脂肪酸，少量的醇与 γ-内酯。一般认为，在这种条件下，氧优先进攻离羰基较近的 α、β、γ -碳原子，形成氢过氧化物，然后进一步分解。例如，当氧进攻 β 位碳原子时，生成的产物见图

5-32。

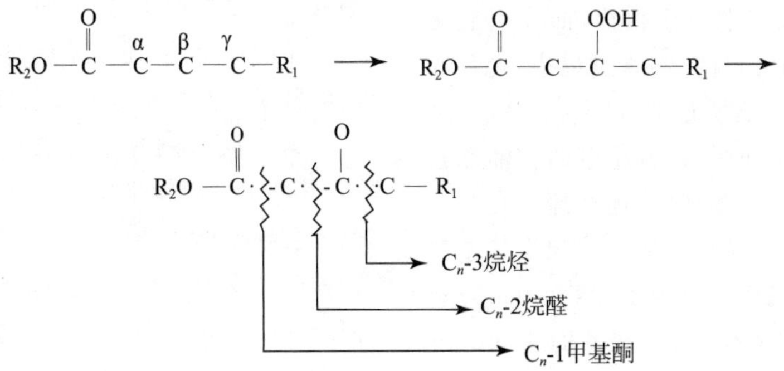

图 5-32 饱和油脂在 β 位的氧化热解

3. 不饱和油脂的热分解

不饱和油脂在无氧条件下加热至高温（低于220℃）主要发生热聚合反应；当温度高于 220℃时，除了有聚合反应，还会在烯键附近断开 C—C 键，产生低相对分子质量的物质。

不饱和油脂在空气中加热至高温时即能引起氧化与聚合反应。其氧化的主要途径与自氧化反应相同。根据双键的位置可以推知氢过氧化物的生成和分解，该条件下的氧化速率非常高，反应速度更快。

5.5.3.2 高温下油脂的热聚合反应

不饱和油脂在高温下可发生热聚合和热氧化聚合反应。二聚化和多聚化是脂类在加热或氧化时产生的主要反应，这种变化一般伴随着碘值的减少，相对分子质量和折射率的增加。聚合也导致油脂黏度增大，泡沫增多。

油脂在隔氧条件下加热至高温，不饱和脂肪酸之间可能发生 Diels-Alder 反应，生成环烯烃。该反应可发生在一个酰基甘油分子中的两个酰基之间，形成分子内的环状聚合物，也可以发生在两个酰基甘油分子之间（图 5-33、图 5-34）。

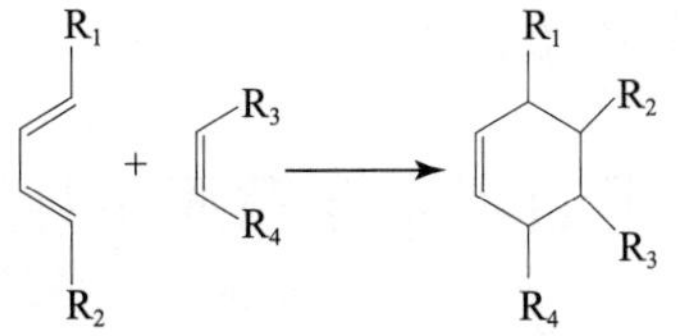

图 5-33 分子间的 Diels-Alder 反应

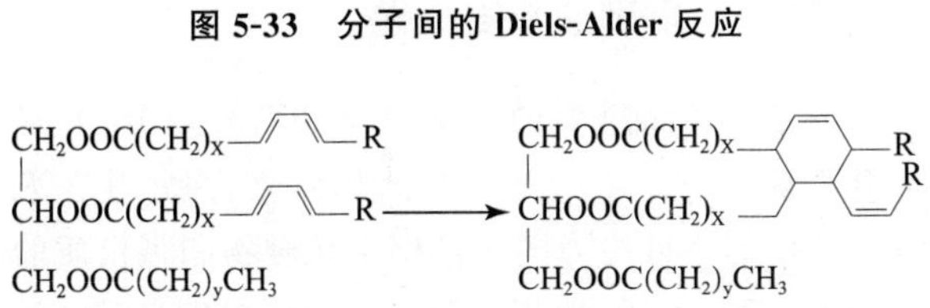

图 5-34 分子内的 Diels-Alder 反应

热氧化聚合反应是在 200～230 ℃条件下，甘油三酯分子在双键的 α-碳上均裂产生自由基，自由基之间再结合成二聚物。其中有些二聚物有毒性，在体内被吸收后，能与酶结合使之失活，从而引起生理异常。在油炸鱼虾时，细泡沫也是一种二聚物，如图 5-35 所示。

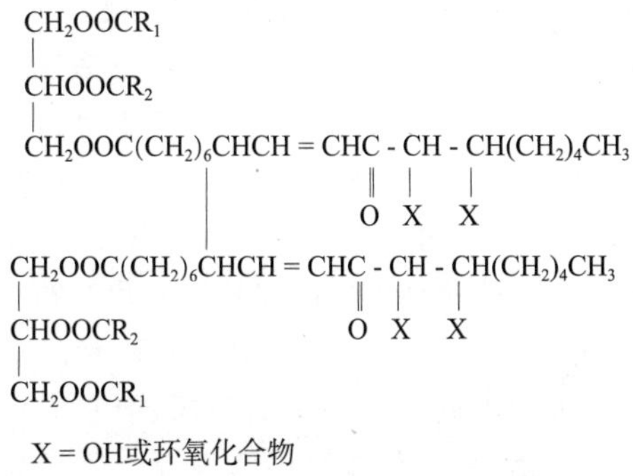

图 5-35 油脂的热氧化聚合反应

5.5.3.3 高温下油脂的缩合反应

在高温，特别是在油炸条件下，食品中的水进入油中，油脂会发生部分水解，然后水解产物再缩合形成相对分子质量较大的环氧化合物，如图 5-36 所示。

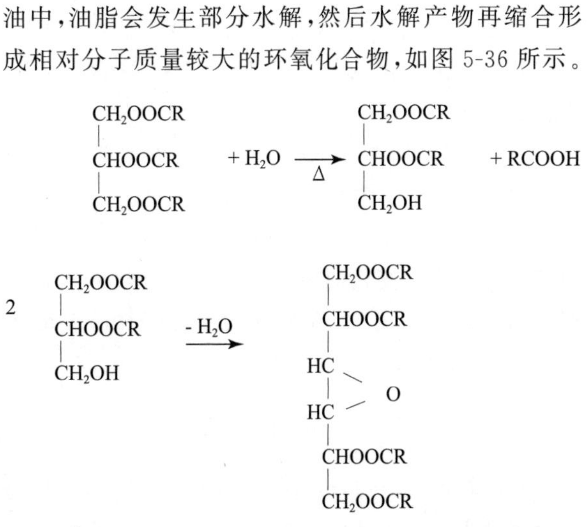

图 5-36 油脂在高温下发生缩合形成环氧化合物

5.5.3.4 油炸用油的化学变化

与其他食品加工或处理方法相比，油炸引起脂肪的化学变化是最大的，而且在油炸过程中，食品吸收了大量的脂肪，可达产品质量的 5%～40%（如油炸马铃薯片的含油量为 35%）。油炸用油在油炸过程中发生了一系列变化，例如，①水连续地从食品中释放到热油中。油中的水受热蒸发过程相当于蒸气蒸馏，并将油中挥发性氧化产物带走，释放的水分也起到搅拌油和加速水解的作用，并在油的表面形成蒸气层从而可以减少氧化作用所需的氧气量。②在油炸过程中，由于食品自身或食品与油之间相互作用产生一些挥发性物质，例如，马铃薯油炸过程中产生硫化合物和吡嗪衍生物。③食品自身也能释放一些内在的脂类（例如，鸡、鸭的脂肪）进入到油炸用油中，因此，新的混合物的氧化稳定性与原有的油炸用油就大不相同，食品的存在加速了油变暗的速度。在油炸过程中，其可产生下列各类化合物。

(1)挥发性物质　在油炸过程中，包括氢过氧化物的形成和分解的氧化反应，产生诸如饱和与不饱和醛类、酮类、内酯类、醇类、酸类以及酯类这样的化合物。油在 180℃并有空气存在情况下加热 30 min，由气相色谱可检测到主要的挥发性氧化产物。虽然所产生的挥发性产物的量随油的类型、食品类型以及热处理方法不同会有很大的不同，但它们一般会达到一个平衡值，这可能是因为挥发性物的生成和由蒸发或分解所造成的损失达到了平衡。

(2)中等挥发性的非聚合的极性化合物　例如，羟基酸和环氧酸，这些化合物是由各种自由基的氧化途径产生的。

(3)二聚物和多聚酯以及二聚和多聚甘油酯　它们是由自由基的热氧化和聚合产生的，这些化合物造成了油炸用油的黏度显著提高。

(4)游离脂肪酸　这些化合物是在高温加热与水存在条件下由三酰甘油酯水解生成的。

上述这些反应是在油炸过程中观察得到的各种物理变化和化学变化的原因。这些变化包括了黏度和游离脂肪酸的增加、颜色变暗、碘值降低、表面张力减小、折光率改变以及易形成泡沫。

5.5.4 辐照对油脂的影响

食品辐照（radiolysis）作为一种灭菌手段，其目的是消灭微生物和延长食品的货价寿命。辐照能使肉和肉制品杀菌（高剂量，如 10～50 kGy）；防止马铃薯和洋葱发芽；延迟水果成熟以及杀死调味料、谷物、豌豆和菜豆中的昆虫（低剂量，如低于 3 kGy）。无论从食品的稳定性，还是从经济观点来考虑，食品的辐照保藏对工业界都有着日益增加的吸引力。

其负面影响是辐照会引起脂溶性维生素的破坏，其中生育酚特别敏感。如同热处理一样，食品辐照也会导致化学变化。辐照剂量越大，影响越严重。在辐照食物的过程中，油脂分子吸收辐照能，发生类似于油脂在高温条件下的化学反应。以饱和脂肪酸酯为例，高剂量辐解可使脂肪酸羰基附近 α、β、γ 位置处断裂，生成的辐解产物有烃、醛、酸、酯等；辐解还促使饱和脂肪产生自由基，自由基之间可结合生成非自由基化合物。在有氧时，辐照还可加速油脂的自动氧化，同时使抗氧化剂遭到破坏。辐照和加热造成油脂降解，这两种途径生成的降解产物有些相似，只是后者生成更多的分解产物。

经几十年深入研究表明，食品在合适的条件下辐照杀菌是安全和卫生的。1980 年，国际辐照食品联合专家委员会确认“为贮存的目的，任何食物受到 10 kGy（放射性计量单位）以下的辐照不再需要进行毒理学方面的检测”。1983 年，食品法典委员会（Codex Alimentarius Commission，CAC）正式颁发了《辐照食品通用标准》（CODEX STAN 106—1983），为各国辐照食品卫生法规的制定提供了依据。《食品安全国家标准 食品辐照加工卫生规范》（GB 18524—2016）规定，辐照食品种类和剂量应在 GB 14891 系列标准规定的范围内；食品辐照不能代替食品生产加工过程中的卫生控制或良好生产规范，仅可在合理的工艺需求或对消费者健康有利的情况下才能使用；不得用辐照加工手段处理劣质不合格的食品；辐照食品的标识应符合《食品安全国家标准　预包装食品标签通则》（GB7718—2011）规定，即在食品名称附近标示“辐照食品”。

5.6 食用油脂安全及质量评价

5.6.1 食用油脂安全性

油脂是食品重要的组成成分和营养成分，是三大营养素之一。油脂是一类高热量化合物，其在人体中产生的热量约为同质量碳水化合物和蛋白质的 2.5 倍。除供能外，食用油脂还为人体提供必需脂肪酸；同时是脂溶性维生素的载体。但是过多摄入油脂也会对人体产生不利的影响，如引起肥胖、增加心血管疾病发病率。

食用油脂的安全性问题主要源自其氧化反应后的有害产物。油脂自动氧化是自由基链式反应，而自由基的高反应活性，人体过量摄入可导致机体损伤、细胞破坏和衰老等。在油脂氧化过程中，产生的过氧化脂质几乎能和食品中的任何成分反应，能导致食品的外观、质地和营养质量的劣变，甚至会产生致突变的物质。

①在油脂自氧化过程中产生的氢过氧化物及其降解产物可与蛋白质反应，导致蛋白质溶解度降低(蛋白发生交联)，颜色变化(褐变)，营养价值降低(必需氨基酸损失)。氢过氧化物的氧－氧键断裂产生的烷氧游离基，与蛋白质(Pr)作用，生成蛋白质游离基，蛋白质游离基再发生交联：

$$RO\cdot + Pr \rightarrow Pr\cdot + ROH$$

$$Pr\cdot + Pr\cdot \rightarrow Pr-Pr + Pr\cdot \rightarrow Pr-Pr-Pr + \cdots$$

②油脂自氧化过程中产生的氢过氧化物几乎可与人体内所有分子或细胞反应，破坏DNA和细胞结构，引起细胞损伤和炎症。

③油脂自氧化过程中产生的醛可与蛋白质中的氨基缩合(美拉德反应)，生成席夫碱后继续进行醇醛缩合反应，生成褐色的聚合物和有强烈气味的醛，导致食品变色，并且改变食品风味。例如，脂质过氧化物的分解产物丙二醛能与蛋白质中赖氨酸的ε-NH_2反应生成席夫碱，使大分子交联，这也是鱼蛋白在冷冻贮藏后溶解度降低，鱼肉质变老的原因之一。

此外，油脂在高温下长时间加热也会生成大量有害产物影响其安全性。油炸是常见的食品加工方式，它可以赋予食品特殊的口感和风味。由于对油炸条件未进行合适的控制，过度的分解作用将会破坏油炸食品的感官质量与营养价值。摄食经加热和氧化的脂肪而影响身体健康是一个极受关注的问题。动物实验表明，喂食因加热而高度氧化的脂肪，在动物中会产生各种有害效应。报道称，氧化聚合产生的极性二聚物是有毒的，而无氧热聚合生成的环状酯也是有毒的。用长时间加热的油炸用油喂养大白鼠会导致大白鼠食欲降低，生长缓慢和肝脏肿大。经检验，长时间高温油炸薯条和鱼片的油、反复使用的油炸用油均可产生显著的致癌活性。

尽管已确定脂肪经过高温加热和氧化能产生有毒物质，但是使用高质量的油和遵循推荐的加工方法，适度地食用油炸食品不会对健康造成明显的危险。

5.6.2 油脂质量评价指标

由于对三酰甘油酯中脂肪酸组成和分布的测定是比较复杂的，为了能简单快速的鉴别油脂的种类与品质，很多基本的理化分析值是很有参考价值的。

5.6.2.1 酸价

酸价(acid value, AV)是指中和1 g油脂中的游离脂肪酸所需的氢氧化钾的毫克数。新鲜油脂的酸价很小，但随着贮藏期的延长和油脂的酸败，酸价增大。酸价的大小可直接说明油脂的新鲜度和质量好坏，所以酸价是检验油脂质量的重要指标。我国食品卫生标准规定，食用植物油的酸价不得超过5。有关食用油脂的酸价标准见表5-13。

表5-13 我国食用油脂的酸价标准

油脂级别或种类	酸价/(mgKOH/g)
食用煎炸油、机制小磨麻油、二级菜籽油	≤5.0
食用亚麻籽油、大多数二级食用植物油	≤4.0
小磨芝麻香油	≤3.0
二级食用猪油	≤1.5
一级食用植物油和猪油、起酥油、人造奶油、食用氢化油	≤1.0
高级烹调油	≤0.5
色拉油	≤0.3
精制调和油	≤0.2
调和色拉油	≤0.15

注：若调和油中配入芝麻油，则酸价标准为≤2.0；若调和色拉油中配入有橄榄油，则酸价标准为≤0.4。

5.6.2.2 皂化值

1 g油脂完全皂化时所需KOH的毫克数称皂化值(saponify value, SV)(表5-14)。皂化值的大小与油脂的平均相对分子质量是反比，皂化值高的油脂熔点较低，易消化，一般油脂的皂化值在200左右。制皂业根据油脂的皂化值的大小可以确定合理的用碱量和配方。

5.6.2.3 碘值

100 g油脂吸收碘的克数叫作碘值(iodine value, IV)。通过碘值可以判断油脂中脂肪酸的不饱和程度，油脂中的双键越多，碘值越大，如油酸的碘值为89，亚油酸的碘值为181，亚麻酸则有273。各种油脂有特定的碘值，如猪油的碘值为 55～70。一般动物脂的碘值较小，植物油碘值较大。另外，根据碘值的大小可把油脂分为干性油(IV＝180～190)、半干性油(IV＝100～120)、不干性油(IV <100)。表 5-14 是我国几种作为特征指标的食用油脂的皂化值和碘值国家标准。

表 5-14　几种食用油脂的皂化值和碘值国家标准

油脂	皂化值/(mgKOH/g)	碘值/(g/100g)
葵花籽油	188～194	110～143
菜籽油	168～182	94～120
大豆油	188～195	123～142
花生油	187～196	80～106
棉籽油	189～198	99～123
米糠油	179～195	92～115

5.6.2.4　二烯值

二烯值(diene value，DV)是 100 g 油脂中所需顺丁烯二酸酐换算成碘的克数。因为顺丁烯二酸酐可与油脂中共轭双键进行 Diels-Alder 反应，所以二烯值是鉴定油脂不饱和脂肪酸中共轭体系的特征指标。天然存在的脂肪酸一般含非共轭双键。它在食品加工与贮藏过程中可能会发生某些化学反应而生成无营养的含共轭双键的脂肪酸。

5.6.3　油脂氧化的检验方法

脂类氧化反应十分复杂，产物众多，且有些中间产物不稳定，易分解，故对油脂氧化程度评价指标的选择非常重要。目前还没有一种简单的测定方法可完全评价油脂的氧化程度，通常需要测定几种指标。

1. 过氧化值

过氧化值(peroxidation value，POV)是指 1 kg 油脂中所含氢过氧化物的毫摩尔数(mmol)。氢过氧化物是油脂氧化的主要初级产物，在油脂氧化初期，POV 值随氧化程度加深而增高。当油脂深度氧化时，氢过氧化物的分解速度超过了氢过氧化物的生成速度，这时 POV 值会降低，所以 POV 值宜用于衡量油脂氧化初期的氧化程度。POV 值常用碘量法测定。

①被测油脂中的氢过氧化物与碘化钾反用生成游离碘。

$$ROOH + 2KI \longrightarrow ROH + I_2 + K_2O$$

②生成的碘再用硫代硫酸钠($Na_2S_2O_3$)标准溶液滴定，以消耗硫代硫酸钠的量来确定氢过氧化物的 mmol 数。

$$I_2 + 2Na_2S_2O_3 \longrightarrow 2NaI + Na_2S_4O_6$$

一般新鲜的精制油 POV 低于 1。POV 升高，表示油脂开始氧化。当 POV 达到一定量时，油脂产生明显异味，成为劣质油，该值一般定为 20，但不同的油有一些差别，如人造奶油为 60。故在检查油脂氧化变质的实验中，有的把变质的标准定为 20，有的定为 70。但一般过氧化值超过 70 就表明油脂已进入氧化显著阶段。

2. 硫代巴比妥酸值

不饱和脂肪酸氧化后的醛类产物(丙二醛及其他较低相对分子质量的醛等)与硫代巴比妥酸(thiobarbituric acid，TBA)反应生成红色和黄色物质，其中与氧化产物丙二醛反应产生的物质为红色，在 530 nm 处有最大吸收；饱和醛、单烯醛和甘油醛等与硫代巴比妥酸反应产物为黄色，在 450 nm 处有最大的吸收。可同时在这两个最高吸收波长处测定油脂的氧化产物的含量，以此来衡量油脂的氧化程度。TBA 值广泛用于评价油脂的氧化程度，但单糖、蛋白质、木材烟中的成分都可以干扰该反应，故该反应对不同体系的含油食品的氧化程度难以评价，而只能用于比较单一物质(如纯油脂)在不同氧化阶段的氧化程度的评价。

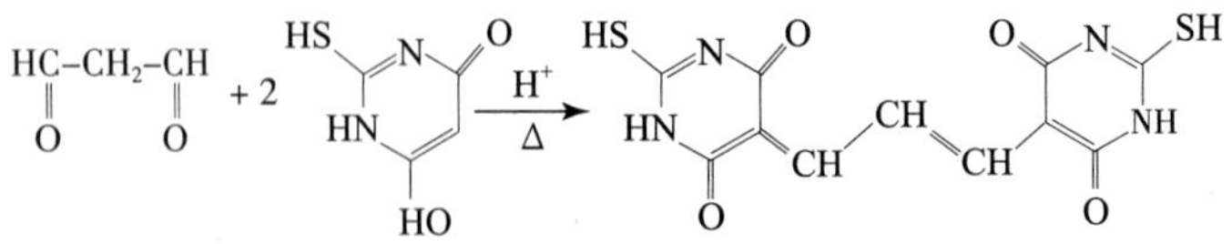

3. 碘值

碘值的大小可以判断油脂中脂肪酸的不饱和程度，同一油脂的碘值如果降低，说明油脂发生了氧化。

该值的测定利用了双键的加成反应，由于碘直接与双键的加成反应很慢，故采用溴化碘或氯化碘进行加成反应；过量的溴化碘在碘化钾存在下，析出单质碘，再用 $Na_2S_2O_3$ 标准溶液滴定，即可求得碘值，具体反应过程如下：

$$-CH{=}CH- + IBr \longrightarrow -\underset{I}{\underset{|}{CH}}-\underset{Br}{\underset{|}{CH}}-$$

$$IBr + KI \longrightarrow I_2 + KBr$$

$$I_2 + 2Na_2S_2O_3 \longrightarrow 2NaI + Na_2S_4O_6$$

4. 活性氧法

活性氧法(active oxygen method,AOM) 是检验油脂是否耐氧化的重要方法,基本做法是把被测油样置于97.8 ℃的恒温条件下,并连续向其中通入2.33 mL/s的空气,定期测定在该条件下的油脂的POV值,记录油脂的POV值达到70(植物油脂)或20(动物油脂)所需要的时间(AOM),以小时为单位。AOM值越大,说明油脂的抗氧化稳定性越好。一般油的AOM值仅10 h左右,但抗氧化性强的油脂可达到100多个小时。该法也是评价不同抗氧化剂抗氧化性能的常规方法。

5. 史卡尔(Schaal)温箱实验

把油脂置于(63±0.5)℃温箱中,定期测定POV值达到20所需要的时间或感官检查出现酸败气味的时间,以d为单位。温箱实验的天数与AOM值有一定的相关性,如在棉籽油的实验中有如下关系:

AOM(时间/h)= 2 ×(Schaal温箱实验时间/d)-5

6. 色谱法

已使用的各种色谱技术包括薄层色谱、高效液相色谱以及气相色谱测定含油脂食品的氧化。这种方法是基于分离和定量测定特殊组分,例如,挥发性的、极性的或多聚物或者单个多组分如戊烷或已醛,这些都是在自动氧化过程中产生的典型产物。

7. 感官评定法

感官评定法是最终评定食品中氧化风味的方法。评价任何一种客观的化学或物理方法的价值很大程度上取决于它与感官评定相符合的程度。风味评定一般是受过训练的或经过培训的品尝小组采用非常特殊的方法进行的。

5.6.4 油炸用油质量检验方法

测定脂肪氧化的一些方法通常也可用于监控油炸过程中油的热分解和氧化分解。此外,黏度、游离脂肪酸、感官质量、发烟点、聚合物生成以及特殊的降解产物等测定技术也不同程度地得到应用。另外,已研制了一些特别的方法评定使用过的油炸用油的品质。

1. 石油醚不溶物检验

德国研制了这个方法,后来由德国脂肪研究学会作了推荐。如果石油醚不溶物为0.7%,发烟点<170℃,或者石油醚不溶物为1.0%,不管发烟点是多少,那么可以认为油炸用油已变质了。

2. 极性化合物检验

极性组分是食用油在高温条件下发生热氧化、热聚合和热分解反应,产生极性较甘油三酯大的成分,如含有酮基、羟基、过氧化氢基和羧基的甘油酯或分解产物及水解产物(游离脂肪酸、甘油一酯、甘油二酯)等的总称。经加热的脂肪在硅胶柱上进行分级分离,使用石油醚-乙醚混合物洗脱非极性馏分,极性馏分的质量分数可从总量与非极性馏分的差值计算得到,可使用油的最大允许的极性组分量为27%。具体测定步骤请参考《食品安全国家标准 食用油中极性组分(PC)的测定》(GB 5009.202—2016)。

3. 介电常数检验

采用食用油传感器仪器快速测定油的介电常数的变化。介电常数随着极性的增加而增加,极性增加意味着变质。介电常数的读数代表了油炸用油中产生的极性和非极性组分间的净平衡,一般以极性部分增加为主,两种组分间的净差值取决于许多因素,其中有一些与油的质量无关(如水分)。

5.7 油脂加工化学

5.7.1 油脂的制取

油脂的制取有溶剂浸出法、压榨法、熬炼法和机械分离法等,目前最常用的为压榨法和溶剂浸出法。压榨法是油料经破碎、蒸炒后,用螺旋式榨油机压榨。溶剂浸出法一般先预榨,再用己烷或6号溶剂油浸出残油。6号溶剂油是主要由正己烷和环己烷(6碳)组成的混合物。用上述方法制取的油称为毛油或粗油。

5.7.2 油脂的精炼

油脂的精炼(refining)就是进一步采取理化措施以除去毛油中的杂质。毛油中的杂质按亲水、亲油性可分为三类:①亲水性物质:蛋白质、各种碳水化合物、某些色素;②两亲性物质:磷脂、脂肪酸盐;③亲油性物质:三酰甘油酯、脂肪酸、类脂、某些色素。

油脂中的杂质可使油脂产生不良的风味、颜色、降低烟点或不利于油脂的保藏，所以需要除去。

油脂精炼的基本流程：毛油⟶脱胶⟶静置分层⟶脱酸⟶水洗⟶干燥⟶脱色⟶过滤⟶脱臭⟶冷却⟶精制油。该流程中的脱胶、脱酸、脱色、脱臭是油脂精炼的核心工序，一般称为四脱。四脱的化学原理为

1. 脱胶

将毛油中的油溶性杂质脱除的工艺过程称为脱胶(degumming)。该过程主要脱除的是磷脂。如果油脂中磷脂含量高，加热时易起泡沫、冒烟且多有臭味，同时磷脂氧化可使油脂呈焦褐色，影响煎炸食品的风味。脱胶时常向油脂中加入2%～3%的热水，在50 ℃左右搅拌或通入水蒸气，由于磷脂有亲水性，吸水后比重增大，然后可通过沉降或离心分离除去水相即可除去磷脂和部分蛋白质。

2. 脱酸

脱酸(deacidification)主要目的是除去毛油中的游离脂肪酸。毛油中含有0.5%以上的游离脂肪酸，米糠油毛油中的游离脂肪酸甚至高达10%。游离脂肪酸对食用油的风味和稳定性具有很大的影响。

将适量苛性钠溶液(用碱量通过酸价计算确定)与加热的脂肪(30～60℃)混合，并维持一段时间直到析出水相，可使游离脂肪酸皂化，生成水溶性的脂肪酸盐(称为油脚或皂脚)，它分离出来后可用于制皂。此后，它再用热水洗涤中性油，接着采用沉降或离心的方法以除去中性油中残留的皂脚。该过程还能使磷脂和有色物质明显减少。

3. 脱色

毛油中含有的类胡萝卜素、叶绿素等色素会影响油脂的外观，甚至稳定性(叶绿素是光敏化剂)，因此需要除去。脱色(decoloration)一般是将油加热到85℃左右，并用吸附剂，如酸性白土(1%)、活性炭(0.3%)等处理，可将有色物质几乎完全地除去，其他物质，如磷脂、皂化物和一些氧化产物可与色素一起被吸附，然后通过过滤除去吸附剂。

4. 脱臭

各种植物油大部分都有其特殊的气味，脱臭(deodorization)可采用减压蒸馏法，通入一定压力的水蒸气，在一定真空度、油温(220～240 ℃)下保持几十分钟左右，即可将这些有气味的物质除去。在该过程中常常添加柠檬酸以螯合除去油中的痕量金属离子。

油脂精炼可提高油的氧化稳定性，能明显改善油脂的色泽和风味，还能有效去除油脂中的一些有毒成分(如花生油中的黄曲霉毒素和棉籽油中的棉酚)，但同时除去了油脂中存在的天然抗氧化剂-生育酚(维生素E)。脱臭馏出物成为提取天然维生素E的原料。

5.7.3 油脂的改性加工

食品工业上较易获得的植物油主要由不饱和脂肪酸组成。不饱和脂肪酸，熔点较低，在室温下通常呈液态，如花生油、大豆油、菜籽油等；另外，天然油脂中脂肪酸的分布模式，赋予油脂特定的结晶性质、熔点等，有时限制了它们在工业上的应用，不能满足食品工业的需要，因此需要进行油脂改性。改性的方法主要有油脂氢化、脂交换和油脂分提等三种方式。

5.7.3.1 油脂氢化

氢化(hydrogenation)是在20世纪初期发明的食品工业技术，并于1911年被食用油品牌“Crisco”首次使用。油脂氢化是指在高温、高压和使用催化剂(Pt、Ni、Cu)条件下，油脂中不饱和双键与氢气发生加成反应，使油脂不饱和程度降低，从而把在室温下呈液态的油变成固态的脂。氢化工艺在油脂工业中具有极大的重要性，因为它能达到以下几个主要目的：①能够提高油脂的熔点，使液态油转变为半固体或塑性脂肪，以满足特殊用途的需要，例如生产起酥油和人造奶油；②增强油脂的抗氧化能力；③在一定程度上改变油脂的风味。

1. 油脂氢化的机理

油脂氢化是在油中加入适量催化剂，并向其中通入氢气，在140～225℃条件下反应3～4 h，根据需要当油脂的碘值下降到一定值后终止反应(一般碘值控制在18左右)。油脂氢化的机理见图5-37，首先金属催化剂在烯键的任一端形成碳一金属复合物(a)，接着这个中间复合物再与催化剂所吸附的氢原子相互作用，形成不稳定的半氢化状态(b或c)。在半氢化状态时，烯键被打开，烯键两端的碳原子其中之一与催化剂相连，原来不可自由旋转的C═C键变为可自由旋转的C—C键。半氢化复合物(a)能加上一个氢原子生成饱和产品(d)，也可失去一个氢原子，恢复双键，但再生的双键可以处在原来的位置(g)，也可能在其他位置(e和f)，且均有反式异构体生成。

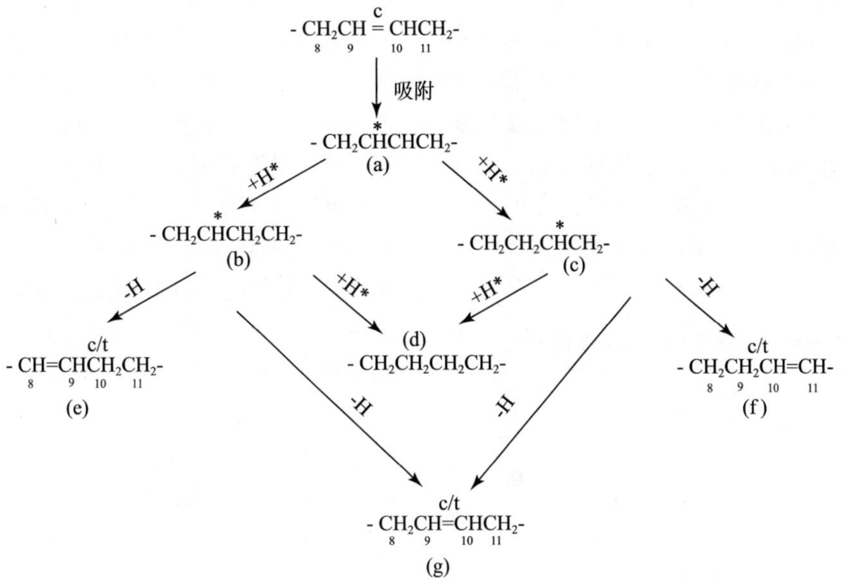

图 5-37 油脂氢化反应

2. 氢化选择性

在氢化过程中，一些双键不仅被饱和，而且可重新定位和(或)从通常的顺式转变(c)成反式构型(t)，所产生的异构物通常称为异酸。部分氢化可能产生一个较为复杂的反应产物的混合物，这取决于哪一个双键被氢化、异构化的类型和程度以及这些不同的反应的相对速率。油脂氢化的程度不一样，其产物也不一样，如亚麻酸(18∶3)的氢化产物按不断加氢的顺序为亚麻酸(18∶3)⟶亚油酸或异亚油酸(18∶2)⟶油酸或亚油酸(18∶1)⟶硬脂酸(18∶0)(图 5-38)。

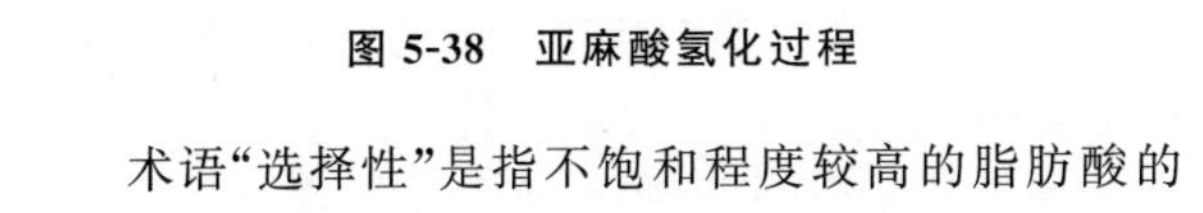

图 5-38 亚麻酸氢化过程

术语“选择性”是指不饱和程度较高的脂肪酸的氢化速率与不饱和程度较低的脂肪酸的氢化速率之比。由起始和终了的脂肪酸组成以及氢化时间计算出反应速率常数。例如，在豆油氢化反应中(图 5-39)，亚油酸氢化成油酸的速率与油酸氢化成硬脂酸的速率之比(选择比，SR)为 $K_2/K_3=0.519/0.013=12.2$，这意味着亚油酸氢化比油酸氢化快 12.2 倍。

一般来说，吸附在催化剂上的氢浓度是决定选择性和异构物生成的因素。如果催化剂被氢饱和，大多数活化部位持有氢原子，那么两个氢原子在合适的位置与任何靠近的双键反应的机会是很大的。因为接近这两个氢的任一个双键都存在饱和的倾向，因此产生了低选择性。如果在催化剂上的氢原子不足，那么较可能的情况是只有一个氢原子与双键反应，导致半氢化-脱氢顺序以及产生异构化。

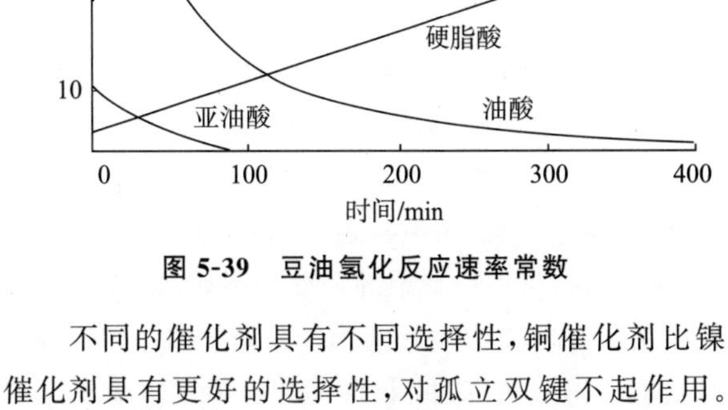

图 5-39 豆油氢化反应速率常数

不同的催化剂具有不同选择性，铜催化剂比镍催化剂具有更好的选择性，对孤立双键不起作用。其缺点是活性低、易中毒，残存的铜不易除去，从而降低了油脂的稳定性。铜—银催化剂作用温度低，选择性高。以离子交换树脂为载体的钯催化剂，具有较高的亚油酸选择性及低的异构化。

加工条件对选择性也有非常大的影响。不同加工条件(氢压、搅拌强度、温度以及催化剂的种类和浓度)通过它们对氢与催化剂活性比的影响而影响选择性。例如,温度增加提高了反应速度以及氢能较快地从催化剂中除去,从而使选择性增加。如表5-15所列,高温、低压、高催化剂浓度以及低的搅拌强度产生较大的SR,且加工条件对氢化速率和反式酸生成的影响。

表 5-15　加工参数对选择性和氢化速率的影响

加工参数	SR	反式酸	速率
高温	高	高	高
高压	低	低	高
高强度搅拌	低	低	高
高催化剂浓度	高	高	高

通过改变加工条件来改变SR,加工者能在很大程度上控制最终油的性质。例如,选择性较高的氢化能使亚油酸减少,并提高了稳定性,同时可使完全饱和化合物的生成降低到最少和避免过度硬化。反应的选择性越高,反式异构物的生成就越多,从营养的观点来讲,这是非常不利的。许多年来,食品脂肪制造者设计了不少氢化方法以尽量使异构化降到最低,又避免生成过量的完全饱和的物质。

3.氢化脂肪的安全性

油脂氢化后,多不饱和脂肪酸含量下降,脂溶性维生素和类胡萝卜素因氢化而破坏,且氢化还伴随着双键的位移,生成位置异构体和几何异构体。在一些人造奶油和起酥油中,反式脂肪酸占总酸的20%～40%。反式脂肪酸在生物学上与它们的顺式异构物是不相等的,反式酸无必需脂肪酸的活性,现在普遍认为反式脂肪酸对人体健康有不利影响。

5.7.3.2　酯交换

天然油脂中的脂肪酸的分布模式赋予了油脂特定的物理性质如结晶特性、熔点等。有时这种性质限制了它们在工业上的应用,但可以采用化学改性的方法,如酯交换(interesterification)可改变脂肪酸的分布模式,以适应特定的需要。例如,猪油的三酰甘油酯多为Sn-SUS。该类酯结晶颗粒大,口感粗糙,不利于产品的稠度,也不利于用在糕点制品上。经过酯交换后,改性猪油可结晶成细小颗粒,稠度改善,熔点和黏度降低,适合作为人造奶油和糖果用油。

酯交换就是指三酰甘油酯上的脂肪酸酯与脂肪酸、醇、自身或其他酯类作用而进行的酯基交换或分子重排的过程。通过酯交换可以改变油脂的甘油酯组成、结构和性质,生产出天然没有的具有全新结构的油脂,以适应某种需要;也可生产单甘酯、双甘酯以及甘三酯外的其他甘三酯类。目前酯交换已被广泛应用于表面活性剂、乳化剂、植物燃料油以及各种食用油脂等各个生产领域。酯交换可在高温下发生,也可在催化剂甲醇钠或碱金属及其合金等的作用下在较温和的条件下进行。酯交换一般采用甲醇钠作催化,通常只需在50～70℃下,短时间内就能完成。

1.酯交换反应机理

以 S_3、U_3 分别表示三饱和甘油酯和三不饱和甘油酯。甲醇钠与三酰甘油酯反应,生成二酯酰甘油酸盐。

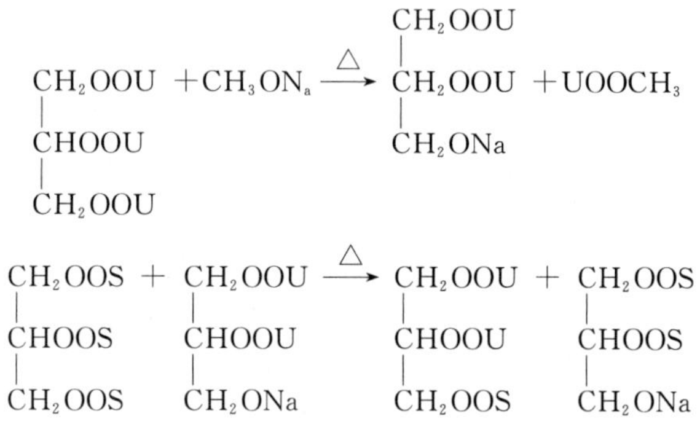

这个中间产物再与另一分子三酰甘油酯分子发生酯交换,反应如此不断继续下去,直到所有脂肪酸酰基改变其位置,并随机化趋于完全为止。

2.随机酯交换

当酯化反应在高于油脂熔点时进行时,脂肪酸的重排是随机的,产物很多,这种酯交换称为随机酯交换。随机酯交换可随机地改组三酰甘油酯,最后达到各种排列组合的平衡状态。例如,将Sn-SSS,Sn-SUS为主体的脂变为Sn-SSS、Sn-SUS、Sn-SSU、Sn-SUU、Sn-USU 、Sn-UUU 6种酰基甘油的混合物。如50%的三硬脂酸酯和50%的三油酸酯发生随机酯交换反应:

StStSt (50%) + OOO (50%)

↓ CH_3ONa

StStSt (12.5%)　StOSt (12.5%)　OStSt (25%)　StOO (25%)　OStO (12.5%)　OOO (12.5%)

油脂的随机酯交换可用来改变油脂的结晶性和

稠度，如猪油的随机酯交换增强了油脂的塑性，在焙烤食品可用作起酥油。

3.定向酯交换

定向酯交换是指将反应体系的温度控制在熔点以下，因反应中形成的高饱和度、高熔点的三酰甘油酯结晶析出，并从反应体系中不断移走，导致反应产生更多地被移去产物。从理论上讲，该反应可使所有的饱和脂肪酸都生成为三饱和酰基甘油，从而实现定向酯交换为止。混合甘油酯经定向酯交换后生成高熔点的 S_3 产物和低熔点的 U_3 产物，如

$$\text{OStO} \xrightarrow{CH_3ONa} \text{StStSt}(33.3\%)+\text{OOO}(66.7\%)$$

近年来，以酶作为催化剂进行酯交换的研究已取得可喜进步。以无选择性的脂水解酶进行的酯交换是随机反应，但以选择性脂水解酶作催化剂，则反应是有方向性的，如以 Sn-1，3 位的脂水解酶进行脂合成也只能与 Sn-1，3 位交换，而 Sn-2 位不变。这个反应很重要，此种酯交换可以得到天然油脂中所缺少的甘油三酰酯组分。如在棕榈油中，存在大量的 POP 组分，但加入硬脂酸或三硬脂酰甘油以 1，3 脂水解酶作交换可得到：

$$\text{POP}+\text{St}\xrightarrow{1,3\text{ 脂水解酶}}\text{POP}+\text{POSt}+\text{StOSt}$$

其中 Sn-POSt 和 Sn-StOSt 为可可脂的主要组分，这是人工合成可可脂的方法。这种可控重排适用于含饱和脂肪酸的液态油（如棉籽油、花生油）的熔点的提高和稠度的改善，因此无须氢化或向油中加入硬化脂肪即可转变为具有起酥油稠度的产品。

4.酯交换油脂产品的应用

酯交换反应被广泛应用在起酥油的生产中。猪油中的二饱和三酰基甘油酯分子的碳 2 位置上大部分是棕榈酸，即使在工业冷却器中迅速固化，也会形成较大的粗粒结晶体。如果直接用猪油加工成的起酥油，不但会出现粒状稠性，而且在焙烤中会表现出不良性能。然而将猪油酯交换后，得到的无规分布油脂可改善其塑性范围并制成性能较好的起酥油。若在高温下定向酯交换，则得到固体含量较高的产品，可塑性范围扩大。棕榈油定向酯交换后可制成浊点较低的色拉油。酯交换还用于生产稳定性高的人造黄油和熔化特性符合要求的硬奶油。

5.7.3.3 油脂分提

天然油脂主要是多种甘油三酯所组成的混和物。组成甘油三酯的脂肪酸的碳链长短、不饱和程度、双链的构型和位置及甘油三酯中脂肪酸的分布不同构成了各种甘油三酯组分在物理及化学性质上的差异。在一定温度下，利用构成油脂的各种三酰甘油酯的熔点差异及溶解度的不同，而将不同甘油三酯组分分离的过程称之为分提。在低温下，以分离固态脂、提高液态油清晰度为宗旨的工艺过程称为冬化（也称脱蜡）。冬化属于分提的范畴，但它只是分提的一种。

油脂分提是油脂改性的重要手段之一，其主要有两个目的：一是充分开发、利用固体脂肪，生产起酥油、人造奶油、代可可脂等；二是提高液态油的品质，改善其低温贮藏的性能，生产色拉油等。目前工业分提还只局限于与冬化相同的方法，即干法分提、溶剂分提法、液-液萃取法及表面活性剂分提法等。

1.干法分提

干法分提是指在无有机溶剂存在的情况下，将处于溶解状态的油脂慢慢冷却到一定程度，过滤分离结晶，析出固体脂的方法。它包括冬化、脱蜡、液压及分级等方法。冬化时要求冷却速度慢，并不断轻轻搅拌以保证产生体积大、易分离的β'与β型晶体。油脂置于10℃左右冷却，使其中的蜡结晶析出，这种方法称为油脂脱蜡。压榨法是一种古老的分提方法，用来除去固体脂（如猪油、牛油等）中少量的液态油。

2.溶剂分提法

溶剂分提法易形成容易过滤的稳定结晶，可提高分离效果，尤其适用于组成脂肪酸的碳链长、黏度大的油脂分提。油脂分提所用的溶剂主要有己烷、甲乙酮、丙酮等。己烷对脂溶解度大，结晶析出温度低，结晶生成速度慢；甲乙酮分离性能优越，冷却时能耗低，但其成本高；丙酮分离性能好，但低温时对油脂的溶解能力差，并且丙酮易吸水，从而使油脂的溶解度急剧变化，改变其分离性能。为克服使用单一溶剂的缺点，常使用混合溶剂（丙酮-己烷）分提。

3.液-液萃取法

液-液萃取法是基于油脂中不同的甘油三酯组分在某一溶剂中具有选择性溶解的物理特性，经萃取将相对分子质量低、不饱和程度高的组分与其他组分分离，然后进行溶剂蒸脱，从而达到分提目的的一

种工艺。

4. *表面活性剂分提法*

表面活性剂分提法是指在油脂冷却结晶后，添加表面活性剂，改善油与脂的界面张力，借助脂与表面活性剂间的亲和力形成脂在表面活性剂水溶液中悬浮，从而促进晶、液分离。

无论哪一种方法都可分为结晶和分离两步，即都要将油脂冷却，以析出结晶为第一步。至关重要的是，析出容易与液态油分离的结晶形态，然后进行晶、液分离，从而得到优质的固态脂与液态油。只不过不同的方法呈现不同的特征而已。分提的原理都是基于不同类型的甘三酯的熔点差异或不同温度下其互溶度不同或其在一定温度下对某种溶剂的溶解度不同，应用冷却结晶或液-液萃取法而达到分提目的。

5.8 油脂与日常生活

5.8.1 脂肪的食物来源

目前食用油脂主要来源于植物和动物。动物油脂主要包括猪油、牛油和乳脂；海生动物油，如鳕鱼肝油、鲱油和鲸油等。在植物油脂中，固体脂肪有可可脂；液态油，如玉米油、葵花籽油、大豆油、花生油、橄榄油等。

动物性食物，如猪肉、牛肉、羊肉以及它们的制品，如各种肉类罐头等都含有大量脂肪。即使是除去可见脂肪的瘦肉也都含有一定量“隐藏”的脂肪。禽蛋类和鱼类脂肪含量稍低（蛋黄及蛋黄粉含量较高）。尽管乳本身含脂肪量不高，但乳粉（全脂）的脂肪含量可约占 30%，而黄油的脂肪含量可高达 80%以上。此外，一些动物脂肪组织还可以炼制成油脂（如猪油、牛油），以供烹调和食品加工。通常，畜类脂肪含饱和脂肪（饱和脂肪酸）较多，而禽类和鱼类脂肪含多不饱和脂肪酸较多。鱼类，尤其是海鱼脂肪更是 EPA 和 DHA 的良好来源。

植物性食物，如大豆、花生、芝麻等油料作物含油量丰富。大豆含油量约 20%，花生的含油量可在 40%以上，而芝麻的含油量更可高达 60%。它们本身既可直接加工成各种含油量不同的食品食用，又可以提制成不同的植物油供人们烹调和在食品加工时使用。一般来说，植物油含不饱和脂肪酸多，是人体必需脂肪酸的良好来源，但可可脂、棕榈油、椰子油等例外。某些坚果类含油量也很高，如核桃、松子的含油量可高达 60%，但它们在人们日常的食物中所占的比例不大。谷类食物含脂肪量较少，水果、蔬菜的脂肪含量则更少。烹调用油是膳食脂肪的重要来源。许多食品（如上述各种食品）和加工食品，特别是许多糕点、饼干和油炸食品等都可能含有大量油脂。人类膳食脂肪是由各种食品中可见的和不可见的脂肪组成的。

5.8.2 具有保健作用的脂肪酸

除作为供能物质，部分脂肪酸对人体具有重要的生理功能。多不饱和脂肪酸一般是指含两个或两个以上双键、碳链长度在 18 个碳原子以上的脂肪酸。从营养上来看，最具价值的脂肪酸有两类：①ω6 系列不饱和脂肪酸，主要包括亚油酸、γ-亚麻酸、DH-γ-亚麻酸、花生四烯酸。②ω3 系列不饱和脂肪酸，主要包括 α-亚麻酸、DHA 和 EPA。图 5-40 为常见植物和动物脂肪中脂肪酸的分布情况。

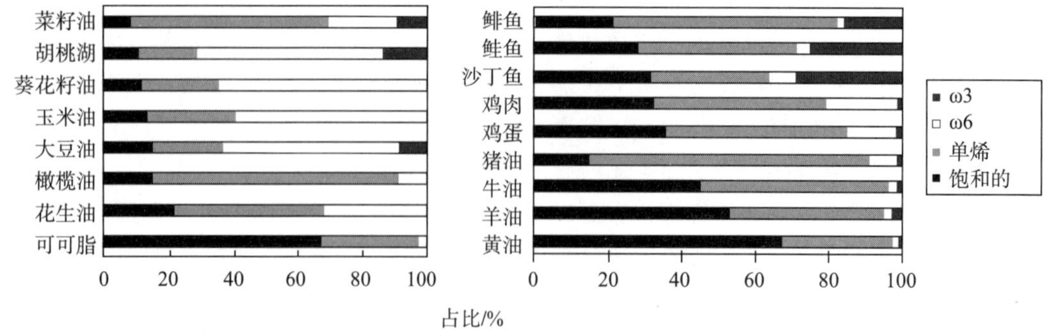

图 5-40　常见植物和动物脂肪中脂肪酸的分布

必需脂肪酸(essential fatty acid，EFA)是指人体不可缺少而自身又不能合成的一些脂肪酸，ω6 系列中的亚油酸和 ω3 系列中的 α-亚麻酸是人体必需的两种脂肪酸。事实上，ω6 和 ω3 系列中许多脂肪酸如花生四烯酸、DHA、EPA 等都是人体不可缺少的必需脂肪酸。虽然人体可以利用亚油酸和 α-亚麻酸来合成这些脂肪酸，但机体在利用这两种必需脂肪酸合成同系列的其他多不饱和脂肪酸时均使用相同的酶。竞争抑制作用使体内合成速度较为缓慢，直接从食物中获取这些脂肪酸是最有效的途径。

值得注意的是，这些脂肪酸均是全顺式多烯酸，反式异构体起不到必需脂肪酸的生理作用。

5.8.3　反式脂肪

反式脂肪(trans fats)，又称为反式脂肪酸、逆态脂肪酸，是一种不饱和脂肪酸(单不饱和或多不饱和)。

天然的动植脂肪中几乎不含有反式脂肪(但研究表明乳中含有 3%～5%的天然反式脂肪酸)。天然脂肪经反复煎炸后也会生成少量的反式脂肪。人类食用的反式脂肪主要来自经过部分氢化的植物油。部分氢化过程会改变脂肪的分子结构(降低不饱和程度，让油更耐高温、不易变质，并且增加保存期限)，但氢化过程将一部分的脂肪改变为反式脂肪(图 5-41)。由于能增添食品酥脆口感、易于长期保存等优点，氢化植物油被大量运用于市售包装食品、餐厅的煎炸食品中。因此，食品标签中列出如“代可可脂”“植物黄油(人造黄油、麦淇淋)”“人造奶油”“氢化植物油”“部分氢化植物油”“人造起酥油”等成分即可能含有反式脂肪。在氢化植物油中，反式脂肪的含量与氢化工艺和加氢程度有关，通过改良加氢工艺能大大降低反式脂肪的产生；另外，油脂完全氢化不产生反式脂肪。一些其他工艺(如酯交换)生产的“酥油”“人造酥油”“雪白奶油”等也可以不含反式脂肪酸。

虽然人类食用氢化脂肪已超过 100 年，但仍没有充分了解反式脂肪的生物化学性质，对反式脂肪进入胎儿脑组织、细胞膜和动脉的机理知之甚少。起初，反式脂肪因为被归类为不饱和脂肪而被视为较健康的饱和脂肪取代品。现代普遍认为反式脂肪是比饱和脂肪更不健康的脂肪，因此在少数国家中被严格管制，而较多国家要求食品制造商必须在产品上标注是否含有反式脂肪。许多食品公司已经主

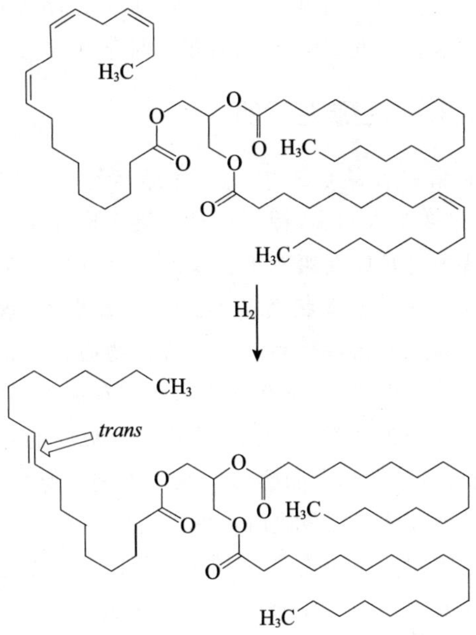

图 5-41　氢化过程中反式脂肪的生成

动停止在产品中使用反式脂肪或是增加不含反式脂肪的产品线。

食用反式脂肪将会提高患冠状动脉心脏病的概率，因为它可令低密度脂蛋白上升，并使高密度脂蛋白下降。研究显示，只要摄取极低量的反式脂肪，就会大幅提高得冠心病的风险。在美国因心脏疾病而死的人当中，每年有 3 万～10 万人可以归因于食用反式脂肪。在对 12 万名护士长达 14 年的研究中发现，膳食中每增加 2%的反式脂肪热量摄取，冠心病的风险就会增加 1.94 倍。肝脏无法代谢反式脂肪也是高血脂、脂肪肝的重要原因之一。世界各地的健康管理机构建议将反式脂肪的摄取量降至最低。世界卫生组织在《预防和控制非传染病：实施全球战略》报告中重申要“逐步消除反式脂肪”。联合国粮食及农业组织与世界卫生组织建议，饮食中仅应包含极小量的反式脂肪，低于每天摄取热量的 1%。对于一个每天消耗 8 364 kJ 的成人而言，这个量相当于每天摄取不超过 2 g。

由于越来越多研究指出反式脂肪有碍健康，美国食品药品管理局要求食品包装上列清楚反式脂肪成分。2003 年丹麦首先立法禁止销售反式脂肪含量超过 2%的食材。2008 年 4 月，瑞士追随丹麦立法对反式脂肪食品进行限制销售。《食品安全国家标准　预包装食品营养标签通则》(GB 28050—2011)规定，食品配料含有或生产过程中使用了氢化和(或)部分氢化油脂，在营养成分表中还应标示出反式脂

肪(酸)的含量。如果每100 g或100 mL食品中的反式脂肪酸含量低于0.3 g，就可以标示为“0”。

5.8.4 脂肪替代品

油脂在食品加工中赋予食品良好的风味和口感，但过多摄入油脂，特别是过多摄入饱和脂肪酸却又被认为对身体健康有害。人们为了既保留油脂所赋有的良好感官性状而又不致有过多摄入，现已有许多不同的油脂替代品。这些替代物通常可以在降低热值的前提下，模仿特定的脂肪在食品中的功能。它们一般分为两类：一类是用低热量密度的物质代替脂肪；另一类对食品感官性状的影响与脂肪类似，却因不被人体直接吸收而不提供热量。

脂肪在食品中有许多功能，其中一些功能在特定的食品中可以为非脂肪物质所模拟。例如，脂肪为巧克力、冰淇淋等食品提供了顺滑的口感。蛋白质颗粒可以制造得非常细小、浑圆和坚实，当悬浮在水中时，这些小颗粒变稠且能提供类似于脂肪的顺滑口感。这种“超微粉碎”过的蛋白质如今已作为脂肪替代物被广泛的使用在冰淇淋一类食品中。蛋白质的热值仅约为脂肪的40%，直接降低了食物的热量。能够提高黏度的糖类可模拟油被应用于倾倒式色拉油调料中，它也降低了热含量。使用蛋白质和糖类作为脂肪替代物的不利因素在于它们不能经受煎炸或烹饪时的高温。

第一类二酰基甘油酯（diglyceride，DG）由于带有1个—OH基，故常被作为冰淇淋、饼干、蛋糕中的乳化剂，以提高品质及安全性。而DG在结构上只带有2个脂肪酸，经人体消化分解后，在体内合成脂肪的蓄积也较三酰甘油酯(tiglyceride，TG)少。因此，在健康诉求上有逐渐取代TG的趋势。

第二类脂肪替代物——糖酯，在化学性质上与脂肪类似，但不能为人体所吸收和代谢。该类物质能够经受煎炸和烹饪时的高温却对食品的热值没有贡献。在糖酯中，最为著名的蔗糖聚酯是利用蔗糖与脂肪酸甲基酯为原料，合成出适合食品加工的、具有优良性能的油脂替代品(图5-42)。1996年美国食品药物管理局批准蔗糖聚酯成为一种食物添加剂，目前已被广泛用于炸薯条和甜品中。蔗糖聚酯每分子含有6～8个脂肪酸，因而不能被脂肪酶水解，在代谢中不易被分解，不会被小肠吸收，所以不产生热量。它对食品的不利影响会干扰身体对脂溶性维生素的吸收，同时可能引起胀气和下痢。由于安全因素，被批准应用于食品的该类物质还很少。

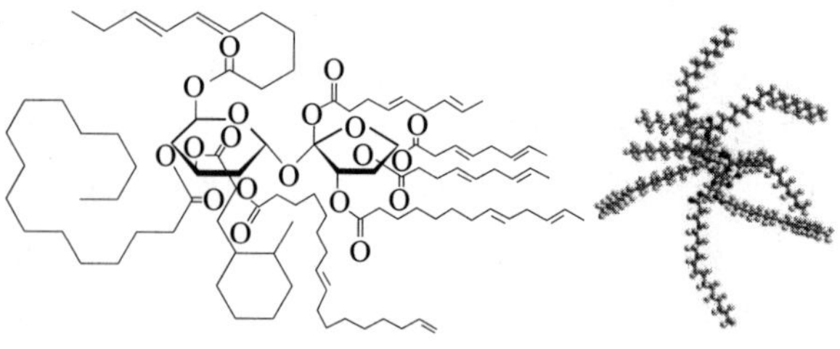

图5-42 美国第一种批准上市的人造油脂——蔗糖聚酯

二维码5-1 油脂

思考题

1. 脂肪如何分类？如何命名脂肪酸和甘油酯？
2. 在营养学上较重要的多不饱和脂肪酸有哪些？它们的主要生理功能是什么？
3. 什么叫油脂的同质多晶？常见同质多晶型有哪些？各有何特性？
4. 油脂的塑性受哪些因素影响？如何通过化学改性获得塑性脂肪？
5. 油脂自动氧化的历程是怎样的？影响油脂氧化的因素有哪些？如何评价油脂氧化的程度和安全性？
6. 油脂发生脂解的原因？对其品质造成什么影响？如何评价油脂脂解的程度？
7. 高温、长时间加热的油主要发生哪些化学变化？其安全性如何？
8. 抗氧化剂的抗氧化原理是什么？
9. 油脂精炼的步骤和原理是什么？
10. 油脂改性的工艺有哪些？各达到什么目的？

参考文献

阚建全，2008. 食品化学. 2版. 北京：中国农业大学出版社.

POTTER N N，HOTCHKISS J H，2001. 食品科学. 5版. 王璋，钟芳，等主译. 北京：中国轻工业出版社.

刘庆平. 2008. 动脉粥样硬化. 北京：化学工业出版社.

HUI Y H，2001. 油脂化学与工艺学. 5版. 徐生庚，裘爱泳，主译. 北京：中国轻工业出版社.

谢笔钧. 2004. 食品化学. 2版. 北京：科学出版社.

王璋，许时婴，汤坚. 1999. 食品化学. 北京：中国轻工业出版社.

FENNEMA O W，1996. Food Chemistry [M]. 3rd ed. New York：Marcel Dekker Inc .

BELITZ H D，GORSCH W，1999，Food Chemistry [M]. 2nd ed. Berlin：Springer-Verlag Heidelberg.

第 6 章
维生素

学习目的与要求

1. 正确理解维生素的概念；
2. 熟练掌握几种常见脂溶性和水溶性维生素的性质及功能；
3. 解决实际问题。

6.1　引言

6.1.1　维生素的概念

维生素(vitamin)是机体维持正常生理功能所必需的一类微量有机化合物,在调节物质代谢和维持生理代谢功能等方面有着独特作用。

维生素与碳水化合物、脂肪和蛋白质三大营养物质不同,这三大营养物质在机体中所需量大,并且可以产生能量,组成细胞成分,而维生素是生物体所需要的微量营养成分,一般无法由生物体自己生产,需要通过食物补充。人们对维生素的需要量很少,但不可或缺,每天需要量常以毫克(mg)或微克(μg)来计。如果长期缺乏某种维生素,则会导致相应的维生素缺乏症,引起机体生理机能障碍而发生某种疾病,严重时足以致命。

目前已知的维生素有 30 多种。在维生素的定义中如果满足以下四条,就可以称之为必需维生素。①外源性:人体自身不合成(维生素 D 除外,维生素 D 在体内可以少量合成,由于其对人体非常重要,仍被称为必需维生素),需要通过饮食补充。②微量性:每天需要量甚微,可以参与机体代谢,发挥巨大作用。它与常量概念不同,常量营养素至少是其 1 000 倍。③调节性:维生素能够调节人体新陈代谢。④特异性:当某种维生素缺乏时,人体将会呈现特有的病态。根据这四个特点,目前已知的必需维生素主要有 13 种:维生素 A、维生素 D、维生素 E、维生素 K、维生素 B_1、维生素 B_2、维生素 B_6、维生素 B_{12}、叶酸、泛酸、生物素、烟酸和维生素 C。

值得一提的是,作为食品中的微量元素,维生素的含量通常极低,且许多维生素的化学稳定性较差,在食品贮藏加工中较易损失。因此,为提高食品的营养价值和有效摄取,在贮藏加工中应注意采取合理的加工技术手段,以减少维生素的破坏或损失。

6.1.2　维生素的特点

1897 年,艾曼克(Christian Eijkman)在爪哇发现人若只吃精磨的白米会患脚气病,而食用未经研磨的糙米能治这种病,他认为精米中缺乏一种不同于蛋白质和盐的物质,对健康来说该物质不可或缺,缺乏该物质可以引起营养性多发性神经炎。1912 年,韦克提出了维他命理论,把饮食与健康之间的关系给予了创新的名词。

维生素是维持机体活动必需的一类有机物质,在机体代谢中起着重要作用。维生素虽然参与能量代谢,但不参与机体各种组织器官的组成。它主要以辅基,或者辅酶形式参与机体细胞物质代谢或者能量代谢的调节。人体不断进行各种生化反应,反应中需要酶的催化,而不少酶需要有辅酶的参与才能产生活性。许多维生素是辅酶或者是辅酶的组成成分。维生素因其结构和理化性质不同而具有特定的生理功能,但是它们也有一些共同的特性:①维生素均以本体或者前体化合物形式存在天然食物中。②维生素不是机体组织和细胞的组成成分,也不是体内供能物质,但具有生理功能,多以辅酶或辅基形式参与酶催化反应,作用主要是参与机体代谢调节。③机体不能合成大多数的维生素,或者合成量不足,不能满足机体需要,必须通过食物获得。④人体对维生素的需求量很小,缺乏或过量摄入都会损害人体健康。

6.1.3　维生素的命名

维生素的命名比较复杂,包括按照其被发现的先后顺序命名、按照其生理功能命名、按照其化学结构命名和按照其在食物中的分布命名。按其发现的先后顺序,以英文字母命名并辅以阿拉伯数字下标命名(个别除外),如维生素 A、维生素 B_1、维生素 B_2、维生素 C 和维生素 D 等;按其生理功能命名,如抗干眼病维生素(维生素 A)、抗坏血酸(维生素 C)和抗凝血维生素(维生素 K)等;按其化学结构命名,如视黄醇、硫胺素和核黄素等,硫胺素分子结构中含有硫和氨基;按其在食物中的分布命名,如泛酸、叶酸、肉毒碱等。现在维生素命名原则由国际营养科学联合会在 1978 年予以确定。它区分了一些用于描述具有维生素活性的某一族化合物(如维生素 D)的专用词汇,与一些修饰性的词(如"活性"和"缺乏")以及一些具体维生素常用名的区别。原则太长,比如,规定"烟酸"是吡啶-3-羧酸化合物及其具有烟酰胺样生物活性的衍生物的总称。

6.1.4　维生素的分类

维生素是小分子有机化合物,它们在化学结构和生理功能上差异很大。极少数的维生素是单一化合物,绝大多数维生素是一系列化学结构相关、生物活性相同(不一定是同量)的化合物。维生素有脂肪族、芳香族、脂环族、杂环和甾类化合物等，所以一般不采用化学结构分类法。维生素的生理功能各有所异，有的维生素作为生物催化剂（酶的辅助因子）参与细胞物质与能量转移过程，有的维生素专一性地作用于机体的某些组织，所以也无法根据其生理作用进行分类。

惯常的分类方法是根据维生素的溶解性进行分类，分为脂溶性维生素和水溶性维生素。脂溶性维生素易溶于非极性溶剂中，包括维生素 A、维生素 D、维生素 E 和维生素 K，在生物体内的存在与吸收都与脂肪有关。水溶性维生素易溶于极性溶剂中，又可分为 B 族和维生素 C 等，B 族维生素有硫胺素（维生素 B_1）、核黄素（维生素 B_2）、泛酸（维生素 B_5）、吡哆醇（维生素 B_6）、维生素 B_{12}、叶酸、生物素、烟酸（维生素 PP）。

脂溶性维生素在结构上有一些共同特性，例如其基本由五碳类异戊二烯单位（2-甲基-1，3-丁二烯）构成，动物或植物生物合成中的乙酰辅酶 A 是这些类异戊二烯单位的来源。脂溶性维生素经胆汁乳化，在小肠吸收，然后由淋巴循环系统运输到体内各处。体内可储存脂溶性维生素（主要是肝脏），排泄率不高。而水溶性维生素几乎没有相似的结构，没有统一的生物合成途径。水溶性维生素存在于植物性食物中，不需要消化，在肠道直接吸收后，通过体液循环到机体各个组织，由于多余的部分多数由尿排出，所以在体内储存很少。

除此之外，还有维生素类似物，其具有维生素的某些特性，如胆碱、肉毒碱、吡咯喹啉醌、肌醇、乳清酸和牛磺酸等。维生素的分类、生理功能及主要来源见表 6-1。

表 6-1 维生素的分类、生理功能及主要来源

分类	名称	俗名	生理功能	主要来源
水溶性维生素	维生素 B_1	硫胺素	维持神经传导，预防脚气病	酵母、谷类、肝脏、胚芽
	维生素 B_2	核黄素	促进生长，预防唇、舌炎、脂溢性皮炎	酵母、肝脏
	维生素 PP	烟酸、尼克酸	预防癞皮病、皮炎、舌炎	酵母、胚芽、肝脏、米糠
	维生素 B_5	泛酸	促进代谢	肉类、谷类、新鲜蔬菜
	维生素 B_6	吡哆醇	与氨基酸代谢有关	酵母、胚芽、肝脏、米糠
	维生素 B_{12}	氰钴素	预防恶性贫血	肝脏
		叶酸	预防恶性贫血、口腔炎	肝脏和肾、瘦肉、坚果
	维生素 H	生物素	促进脂类代谢，预防皮肤病	肝脏、酵母、干酪
	维生素 C	抗坏血酸	预防及治疗维生素 C 缺乏，促进细胞间质生长	蔬菜、水果
脂溶性维生素	维生素 A	视黄醇	预防表皮细胞角化，防治干皮病	肝脏、鱼肝油、胡萝卜素
	维生素 D	骨化醇	调节钙磷代谢，预防佝偻病	鱼肝油、牛奶
	维生素 E	生育酚	预防不育症	谷物胚芽及其油
	维生素 K	止血维生素	促进血液凝固	肝脏、菠菜、绿茶

6.2 脂溶性维生素

脂溶性维生素一般只含碳、氢、氧三种元素，均不溶于水，而能溶于脂肪及非极性有机溶剂（如苯、乙醚及氯仿等）。脂溶性维生素在食物中多与脂肪共存，并随脂肪一同吸收。当脂肪吸收增加时，脂溶性维生素吸收也会增加；当脂肪吸收减少时，其吸收也会相应减少，严重时会出现缺乏症。

6.2.1 维生素 A

维生素 A，又名视黄醇或抗干眼病维生素，是最早被发现的维生素。维生素 A 包括维生素 A 醇及其衍生物，维生素 A 醇为最初的维生素 A 形态（只存在于动物性食物中）。

6.2.1.1 结构

维生素 A 是一类由 β-紫罗宁（ionone）环与不饱和一元醇所组成的具有生物活性的不饱和碳氢化合物。其羟基可被酯化或转化为醛或酸，也能以游离醇的状态存在。维生素 A 包括维生素 A_1（视黄醇，retinol）和维生素 A_2（脱氢视黄醇，dehydroretinol）两种以及其衍生物（酯、醛、酸）。两者的区别在于维生素 A_2 的紫罗宁环内的 C_3 和 C_4 之间多了一个双键（图 6-1）。由于维生素 A_1 在数量和质量上都是维生素 A 活性的必需物质，所以维生素 A 通常指维生素维 A_1。

维生素 A 的主要结构单元是由 20 个碳构成的不饱和碳氢化合物。由于其在结构中有共轭双键，所以在化学结构上它可以有多种顺异构体、反异构体。食品中的维生素 A_1 主要是全反式结构，其生物效价最高，维生素 A_2 生物效价为维生素 A_1 的 40%。

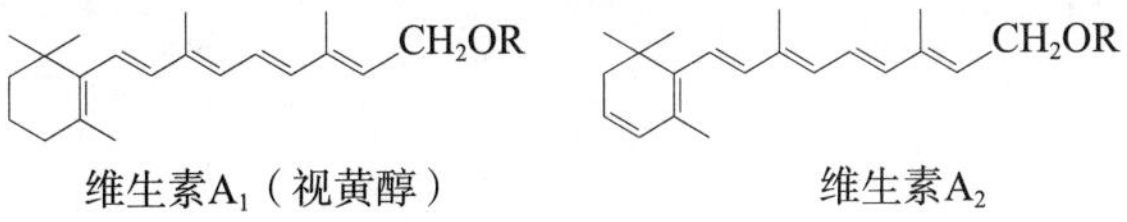

图 6-1　维生素 A 的化学结构[（R ═H 或 $COCH_3$ 乙酸酯或 $CO(CH_2)_{14}CH_3$ 棕榈酸酯）]

6.2.1.2　性质

维生素 A 大多是可结晶的，但熔点低（视黄醇的熔点 62～64℃；视黄醛的熔点 65℃），不溶于水，溶于乙醇，易溶于有机溶剂。维生素 A 有四个侧链双键使其可能有 16 个异构体，由于顺式异构体存在空间位阻，所以只有几个异构体已知。视黄醇和视黄醛都可以与三氯化锑、三氟乙酸和三氯乙酸发生显色反应，这些试剂是以前用于其化学分析的三氯化锑反应的主要成分。

维生素 A 在弱酸及碱性条件下较稳定，在无机酸中不稳定；在无氧条件下，加热至 120℃，可保持 12 h 稳定；在有氧条件下，加热 4 h 即可失活；维生素 A 与维生素 E、磷脂共存较稳定。在食品加工和贮藏中，维生素 A 及其前体由于分子结构不饱和，故对光和氧化剂敏感，金属离子可加速其分解，例如，金属铜、铁对维生素 A 破坏作用强。贮藏过程中的维生素 A 的损失情况主要取决于避光情况。

6.2.1.3　来源

自然界中的维生素 A 以不同形式存在，在动物组织中以预形成的类视色素形式存在，在植物中以维生素 A 原——类胡萝卜素的形式存在于绿色、橙色、黄色植物中，在牛奶、肉和蛋中，维生素 A 的存在形式也多种多样，主要是视黄醇的长链脂肪酸形式。日常生活中富含维生素 A 或维生素 A 原的食品有鱼肝油、动物肝脏、奶制品、蛋类、胡萝卜、菠菜、豌豆苗、红心甜薯、青椒和黄绿色蔬果等。

国际组织采用生物当量单位表示维生素 A 的含量，1 μg 视黄醇＝1 标准维生素 A 视黄醇当量（retinol equivalents）。β-胡萝卜素在人体内可转变为维生素 A_1，理论上 1 分子 β-胡萝卜素可以生成 2 分子维生素 A_1，实际上人体对 β-胡萝卜素的吸收率为平均摄入量的 1/3，吸收后的 β-胡萝卜素转变为维生素 A_1 的转换率为吸收量的 50%，故 1μg β-胡萝卜素约为 1/6 视黄醇当量或 0.167 维生素 A_1，即 1 μg 视黄醇当量＝6 μg，β-胡萝卜素＝12 μg，其他有维生素 A 活性类胡萝卜素。一些食物中的维生素 A 和胡萝卜素的含量见表 6-2。

表 6-2　一些食物中的维生素 A 和胡萝卜素的含量

mg/100g

食物名称	维生素 A	胡萝卜素
牛肉	37	0.04
黄油	2 363～3 452	0.43～0.17
干酪	553～1 078	0.07～0.11
鸡蛋(煮熟)	165～488	0.01～0.15
鲱鱼(罐头)	178	0.07
牛乳	110～307	0.01～0.06
番茄(罐头)	0	0.5
桃	0	0.34
洋白菜	0	0.10

6.2.1.4　功能

维生素 A 在人体中发挥着非常重要的作用。在视觉功能上，维生素 A 构成视觉细胞内感光物质。人和动物感受暗光的物质是位于视杆细胞上的紫红质，它的形成和生理功能的发挥与维生素 A 有关。当体内缺乏维生素 A 时会引起夜盲症，结膜干燥及干眼症。在全身功能上，维生素 A 在诱导上皮细胞分化和增殖过程及一般的生长发育过程中起重要作用。此外，维生素 A 对基因转录有调控作用，参与糖蛋白的合成，加强免疫力，清除自由基，维持骨的正常代谢。当缺乏维生素 A 时，动物对某些化学致癌物的敏感性会增加；当维生素 A 的营养状况改善时，细胞癌变和癌细胞增生受到抑制。很多研究者认为这种现象出现的原因可能与维生素 A（或类胡萝卜素）具有清除自由基、抗脂质过氧化作用有关。

6.2.2　维生素 D

维生素 D 被称为“阳光维生素”，是存在于体内的一类固醇类衍生物，通过照射在皮肤上的紫外光光解生成，个体适当接触阳光可以合成自身的维生素D。

6.2.2.1 结构

维生素D，又称为钙化醇、抗软骨病或抗佝偻病维生素，是具有胆钙化醇生物活性的类固醇统称。维生素D由7-脱氢胆固醇的B环在体内光解衍生得到，所以这类化合物中只有完整的A、C和D类固醇环。在光解的作用下，A环从C环和D环刚性结构中游离出来，从而使A环构象灵活，可以在两种椅式构象中相互转化。目前已知的维生素D至少有10种，其中最为重要的是维生素D_2（麦角钙化醇 gerocalciferol）和维生素D_3（胆钙化固醇 cholecalciferol），两者结构相似，维生素D_2比维生素D_3在支链上多一个甲基和一个双键（图6-2）。

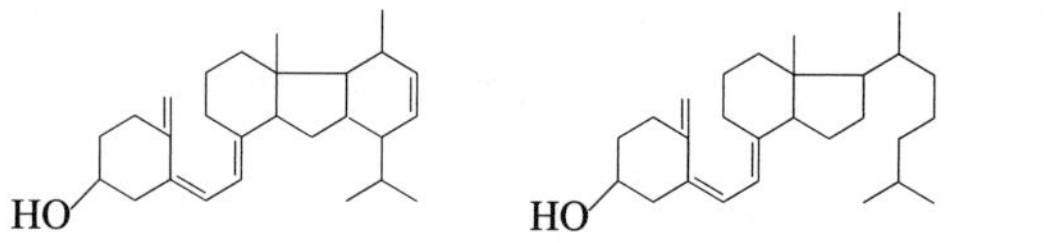

图6-2 维生素D_2和维生素D_3的化学结构式

在植物食品、酵母等中所含的麦角固醇，经紫外线照射后可得维生素D_2，维生素D_2的合成途径见图6-3。人和动物皮肤中所含有的7-脱氢胆固醇经紫外线照射后可转化为维生素D_3，维生素D_3的合成见图6-4。维生素D的代谢活性形式是维生素D_2和维生素D_3的环侧链羟基化的产物，1 μg维生素D相当于40 IU。

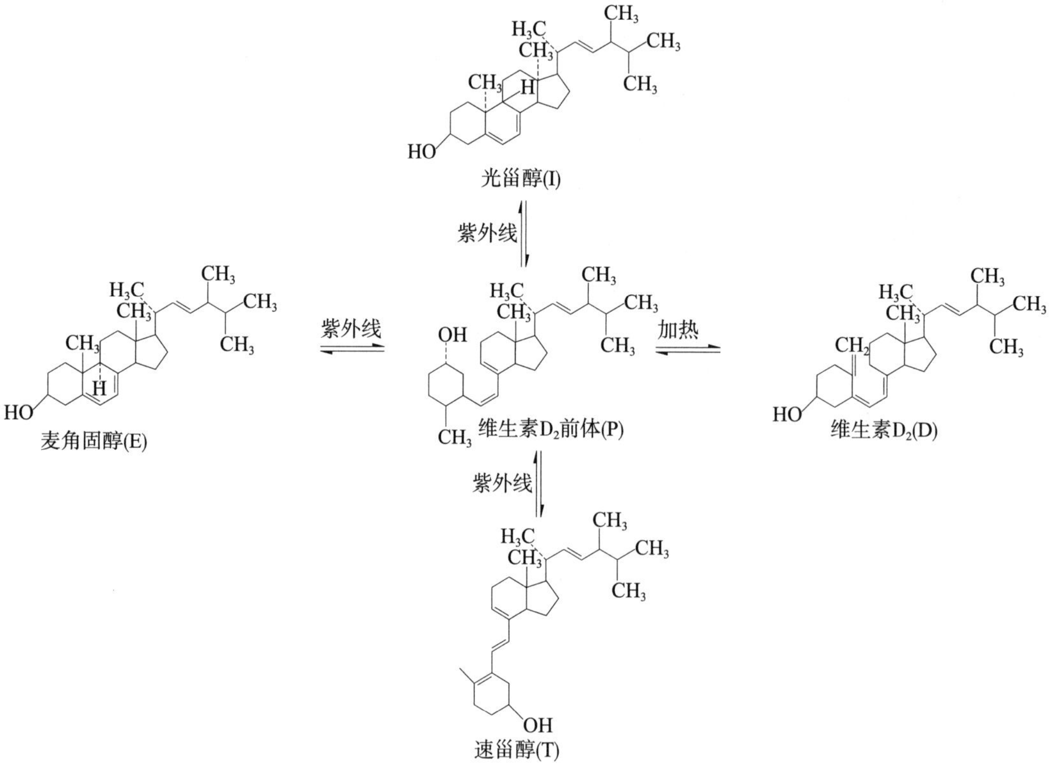

图6-3 麦角固醇紫外光转化

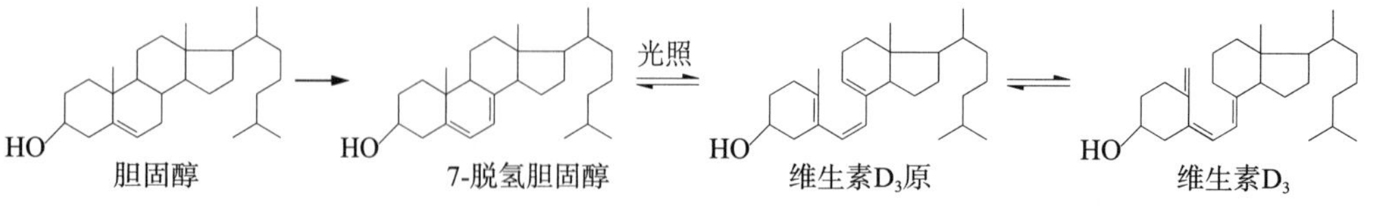

图6-4 维生素D_3的生物合成

6.2.2.2 性质

维生素D_2和维生素D_3在自然界中常以酯的形式存在，不溶于水，可溶于脂肪和有机溶剂。维生素D类化合物在紫外区域有很强的吸收，尤其是在

264 nm 处有最大吸收。

维生素 D 在中性和碱性溶液中比较稳定，不易被氧化，但是受热或遇酸会被破坏，能转化成 5,6-反式化合物或其他无活性的物质。维生素 D 见光易分解，该现象可发生于瓶装奶的零售贮藏过程中。例如，在 4℃下连续用荧光照射 12 d 可使约 50%添加于脱脂奶中的维生素 D_3 失去活性。目前尚不清楚该降解是由于直接的光化学作用，还是光引发脂肪氧化的间接影响。正如食品中的其他不饱和脂溶性组分一样，维生素 D 类化合物易氧化降解，因此维生素 D应保存于不透光的密封容器中。

维生素 D 在干燥状态下、在有机溶剂和大多数植物油中（由于有抗氧化剂 α-生育酚起保护作用）稳定，但其不耐热且不耐光，因此它在一些过程中（如回流皂化）易损耗，在分离该种维生素时通常在惰性气体环境、避光且有抗氧化剂保护条件下进行。维生素 D 在油脂中容易形成异构体，当油脂氧化酸败时会使维生素 D 被破坏，冷冻贮存对牛乳和黄油中维生素 D 的影响不大。此外，维生素 D_2 和维生素 D_3 在溶液中均可经过可逆的、温度依赖的异构化转变为维生素 D 原。

6.2.2.3 来源

麦角钙化醇（维生素 D_2）和胆钙化醇（维生素 D_3）在自然界中的含量相当稀少，不过其维生素原在动植物体内常见，尤其广泛存在动物性食品中。麦角钙化醇和它的前身麦角固醇在植物、酵母、霉菌、地衣类及无脊椎动物中都有存在。在高等植物中，麦角固醇不会天然存在，通常以少量代谢物的形式存在组织中。与麦角固醇相比，麦角钙化醇在自然界中的分布有限且多变。

胆钙化醇广泛存在于动物性食品中，尤其是海产鱼肝油中特别丰富，鱼、蛋黄、奶油中含量也相当丰富，而在牛乳、黄油和干酪中含量较少。维生素 D_3 在这些物质中以游离形式存在，也以长链脂肪酸的形式存在。胆钙化醇维生素原形式 7-脱氢胆固醇是正常代谢产物，而在植物体中分布十分有限。在一般情况下，日光或紫外线的照射使胆钙化醇的维生素 D 原转化成维生素 D_3，是人体维生素 D 的主要来源，并足够维持生物机能的需要。胆钙化醇的浓度取决于食物的类型和暴露于阳光时间的长短。一些食品中的维生素 D 的含量见表 6-3。

表 6-3 一些食品中的维生素 D 的含量

食品	维生素 D 含量/(μg/100g)
肝（牛、猪）	2～5
鸡蛋	44
牛乳	0.9
黄油	2～40
干酪	12～47
鲱鱼油	2 500
鱼肝油	8 500

由于大部分食物仅含有少量维生素 D，所以很多国家都强化某些常用消耗性食品（如谷类食品、牛奶和乳制品）来预防佝偻病。另外，维生素 D 可以从营养物质添加剂中获得。

6.2.2.4 功能

维生素 D 本身不是功能活性物质，它在体内吸收后需在肝、肾中经羟化代谢成其他形式发挥生物活性。维生素 D 的主要生理功能维持内环境中钙、磷稳态，维持血钙和血磷水平，促进肠道对钙和磷的吸收，从而维护牙齿和骨骼的正常生长和发育。当维生素 D 缺乏时，肠道内的钙、磷吸收发生障碍，血管中的钙、磷浓度降低，儿童会引起佝偻病，成人，特别是孕妇和哺乳妇女会引起软骨病；骨基质矿化减退，老年人则会引起骨质疏松症。但是过多服用维生素 D，则会产生高钙血症，引起恶心、腹泻、头痛等中毒症状，严重时，甚至会出现骨损坏、动脉硬化等。维生素 D 中毒后，应及时停止摄入维生素 D，同时避免日光和紫外线照射，并给予治疗。

6.2.3 维生素 E

维生素 E 对所有细胞的正常新陈代谢都有重要作用，缺乏维生素 E 能影响多种器官系统。维生素 E 的生理功能与其他几种营养素及内源因子有关。它们形成一个复杂的系统，保护机体免受代谢时潜在的氧化损伤和机体内环境中所发生的其他氧化损伤。

6.2.3.1 结构

维生素 E 是指具有 α-生育酚生物活性的一类物质，包括母生育酚（tocols）和生育三烯酚（tocotrienols）。母生育酚与生育三烯酚都是 6-羟基苯并二氢吡喃的衍生物，生育三烯酚在侧链的 3′、7′、11′处存在双键，其他部分与母生育酚的结构完全相同(图 6-5)。

在自然界中,已确知的维生素 E 有 8 种,它们的差异在于环状结构(苯并二氢吡喃环)上的甲基数目和位置不同,其中最常见的是 4 种母生育酚衍生物,即 α-生育酚、β-生育酚、γ-生育酚、δ-生育酚(图 6-6)。α-生育酚在自然界中分布最广泛、含量最丰富、生理效价最高,其他生育酚的生物活性仅为 α-生育酚的 1%～5%。

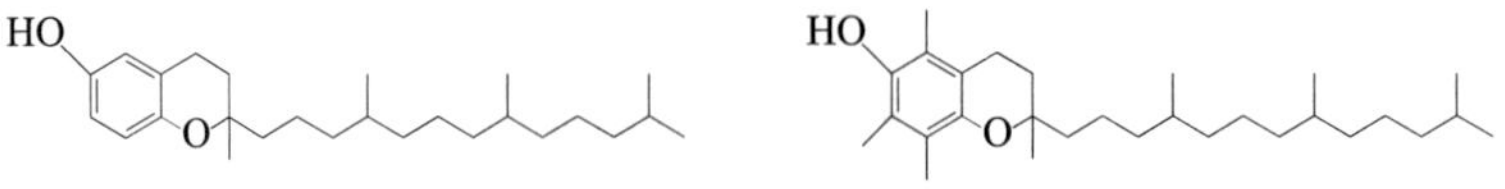

图 6-5　母生育酚的结构式(左)和 α-生育酚的结构式(右)

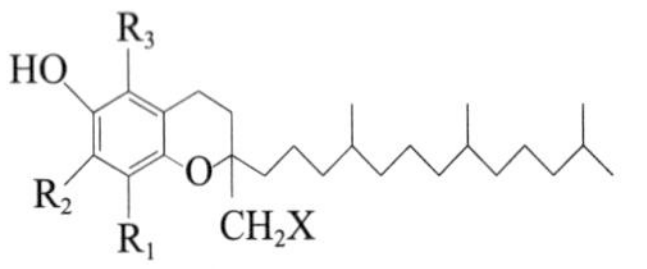

	R_1	R_2	R_3
α	CH_3	CH_3	CH_3
β	CH_3	H	CH_3
γ	H	CH_3	CH_3
δ	H	H	CH_3
生育酚	H	H	H

图 6-6　生育酚的化学取代模式

6.2.3.2　性质

维生素 E 为微带黏性的浅黄色至黄褐色油状物,不溶于水,易溶于脂肪及有机溶剂。维生素 E 的稳定性相当高,耐酸、碱和热,在无氧条件下即使加热至 200℃以上也不被破坏。食品加工中的无氧处理,如罐装食品的加压灭菌,对维生素 E 活性产生的影响很小。反之,在有分子氧存在条件下,维生素 E 活性的降解速率增加;当有自由基存在时,降解速度尤其快。影响不饱和脂肪氧化降解的因素同样强烈地影响维生素 E。另外,维生素 E 对白光相当稳定,但对紫外线较敏感,色泽会逐渐变深。

维生素 E 是一种良好的抗氧化剂,能保护其他易被氧化的物质(如维生素 A 及不饱和脂肪酸等)不被破坏。维生素 E 在未酯化前均具有抗氧化剂的活性,它们通过贡献一个酚羟基氢质子和一个电子来捕捉自由基,未酯化的 α-生育酚与过氧化自由基反应,生成氢过氧化物和 α-生育酚自由基,生育酚自由基通过自身聚合生成二聚体或三聚体,自由基链反应终止,氧化停止(图 6-7)。维生素 E 被广泛用于食品中,尤其是动植物油脂中。在肉类腌制中,亚硝胺合成是通过自由基机制进行的。由于维生素 E 可清除自由基,故可添加到腌制肉中,阻止亚硝胺的形成。

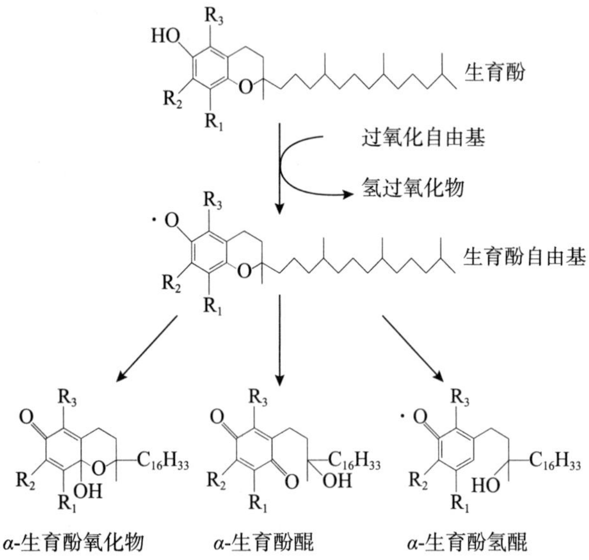

图 6-7　维生素 E 的氧化降解途径

6.2.3.3　来源

维生素 E 在自然界中分布最广,广泛存在于动植物性食品中。人体所需的维生素 E 大多来自植物油,如麦胚油、大豆油、玉米油、花生油和芝麻油。麦胚油是维生素 E 最丰富的天然来源,每克麦胚油含有 0.9～1.3 mg 的 α-生育酚,几乎占总生育酚来源的 60%;蛋类、豆类、坚果、绿叶蔬菜中的维生素 E 含量中等;肉类、水产及水果中的维生素 E 含量较少。在一般正常情况下,很少发生维生素 E 的缺乏。常见食品中的维生素 E 的含量见表 6-4。

表 6-4 食品中维生素 E 的含量 mg/100g

品种	含量	品种	含量	品种	含量
茶油	27.9	猪油	5.2	大麦	1.2
芝麻油	68.5	椰子油	4.0	白米	0.5
葵花籽油	54.6	猪肝	0.9	糙米	0.8
辣椒油	87.2	牡蛎	6.0	白面包	1.7
棉籽油	86.5	鸡蛋	2.3	菜花	0.4
色拉油	24.0	鱼	0.2～1.2	胡萝卜	0.4
棕榈油	15.2	牛肉	0.8	大豆	18.9
菜籽油	60.9	牛乳	0.2	马铃薯	0.3
花生油	42.1	羊油	1.08	多数绿叶菜	1～10
玉米油	51.9	小米	3.6	鲜玉米	0.5
豆油	93.1	小麦胚粉	23.2	杏仁	18.5
猪油	4.6	面粉	1.8	花生	18.1

食品在加工和摄入过程中往往会造成维生素 E 的大量损失。例如，当谷物机械加工去胚时，维生素 E 大约损失 80%；油脂精炼会导致维生素 E 的损失；脱水可使鸡肉和牛肉中维生素 E 损失 36%～45%；肉和蔬菜罐头制作中的维生素 E 损失 41%～65%；油炸马铃薯在 23℃ 下贮藏一个月维生素 E 损失达 71%，贮藏两个月损失达 77%。由于维生素 E 摄入过程中潜在大量的损失，所以食物中维生素的含量和饮食中摄入机体的有很大不同。不过一般食品中的维生素 E 含量尚充分，较易吸收，故维生素 E 缺乏症不易发生。

6.2.3.4 功能

维生素 E 的主要生理功能是生物抗氧化性。维生素 E 是动物和人体中最有效的氧化剂，可以保护维生素 A、维生素 C 以及不饱和脂肪酸等免受氧化破坏。由于这一特性，维生素 E 对机体细胞膜有重要保护作用，可以维持细胞膜结构的完整性。维生素 E 在机体中还具有促进血红素代谢，调节血小板黏附力，防止血小板聚集、保持酶系活性的功能。此外，维生素 E 还可以消除脑细胞等细胞中的过氧化脂质色素，并可改善皮肤弹性，在预防衰老上有重要意义。维生素 E 也与动物生殖功能有关，当缺乏维生素 E 时，其生殖器官受损而造成不育。不同物种维生素 E 缺乏临床表现是不同的。在一般情况下，受损部位为神经肌肉组织、血管和生殖系统。与其他维生素相比，维生素 E 是毒性最小的维生素之一，其他动物和人类都能承受高水平的维生素 E。

6.2.4 维生素 K

植物和细菌都能合成维生素 K，它们利用维生素 K 传递电子，产生能量。动物自身不能合成维生素 K，但它们需要维生素 K 来维持生理机能，如血液凝固、骨骼形成及其他功能。这些功能对于身体健康来说都是非常重要的。

6.2.4.1 结构

维生素 K 是一系列 2-甲基-1，4-萘醌衍生物的总称，该类化合物具有叶绿醌样生物活性(抗出血药)。较常见的天然维生素 K 有维生素 K_1(叶绿醌 phylloquinone)和维生素 K_2(聚异戊烯基甲基萘醌 menaquinone)，还有人工合成的水溶性维生素 K_3(2-甲基-1，4-萘醌 menadione)，其中最重要的是维生素 K_1 和维生素 K_2(图 6-8)。

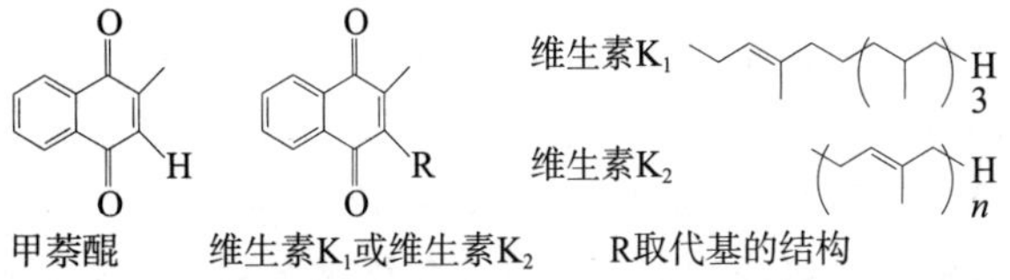

图 6-8 维生素 K 的化学结构式

6.2.4.2 性质

维生素 K_1 为淡黄色黏稠油状液体，其他同效维生素 K 为黄色晶体。维生素 K_1 和维生素 K_2 都不溶于水，微溶于乙醇，易溶于脂肪及有机溶剂。维生素 K_3 易溶于水，其活性是维生素 K_1 和维生素 K_2 的 2～

3倍。维生素K的化学性质都较稳定，能耐酸、耐热，但易受碱、氧化剂和光(特别是紫外线)的降解破坏。维生素K的萘醌结构可被还原成氢醌结构(如在亚硫酸氢钠的作用下)，但仍具有生物活性，萘氢醌化合物可被一些温和的氧化剂再氧化。由于维生素K易受氧化剂和光的破坏，所以放在密封避光的容器中保存。

6.2.4.3 来源

维生素K在绿色有叶蔬菜中含量最为丰富，一些植物油和蛋黄等也是维生素K的良好来源，肉类和乳制品中的维生素K含量中等，水果和谷类中维生素K含量极低。维生素K_1主要存在于绿叶植物中，如菠菜、羽衣甘蓝、花菜和卷心菜；维生素K_2由许多微生物合成，为人和其他动物肠道微生物代谢产物，长期服用抗菌药物可以影响人体肠道细菌的生长和代谢，从而影响维生素K_2的合成。研究表明，无肠道细菌动物比有正常肠道菌群的动物日常饮食对维生素K需求量更大。如果终止某些物种(如鸡、大鼠)的食粪癖习性，则易出现维生素K缺乏。食品中维生素K的含量如表6-5所列。

表6-5 食品中维生素K的含量

μg/100 g

动物食品	含量	谷类	含量	蔬菜	含量	水果饮料	含量
牛奶	3	小米	5	甘蓝菜	200	苹果酱	2
乳酪	35	全麦	17	洋白菜	125	香蕉	2
黄油	30	面粉	4	生菜	129	柑橘	1
猪肉	11	面包	4	豌豆	19	桃	8
火腿	15	燕麦	20	菠菜	89	葡萄干	6
熏猪肉	46	绿豆	14	萝卜缨	650	咖啡	38
牛肝	92			土豆	3	可口可乐	2
猪肝	25			南瓜	2	绿茶	712
鸡肝	7			番茄	5		

6.2.4.4 功能

维生素K的生理功能：①促进肝脏合成凝血酶原，调节凝血因子Ⅱ、凝血因子Ⅶ、凝血因子Ⅸ、凝血因子Ⅹ的合成，抑制出血和促进血栓形成。如果缺乏维生素K_1，则肝脏合成的凝血因子为异常蛋白质因子，凝血酶原合成受阻，催化凝血作用大大下降，导致凝血时间延长；②作为电子传递链的一部分，参与氧化磷酸化过程；③参与骨盐代谢，骨化组织中存在维生素K依赖的蛋白质-骨钙素(又称骨羧基谷氨酸蛋白)。维生素K缺乏的最显著的临床标志是出血，严重者可出现贫血，血液凝固时间延长并伴有低凝血酶原血症。对于脂溶性维生素来说，人体易缺乏维生素的顺序一般为，维生素D>维生素A>维生素E>维生素K。

维生素K还可以做还原剂，可在食品中消除自由基，保护食品成分不被氧化，同时还能减少腌肉中亚硝胺的生成。

6.3 水溶性维生素

水溶性维生素分为B族维生素和维生素C两大类，易溶于水而不溶于有机溶剂。水溶性维生素分子中不仅含有碳、氢、氧等元素，而且含有氮、硫、钴等元素。B族维生素绝大多数以辅酶或辅基形式参加各种酶系统，在中间代谢环节中有重要作用。水溶性维生素没有非功能性的单纯储存形式，从肠道吸收后通过循环进入人体，在满足组织需要后，多余的水溶性维生素及其代谢产物从尿液排出，在身体中少量储存。水溶性维生素产生的影响很小，缺乏症状出现较快，大多数营养状况可以通过血液或尿进行评价。

6.3.1 维生素C

维生素C是包括人类在内的少数几个生物物种(豚鼠、荷兰猪)所必需的。由于体内缺乏合成维生素C的*L*-古洛糖酸内酯氧化酶，对于大多数物种来说，维生素C可以通过代谢产生，所以不是必需的饮食成分。不论是否为物种必需，维生素C在体内有重要的生理功能。

6.3.1.1　结构

维生素C是指一类具有抗坏血酸活性的化合物的统称，具有防治维生素C缺乏病的生理功能，是高等灵长类动物与其他少数生物的必需营养素。维生素C是一个含有6个碳原子的多羟基羧酸内酯，具有一个烯二醇基团图6-9。维生素C含有两个光学活性中心，分别位于C-4和C-5两个位置上，C-4位上的羟基排列差异产生*D*-型和*L*型两种立体异构体，C-5位上的羟基排列差异产生抗坏血酸和异抗坏血酸两种立体异构体。

自然界存在的维生素C主要是*L*-异构体，*D*-异构体的含量很少。其中以*L*-抗坏血酸生物活性最高，*D*-异构体的生物活性只有*L*异构体的10%，但抗氧化性能相同。*L*-异抗坏血酸具有与*L*-抗坏血酸相似的化学性质，但不具有维生素C的生物活性，在食品工业种广泛作为抗氧化剂使用，来抑制水果和蔬菜的酶促褐变。*L*-脱氢抗坏血酸在体内可以完全还原为*L*-抗坏血酸，因此具有与*L*-抗坏血酸相同的生物活性。

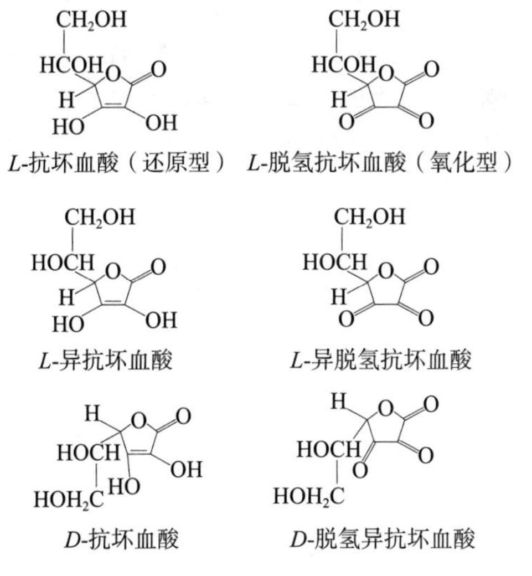

图6-9　维生素C的各种结构

6.3.1.2　性质

维生素C为无色片状晶体，熔点为190～192℃，易溶于水，水溶液呈强酸性。维生素C化学性质较活泼，是最不稳定的维生素。维生素C固体在干燥条件下比较稳定，但在受潮或加热时容易发生分解，在酸性溶液中(pH<4)较稳定，在中性以上的溶液中(pH>7.6)非常不稳定。因此，维生素C在加碱处理或加水蒸煮时损失较多，而在酸性溶液、冷藏条件下损失较少。

维生素C极易发生氧化降解，降解过程如图6-10所示。在有氧存在下，维生素C(AH_2)首先降解形成单价阴离子(HA^-)，并很快通过单电子氧化途径转变为脱氢抗坏血酸(A)，温和的还原反应可将脱氢抗坏血酸转化成抗坏血酸，但在碱性环境中，脱氢抗坏血酸的转化是不可逆的，其内酯环被水解打开形成2，3-二酮基古洛糖酸(DKG)，DKG进一步降解引起维生素活性的损失。维生素降解最终阶段中的许多产物可以与氨基酸反应引起食品发生非酶褐变，且参与风味物质的形成。维生素C的氧化降解会受到光、射线、Cu^{2+}和Fe^{2+}的加速。因此某些金属离子螯合物对维生素C有保护作用，可以稳定维生素C，二氧化硫或亚硫酸盐处理也可减少维生素C的损失。在植物组织中，存在的氧化酶(如抗坏血酸氧化酶、多酚氧化酶、过氧化物酶和细胞色素氧化酶)对维生素C有破坏作用。当水果受到机械损伤、成熟或腐烂时，细胞组织损伤导致酶促反应发生，维生素C被植物中的氧化酶还原降解。

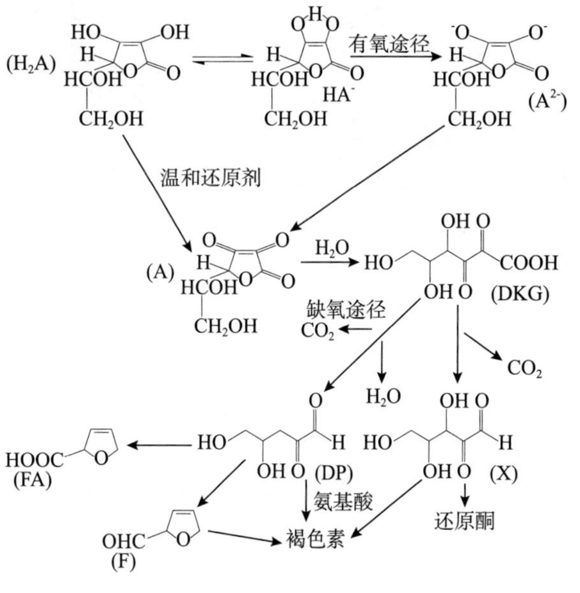

图6-10　抗坏血酸的降解反应

6.3.1.3　来源

在自然界中，维生素C广泛分布于自然界中，大多数以抗坏血酸形式存在(占80%～90%)，但也有少数以脱氢抗坏血酸形式存在。维生素C在新鲜蔬菜与水果中的含量丰富，尤其是新鲜叶菜类和酸味较重的水果，叶菜类有辣椒、茼蒿、苦瓜、豆角、菠菜和韭菜等，水果有枣类、猕猴桃、草莓、柠檬等。维生素C的抗氧化特性具有时间依赖性，随着食物贮藏时间延长，动植物体内维生素C的含量容易发生变化。大部分维生素的丢失是在储存过程中，例如，土豆储存5个月，维生素C含量会下降50%；储存8个月，维生素C则会下降至65%，烹调过程中又会损失大半。因为抗坏血酸在水溶液中稳定性更差，故水煮等烹调手段会使其损失更多。未经烹调食物中维生素C的含量如表6-6所列。

表6-6 未经烹调食物中维生素C的含量

mq/100 g

食物	维生素C	食物	维生素C
柠檬	50	甜瓜	13～33
苹果	10～30	橙子	45
香蕉	10	桃	7～15
樱桃	10	橘子	30
葡萄柚	40	香蕉	8
番石榴	300	草莓	40～90
柿子椒	72	牛奶	1

6.3.1.4 功能

维生素C是维持人体身体健康不可或缺的物质，具有参与体内氧化还原反应、促进伤口愈合、参与肝脏中的胆固醇羟化、减弱某些转运金属离子毒性的影响等重要功能。人体内不能合成维生素C，故必须从食品中摄取，成人每天摄取为50～100 mg。缺乏维生素C会引起坏血症。其症状为牙龈疼痛出血、伤口愈合慢、牙齿容易脱落，严重时会出现皮下、黏膜、肌肉出血。

维生素C除了作为必需营养素，由于其还原的性质，还广泛应用于食品中。它可以保护食品中其他成分不被氧化，有效地抑制酶促褐变和脱色；在腌制肉品中促进发色并抑制亚硝胺形成；在焙烤工业中可做面团改良剂，增加面粉筋力；对维生素E及其他酚类抗氧化剂有良好的增效作用；与单线氧和自由基反应，抑制脂类氧化；作为营养添加剂有抗应激、加速伤口愈合和促进铁吸收等作用。

6.3.2 维生素B_1

维生素B_1，又称硫胺素或抗脚气病维生素，是维持碳水化合物代谢和神经功能的基础物质。轻微缺乏硫胺素会出现非特异症状：不舒适感、体重减轻、易怒和意识错乱，严重缺乏硫胺素会导致神经和心脏疾病。

6.3.2.1 结构

维生素B_1是由一个嘧啶环和一个噻唑环通过亚甲基结合而成的一类化合物（图6-11）。在硫胺素分子中，有两个碱基氮原子：一个在初级氨基基团中；另一个在具有强碱性质的季胺基团中，因此硫胺素能与酸反应形成相应的盐。天然存在的硫胺素有一个伯醇基，因而它能与磷酸形成磷酸酯，并可因溶液的pH不同而呈不同的形式。

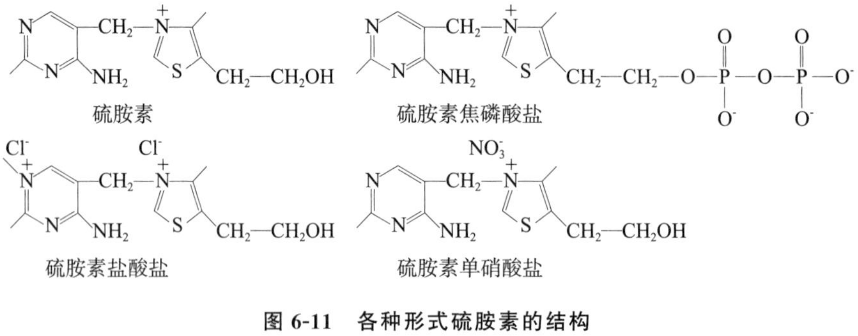

图6-11 各种形式硫胺素的结构

6.3.2.2 性质

维生素B_1为白色至黄白色针状晶体，熔点249℃，易溶于水（1 g/mL，该类化合物适合于非口服药剂），微溶于乙醇，但几乎不溶于有机溶剂，气味似酵母，味苦。硫胺素是B族维生素中最不稳定的一种，温度和pH是影响其稳定性的重要因素。它在碱性溶液中不稳定，易被氧化和受热破坏，酸性溶液中比较稳定，pH3.5以下加热至120℃仍不分解。食品中其他组分也会影响硫胺素的降解，例如，胆碱使其分子裂开，加速其降解；蛋白质与硫胺素的硫醇形式形成二硫化物，阻止其降解；单宁能与硫胺素形成加成物使其失活。图6-12为硫胺素降解的过程。

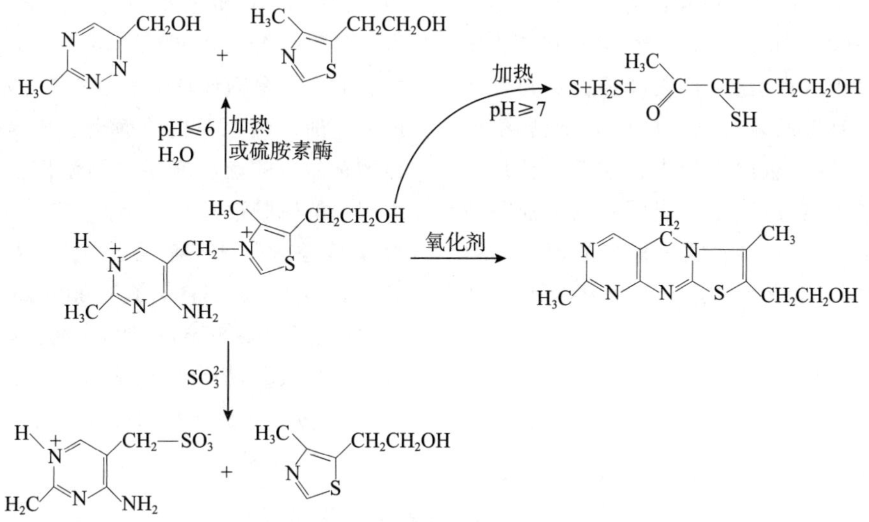

图 6-12 硫胺素降解的过程

在室温和低水分活度时，硫胺素显示出极好的稳定性；在高水分活度和高温下长期贮存，硫胺素损失较大（表 6-7）。如在模拟早餐谷类食品脱水模型体系中，当温度低于37℃、水分活度为0.1～0.65时，硫胺素只有很少或几乎没有损失；当温度在45℃，且水分活度为0.4或更高时，硫胺素的降解速度加剧，尤其当水分活度为0.1～0.65时，更为突出（图 6-13）。在以上模型体系中，当水分活度为0.5～0.65时，硫胺素降解速度最大（图 6-14）。在类似的模型体系中，当水分活度在0.65～0.85范围内增加时，硫胺素降解速度下降。

表 6-7 罐头食品中硫胺素的保留率 %

食品名称	经12个月贮藏后的保留率	
	38℃	1.5℃
杏	35	72
绿豆	8	76
利马豆	48	92
番茄汁	60	100
豌豆	68	100
橙汁	78	100

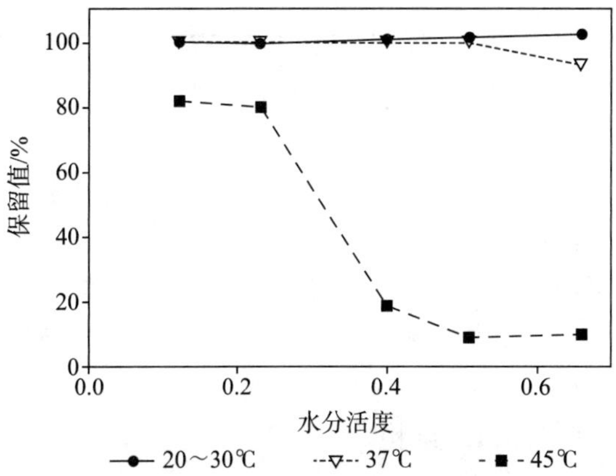

保留率百分数数值适用于8个月的贮藏期

图 6-13 水分活度和温度对模拟早餐谷类产品的脱水食品模拟体系中硫胺素保留率的影响

（引自 Dennison D，et al.，1977）

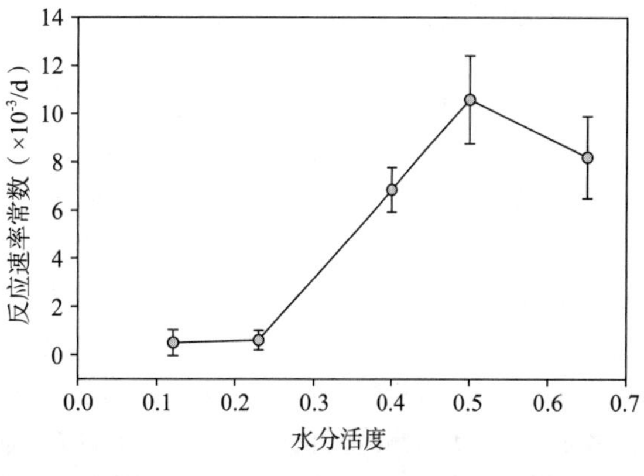

图 6-14 水分活度对贮藏于45℃时模拟早餐谷类产品的脱水食品模拟体系中硫胺素降解的一级反应速率常数影响

（引自 Dennison D，et al.，1977）

硫胺素在一些宰后的鱼类和甲壳类动物中不稳定，已被归结为硫胺素酶的存在所致，但现在认为部分原因至少是由于血红素蛋白（肌红蛋白和血红蛋白）的存在，它们是造成硫胺素降解的非酶催化剂。金枪鱼、猪肉及牛肉的肌肉组织中存在着促使硫胺素降解的血红素蛋白，这一事实表明变性的肌红蛋白或许参与了食品加工和贮藏过程中的硫胺素降解。在降解过程中，硫胺素的分子未断裂，可能发生了分子修饰。

6.3.2.3 来源

硫胺素广泛分布于动植物食品中，其中在动物内脏、鸡蛋、马铃薯、坚果及全谷中含量较丰富（表 6-8）。在饮食中，硫胺素最主要的来源是谷物。硫胺素在谷类组织中分布不均，在表皮部位含量更高，未精制的谷类食物含硫胺素达 0.3～0.4 mg/100 g，过度碾磨的精白米和精白面会造成硫胺素大量丢失。植物食品中的硫胺素主要为游离型，而存在于动物组织中的硫胺素则几乎全部（95%～98%）是磷酸化形式，其主要形式是辅酶硫胺二磷酸盐，又称硫胺焦磷酸盐（TPP）。在食品加工和贮藏中，硫胺素有不同程度的损失（表 6-9），比如，在面包烘焙时，20%的硫胺素会被破坏；牛乳巴氏杀菌后可损失 3%～20%的硫胺素，喷雾干燥则损失 10%。

表 6-8　一些食品中硫胺素的含量　　mg/100g

食品	含量	食品	含量	食品	含量
麦胚粉	3.50	葡萄	0.04	绿豆	0.25
标准粉	0.28	莴苣	0.02	黄豆	0.41
特一粉	0.17	葵花子	0.36	瘦猪肉	0.54
小米	0.33	花生	0.72	鸡蛋	0.09

表 6-9　食品加工后硫胺素的存留率　　%

食品	加工方法	硫胺素的保留率
谷物	膨化	48～90
马铃薯	浸没水中 16 h 后炒制	55～60
	浸没亚硫酸盐中 16 h 后炒制	19～24
大豆	浸泡后在水中或碳酸盐中煮沸	23～52
蔬菜	各种热处理	80～95
肉	各种热处理	83～94
冷冻鱼	各种热处理	77～100

6.3.2.4 功能

硫胺素构成辅酶参与三大营养素的分解代谢和产生能量，在核酸合成和脂肪酸合成中起重要作用。维生素 B_1 易被小肠吸收，但此时不具有生物活性，当它被运至肝内，经硫胺素酶催化，与 ATP 作用转变为焦磷酸硫胺素（TPP）时才具有活性。由于维生素 B_1 与糖代谢有关系，故当维生素 B_1 缺乏时，体内 TPP 含量减少，从而使丙酮酸氧化脱羧作用发生障碍，导致血、尿和神经组织中丙酮酸含量升高。另外，神经组织的能量来源主要靠氧化供给。当维生素 B_1 缺乏时，神经组织能量供应不足就会患脚气病，表现为食欲缺乏、心脏扩大、肌肉无力（导致运动失调）、呼吸困难、下肢水肿等症状。

6.3.3 维生素 B_2

维生素 B_2，又称为核黄素是一类具有核黄素生物活性物质的总称。维生素 B_2 对于体内糖类、脂类和氨基酸的新陈代谢是必需的，也是一种细胞抗氧化剂。它作为辅酶通过两次连续的单电子传递来实现这些功能。

6.3.3.1 结构

维生素 B_2 是 *D*-核糖醇与 7,8-二甲基异咯嗪的缩合物（图 6-15）。自然状态下的核黄素常常是磷酸化的，在机体中起辅酶作用，而这些酶催化各种氧化还原反应。其生物活性形式通常有两种：一种形式为黄素单核苷酸（flavin mononucleotide，FMN）；另一种为黄素腺嘌呤二核苷酸（flavin adenine dinucleotide，FAD），两种活性形式可以相互转化。

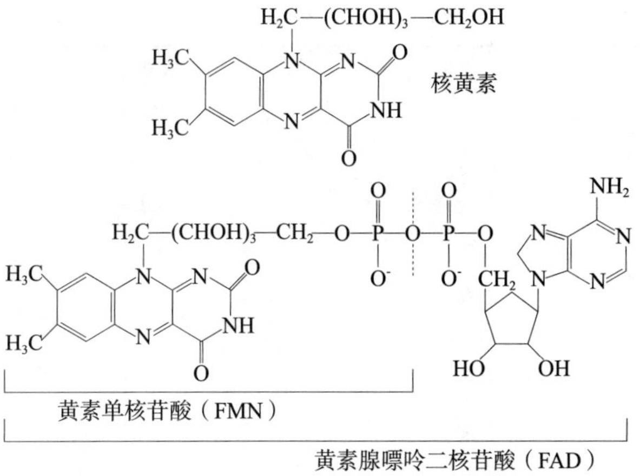

图 6-15　核黄素、黄素单核苷酸和黄素腺嘌呤二核苷酸结构

6.3.3.2　性质

核黄素为黄绿色结晶物质，加氢还原后变为无色，240℃变暗色，280℃熔化分解，溶于水（10～13 mg/dL）和乙醇，但不溶于乙醚、氯仿和丙酮。

核黄素在中性、酸性条件下比较稳定，在碱性条件下则快速分解。核黄素具有较强的热稳定性，不受空气中的氧的影响。即使在 120℃下加热 6 h，也仅有少量被破坏，而此时维生素 B_1 全部丧失。在食品热加工、脱水和烹调中，核黄素损失较少，一般能保存 90% 以上。不过，核黄素对光非常敏感，光降解是导致其损失的主要因素，如牛奶在日光下暴晒 2 h 后，核黄素损失 50% 以上，并产生不良风味，俗称“日光臭味”，若改用不透明容器存放则会避免这种现象。核黄素在酸性或中性条件下光解为光色素，碱性条件下光解成光黄素（图 6-16）。光黄素是一种强氧化剂，对其他维生素，尤其是抗坏血酸有破坏作用。

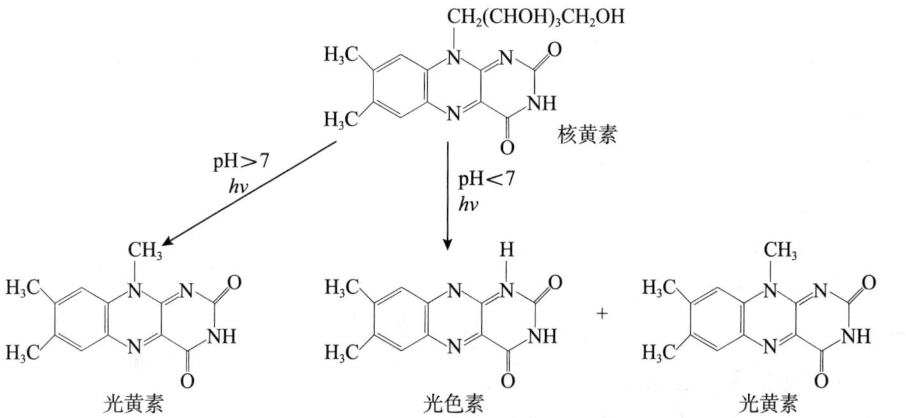

图 6-16　核黄素在碱性、酸性光照时分解

6.3.3.3　来源

维生素 B_2 广泛存在于食物中，与磷酸和蛋白质结合形成复合物，主要以 FMN 和 FAD 形式出现。动物性食品富含核黄素，尤其是动物内脏，如肝、肾、心以及蛋黄、乳类中含量较高，如猪肾核黄素含量为 0.52 mg/100 g。此外，许多生长迅速、绿叶植物中也富含核黄素。核黄素是水溶性的，在烹饪中可溶于水中，也可溶于肉汤中。谷物中的核黄素主要分布在胚芽和糠麸中，经过研磨加工导致大部分核黄素丢失。例如，经过研磨后，整谷中大约有 1/2 的核黄素丢失、全麦中有 1/3 以上的核黄素丢失。因此，谷类加工不宜过于精细。一些食物中核黄素的含量见表 6-10。

表 6-10　食品中核黄素的含量　　mg/100 g

食品	核黄素	食品	核黄素
乳制品		蔬菜	
牛奶	0.17	芦笋	0.18
酸奶	0.16	绿花椰菜	0.20
乳酪		卷心菜	0.06
美国乳酪	0.43	胡萝卜	0.06
英国干酪	0.46	花椰菜	0.08

续表 6-10 mg/100 g

食品	核黄素	食品	核黄素
村舍乳酪	0.28	玉米	0.06
冰激凌	0.21	利马豆	0.10
肉类		土豆	0.04
牛肝	3.50	菠菜	0.14
牛肉	0.24	番茄柿	0.04
鸡肉	0.19	水果	
羊肉	0.22	苹果	0.01
猪肉	0.27	香蕉	0.04
熏制火腿	0.19	橙	0.03
谷物类		桃	0.04
全麦	0.11	草莓	0.07
裸麦	0.08	其他	
燕麦	0.02	蛋类	0.30
大米	0.01		

6.3.3.4 功能

核黄素在自然状态下常常是磷酸化的，在机体中以辅酶 FMN 和 FAD 的形式发挥代谢功能，它们在生物氧化反应中作为传递电子的中间体同时是细胞色素还原酶、黄素蛋白等的组成部分。FMN 和 FAD 两种活性形式之间可通过胃肠道内磷酸酶催化而相互转化。核黄素具有强化肝功能，调节肾上腺素分泌，参与维生素 B_6 和烟酸的代谢，促进机体生长发育，保护皮肤毛囊黏膜及皮脂腺的功能。核黄素缺乏可以影响许多组织(表 6-11)，人体会产生一系列的症状，如唇干裂、口角炎、口腔黏膜充血和四肢周围神经功能的障碍。

表 6-11 核黄素缺乏的症状

器官系统	症状
全身症状	
食欲	减退
生长	减慢
皮肤	唇干裂、口腔炎
肌肉	无力
胃肠系统	炎症、溃疡

研究表明，不合理饮食是核黄素缺乏最重要的原因。通常是因为很少摄入奶制品，而奶制品是核黄素最主要的来源。核黄素摄入不足是当今世界四大营养缺乏病之一。

6.3.4 烟酸

烟酸又称维生素 PP、抗癞皮病因子，是吡啶-3-羧酸化合物及其衍生物的总称。烟酸在吡啶核苷酸类的生物合成中是必需的，所以这种维生素在代谢方面起着关键作用。由于烟酸的生物利用度很低，导致烟酸缺乏现象很普遍。

6.3.4.1 结构

烟酸包括烟酸(niacin)和烟酰胺(nicotinamide)两种形式，烟酸是烟酰胺的前体，它们的天然形式均具有相同的烟酸活性。在生物体内，烟酸的活性形式是烟酰胺腺嘌呤二核苷酸(nicotinamide ademine dinucleotide, NAD^+)和烟酰胺腺嘌呤二核苷酸磷酸(nicotinamide ademine dinucleotide phosphate, $NADP^+$)(图 6-17)。它们是许多脱氢酶的辅酶，在糖酵解、脂肪合成及呼吸作用中发挥着重要的生理功能。动物组织中的维生素 B_5 的主要形式为烟酰胺。

6.3.4.2 性质

烟酸和烟酰胺为白色针状晶体，前者熔点为 235.5～236℃，后者熔点为 129～131℃。烟酸微溶于水和乙醇，烟酰胺易溶于水，适当溶于乙醇。25℃时，1 g 烟酸可溶于 60 mL 水或 80 mL 酒精中，但不溶于乙醚；1 g 烟酰胺可溶于 1 mL 水或 1.5 mL 酒精，在乙醚中也可溶解。烟酸是最稳定的维生素，对热、酸、碱、光、氧等均不敏感。不管是贮藏，还是食品加工中一般的烹饪方法，对它的破坏极小。其损

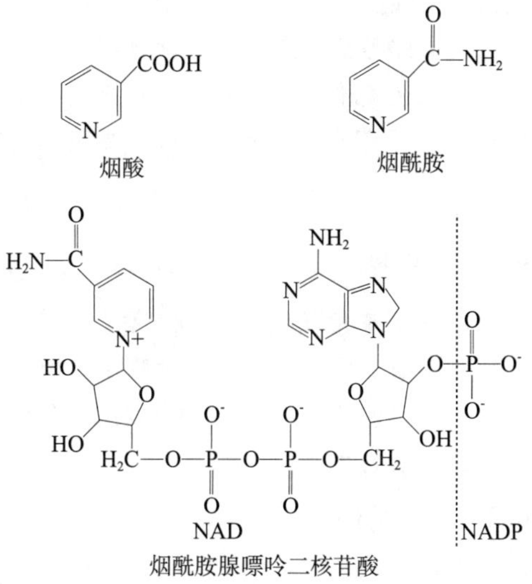

图 6-17 烟酸、烟酰胺和烟酰胺腺嘌呤二核苷酸的结构

失主要与加工过程中原料的清洗、烫漂和修整等有关,在乳类加工、烤肉制品中很少有烟酸的损失。烟酰胺在酸性或碱性溶液中可被水解产生烟酸,其生物活性不受影响。

6.3.4.3 来源

烟酸广泛存在于动植物性食品中。在植物性食品中,存在的主要是烟酸,动物性食品中主要以烟酰胺为主。烟酰胺和烟酸在动物肝、肾、瘦肉、全谷、豆类、绿色蔬菜中含量丰富。此外,相当一部分的烟酸是由必需氨基酸——色氨酸合成的。烟酸在谷类中分布不均匀,大多存在于谷物麸皮中,因此谷物加工精度对烟酸影响较大,例如,精制面粉、大米中烟酸含量仅为全籽粒中总量的10%～20%。在某些谷类产品中,烟酸以几种化学形式存在,除非经水解,否则其不具有烟酸活性。这些无烟酸活性的形式包括与碳水化合物、肽和酚类结合的、性质未明的复合物,用碱处理可将烟酸从这些复合衍生物中释放出来。

6.3.4.4 功能

烟酸具有抗癞皮病的作用,缺乏时会出现癞皮病,临床表现为“三D症”,即皮炎、腹泻和痴呆。在一般情况下,很少出现缺乏烟酸的情况。其缺乏情况常出现在以玉米、高粱为主食的地区,因为其中的烟酸与糖形成复合物,阻碍了其在人体内的吸收与利用。

6.3.5 维生素 B_6

6.3.5.1 结构

维生素 B_6,又称吡哆素,是一类具有吡哆醇维生素活性的2-甲基-3-羟基-5-羟甲基吡啶物质的总称。维生素 B_6 包括吡哆醛(pyridoxal, PL)、吡哆醇(pyridoxine, PN)和吡哆胺(pyridoxamine, PM)三种形式,它们的差别在于4位上的一碳取代基不同(图6-18)。这三类基本形式均可在5′-羟甲基位置上发生磷酸化,转变为相应的磷酸酯,即维生素 B_6 的辅酶形式。维生素 B_6 的生物活性形式主要以磷酸吡哆醛为主,也有少量的磷酸吡哆胺。磷酸吡哆醛可以在氨基酸代谢中(如转氨作用、消旋作用和脱羧作用)起着辅酶的作用,来帮助体内的蛋白质、糖类、脂肪的代谢,也可以帮助糖原分解利用。

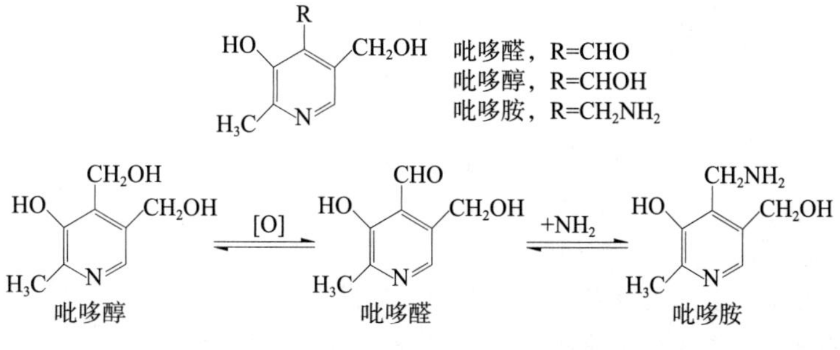

图 6-18 维生素 B_6 的化学结构

6.3.5.2 性质

维生素 B_6 在室温下为无色晶体,易溶于水,微溶于乙醇,不溶于氯仿。维生素 B_6 的各种形式对光敏感,光降解的最终产物是4-吡哆酸或4-吡哆酸-5′-磷酸。这种降解可能是自由基中介的光化学氧化反应,但并不需要氧的直接参与,氧化速度与氧的存在关系不大。维生素 B_6 的非光化学降解速度与pH、温度和其他食品成分关系密切。

食品的热处理和贮藏能以几种方式影响维生素 B_6 的含量。与其他水溶性维生素一样,遇水也可造成损失。化学变化包括维生素 B_6 各种化学形式的互变、热或光化学降解或与蛋白质、肽及氨基酸不可逆复合。就维生素 B_6 的几种存在形式而言，吡哆醇比吡哆醛或吡哆胺稳定的多，因此在烹饪和加热过程中，维生素 B_6 的损失率变化范围较大(0%～70%)。盐酸吡哆醇具有特别的稳定性，因此常被用于食物的强化和多种维生素的补充。

6.3.5.3 来源

维生素 B_6 可以通过食物摄入和肠道细菌合成两条途径获得。维生素 B_6 虽然广泛存在于动物和植物来源的食物，但一般含量均不高。动物性食物中的维生素 B_6 大多以吡哆醛、吡哆胺的形式存在，如肉类、肝脏、蛋中的含量相对较高；植物性食物中的维生素 B_6 主要以吡哆醇(自由醇)的形式存在，在整谷产品(特别是小麦)、水果和蔬菜中含量比较多。在谷粒中，维生素 B_6 主要集中于胚芽和糊粉层。由于在面粉生产中，谷物精制加工会造成维生素 B_6 的大量损失，因此白面面包如果不被强化，维生素 B_6 含量很低。在许多食品中，大部分维生素 B_6 都是以磷酸化形式存在，且来源丰富，因而原发性的缺乏并不普遍。

6.3.5.4 功能

维生素 B_6 摄入不足可导致维生素 B_6 缺乏症，主要表现为脂溢性皮炎、口炎、口唇干裂、舌炎，个别出现易激怒和抑郁等精神症状。从食物中获取过量的维生素 B_6 不会有副作用，但通过补品长期给予大剂量维生素 B_6 会引起严重毒副作用，主要表现为感觉神经疾患。

6.3.6 叶酸

叶酸不仅对正常代谢起到重要作用，还与一些慢性病和先天缺陷性疾病有关。食物中含有大量的叶酸，尤其是绿叶植物中，其与维生素 B_{12} 和维生素 B_6 的功能密切相关。

6.3.6.1 结构

叶酸因最早从菠菜中分离出来而命名，是指与叶酸(蝶酰基-*L*-谷氨酸)类似化学结构和营养活性的一类蝶啶衍生物总称。它的分子结构包括蝶啶(pteridine nucleus)、对-氨基苯甲酸(*p*-aminobenzoic acid)和谷氨酸(glutamic acid)三部分如图 6-19 所示。天然存在的叶酸是含有 3～7 个谷氨酸残基的聚谷氨酰胺叶酸，其活性形式是蝶啶环中 5 位、6 位、7 位、8 位加上 4 个氢原子的四氢叶酸(THFA)。

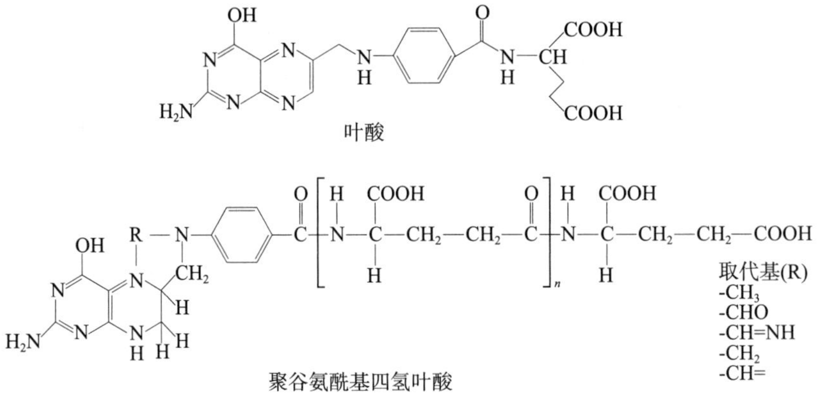

图 6-19 叶酸的结构

6.3.6.2 性质

叶酸(蝶酰谷氨酸)为黄色或橙黄色薄片状或针状晶体，微溶于水，但不溶于乙醇、乙醚或低极性有机溶剂，其钠盐溶解度较大。叶酸是较不稳定的一种维生素，在水溶液中易被光解破坏，在酸性水溶液中对热不稳定，超过 100℃ 即被破坏，但在中性和碱性条件下对热稳定，即使在 100℃ 下加热 1 h 也不被破坏。食品中的叶酸能与食品加工中使用的亚硫酸和亚硝酸盐发生作用，因亚硫酸能导致叶酸侧链解离，生成还原型蝶呤-6-羧醛和氨基苯甲酰谷氨酸。在低温条件下，叶酸与亚硝酸盐作用则生成 *N*-10-硝基衍生物，该物质对鼠类有弱的致癌作用。

在叶酸的氧化反应中，铜离子和铁离子起催化作用，且铜离子的作用大于铁离子的作用。四氢叶酸氧化降解后，转化为蝶呤类化合物和对氨基苯甲酰胺谷氨酸(图 6-20)，同时失去生物活性。如果加入维生素 C、硫醇等还原物质，可使 5-甲基-二氢叶酸还原为 5-甲基-四氢叶酸，对叶酸具有稳定作用。

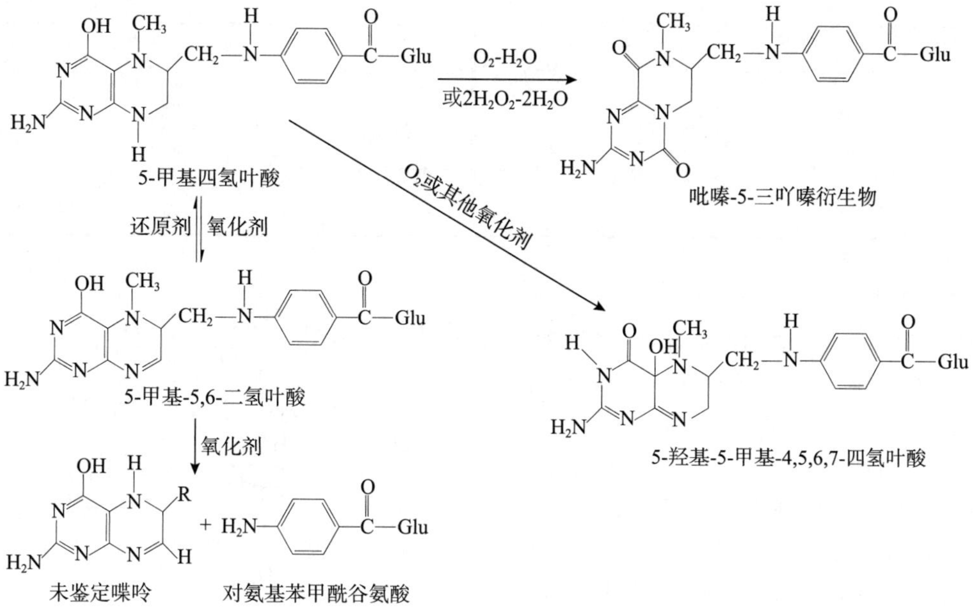

图 6-20　5-甲基四氢叶酸的氧化降解

6.3.6.3　来源

叶酸广泛存在于多种植物和动物性食物中(表6-12)。人类膳食中叶酸的主要来源有马铃薯、豆类、麦胚、绿叶蔬菜和动物肝脏等,动物饲料中叶酸的重要来源则为油料种子制成的饲料(如豆粉)和动物副产品。食品和饲料中的叶酸几乎都是以还原形式-四氢叶酸(FH_4)多聚谷氨酰衍生物的形式存在,很少发现游离的叶酸(叶酰谷氨酸)。食物和饲料中的大部分叶酸很容易被氧化,因此在空气中储存和加工是很不稳定的。在加热、光照或存在金属离子的条件下,FH_4衍生物极易被氧化成相应的二氢叶酸衍生物(部分氧化)或叶酸衍生物(完全氧化),例如,高温烹煮可导致食物中的叶酸大量损失,芦笋中的总叶酸损失为 22%,花椰菜为 84%。

人体肠道中可合成部分叶酸,一般不易缺乏。当怀孕时,叶酸需求增多;肠道不好或长期服用抗生素等情况下可能会导致叶酸缺乏。

表 6-12　食品中的叶酸的含量　　μg/100 g

食品	叶酸	食品	叶酸
乳制品		其他	
牛奶	5～12	蛋类	70
乳酪	20	啤酒酵母	1 500
肉类		蔬菜	
牛肉	5～18	芦笋	70～175
肝脏		豆类	70
牛肝	140～1 070	绿花椰菜	180
鸡肝	1 810	包子甘蓝	90～175
金枪鱼	15	卷心菜	15～45
谷类		花椰菜	55～120
大麦	15	豌豆	90
玉米	38	黄豆	350
大米		菠菜	50～190
精米	15	番茄	5～30

续表 6-12 μg/100 g

食品	叶酸	食品	叶酸
糙米	25	水果	
全麦	30～55	苹果	5
小麦麸	80	香蕉	30
		橙	25

6.3.6.4 功能

叶酸在体内必须转变成四氢叶酸才有生理活性，它是所有氧化水平碳原子一碳单位（除 CO_2 之外）的重要受体和供体。叶酸还起着传递一碳基团的作用，参与体内重要物质如嘌呤、嘧啶、甲硫氨酸、胆碱等的合成。叶酸在核酸代谢中也有非常重要的作用，叶酸缺乏将引起红细胞中核酸合成受阻，红细胞的发育和成熟受到影响，红细胞比正常的大而少，称为巨幼红细胞贫血。这种情况的贫血以婴儿和妊娠期妇女较多见，可用叶酸治疗，所以叶酸又称抗贫血维生素。

6.3.7 维生素 B_{12}

6.3.7.1 结构

维生素 B_{12}，又称钴胺素（cobalamin），是一类含金属钴的卟啉类衍生物，也是唯一含金属元素的维生素。维生素 B_{12} 是化学结构最为复杂的一种维生素，它是一种共轭复合体，中心为三价钴原子，结构主要包括两个特征组分：一是类似核苷酸的部分，由 5,6-二甲苯并咪唑通过 *α*-糖苷键与 *D*-核糖连接，核糖 3′位置上有一个磷酸酯；二是中心环部分，是一个类似铁卟啉的咕啉环系统，由一个钴原子与咕啉环中 4 个内氮原子配位键合，钴原子的第 5 个配位共价键与二甲苯嘧啶环上的氮原子结合，第 6 个配位键可被氰基、甲基、水、羟基、亚硝基或其他配体取代。维生素 B_{12} 的化学结构如图 6-21 所示。

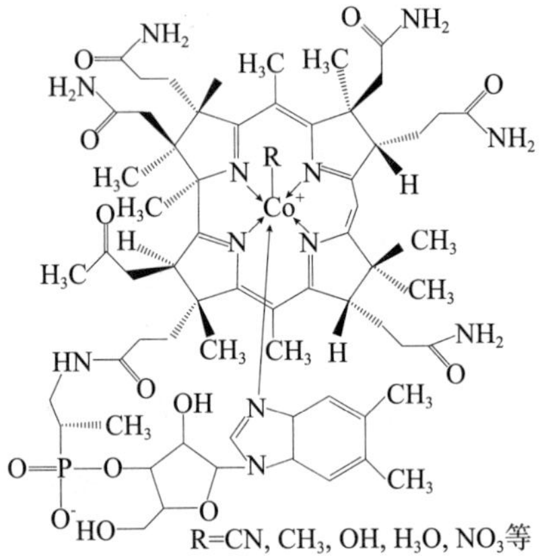

图 6-21 维生素 B_{12} 的化学结构

6.3.7.2 性质

维生素 B_{12} 是红色、橙红色或黄色结晶，熔点很高，在 320℃ 时不熔，溶于水和乙醇，不溶于有机溶剂。维生素 B_{12} 在 pH4～6 时稳定性最高，在此范围内，即使高压加热，也仅有少量损失；在接近中性条件下，长时间加热可造成较大的损失；在碱性条件下加热，酰胺键发生水解生成无活性的羧酸衍生物，从而导致维生素 B_{12} 的定量破坏；pH 低于 4 时，维生素 B_{12} 核苷酸组分发生水解，也会生成无活性的羧酸衍生物，当酸的强度增加时，可引起降解，但降解的机制目前尚未完全清楚。在食品加工过程中，热处理对维生素 B_{12} 影响不大，例如，肝脏在 100℃ 水中煮制 5 min，维生素 B_{12} 只损失 8%；牛乳巴氏杀菌只破坏很少的维生素 B_{12}；冷冻食品，如鱼、炸鸡和牛肉加热时，可保留 79%～100% 的维生素 B_{12}。

抗坏血酸或亚硫酸盐等能破坏维生素 B_{12}，低浓度的还原剂如巯基化合物，能防止维生素 B_{12} 被破坏，但用量较多后，则又起破坏作用。在溶液中，硫胺素与烟酸的结合可缓慢破坏维生素 B_{12}。在铁与来自硫胺素中，具有破坏作用的硫化氢结合可以保护维生素 B_{12}，三价铁对维生素 B_{12} 有稳定作用，而二价铁则导致维生素 B_{12} 的迅速破坏。

6.3.7.3 来源

维生素 B_{12} 在植物性食品中含量很少，其主要来源是菌类食品、发酵食品以及动物性食品，如肝脏、肾脏、瘦肉、牛奶、鱼、蛋黄等。人体肠道细菌也可合成部分维生素 B_{12} 供人体利用，但人体吸收甚微。天然维生素 B_{12} 是与蛋白质结合存在的，需要热或蛋白酶分解成游离状态才能被吸收。

6.3.7.4 功能

维生素 B_{12} 对维持机体正常生长和营养有着重要影响。其两种活性形式——钴胺酰胺和甲基钴胺，是几种变位酶的辅酶，如甲基丙二酰变位酶和二醇脱水酶。凡是机体中的蛋白质的合成、红细胞的产生、神经系统的正常都需要维生素 B_{12} 的参与。当机体缺乏维生素 B_{12} 时，可引起正常细胞分裂的延迟或停止，尤其是骨髓和肠黏膜细胞，同时不能正常产生红细胞，导致恶性贫血，神经系统受损，手脚麻木、忧郁、易怒和健忘等。食品中的维生素 B_{12} 的分布如表 6-13 所列。

表 6-13 食品中的维生素 B_{12} 的分布

食品	每 100 g 湿重维生素 B_{12} 含量/μg
器官(肝脏、肾、心脏)、贝类(蛤、蚝)	>10
脱脂浓缩乳、某些鱼、蟹、蛋黄	3～10
肌肉、鱼、乳酪	1～3
液体乳、赛达乳酪、农家乳酪	<1

6.3.8 泛酸

泛酸，又称维生素 B_5，是酰化因子辅酶 A 和酰基载体蛋白不可或缺的组成部分，在代谢中发挥着至关重要的作用。在这两种物质中，泛酸是脂肪酸、氨基酸和碳水化合物正常代谢所必需的，在蛋白质的酰化中起重要作用。

6.3.8.1 结构

泛酸(pantothenic acid)是化合物二羟基-β,β-二甲基丁酰-β-丙氨酸类的俗称，以前称泛酰-β-丙氨酸(图 6-22)。泛酸是含有肽键的酸性物质，其有两种代谢物：辅酶 A 和酰基载体蛋白。在生物体中，辅酶 A 是泛酸的主要活性形式，常简写为 Co-A。辅酶 A 起传递酰基的作用，是各种酰化反应中的辅酶，在糖代谢、脂类代谢和蛋白质代谢的相互关系中是一个重要的穿梭物质(图 6-22)。

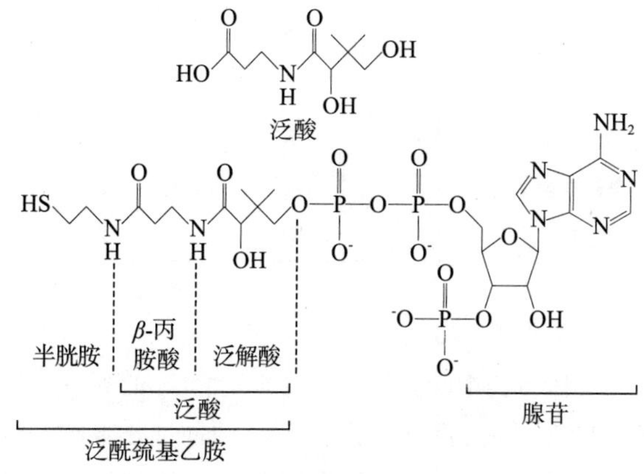

图 6-22 泛酸及辅酶 A 结构

6.3.8.2 性质

泛酸是黄色黏稠油状物，溶于水和乙醇，不溶于醚、丙酮和氯仿。泛酸的钙盐或其他盐为无色晶体，泛酸钙是其主要的商品形式，可溶于水，对光及空气稳定。泛酸溶液在酸性或碱性条件下对热不稳定，在碱性溶液中容易分解，生成 β- 丙氨酸和泛解酸，在酸性溶液中水解成泛解酸的 γ-内酯。虽然泛酸的热降解的机理还不完全清楚，但认为可能是 β-丙氨酸与 2，4-二羟基-3,3-二甲基丁酸之间连接键发生了酸催化水解。

食品加工处理对泛酸的含量有较大影响，随处理温度的升高和水溶液中流失程度的增大，通常损失率可达 30%～80%。在食品贮藏中泛酸较稳定，尤其是低水分活度的食品。

6.3.8.3 来源

正如泛酸的名称所表明的，泛酸广泛分布于自然界，且主要以结合形式存在(表 6-14)。富含泛酸食物主要是未精制的谷类制品、未精制的糖蜜、绿叶蔬菜、动物肾脏/心脏、啤酒酵母、坚果等。由于泛酸主要以辅酶 A 和酰基载体蛋白的形式，因此食品中的泛酸的利用取决于这些蛋白质复合物的水解消化程度。

表 6-14 食品中的泛酸的含量 mg/100 g

食物	泛酸	食物	泛酸
乳制品		蔬菜	
牛奶	0.2	鳄梨	1.1
乳酪	0.1～0.9	花椰菜	1.2
肉类		卷心菜	0.1～1.4
牛肉	0.3～2	胡萝卜	0.27
猪肉	0.4～3.1	扁豆	1.4
鸡肝	9.7	土豆	0.3
猪肝	7.0	番茄	0.3
谷类		水果	
糙米	1.1	苹果	0.1
燕麦片	0.9	香蕉	0.2
小麦	1.0	葡萄柚	0.3
麦麸	2.9	橙	0.2
大麦	1.1	草莓	0.3
其他		坚果	
鸡蛋	2.9	胡桃	0.7
蘑菇	2.1	腰果	1.3
面包酵母	5.3～11	花生	2.8

6.3.8.4 功能

泛酸是辅酶A的重要组成部分，生物体中辅酶A约是4%已知酶的辅助因子，参与体内一些重要物质的合成，如乙酰胆碱、胆固醇、卟啉等，并能调节血浆脂蛋白和胆固醇的含量。泛酸可以帮助伤口愈合、抵抗传染病，帮助抗压、缓和多种生物素副作用、舒缓恶心症状。人体缺乏泛酸易引起忧郁、失眠、消化不良等。

6.3.9 生物素

6.3.9.1 结构

生物素(biotin)又称维生素H、辅酶R等，与维生素B_1一样，是一种含硫维生素。生物素的基本结构是由脲和噻吩组成的五元骈环，并带有戊酸侧链(图6-23)。生物素有3个不对称碳原子，存在8种立体异构体，天然存在的为具有活性的*D*-生物素。生物素与蛋白质中的赖氨酸残基结合形成生物胞素(biocytin)，生物素和生物胞素是两种天然的维生素。

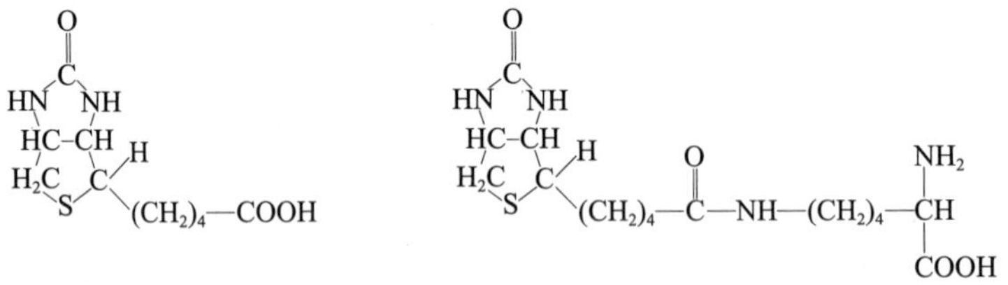

图6-23 生物素(右)和生物胞素(左)的结构

6.3.9.2 性质

生物素为无色的细长针状结晶，熔点为232～233℃，能溶于热水和乙醇，但不溶于有机溶剂。生物素对光、氧和热非常稳定，强酸和强碱会导致其降解，可能是由于它们促进了生物素环上的酰胺键的水解。生物素可以和某些氧化剂(如过氧化氢、高锰酸钾)反应，使分子中的硫被氧化，生成无生物活性的生物素亚砜或砜。此外，生物素环上的羰基也可与氨基发生反应。在食品加工和贮藏中，生物素的损失较少，如强化谷类产品在低水分贮藏中很少发生生物素的降解，由加工过程所引起的损失主要是溶于水中的流失，也有部分是由酸碱处理和氧化造成的。

6.3.9.3 来源

生物素广泛存在于动植物性食品中，以动物肝脏、牛奶、蛋黄、蔬菜、酵母中含量较丰富(表6-15)。生物素在牛奶、水果和蔬菜中呈游离态，而在动物内脏和酵母等中与蛋白质结合。人体的维生素供应来源于两部分：一部分是依靠膳食摄入；另一大部分是肠道细菌合成，故人体一般不缺乏生物素。生物素可因食用生鸡蛋清而失活。这是由一种抗生素的糖蛋白所引起的，它能与生物素牢固结合生成抗生素的复合物使生物素无法被生物体利用，加热可破坏这种拮抗作用。

表6-15 食品中的生物素的含量 μg/100 g

食品	生物素	食品	生物素
乳制品		蔬菜	
奶	2	包子甘蓝	0.4
乳酪	3～5	卷心菜	2
肉		胡萝卜	3
牛肉	3	玉米	6
鸡肉	11	洋葱	4
猪肉	5	土豆	0.1
谷物		番茄	4
大麦	14	菠菜	7
玉米面	7.9	水果	
燕麦	24.6	苹果	1
高粱	28.8	香蕉	4
小麦	36	葡萄	2
其他		橙	1
蛋	20	西瓜	4
酿酒酵母	80	草莓	1.1
糖蜜	108	桃	2

6.3.9.4 功能性质

人体每天生物素需要量100～300 μg，缺乏生物素会出现皮炎、舌炎、厌食、恶心、抑郁、肝脂肪变性和高胆固醇症，不过人类生物素缺乏的病例很少见报道。生物素具有防止白发和脱发，保持皮肤健康的作用。生物素与维生素 A、维生素 B_2、维生素 B_6、烟酸一同使用，作用更加明显。

6.4　维生素类似物

机体内还存在一些从目前的研究还不能完全证明它们是维生素的物质，但在不同程度上具有类似维生素的生物活性，人们通常称它们为维生素类似物。下面介绍主要的几种维生素类似物。

6.4.1　胆碱

胆碱(choline)，又称维生素 B_4，是化合物 2-羟基-*N*,*N*,*N*-三甲基乙醇胺[也叫(*β*-羟乙基)三甲胺]的通称(图 6-24)。胆碱为无色，黏滞状，具强碱性的液体，易溶于水和乙醇，不溶于有机溶剂。胆碱非常稳定，在加工和烹调过程中的损失很少，在干燥环境下，即使很长时间储存，食品中的胆碱含量也几乎没有变化(6-24)。

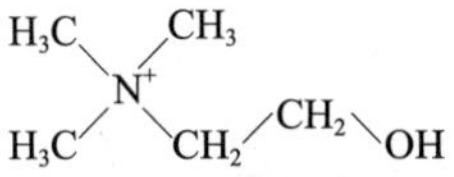

图 6-24　胆碱的结构

胆碱在自然界主要以磷脂酰胆碱(也称作卵磷脂)的形式存在。因为它是一种很好的乳化剂，所以作为一种成分或添加剂被用于许多加工食品和营养品中。人类自身可以合成胆碱，而对哺乳动物仍需在膳食中提供胆碱，特别是儿童或婴儿需要更多的胆碱，常以其氯化物或酒石酸盐的形式强化配方食品。蛋黄、肝脏、大豆制品、小麦胚和花生是丰富的胆碱来源。动物饲料中胆碱最好的来源是谷物的胚芽、豆类和油料种子(如大豆粉)(表 6-16)。玉米中的胆碱含量特别低(是小麦、大麦和燕麦含量的一半)，因此以玉米为基础饲料的家畜所需胆碱量比以小麦为基础饲料的家畜要多很多。

胆碱在体内起着重要的功能作用：①防止脂肪肝。胆碱是一种"亲脂剂"，可促进脂肪以卵磷脂的形式被输送，或者提高脂肪酸本身在肝脏中的利用，防止脂肪在肝脏中的反常积累，保证肝功能的正常；②神经传导，它可帮助越过神经细胞的间隙，产生传导脉冲；③促进人体代谢。

表 6-16　常见食品的胆碱的含量　mg/g

食品	胆碱	食品	胆碱
动物源食品		蔬菜	
牛脑	410	芦笋	128
牛肝	630	卷心菜	46
牛肾	333	胡萝卜	10
火腿	120	花椰菜	78
鳟鱼	84	莴苣	18
牛奶	10	大豆	237
蛋黄	1 713	花生	145
谷类			
大麦	139		
燕麦	151		
精米	126		
小麦胚	423		

6.4.2　肉毒

肉毒(carnitine)又称为肉毒碱、卡尼汀，是一种白色晶体或透明粉末，易溶于水和乙醇，稳定性好，但极易吸潮，在 200℃以上时熔化分解。它有 *D* 型和 *L* 型两种形式，其中 *D* 型为竞争性抑制剂，*L* 型具有生物活性。*D*-肉碱对生物体表现出较大的毒性，其对肉毒碱乙酰基转移酶和肉毒碱酯酰转移酶具有竞争性的抑制作用，影响脂肪酸的转运。*L*-肉碱的化学名称为 *L*-*β*-羟基-*γ*-三甲氨基丁酸，化学式见图 6-25，主要功能是携带、转运活化的脂肪酸，特别是长链饱和与不饱和脂肪酸穿越线粒体膜，进入线粒体内进行反应以提供能量。自然界中只存在 *L*-肉碱，它具有高度稳定性，在食品中几乎不发生降解或只有少量降解，在 pH3～6 下贮存一年几乎无损失。

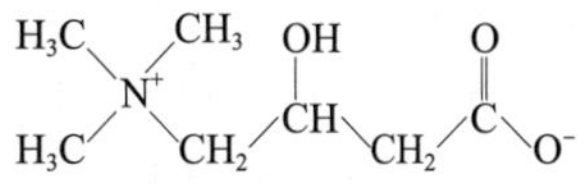

图 6-25　肉毒碱的结构

关于食品中肉毒碱含量的研究比较少，由于其使用非标准的分析方法，结果并不可靠。虽然如此，我们仍可看出植物来源的物质肉毒碱含量低，而那些来自动物的食品则富含肉毒碱(表 6-17)，例如，红色肉类和乳制品中含有丰富的肉毒胆碱。在动物来源的食品中，肉碱以游离和酰化形式存在，酰化肉碱是由各类有机酸与 3 位上的羟基酯化而成的。

表 6-17　部分食品中的总肉毒碱的近似含量

μg/100 g

食品	肉毒碱	食品	肉毒碱
鳄梨	1.25	牛奶	0.53～3.91
花椰菜	0.13	小麦	0.35～1.22
花生	0.76	串酵母菌	1.60～3.29
牛肉	59.8～67.4	羔羊肉	78.0
鸡肉	4.6～9.1	鸡蛋	未检测到

6.4.3　肌醇

肌醇(inositol)广泛存在于动物、植物及微生物中，因最初是由肌肉组织中提取，故取名肌醇。肌醇即环己六醇，是有 6 个羟基的六碳环状物，易溶于水，微溶于乙醇，不溶于乙醚和氯仿。在自然界中，肌醇具有九种立体构型，但只有肌型肌醇具有生物活性（图 6-26)。肌醇具有多羟基化合物所具有的一般性质，并且环状结构能够抵抗很多化学试剂的作用，性质相对稳定，一般在食品加工和贮藏过程中损失很少。

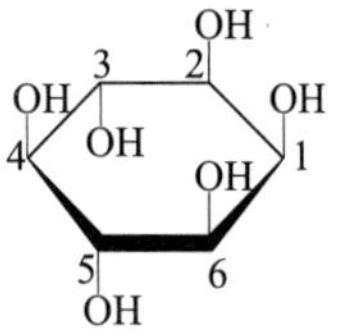

图 6-26　肌醇的结构

肌醇在食物和饲料中以三种形式存在：游离肌醇、植酸及含有肌醇的磷脂。植物的种子，如豆类、谷物、坚果(表 6-18)富含肌醇。谷物中的肌醇一般以植酸或植酸盐(其构成了谷粒中全磷的大部分)的形式存在，影响人体对矿物元素的吸收和利用。因为大多数哺乳动物肠道内仅有少量或没有植酸酶，所以植酸很少作为肌醇和磷的资源被利用。在动物食品中，肌醇以含有肌醇的磷脂和游离形式存在，大脑中多数为游离肌醇，骨骼肌、心脏、肝脏和胰腺中主要是磷脂肌醇，脏器是肌醇丰富的来源。与牛奶(30～80 mg/L)相比，人乳中含有的肌醇较含量丰富(初乳为 200～500 mg/L；成熟乳汁为 100～200 mg/L)。

作为一种食品营养强化剂，肌醇多应用于保健食品、功能饮料及婴幼儿配方食品。因为美国 FDA 把肌醇归类于一般认为安全物质，故无须按照《食品、药品和化妆品法令》的要求论证其安全性和有效性。

表 6-18　部分食品的总肌醇的含量　mg/g

食品	肌醇	食品	肌醇
蔬菜		肉	
芦笋	0.29～0.68	牛肉	0.09～0.37
豆类		鸡肉	0.30～0.39
绿色	0.55～1.93	乳制品和蛋类	
白色	2.83～4.40	牛奶	0.04
红色	2.49	乳酪	0.01～0.09
绿花椰菜	0.11～0.30	蛋	
芹菜	0.05	整蛋	0.09
秋葵	0.28～1.17	蛋黄	0.34
豌豆	1.16～2.35	坚果	
土豆	0.97	杏仁	2.78
菠菜	0.06～0.25	水果	
番茄	0.34～0.41	西瓜	0.48
胡萝卜	0.52	橙	3.07
花椰菜	0.15～0.18	桃	0.19～0.58
谷类		梨	0.46～0.73
大米	0.15～0.30	草莓	0.13
小麦	1.42～11.5	苹果	0.10～0.24

肌醇对肝硬化、脂肪肝、血管硬化、胆固醇过高等有明显疗效，还可用于治疗 CCl_4 中毒、脱发症等。此外，肌醇还是磷酸肌醇的前体。肌醇中的三磷酸肌醇(inositol triphosphate，IP_3)具有良好的清除自由基的功能，对心血管疾病、糖尿病和关节炎具有良好的预防和治疗效果。

6.4.4　黄酮类化合物(维生素 P)

生物类黄酮(bioflavonoids)，也称维生素 P，是某一类具有相同或相似结构及活性特征的物质总称，其化学的本质为黄素酮类(图 6-27)。它是自然界存在的一大类酚类物质，为植物次级代谢的产物，根据黄酮的环取代基不同，其可分为 7 个结构类型，分别为黄酮醇、黄烷醇、黄酮、原花青素、花青苷类、二氢黄酮和异黄酮类。

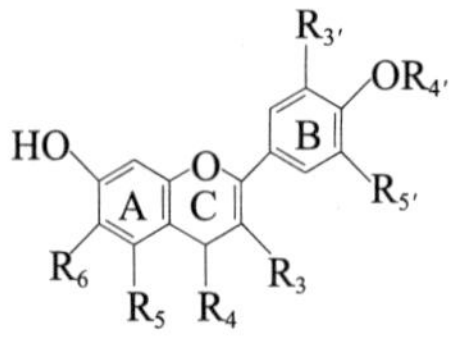

图 6-27　黄酮的基本结构

黄酮醇、黄酮和黄烷醇的日消耗量平均为50 mg，原花青素的摄入量和其相仿。人类膳食中黄酮类最主要的来源是水果和蔬菜，大多数黄酮集中在水果和蔬菜的表面组织（表皮、果皮）中，果汁中含黄酮类物质最丰富。通常来说，叶类蔬菜中的黄酮含量最高，而根类的蔬菜（彩皮洋葱例外）含量较低。此外，生物类黄酮经常与维生素C一起共存，有较强的抗氧化性，能够有效防止维生素C由于氧化而遭到破坏，从而大大增强维生素C的实际效果。

类黄酮是自然界植物中主要活性成分之一，具有极强的抗氧化和抗自由基的能力，巩固生物体的抗氧化能力，保证细胞免受自由基的伤害。同时，类黄酮对心血管系统具有维护作用，芦丁、儿茶酚等能降低血管脆性及异常的通透性，可用作防治高血压及动脉硬化的辅助治疗剂，有些类黄酮成分还有降低血脂及胆固醇的作用。另外，类黄酮还具有抗肿瘤、抑菌、抗炎和抗病毒等多种生理活性。

6.4.5 类胡萝卜素类

类胡萝卜素类是植物产生的聚类异戊二烯化合物。其作用是获取进行光合作用的光和清除自由基，从而帮助植物抵抗氧化应激的伤害。类胡萝卜素类具有强抗氧化作用，使某些类胡萝卜素类具有视觉功能作用，当缺乏这些功能及其他维生素A功能所必需的类胡萝卜素时，则不具有维生素A原活性。在人类膳食中，最常见的非维生素A原类胡萝卜素是番茄红素、叶黄素、玉米黄素和角黄素（图6-28）。

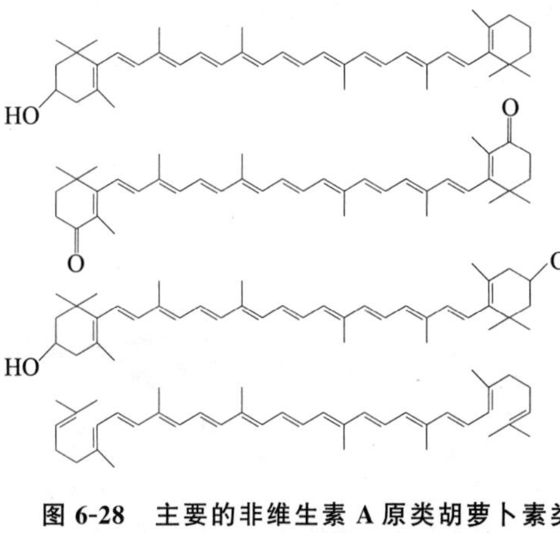

图6-28 主要的非维生素A原类胡萝卜素类的结构

大多数非维生素A原类胡萝卜素是存在于红、黄、橘红色植物组织中的色素类（表6-19）。番茄红素广泛存在于各种成熟的红色蔬菜水果中，如番茄、西瓜、胡萝卜、葡萄、红色葡萄柚、草莓等的果实中，其中在番茄中的含量最高。据估计，美国人和欧洲人平均日消耗番茄红素3.3～10.5 mg。叶黄素大多留存于深色水果、蔬菜中，在菠菜、羽衣甘蓝、玉米、绿色花椰菜和芥蓝中含量都很高；玉米叶中的叶黄素和玉米黄素是家禽饲料中的主要色素来源。人们认为非维生素A原类胡萝卜素类对人身体健康具有重要作用，可以清除人体血清自由基、抗癌和预防其他慢性病。

表6-19 水果和蔬菜中的非维生素A原类胡萝卜素

μg/100 g

食品	番茄红素	叶黄素和玉米黄素	玉米黄质
生苹果	0	45	0
杏罐头	65	2	0
生芦笋	0	640	0
生鳄梨	0	320	0
熟绿花椰菜	0	1 800	0
绿色豆类	0	7 400	0
包子甘蓝	0	1 300	0
红色卷心菜	0	26	0
芹菜	0	3 600	0
芥蓝	0	16 300	0
玉米	0	780	0
莴苣	0	4 000	0
粉红葡萄柚	3 360	0	0

6.5 维生素在食品加工和贮藏中的变化

食品中的维生素种类较多，但含量较少。食品经过加工和贮藏，都不可避免地在某种程度上遭受维生素的损失。因此，食品加工和贮藏过程中需要考虑到各种因素对维生素的影响，尽可能最大限度地保存食品中的维生素，避免其损失或与食品中其他组分间发生反应。

6.5.1 原料自身的影响

6.5.1.1 成熟度

果蔬中的维生素的含量随着成熟度的变化而变化，然而不同种类的水果和蔬菜变化情况差异较大，主要是由维生素合成与降解速率决定的，如番茄在成熟前期时维生素 C 含量最高，而辣椒在成熟期时维生素 C 含量最高(表 6-20)。因此，选择适当的原料品种和成熟度是果蔬食品加工中十分重要的问题。

表 6-20　成熟度对番茄中抗坏血酸含量的影响

花开后数周	平均质量/g	颜色	抗坏血酸含量/(mg/100 g)	花开后数周	平均质量/g	颜色	抗坏血酸含量/(mg/100 g)
2	33.4	绿	10.7	5	146	红-黄	20.7
3	57.2	绿	7.6	6	160	红	14.6
4	102	绿-黄	10.9	7	168	红	10.1

6.5.1.2　采后(宰后)食品中维生素的含量变化

食品从采收或屠宰到加工这段时间，营养价值会发生明显变化。当细胞受损后，细胞内源酶会从完整的细胞中释放出来，从而改变维生素的化学形式和活性，例如，脂肪氧合酶的氧化作用可以降低许多维生素的含量，而抗坏血酸氧化酶则专一性地引起抗坏血酸损失。由于酶的活性与温度和时间密切相关，采后及贮藏过程中的维生素含量的变化程度与其间温度高低和时间长短等因素有关。例如，苹果储存 2～3 个月，维生素含量可下降到采收时的 1/3 左右；绿色蔬菜在高温条件下储存 1～2 d，维生素 C 减少到原先的 30%～40%，而低温条件下储存时则损失较少。因此，食品加工时应尽可能选用新鲜原料或将原料及时低温处理以减少维生素的损失。

6.5.2　食品加工前的预处理

6.5.2.1　切割、去皮

维生素在植物性食品原料的不同组织部位含量不同，一般叶片中维生素含量最高，果实和茎次之，根部含量最低。对于水果而言，表皮中的维生素含量最高，从表层到核芯，维生素含量逐渐降低。研究表明，苹果皮中维生素 C 的含量比果肉高；柑橘皮中的维生素 C 比汁液高；胡萝卜表层皮的烟酸含量比其本身高；莴苣和菠菜外层叶中 B 族维生素和维生素 C 比内层液高。因此，水果和蔬菜经过去皮、修整或切割处理会导致浓集于果蔬表层的不稳定维生素(如叶酸、维生素 C 及维生素 B_1)遭受额外损失。

动植物食品原料经切割或其他处理后，损伤的组织在遇到水或水溶液时会由于浸出造成水溶性维生素的损失，该类现象发生在清洗、水槽输送以及盐水浸煮过程中。维生素损失程度取决于影响维生素溶解度和扩散的因素，包括 pH、温度、离子强度、食品颗粒的比表面以及料液比。

谷物的制粉涉及为除去糠麸(种皮)和胚芽而进行的碾磨和分级过程，因为许多维生素都浓缩于胚芽和糠麸中，因而也会造成维生素的损失。

6.5.2.2　漂洗、热烫

食品原料在漂洗过程中会损失部分水溶性维生素，这是化学性质稳定的水溶性维生素(如泛酸、烟酸、叶酸、维生素 B_2 等)最主要的损失途径。如大米经漂洗后 B 族维生素的损失率为 60%，总维生素的损失率为 47%。

热烫是果蔬加工中不可缺少的一种工艺处理。其目的在于钝化影响产品品质的酶类、减少微生物污染、排除组织中的气体。热烫处理往往造成水溶性维生素大量损失，这是热降解破坏和溶入水中流失的双重原因(图 6-29)。一般来说，热烫温度越高，时间越长，维生素损失越大，所以最好采用高温短时热烫处理。食品成熟度越高，热烫时维生素 C 和维生素 B_1 损失越少。热烫的方式有热水、蒸汽、热空气或微波，其中热水处理造成的维生素损失要比蒸汽处理大得多。

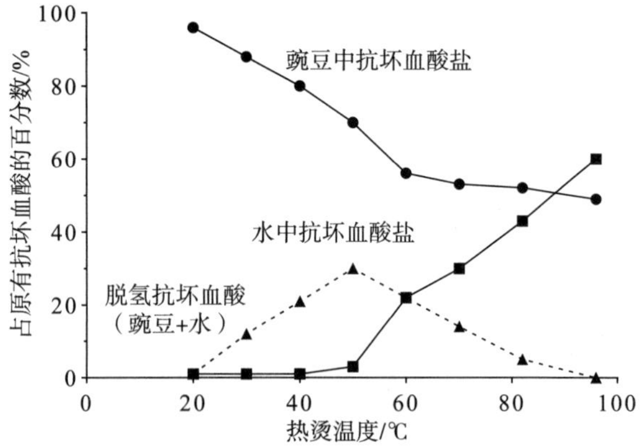

图 6-29　热烫温度对豌豆维生素 C 含量的影响(处理 10 min)

6.5.3　食品加工和贮藏过程中的影响

6.5.3.1　冷冻保藏

冷冻是最常用的食品贮藏方法，一般包括预冷冻、冷冻保藏、解冻3个阶段。维生素的损失主要包括贮存过程中的化学降解和解冻过程中水溶性维生素的流失。例如，蔬菜经冷冻后会损失37%～56%的维生素；肉类食品经冷冻后，泛酸的损失为21%～70%。又如，在−18℃贮存6～12个月的条件下，甘蓝、菜花、菠菜的维生素C损失率分别为49%、50%和65%，与蔬菜的种类有关。在解冻过程中，动物性食品损失的主要是B族维生素，其损失量与渗出的汁液量成正比，如肉类解冻时，汁液的流失使维生素损失量达10%～14%。

6.5.3.2　射线辐照

辐照主要用于肉类食品的杀菌防腐和果蔬的保藏。辐照技术最主要的优势就在于基本不改变食物的组成成分。研究发现，食品中的蛋白质、碳水化合物和脂肪等成分即使在辐射剂量上升到10 kGy时仍然表现出相当高的稳定性。辐照对维生素有一定的影响。水溶性维生素对辐照的敏感性主要取决于其是处在水溶液中还是食品中或是否受到其他组分的保护等。维生素C对辐照很敏感，其损失随辐照剂量的增大而增加（表6-21）。此外，脂溶性维生素也特别容易被辐照处理破坏，其敏感程度大小依次为维生素E>胡萝卜素>维生素A>维生素D>维生素K。在B族维生素中，维生素B_1最易受到辐照的破坏，其破坏程度与热加工相当，约为63%。

表6-21　不同辐照剂量对维生素C的影响

辐照剂量/(kGy)	维生素浓度/(μg/mL)	保存率/%
0.1	100	98
0.25	100	85.6
0.5	100	68.7
1.5	100	19.8
2.0	100	3.5

6.5.4　食品添加剂的影响

在食品加工过程中，为了防止食品的腐败变质或提高食品的品质，通常会向食品中添加一些食品添加剂，其中有些物质对维生素有一定的影响。例如，面粉中使用的过氧化苯甲酰、溴酸钾等漂白剂会氧化分解维生素A、维生素C和维生素E，降低它们在面制品中的含量或使其失去活性。

亚硫酸盐（或SO_2）常用来抑制果蔬制品发生酶促褐变或非酶褐变以及在葡萄酒中抑制杂菌，它作为还原剂时也可以保护维生素C不被氧化，但是作为亲核试剂则可使维生素B_1和维生素B_6失活。

为了防腐和改善颜色，肉制品往往会被添加亚硝酸盐和硝酸盐，但其氧化性质会引起维生素C、类胡萝卜素、维生素B_1和叶酸的损失。

果蔬加工中添加的有机酸可减少维生素C和维生素B_1的损失，但会破坏泛酸、维生素B_{12}、叶酸；碱性物质则会增加维生素C、维生素B_1等的损失。

6.6　小结

维生素是一类有机化合物，是人体生命活动中不可缺少的微量营养素。维生素的需要量小，但在体内的作用很大。维生素分为脂溶性维生素和水溶性维生素两大类。在一般条件下，脂溶性维生素性质稳定，大多数水溶性维生素也稳定，少数水溶性维生素（如维生素B_1、生物素、维生素C）不稳定；在酸、碱、氧气、光照、加热等条件下，各种维生素表现出不同的稳定性。在食品加工和贮藏过程中，水溶性维生素较易损失，而脂溶性维生素损失不明显，因此要选择适当的加工方法和贮藏条件。维生素在各种食品中的种类和含量不同，人体需要的维生素绝大部分由食物供给。如果人体缺少维生素，就易患维生素缺乏症，影响人体正常的代谢。

二维码6-1　维生素

思考题

1. 什么是维生素？有哪些共同特点？
2. 维生素的种类有多少？水溶性维生素和脂溶性维生素有什么区别？
3. 为何粗粮比细粮营养价值高？
4. 在食品贮藏过程中，维生素的损失与哪些因素有关？

5. 食品中维生素在食品加工和贮藏过程中损失的途径有哪些？如何降低维生素的损失？

6. 比较水溶性维生素的稳定性，说明为什么少量亚硫酸盐可以保护贮藏果汁中的维生素 C？

7. 从人体对维生素需求的角度看，多晒太阳有什么益处？

参考文献

查锡良，2010. 生物化学[M]. 7 版. 北京：人民卫生出版社.

阚建全，2016. 食品化学[M]. 3 版. 北京：中国农业大学出版社.

葛可佑，2013. 公共营养师基础知识[M]. 北京：中国劳动社会保障出版社.

蔡东联，2009. 实用营养师手册[M]. 北京：人民卫生出版社.

李凤林，李凤玉，张忠，2009. 食品营养学[M]. 北京：化学工业出版社.

杨月欣，2009. 食物营养宝典. 北京：科学出版社.

MARTENS J H, BARG H, WARREN M J, et al., 2002. Microbial production of vitamin B_{12} [J]. Appl Microbiol Biotechnol, 58: 275-285.

第 7 章

矿物质

学习目的与要求

1. 了解食品中矿物质的解类、来源、存在形式的基本性质和它存在机体中的作用；
2. 掌握矿物质在食品加工、贮藏中所发生的变化。

7.1 引言

7.1.1 矿物质的概念

矿物质(mineral),又称无机盐,是构成人体组织和维持正常生理功能所必需的各种无机物的总称,为人体必需的七大营养素之一。矿物质和维生素一样是人体必需的元素,人体无法自身产生和合成,因此必须通过食物和水的摄取完成矿物质的获得。

食品中的矿物质一般含量较少,总量通常以灰分表示。食品在高温灼烧时会发生一系列的物化变化,有机成分成为气体挥发逸去,而大部分无机成分(主要是无机盐和氧化物)作为不挥发性残渣被残留下来,这些残渣成为灰分。实际上,食品在高温灼烧时,某些易挥发元素,如氯、铅等,从而使无机成分减少,而某些金属氧化物会吸收二氧化碳而生成碳酸盐,从而使无机成分增多,因此,食品经高温灼烧的残留物通常称为粗灰分。目前已知食品中含有 60 多种矿物质,其中 25 种为人体营养所必需。

7.1.2 矿物质的分类

人体所需矿物质的种类很多,一般按照其对人体健康的影响以及酸碱性进行分类。

7.1.2.1 按对人体健康的影响分类

从其对人体健康影响的角度,矿物质元素可分为必需元素、有益或辅助营养元素和有毒(有害)元素。

1. 必需元素

必需元素(Essential elements)是指存在于一切机体的正常组织中,且含量比较固定,缺乏时可使机体组织和功能出现异常,当补充这种元素后即可恢复正常的一类元素。在人体内的正常生理作用已经基本清楚的元素是必需元素。然而,所有必需元素在摄入过量时都会有毒。必需微量元素生理作用的剂量和中毒剂量差距很小,过量摄入会有害健康,不要盲目“进补”。

依据这些必需矿物质元素在人体内的含量和人体需要量的不同,习惯上分为常量元素与微量元素两类。常量元素也称大量元素或宏量元素,是指体内含量在 0.01%以上或日需量在 100 mg 以上的必需元素。它们在人体含量较多,占人体总灰分的 60%~80%,主要有 7 种,即钙、镁、钾、钠、磷、氯、硫。微量元素也称痕量元素,是指在体内含量小于 0.01%或日需量小于 100 mg 的元素。它们在人体含量很低,均在低浓度下才有生物学作用。人体必需的微量元素有 14 种,即铁、锌、铜、碘、锰、钼、钴、硒、铬、镍、锡、硅、氟、钒。

2. 有益或辅助营养元素

有益或辅助营养元素在机体内不存在时不会引起再生性生理症状,但在极少量存在时有益于身体健康,如铝、硼等,也称非必需非毒元素。然而,对“非毒”的界定取决于该元素摄入量的多少,尤其是某些微量元素。

3. 有毒(有害)元素

有毒(有害)元素是能显著毒害机体的元素,主要为铅、铬、汞、砷等重金属元素。在正常情况下,这些元素的分布比较稳定,不会对人体健康构成威胁。但是当食物受到“工业三废”污染或在食品加工过程中因设备或容器使用不当受到污染时,大量重金属溶出并进入食品后就会引起人体中毒。

7.1.2.2 按酸碱性分类

矿物质元素可以按照其在人体内消化代谢末端产物呈酸性或碱性分为两类:酸性矿物质元素、碱性矿物质元素。酸性矿物质元素,如磷、氯、硫、碘等。碱性矿物质元素,如钙、镁、钾、钠等。

7.1.3 矿物质的作用

7.1.3.1 矿物质在人体中的作用

虽然矿物质总量在体内一般只占体重的 4%~5%,不能提供能量,却是人体不可缺少的营养成分。矿物质不能在体内自行合成,需要外界环境供给。同时,矿物质也不能在代谢过程中减少,只能随排泄物重新回到自然环境中。矿物质在体内的作用主要有以下几种。

1. 机体的重要组成部分

矿物质是构成机体组织的重要原料,机体中的矿物质可以维持骨骼刚性,使骨骼具有一定的强度和硬度,如钙、磷、镁是构成骨骼、牙齿的重要元素。此外,磷、硫是蛋白质的组成元素,细胞中则普遍含有钾、钠元素。有些人体内的特殊的生理物质,如血液中的血红蛋白、甲状腺素等需要铁、碘的参与才能合成。

2. 维持机体的酸碱平衡和细胞渗透压

矿物质与蛋白质一起维持细胞内外的渗透压平衡,对体液的潴留与移动起重要作用。矿物质中的酸性离子和碱性离子适当配合，加上碳酸盐、磷酸盐以及蛋白质一起构成机体的酸碱缓冲体系，维持机体酸碱平衡，使血液 pH 维持在 7.35～7.45 正常范围内，才能够维持机体内环境的稳定和正常的代谢活动。

3. 保持神经、肌肉的兴奋性

钾、钠、钙、镁等离子以一定比例存在会对维持神经、肌肉组织的兴奋性起着重要作用。其中，钾、钠离子可以增加神经、肌肉的兴奋性，钙、镁离子可以降低神经、肌肉的兴奋性。

4. 对机体具有特殊的生理作用

矿物质对于机体具有特殊的生理作用，如铁对于血红蛋白、细胞色素酶系的重要性；碘对于甲状腺素合成的重要性；硒对于谷胱甘肽过氧化物酶的重要性，均属于此。

7.1.3.2 矿物质对食品感官质量的作用

矿物质可以改善食品感官质量，例如磷酸盐可以增强肉制品的保水性、黏着性，在炼乳中添加磷酸氢二钠可保持盐平衡，改善炼乳热稳定性。钙离子对凝胶的形成和食品质地硬化有一定的作用，利用钙盐可以使过熟的水果果胶起胶凝作用，同时钙盐还能抑制水果褐变。

7.2 食品中矿物质吸收和利用的一些性质

7.2.1 溶解性

大多数生物体系中的营养元素都是在水溶液中被传递，并被生物体代谢。因此，矿物质的生物利用率和活性在很大程度上依赖于它们在水中的溶解性。除分子氧和分子氮以外，其他元素的单质形式(例如单质铁)在生命系统中都没有生理活性，因为单质不溶于水。在消化道中，矿物质必须是溶解状态才能吸收。当矿物质以离子形式存在时，不同价态的矿物质可能在水中与生命体中的有机物质，如蛋白质、氨基酸、有机酸、核酸、核苷酸、肽和糖等形成不同类型的化合物，这有利于矿物质的稳定和在器官间的输送。

矿物质元素本身的性质决定了它的溶解性。元素周期表中的ⅠA族、ⅦA族在食品中主要以游离的离子形式(K^+、Na^+、Cl^-、F^-)存在，尤其是一价元素都成为可溶性盐。大多数其他元素以络合物、螯合物或含阴离子形式存在，各自的溶解性表现各不相同。

镁、钙、钡是同族元素，仅以+2价氧化态存在，虽然这一族的卤化物都是可溶性的，但是它们的氢氧化物及盐是难溶物，如磷酸盐、植酸盐、碳酸盐等。食品在受到某些细菌分解后，其中的镁能形成极难溶的络合物 $NH_4MgPO_4 \cdot 6H_2O$，俗称鸟粪石。

此外，矿物质元素的溶解度还受食品 pH 影响。一般来说，食品 pH 越低，矿物质的溶解性越大。

7.2.2 酸碱性

任何矿物质都可以其离子的形式存在，但从营养学的角度看，只有氟化物、碘化物和磷酸盐的阴离子才是最重要的。水中的氟化物成分比食品中更常见，其摄入量的多少主要因地理位置的不同而异。碘以碘化物(I^-)或碘酸盐(IO_3^-)的形式存在。磷酸盐以多种不同的形式存在，如磷酸盐(PO_4^{3-})、磷酸氢盐(HPO_4^{2-})、磷酸二氢盐($H_2PO_4^-$)，或者磷酸(H_3PO_4)。各种微量元素参与的复杂生物过程，可以利用 Lewis 的酸碱理论解释，不同价态的同一元素可以通过形成多种复合物参与不同的生化过程，因而显示不同的营养价值。

7.2.3 氧化还原性

矿物质元素的阳离子种类比阴离子种类多，结构也更复杂，它们的化学性质可以通过所在元素周期表中的族来分析。

相比之下，碘化物和碘酸盐(如磷酸盐，硫酸盐和碘酸盐)是比较强的氧化剂。其他一些金属元素具有多种氧化态，如锡和铝(+2 和+4)、汞(+1 和+2)、铁(+2 和+3)、铬(+3 和+6)、锰(+2、+3、+4、+6 和+7)。在这些金属元素中，许多能形成两性离子，既可作为氧化剂，又可作为还原剂。铜和铁最为重要的性质是能催化抗坏血酸和不饱和脂质的氧化。微量元素的这些价态变化和相互转换的平衡反应都将影响组织和器官中的环境特性，例如，pH、配位体组成、电效应等，从而影响其生理功能。

7.2.4 微量元素的浓度

微量元素的浓度和存在状态将会影响各种生化反应。许多原因不明的疾病(例如癌症和地方病)都与微量元素有关。实际上，对必需微量元素的确认绝非易事，因为矿物元素的价态和浓度不同，乃至排列的有序性和状态也不同，因而对生物的生命活动产生不同的作用。

7.2.5 螯合效应

许多金属离子可以作为有机分子的配位体或螯合剂，如血红素中的铁、细胞色素中的铜、叶绿素中的镁以及维生素 B_{12} 中的钴。具有生物活性结构的铬称为葡萄糖耐量因子（GTF），它是三价铬中的一种有机络合物的形式。在葡萄糖耐量生物检测中，它比无机 Cr^{3+} 的效能高 50 倍。葡萄糖耐量因子除约含有 65％的铬之外，还含有烟酸、半胱氨酸、甘氨酸和谷氨酸。

金属离子的螯合效应与螯合物的稳定性受其本身结构和环境因素的影响。一般五元环和六元环螯合物比其他环稳定。金属离子的 Lewis 碱性也会影响其稳定性，一般碱性越强越稳定。此外，带电荷的配位体有利于形成稳定的螯合物。由不同的电子供给体所形成的配位键强度不同，氧为 $H_2O>ROH>R_2H$；氮为 $H_3N>RNH_2>R_3N$；而硫为 $R_2S>RSH>H_2S$。另外，分子中的共轭和立体位阻有利于螯合物的稳定。

7.2.6 食品中矿物质的利用率

在评价某一食品营养价值时，不仅要考虑食品中矿物质的含量，还要考虑其生物实际利用率，即生物有效性。矿物质的生物学有效性是指食品中矿物质被机体吸收、利用的程度。它取决于食品中矿物质含量及可吸收程度，并与机体机能有关。有些矿物质的可吸收利用程度比绝对含量更重要，如菠菜中的铁含量为 5 mg/100 g，其利用率为 3％，实际利用量为 0.15 mg；猪肉中铁含量为 3 mg/100 g，其利用率为 15％，实际利用量为 0.45 mg。一般来说，动物性食物中的矿物质吸收利用程度高于植物性食物。一方面，植物性食物中矿物质含量较低；另一方面，植物性食物中存在的抑制性因子太多，如植酸盐、草酸盐、磷酸盐等。

影响矿物质生物有效性的因素有很多，主要有矿物质的物理化学形态、溶解性、食物的可消化性、螯合作用、加工方法及与其他成分的相互作用等。

1. 矿物质元素在水中的溶解性和存在状态

因为绝大多数生化反应是在水溶性体系中进行的，而消化吸收也需要水为介质，所以矿物质水溶性越好，越有利于机体的吸收和利用。例如，乳酸钙的吸收率高于硫酸钙，更高于植酸钙。多价离子的磷酸盐和碳酸盐难被吸收，而钠、钾、氯等元素的化合物吸收率更高。同一矿物质元素处于不同的化学形式，其生物利用性不同。例如，血红素中的铁的生物可利用率远高于无机铁离子；与酶蛋白结合的锌更易被吸收和利用。

2. 矿物质元素之间的相互作用

有时机体的矿物质吸收会发生拮抗作用，这可能与它们竞争载体有关。如果食品中的一种矿物质元素含量过高，往往会使其他矿物质元素的吸收受到抑制。如铁的含量过高会抑制锌、锰等元素的吸收。

3. 螯合效应

金属离子可以与不同的配体作用，形成相应的配合物或螯合物，形成螯合物的能力与金属离子本身的特性有关。在食品体系中，有的形成的螯合物有的可以提高矿物质元素的吸收利用率，如氨基酸钙，有的可以降低其吸收利用率，如植酸钙。在食品中，大量膳食纤维会与矿物质形成螯合物，影响其吸收，如降低铁、锌、钙等的吸收利用率。

4. 其他成分的影响

蛋白质、脂类和维生素也会影响到某些矿物质的生物可利用性，例如，蛋白质摄入量的不足会造成钙的吸收水平下降；脂类摄入过量会影响钙的吸收；蛋黄中的卵黄磷铁蛋白会抑制铁的吸收，降低其生物有效性。

5. 人体的生理状态

人体对矿物质元素的吸收利用具有调解能力，以维持机体环境的相对稳定。如在食物中缺乏某种矿物质元素时，其吸收率就会提高；当此元素供应充足时，吸收率就会下降，当然还要考虑其绝对吸收量。此外，机体的状态，如年龄、疾病、个体差异等因素，均会造成机体矿物质利用率的变化。例如，在缺铁者或缺铁性贫血病人群中，对铁的吸收效率提高；妇女对铁的吸收比男人高；儿童随年龄的增大，铁的吸收减少。

6. 食物的营养组成

食物的营养组成也会影响到人体对矿物质的吸收，如肉类食物中的矿物质的吸收率就较高，而谷物中的矿物质的吸收率与之相比就低一些。

7.2.7 矿物质的安全性

矿物质虽然在人体内的含量不高，需要量也不大，但是维持机体健康必不可少的一大类营养素。从营养角度看，有些矿物质不但没有营养价值，而且会对人体健康产生危害，如汞和铬。同时，无论哪一种必需的矿物质，当摄入过量时都可能产生不良作用，对身体健康造成伤害。对于人体必需的矿物质微量元素而言，其限量的水平远低于大量元素。矿物质的安全剂量和中毒剂量之间的关系见表 7-1。

表 7-1　过量摄入[a]某些矿物质和毒性反应的严重程度之间的关系

mg

矿物质	症状[b]	毒性程度		
		无	中等	剧烈
铜	急性	—	2～16	125～50 000
	较长	—	—	0.5～4
钴	较长	—	150	35～600
氟	急性	—	3～19	80～3 000
	较长	—	3～19	2～180
铁	急性	—	—	12～1 500
	较长	7	—	6～15
碘	较长	8～35 000	1～15 000	1～180 000
锡	急性	—	130	23～700
锌	急性	13～23	—	8～530
	较长	2～10	10	—

注：a. 过量经口摄入的含义是产生反应的实际摄入量除以需要摄入量或相当的平均摄入量。b. 急性，24 h 以内；较长，从一天到几代人。

7.3　常见的大(宏)量矿物质

7.3.1　钙

钙是人体内最重要、含量最多的矿物质元素。一般情况下，成人体内钙的总含量约为 1 200 g，占人体重的 1.5%～2.0%，其中 99% 的钙与磷形成羟磷灰石结晶 $Ca_5(PO_4)_3(OH)$ 和磷酸钙，存在于骨骼和牙齿中，其余 1% 的钙以离子状态存在于血液、细胞外液和软组织中，称之为混合钙池。

钙的生理功能是构成骨骼和牙齿，维持神经和肌肉活动，促进体内某些酶的活性。此外，钙还参与血凝过程、激素分泌、维持体液酸碱平衡以及细胞内胶质稳定性。在人体缺钙时，儿童常出现软骨病、佝偻病，中老年出现骨质疏松症，严重时还会引起肌肉痉挛。婴幼儿、低血糖者、生理性腹绞痛者、孕妇和停经后的女性尤其注意补充钙质。

在正常饮食中，不会出现缺钙现象，但是人体肠道对钙吸收不完全，大部分被残留在粪便中。这主要是因为钙离子可与食物中的植酸、草酸及脂肪酸等阴离子形成不溶性钙盐，所以在选择钙的产品时，还应注意草酸或植酸成分的含量。在食品中，较理想的钙源是乳及乳制品，含量丰富且吸收率高。此外，十字花科蔬菜、小虾米皮、紫菜、海带及豆制品等钙含量也都较丰富。许多因素有利于钙的吸收，乳糖、维生素 D 在理论和实践上已经被证实可以促进钙吸收。

食品工业中的钙盐被广泛用作质构改良剂，这是因为钙能与带负电荷的大分子形成凝胶，如低甲氧基果胶、大豆蛋白、酪蛋白等。加工中可通过加入钙盐来提高果蔬组织的坚韧性。常见食品中的钙含量见表 7-2。

表 7-2　常见食品中每 100 g 可食部分的钙含量

mg

名称	含钙量	名称	含钙量	名称	含钙量
人奶	34	海带(干)	1 177	蚕豆	93
牛奶	120	发菜	767	腐竹	280
奶酪	590	银耳	380	花生仁	67
蛋黄	134	木耳	357	杏仁(生)	140
标准粉	24	紫菜	343	西瓜子(炒)	237
标准米	10	大豆	367	南瓜子(炒)	235
虾皮	2 000	豆腐丝	284	核桃仁	119
猪肉(瘦)	11	豆腐	240～277	小白菜	93～163
牛肉(瘦)	6	青豆	240	大白菜	61
羊肉(瘦)	13	豇豆	100	油菜	140
鸡肉(瘦)	11	豌豆	84	韭菜	105

7.3.2　镁

镁是常量元素中体内总含量最少的一种元素，它的角色举足轻重，具有非常重要的生理功能。成年人体内含有镁 20～30 g，其中约 60% 以磷酸盐的形式存在于骨骼和牙齿中，38% 与蛋白质结合为络合物存在于软组织中，2% 存在于血浆和血清中。

镁是骨骼和牙齿的重要组成成分之一，它与钙、磷构成骨盐，与钙在功能上既协同又对抗。镁是维持心肌正常功能所必需的，并参与蛋白质的消化以及糖和蛋白质的代谢过程，与钙、钠、钾共同维持体内酸碱平衡和神经肌肉的兴奋性。

镁广泛分布于各种动植物性食品中，膳食中的镁来源于全谷、坚果、豆类和绿色蔬菜。镁含量最高的食物是紫菜，其被誉为“镁元素的宝库”。此外，肉类和动物内脏中也含有丰富的镁。因此，正常膳食的成年人一般是不会缺镁的。

镁是叶绿素的重要组成之一。在蔬菜加工中，常因叶绿素中的镁脱去生成脱镁叶绿素导致色泽变暗。因此，在食品工业中，镁主要用作改良剂。

7.3.3 钠

钠是人体中含量最多的元素。它作为血浆和其他细胞外液的主要阳离子，在保持体液的酸碱平衡、渗透压和水平衡方面起重要作用。健康成年人每日对食盐的摄入量为 8～15 g，过多或过少摄入都不利于健康。

人体钠离子的主要来源是食盐。此外，咸鱼、咸肉、酱腌菜、加碱饼干、海产品和牛奶中也含有丰富的钠离子，蔬菜中钠离子含量较低。一般而言，人很少发生钠的缺乏问题，但在食用不加盐的严格素食或长期出汗过多、腹泻、呕吐等情况下，将会发生钠缺乏症。在食品工业中钠有以下几种作用：①可以激活某些酶；②诱发食品中典型咸味；③降低食品的水分活度，抑制维生素生长，起到防腐作用；④作为膨松剂改善食品的质构。

7.3.4 磷

磷元素在人体中的含量仅次于钙，成人体内含磷量约 650 g，占体内矿物质重量的 25%，其中 85%～90%的磷以磷酸盐的形式存在于骨骼和牙齿中，10%～15%的磷以有机磷化合物的形式分布于组织细胞中。磷是构成骨骼、牙齿及软组织的重要组成成分，参与能量代谢和物质代谢过程，调节机体酸碱平衡，并维持着人体细胞膜的完整性和通透性。

含磷的食物来源广泛，主要为蛋、肉类、乳制品、叶菜、粮食类等，一般都能满足需要。植物性食品含有大量的磷，但大多数以植酸磷的形式存在（表 7-3），难以被人体消化吸收，可通过发酵或浸泡等加工手段将其水解，释放出游离的磷酸盐，从而提高磷的生物利用率。在食品工业中，磷在软饮料中常用作软化剂；使用三聚磷酸改善肉的持水性；在肉糜和乳酪加工时也会使用磷作乳化助剂；另外，磷也可用作膨松剂，使制品膨松软化。

表 7-3 食品中植酸磷的含量 g/kg

食品	总磷含量	植酸磷含量	食品	总磷含量	植酸磷含量
大米	3.5	2.4	豌豆	3.8	1.7
小米	3.5	1.91	大豆	7.1	3.8
小麦	3.3	2.2	土豆	1.0	0
玉米	2.8	1.9	燕麦	3.6	2.1
高粱	2.7	1.9	大麦	3.7	2.2

7.4 常见的微量矿物质

7.4.1 铁

铁是人体必需的微量元素之一，也是人体含量最多的微量元素。机体中的铁都以结合态存在，在人体中的总量约为 4～5 g，其中 60%～70%以血红蛋白存在，约 3%以肌红蛋白存在，1%以含铁酶形式存在，约 30%的铁以铁蛋白和含铁血黄素形式存在。

铁在人体中的功能主要是构成血红蛋白和肌红蛋白的成分，参与组织中氧气及二氧化碳的转运及交换过程，以维持机体的正常生长发育。此外，铁作为过氧化氢酶和细胞色素氧化酶系统的组成成分，参与组织中的生物氧化反应。作为碱性元素，铁也是维持机体酸碱平衡的基本物质之一

人体肠道对食物中铁的吸收率较低。非血红素铁和血红素铁是食物中铁的两种形式。非血红素铁主要以三价铁的形式与蛋白质、氨基酸和有机酸形成配合物存在于植物性食品中。这种形式的铁必需先在胃酸作用下与有机酸部分分开，并还原成亚铁离子后，才能被吸收。若饮食中含有较多的植酸盐或磷酸盐，则可与铁形成不溶性铁盐降低其吸收率。谷类食物中的铁吸收率很低的主要原因就在于此。非血红素铁的吸收率很低，一般低于 10%。由于抗坏血酸具有还原性，它能把三价铁离子还原成二价

亚铁离子，而且可以与亚铁离子形成可溶性络合物，所以可以促进非血红素铁的吸收。此外，促进非血红素铁吸收的因素还包括肉鱼禽中含有的肉类因子、半胱氨酸、谷胱甘肽、柠檬酸、苹果酸、乳酸以及体内铁贮备量等，如肉类食品可以提高植物性食品中铁的吸收率，与半胱氨酸的存在有关。抑制该型铁吸收的因素有体内因素和体外因素，其中体内因素包括胃酸缺乏、肠道pH升高。

血红素铁是指与血红蛋白及肌红蛋白中的血红素结合的铁离子。该种类型的铁不受植酸或磷酸的影响，能以血红素铁的形式直接被肠道黏膜细胞吸收，其吸收率比亚铁离子还要高。在一般情况下，动物性食品中的铁比植物性食品中的铁更容易吸收。植物中的铁吸收率多在10%以下，例如，大米为1%，菠菜和大豆为7%。动物中铁的吸收率高，例如血红蛋白为12%，动物肌肉、肝脏可高达22%。蛋类中铁吸收率较低，约为3%，这是由于蛋黄中磷蛋白与高铁离子结合成不溶性的铁盐，从而难于被吸收。血红素铁影响吸收因素很少，其吸收受体内铁贮存量的影响。

动物性食品，如肝脏、肌肉、动物血、鱼类中富含铁，且吸收率高。植物性食品，如豆类、菠菜、苋菜等中铁含量高，其他食物含铁量低，且大多数与植酸结合，难以被吸收利用。常用强化食品的铁化合物有硫酸亚铁、元素铁、正磷酸铁和焦磷酸钠。其中硫酸亚铁和元素铁比较容易被人体吸收，但前者更容易使食品褪色或氧化。

食品工业中的铁主要有几方面的作用：①通过二价铁离子与三价铁离子催化食品中的脂质过氧化；②改变食品色泽，与多酚类形成绿色、蓝色或黑色复合物；③营养强化剂，在食品中添加含铁物质进行营养强化。

7.4.2 碘

成年人体内约含碘25 mg，其中约15 mg存在于甲状腺中，其他则分布在肌肉、皮肤、骨骼以及其他内分泌腺和中枢神经系统中。碘在机体内主要通过构成甲状腺素而发挥各种生理作用。甲状腺素可调节人体的能量代谢以及蛋白质、脂肪和碳水化合物的合成与分解，促进维生素的吸收和利用，促进机体的生长发育和脑发育。机体缺碘会产生甲状腺肿，幼儿缺碘会患呆小病。

人体中的碘主要来自食物和饮水。海带及各类海产品是碘的丰富来源，其含碘量为海带124 mg/100 g、紫菜1.8 mg/100 g、海产鱼类50～150 μg/100 g，乳及乳制品含碘量在20～40 μg/100 g，植物中含碘量较低。在食品加工中，一些含碘食品，如海带、紫菜长时间的淋洗和浸泡会造成碘大量流失。缺碘地区可采取营养强化碘的方法预防和治疗碘缺乏症。目前，通常采取在食盐中加入碘化钾，或者碘酸钾的方法。不过，人体对碘有安全摄入量范围，过高摄入会造成机体碘中毒。在食品加工中，KIO_3常作为面团改良剂加入到面粉中，改善焙烤食品质量。

7.4.3 硒

硒是一种非金属元素，人体内约含硒14～21 mg，在体内广泛分布于除脂肪外的所有组织中，以肝、胰、肾、心、脾和指甲中的硒为最高。

硒在生物体内具有多种作用。首先，它具有抗氧化作用。硒在生物体内是一种特异性极强的抗氧化剂，它可以保护细胞膜的完整性，清除人体内过多的氧自由基，抗衰老。维生素C、维生素E和硒都具有抗氧化作用，其作用方式有所不同，三者之间存在一定的协同作用。其次，硒还可以维护心血管和心肌的健康，硒摄入量充足和血硒高的人群心血管病发病率低。此外，硒能够消除体内重金属的蓄积，防止重金属中毒。

除了啤酒酵母、小麦胚芽、大蒜、芦笋、蘑菇及芝麻中富含硒元素，许多海产品，如大虾、金枪鱼、沙丁鱼等，硒元素含量也比较高。另外，一些植物特别具有富集硒的能力，其硒含量通常受当地水土中硒含量的高低影响，如黄芪、莎草等。需要指出的是，食品中的硒含量高，并不等于人对其吸收率就高，其吸收率还受生物利用率的影响。硒的生物利用率与硒化合物的形态有关，最活泼的是亚硒酸盐，其化学性质也最不稳定。一般而言，人对菌类有机硒的利用率较高，可以达到70%～90%，而对鱼类及谷物所含的硒利用率较低，只有70%左右。因此硒的正确摄取方式是多吃强化补充有机硒的食品，如富硒酵母及富硒大蒜等。此外，虽然蔬菜和水果中硒含量较低，通常在0.1 mg/100 g以下，但多吃水果、蔬菜等富含维生素A、维生素C、维生素E的食品有助于硒的吸收。许多硒化合物有挥发性，在加工过程中会损失，例如，脱脂乳粉在干燥时大约会损失5%的硒。

7.4.4 锌

成人体内含锌量为2.5 g，在人体内的含量仅次于铁。人体几乎所有组织中都有微量锌的分布，主要集中在肌肉、骨骼和皮肤中。锌作为体内多种酶的组成成分，通过酶类直接发挥作用来调节生命活动。它与蛋白质合成有关，是正常生长发育所必需的元素，儿童缺锌可出现生长发育迟缓，严重时可致侏儒症。此外，锌可以提高机体免疫力，维护皮肤健康和促进伤口愈合。

锌的来源广泛，普遍存在于动植物性食品中，如牛肉、猪肉和羊肉含锌量为20～60 mg/kg，鱼类和其他海产品含锌量在15 mg/kg以上，虽然豆类和小麦含锌量为15～20 mg/kg，但谷类经碾磨后，其可食部分的含锌量明显下降。此外，锌的含量和吸收率在动物性食物和植物性食物之间有着显著差别，动物性食品中锌的含量较高，生物有效性也高于植物性食品，其中牡蛎和鲱鱼的含锌量最高＞100 mg/100 g，肉类、肝脏和蛋类次之，含量为20～60 mg/kg，而且肉中的锌与肌球蛋白紧密连接，可以提高肉的持水性。植物性食品中的锌含量较低，如小麦为20～30 mg/kg，且大多数与植酸结合形成不溶性盐，而使锌的利用率下降，不易被吸收与利用，水果和蔬菜中含锌量很低，大约2 mg/kg。含锌的酶促使植酸水解，缺锌时，其活力下降，对植酸的破坏作用降低，造成不能被利用的锌盐增多。酵母菌具有较多的活性植酸酶，因此面粉经过发酵后，植酸可以减少15%～20%，锌的溶解度增加2～3倍，锌的利用率增加30%～50%。此外，铜、钙、粗纤维等都会妨碍锌的吸收。

7.4.5 铜

人体内含铜量为50～100 mg，广泛分布于体内各组织和体液中，其中肝、肾、心、头发中含铜量最高。铜在小肠内吸收后，经血液输送至肝脏及全身，除部分以铜蓝蛋白质形式贮存于肝脏外，其余在肝内合成血浆铜蓝蛋白质或在各组织内合成细胞色素氧化酶、过氧化物歧化酶和酪氨酸酶等，参与氧的电子传递和氧化还原反应。铜在体内主要的生理功能为维持正常造血机能，促进血红蛋白生成；维持骨骼、血管和皮肤的正常，缺乏铜可使血管和骨骼脆性增加、皮肤的弹性降低；保护毛发正常色素和结构，催化酪氨酸转化生成黑色素，维护皮肤正常的色素。

一般食物中都含有铜，牡蛎、鱼贝类食物以及坚果类等都是含铜丰富的食物，其次动物肝、肾、谷物胚芽部分，豆芽次之，因此人体一般不易发生铜缺乏。成人适宜摄入量(AI)为2.0 mg/d，可耐受最高摄入量(UL)8 mg/d。铜的急性毒性反应状况包括口腔有金属味、上腹疼痛、恶心、呕吐及严重腹泻。摄入100 g或更多硫酸铜可引起溶血性贫血、肝衰竭、肾衰竭、休克、昏迷或死亡。

7.5 食品中的矿物质

食品种类不同，同一食品原料生长环境不同，其所含的矿物质元素含量也不同。品种、土壤、饲料、肥料、水源等都会影响食品原料中矿物质元素的含量。下面介绍部分食品的矿物质元素平均含量。

7.5.1 牛乳中的矿物质

牛乳中的矿物质含量约为0.7%，其中钙的含量约为0.1%。因牛奶富含矿物质钙常作为人体钙的主要来源。乳清中的钙以溶解态存在且占总钙的30%，剩余的钙大部分与酪蛋白结合，以磷酸钙胶体形式存在，少量钙与α-乳清蛋白和β-乳球蛋白结合而存在。有人猜测，钙能维持酪蛋白稳定的原因主要是钙在磷酸根和酪蛋白磷酸基团之间能形成钙桥。当牛乳加热时，钙、磷从溶解态转变为胶体态。牛乳中的主要矿物质含量见表7-4。

表7-4 牛乳中的主要矿物质含量

mg/100 g

元素	含量
钠	50
钾	145
钙	120
镁	15
磷(总)	95
磷(无机)	75
氯	100
铁	1.0
锌	3.8
铜	0.30
锰	0.02

7.5.2 肉类中的矿物质

肉类中的矿物质含量比较高，一般为0.8%～1.2%。常见肉类的矿物质含量列于表7-5。肉中矿物质的种类比较齐全，铁在肉类中主要以血红素铁

(肌红蛋白)的形式存在,且消化吸收率较高,在22%左右,不易受食物中其他成分的干扰,利用率远高于素食中的铁。肉类是磷、钾的良好来源,但肌肉中所含的铁和铜没有肝脏多。肉类中的钙的含量较低,为7~11 mg/100 g,其他矿物质,如镁、硫、钴、锌、镍、铜等,也都存在于肉类中。此外,肉类中的矿物质含量与种类及成熟度有关,肉类中的矿物质一部分以氯化物、磷酸盐、碳酸盐呈可溶性状态存在,另一部分则与蛋白质结合成非溶性状态而存在,因此瘦肉要比脂肪组织含有更多的矿物质。肥猪肉和瘦猪肉分别为0.7%和1.1%,肥牛肉为0.97%,马肉为1.0%,羊肉为1.0%,深红色肉,如牛肉、羊肉及鱼背的血合肉(血合肉为鱼肉边缘较深色的部分)含有丰富的铁质。

表 7-5 常见肉类的矿物质含量

种类	灰分/%	含量/(mg/100g)					
		钙	磷	铁	钠	钾	磷
猪肉	1.2	9	175	2.3	70	285	18
牛肉	0.8	11	171	2.8	65	355	18
羊肉	1.2	10	147	1.2	75	295	15

当肉中液体流失后,常量元素损失主要是钠,而钙、磷、钾损失较少,因为钠、钾几乎全部存在软组织及体液中,在动物活体中钾主要分布于胞内液,而钠在胞外液中。

7.5.3 蛋中的矿物质

蛋中的钙主要存在于蛋壳中,其他矿物质主要存在于蛋黄中。蛋黄中富含铁,但由于卵黄磷蛋白(vitellin)的存在大大影响了铁在人体内的生物利用率。此外,因为鸡蛋中的伴清蛋白(ovotransferrin)可与金属离子结合,影响了在体内的吸收与利用。鸡蛋中矿物质的平均值见表7-6。

表 7-6 鸡蛋中矿物质的平均值

mg/100 g

元素	含量
钾	121
钠	125.7
钙	44
镁	11
磷	182
铁	2.3
锰	0.04
锌	1.01
铜	0.07
硒	0.015

7.5.4 谷物中的矿物质

谷物是我国居民主要膳食,包括大米、小麦、玉米、小米、高粱和荞麦等。谷物中的矿物质主要集中在麸皮或米糠中,胚乳中含量很低。谷物中含有多种矿物质,如米、面中含有丰富的磷、钙,大米中含有丰富的铁,小米、大麦、小麦和燕麦等是镁的良好来源。如表7-7所列为几种谷物中的矿物质的含量。

表 7-7 几种谷物中的矿物质的含量 mg/100 g

品种	磷	钾	钠	钙	镁	锰	铁	铜	锌
大米	110	103	3.8	13	34	1.3	2.3	0.3	1.7
麦麸	682	862	12.2	206	382	10.8	9.9	2.0	6.0
小麦粉	188	190	3.1	31	50	1.5	3.5	0.4	1.6
玉米	218	300	3.3	14	96	0.48	2.4	0.25	1.7
荞麦	297	401	4.7	47	258	2.04	6.2	0.56	3.6
高粱米	329	281	6.3	22	129	1.22	6.3	0.53	1.6

7.5.5 豆类中的矿物质

大豆含有丰富的矿物质,总含量为4.5%~5.0%。其中大豆中的钙的含量高于普通谷类食品,铁、锰、锌、铜、硒等微量元素的含量也较高。此外,豆类是一类高钾、高镁、低钠的碱性食品,有利于维持体液的酸碱平衡。豆类食品含磷量也比较高,是人体磷的优质来源,但大豆中70%~80%的磷与植酸结合,影响了人体对其他矿物质的吸收,大豆中的矿物质生物利用率较低，如铁的生物利用率仅有3%左右。大豆中的矿物质含量见表7-8。

表7-8 大豆中的矿物质含量 mg/100 g

元素	含量
钾	1 830
钙	240
镁	310
磷	780
硫	240
氯	30
钠	240

7.5.6 蔬菜中的矿物质

蔬菜中含有许多人体必需的矿物质，不同品种、产地的蔬菜中矿物质含量有差异，主要是与植物富集矿物质的能力有关。蔬菜中的矿物质以钾含量最高，含钾最多的是菠菜、土豆、山药和芹菜等；油菜、香菜、扁豆、萝卜和芹菜中钙含量比较高；香菜、青椒、姜中铁含量比较高；蚕豆、香椿、马铃薯、芋头中含磷比较高。蔬菜中的矿物质不仅和人体骨骼、牙齿、神经健全发育有关，而且由于它含有较多的钙、镁、钠、钾等成分，使蔬菜成为碱性食物，可以中和蛋白质、脂肪产生的酸性，因此可以起到调节人体酸碱平衡的作用。部分蔬菜中的矿物质含量见表7-9。

表7-9 部分蔬菜中的矿物质含量 mg/100 g

蔬菜	钾	钠	钙	镁	磷	铁	锰	锌	铜
菠菜	311	85.2	66	58	47	2.9	0.66	0.85	0.1
莴笋	212	36.5	23	19	48	0.9	0.19	0.33	0.07
芹菜(茎)	206	159	80	18	38	1.2	0.16	0.24	0.09
苋菜(青)	148	39.1	34	19	26	1.5	0.26	0.51	0.09
苋菜(红)	207	32.4	187	119	59	5.4	0.78	0.80	0.13
小白菜	178	73.5	90	18	36	1.9	0.27	0.51	0.08
大白菜	90	48.4	35	9	28	0.6	0.16	0.61	0.04
胡萝卜	193	25.1	32	7	16	0.5	0.07	0.14	0.03

7.5.7 水果中的矿物质

水果中的矿物质的含量也比较丰富，例如桃里面铜的含量比较高，番茄里面硒含量比较高，香蕉里面含镁较多。部分水果中的矿物质含量见表7-10。

7.5.8 食品的成酸和成碱作用

人体吸收的矿物质元素由于它们的性质不同，在生理上有酸性和碱性的区别。食品的成酸和成碱作用是指摄入的食物经过消化代谢后变成酸性或碱

表7-10 部分水果中的矿物质含量 mg/100 g

水果	钾	钠	钙	镁	磷	铁	锰	锌	铜
橙	159	1.2	20	14	22	0.4	0.05	0.14	0.03
芦柑	54	1.3	45	45	25	1.4	0.03	0.10	0.10
紫色葡萄	151	1.8	10	9	10	0.5	0.12	0.33	0.27
樱桃	232	8.0	11	12	27	0.4	0.07	0.23	0.10
鸭梨	77	1.5	4	5	14	0.9	0.06	0.10	0.19
香蕉	256	0.8	7	43	28	0.4	0.65	0.18	0.14
苹果	119	1.6	4	4	12	0.6	0.03	0.19	0.06

性“残渣”留在体内的作用。金属元素被人体摄入后，在人体内氧化生成带阳离子的碱性氧化物，含这些带阳离子金属元素较多的食品在生理上成为碱性食品。非金属元素被人体摄入，在体内被氧化后，生成带阴离子的酸根，含有带阴离子非金属元素较多的食品在生理上称为酸性食品。体内呈碱性物质只能直接从食物中摄取，而呈酸性物质即可来自食物，也可通过食物在体内代谢物提供。食品是酸性，还是碱性可以将食品灰化后对灰分进行中和滴定来判断。若滴定是消耗酸，则为成碱性食品；若滴定时消耗碱，则为成酸性食品。

一般来说，除纯油和纯糖，成酸性食品通常含有丰富的蛋白质、脂肪和碳水化合物。这些食物中含有较多磷、硫、氯等酸性元素，在体内代谢后生成酸性物质，因此大部分的肉、鱼、禽、蛋、米、面及其制品一般为酸性食品。酸性食品使用过多会增加血液黏度，引起酸中毒症状。因此，日常饮食中必须注意酸、碱食品合理搭配，维持体内酸碱平衡，这样也有利于食物各种营养素的充分利用。大部分蔬菜、水果、豆类、牛乳都属于碱性食品，这些食品中含有丰富的钾、钠、钙、镁元素，在体内代谢后生成碱性物质。需要注意的是，具有酸味的食品不一定是酸性食品。食品中所含的有机酸（如柠檬酸、苹果酸碱）是食品酸味的主要来源，其通常以钾盐的形式存在，在体内发生彻底氧化生成二氧化碳和水后，留下碱性元素，因此，该类具有酸味的食品仍为碱性食品。

在食用酸性、碱性食物后，人体有自身调节功能，以维持血液 pH 相对恒定。其中金属元素多以碱性氧化物与二氧化碳结合成碳酸盐从尿液中排出，而非金属元素在体内氧化后，与氨结合成铵盐，从而排出体外。

7.6　矿物质在食品加工和贮藏中的变化

在食品加工过程中，矿物质的变化往往不是由光、热、氧等发生化学反应引起的，而是通过物理作用丢失或与其他物质形成另外一种不易被人体吸收与利用的化学形态而损失，改变其生物利用性。在食品中，矿物质损失的常见原因是食品的烹调和加工过程，如罐藏、烫漂、水煮、碾磨等加工程序对矿物质都能造成影响。

7.6.1　预处理

食品在加工时常会先经过整理、清洗等预处理过程可能会直接带来矿物质的大量损失，如芹菜等蔬菜要去叶处理；水果往往要进行去皮处理。由于靠近皮的部分和老叶往往是植物性食品矿物质含量最高的部分，这些处理可能都会引起富含矿物质部分因被废弃而损失。

7.6.2　烫漂/水煮

果蔬食品加工往往要经过烫漂程序。该程序可能会引起某些矿物质的损失。矿物质在加工过程中主要的损失是水溶性流失。其损失量和矿物质的溶解度有关，溶水流失主要影响可溶性矿物质，如钠、钾、镁等元素。不过热烫可以除去蔬菜中的草酸，从而提高钙和镁的生物利用率。

7.6.3　精制

谷物是矿物质的一个重要来源，谷物中的矿物质分布不均匀，主要分布在糊粉层和胚芽组织中，因此精制、研磨和加工可能会导致谷物中大量矿物质的损失，并且研磨越细，微量元素损失越大。精制是造成矿物质损失的主要因素。例如，小麦磨制成粉在过程中由于去除了胚芽和外面的麦麸层而导致矿物质的损失，其中锰、铁、钴、铜、锌损失严重；精碾大米中的铬和锌的损失量可达 75%，锰、铜和钴的损失量为 26%～45%。为了弥补加工过程中矿物质的损失，通常在谷物中添加一些微量元素。不过某些谷物会含有抗营养因子在一定程度上妨碍矿物质的生物利用度，因此需要适当加工，以提高矿物质在体内的吸收。

7.6.4　烹调

食物在烹调过程中，其矿物质遇水溶解会引起大量损失，烹调方式不同也会对同一矿物质的损失产生不同的影响。在烹调中，食品间的搭配对矿物质也有一定的影响。若搭配不当会降低矿物质的生物利用率。例如，含钙丰富的食物与含草酸盐较高的食物共同烹饪会形成螯合剂，不容易溶解。典型的例子是菠菜和豆腐不能一起烹饪。不过也有特例，烹调可增加矿物质含量增加，例如，铁锅炒菜会增加食物含铁量。

7.6.5 加工设备和包装材料

食品加工中的设备、用水也会影响食品中的矿物质组成和含量。加工时，某种矿物质含量增加可能是由加工用水加入或接触金属容器和包装材料而造成的。例如，牛乳经过加工后所含镍量会增加可能是因为经过不锈钢容器和设备处理。在马口铁罐头食品中，食品中的酸与金属器壁反应，生成氢气和金属盐，则食品中的铁和锡含量明显上升。

思考题

1. 为什么谷物和豆类食品中的钙吸收利用率很低，如何提高其吸收利用率？

2. 试述铁在食品中的存在形式及对吸收率的影响因素。

3. 磷酸盐能增加肉制品保水性的原理是什么？

4. 菠菜营养丰富，但为什么吃得过多会引起人体钙和锌等的缺乏？

5. 举例说明矿物质元素生物利用率的评判方法及其影响因素。

参考文献

阚建全，2016. 食品化学[M]. 3版. 北京：中国农业大学出版社.

胡慰望，谢笔钧，1992. 食品化学[M]. 北京：科学出版社.

陈炳卿，1981. 营养与食品卫生学[M]. 北京：人民卫生出版社.

韩雅珊，1998. 食品化学[M]. 北京：中国农业大学出版社.

刘邻渭，1998. 食品化学[M]. 北京：中国农业出版社.

刘红英，高瑞昌，2013. 食品化学[M]. 北京：中国质检出版社.

第8章

食品色素和食品着色剂

学习目的与要求

1. 了解食品天然色素的分类和常见食品色素的名称；

2. 掌握典型的食品天然色素的化学结构、性质及在食品贮藏和加工中发生的化学变化及影响因素；

3. 了解天然食品着色剂及合成色素的化学结构与特点；

4. 了解食品着色剂的稳定性、使用要求及在食品贮藏和加工中控制色泽的技术及原理，以及食品着色剂的安全性问题。

8.1 引言

许多天然食品都具有一定的颜色，自然、均一、和谐的色泽可以增加人们的食欲，也是鉴别食品质量优劣的一项重要指标。在加工、运输及贮藏过程中，食品本身会发生褪色或变色，从而影响食品的感官和品质。因此为了改善食品的感官性质，保持食品的良好色泽，食品在加工过程中会添加一定比例的可食用的有色物质。食品本身所含有的呈色物质、食品原料在加工过程中某些成分转化形成的呈色物质、额外添加到食品中的有色物质，在食品化学中均称为食品色素，而外加的食品色素也称为食品着色剂。食品着色剂是以食品着色为目的的食品添加剂，食品着色剂需要获得国家官方机构的批准方可使用，我国由食品安全国家标准审评委员会审定，由国家卫生健康委员会发布。食品色素按来源又可分为天然食品色素和人工食品色素。本章主要研究食品色素的种类、特性及其在加工贮藏过程中的变化。这些内容的研究将对如何保持食品的天然色泽和防止其变色以及如何使用食品着色剂来改进食品的色泽具有重要意义。

8.1.1 色素结构和性质的关系

食品的颜色是由食品中所含色素对某些波长下的可见光进行选择性吸收及反射而产生的，在可见光区域内，不同波长的光显示不同的颜色，眼睛看到的颜色是色素成分吸收光波后的互补色。

食品色素大多属于有机物，色素的颜色取决于它们的分子结构，色素分子一般由发色基团和助色基团组成。其中发色基团（也称生色基团 chromophone）在紫外及可见光区域中具有吸收峰，包括—C＝C—、—C＝O、—CHO、—COOH、—N＝N—、—N＝O、$—NO_2$等基团。当分子中同时含有两个或此处表述与表 8-1 有矛盾时，如 1,3-丁二烯无色，两个以上的发色基团并产生共轭，共轭的作用使激发这些共轭双键所需要的能量降低，电子所吸收光的波长由短波长向长波长移动，使该物质显色。共轭体系越大，该结构吸收的波长也越长。表 8-1 所示的共轭多烯化合物吸收光波波长、颜色与共轭双键数的关系就很好地说明了上述情况。色素中的还有些基团，如—OH、—OR、$—NH_2$、$—SR_2$、—SR、—Cl、—Br等，它们吸收的波长在紫外区，本身并不产生颜色，当与共轭链或发色基团连接时，可使整个分子的吸收波长移向长波方向而产生颜色，这类基团被称作助色基团或助色基。在许多色素分子中，助色基的个数或取代位置的不同导致色素颜色的不同。如花青素类色素，—OH 及$—OCH_3$在母体：2-苯基苯并吡喃上取代的个数和位置的不同，形成了五彩缤纷的不同颜色的花青素。

表 8-1 共轭多烯化合物吸收光波波长、颜色与共轭双键数的关系

体系	化合物	波长/nm	颜色	双键数
$>C=C-C=C<$	丁二烯(butadiene)	217	无色	2
$-(C=C)_3-$	己三烯(hexatriene)	258	无色	3
$-(C=C)_4-$	二甲基辛四烯(dimethyloctatetraene)	296	淡黄色	4
$-(C=C)_5-$	维生素 A(vitamine A)	335	淡黄色	5
$-(C=C)_8-$	二氢 β-胡萝卜素(dihydro β-carotene)	415	橙色	8
$-(C=C)_{11}-$	番茄红素(lycopene)	470	红色	11
$-(C=C)_{15}-$	去氢番茄红素(dehydro-lycopene)	504	紫色	15

8.1.2　食品色素的分类

食品色素按来源的不同可分为天然色素和人工合成色素两大类。天然色素根据其来源又可分为植物色素(如叶绿素、类胡萝卜素、花青素等)、动物色素(如血红素、卵黄和虾壳中的类胡萝卜素)和微生物色素(如红曲色素)。天然色素根据其化学结构可分为四吡咯类(或卟啉类),如叶绿素和血红素;异戊二烯类,如类胡萝卜素;多酚类,如花青素、黄酮等;醌类,如虫胶色素、胭脂虫红素等。人工合成色素根据其分子中是否含有—N＝N—发色团结构可分为偶氮类色素(如胭脂红、柠檬黄等)和非偶氮类色素(如赤藓红、亮蓝等)。此外,食品色素还可按溶解性质的不同分为水溶性色素(如花青素及人工合成色素)和脂溶性色素(如叶绿素、血红素、类胡萝卜素等)。

8.1.3　食品着色剂的分类

食品着色剂可分为天然食品着色剂和人工合成食品着色剂。天然食品着色剂是指从天然生物原料中所获得的提取物,如辣椒红、甜菜红、姜黄素、玉米黄等。人工合成食品着色剂是指人工合成的产物,如苋菜红、胭脂红、柠檬黄等。一般认为天然食品着色剂比人工合成食品着色剂更安全,但其中可能含有其他残留的杂质。同时天然食品着色剂的着色性能、色彩和稳定性方面不如人工合成食品着色剂,并且价格比较贵。

8.2　天然色素的化学结构与性质

8.2.1　四吡咯色素

四吡咯色素是自然界分布最广、存量最大的一类天然色素,主要包括叶绿素和血红素。该类色素母体的分子结构(图 8-1)是由 4 个吡咯环通过 4 个次甲基桥连接起来的大环共轭体系,形成的大环又称为卟啉环,卟啉环的中央一般含有一个金属离子,与四个吡咯环中的氮原子形成螯合结构。这一类色素的颜色与四吡咯衍生物的共轭体系有关,稳定性与中心螯合的金属离子有关。

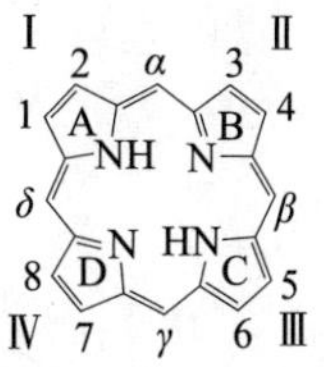

图 8-1　四吡咯母体结构

8.2.1.1　叶绿素

1. 叶绿素的结构与性质

叶绿素是绿色植物、藻类和光合细菌的主要色素,是深绿色光合色素的总称。高等植物和藻类中存在 4 种结构很相似的叶绿素,称为叶绿素 a、叶绿素 b、叶绿素 c 和叶绿素 d,其中高等植物中含有叶绿素 a 和叶绿素 b,其含量比约为 3∶1。在高等植物中,叶绿素存在于叶片的叶绿体内,与类胡萝卜素、类脂物质及脂蛋白复合在一起并分布在叶绿体内的碟形体片层膜上。当细胞死亡后,叶绿素即从叶绿体内游离出来,游离叶绿素很不稳定,对光和热都很敏感。叶绿素是含镁的四吡咯衍生物,其母体结构如图 8-2 所示 A、B、C、D 4 个吡咯分子通过 α、β、γ、δ 4 个甲烯基的碳原子连接形成大卟啉环共轭体系,称为叶绿素的“头部”。镁原子居于卟啉环的中央,偏向于带正电荷,与其相连的氮原子则偏向于带负电荷,因而卟啉环具有极性,可以与蛋白质结合。叶绿素分子在吡咯分子 C 处还并合了一个环戊烯结构。卟啉环上 C-1～C-10 位置的氢原子分别被甲基、乙烯基、羰基、甲酸甲酯等取代,其中 C-7 被丙酸植醇酯取代,该部分称为叶绿素的“尾部”,植醇,又称为叶绿醇,是由 4 个异戊二烯单位组成的双萜,故“尾部”是亲脂的。叶绿素 a 和叶绿素 b 在结构上的区别仅在于 C-3 位上的取代基 R 基团不同,叶绿素 a 的 R 基团为一个甲基,而叶绿素 b 的 R 基团为一个甲醛基。

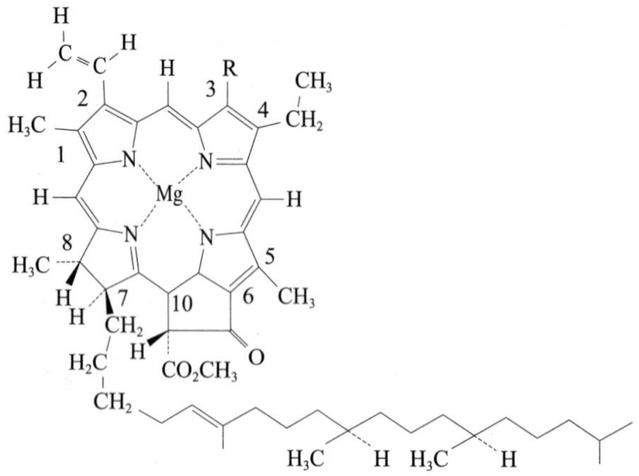

叶绿素a：R=CH_3
叶绿素b：R=CHO

图 8-2 叶绿素母体结构

2.叶绿素的理化性质

叶绿素a和叶绿素b均可溶于乙醇、乙醚和丙酮等有机溶剂，不溶于水和石油醚中，可使用极性溶剂甲醇、乙醇、丙酮、乙醚、乙酸乙酯等进行提取。叶绿素a是蓝黑色的粉末，熔点为117～120℃，溶于乙醇溶液而呈蓝绿色，并有深红色荧光。叶绿素b是深绿色粉末，其乙醇溶液呈绿色或黄绿色，并有红色荧光。

3.几种重要的叶绿素衍生物

在食品加工贮藏过程中，叶绿素发生化学变化后会产生几种重要的衍生物，主要为脱镁叶绿素、脱植叶绿素、焦脱镁叶绿素、脱镁脱植叶绿素和焦脱镁脱植叶绿素。这几种叶绿素衍生物的结构特征、溶解性及颜色如表8-2所列。

表 8-2 主要叶绿素衍射物的结构与性质

结构	名称	颜色	溶解性
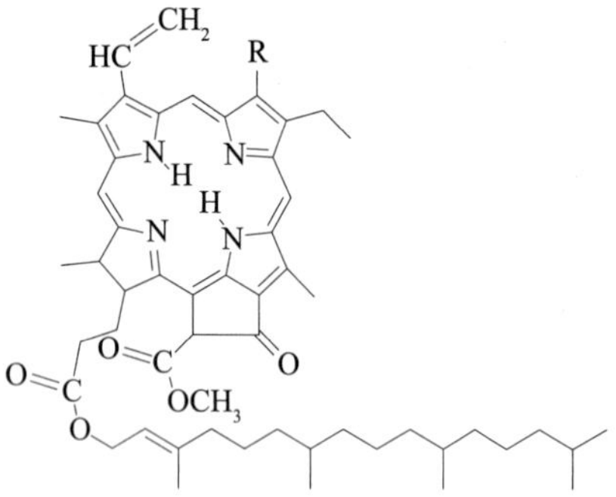	脱镁叶绿素	橄榄绿色	脂溶性
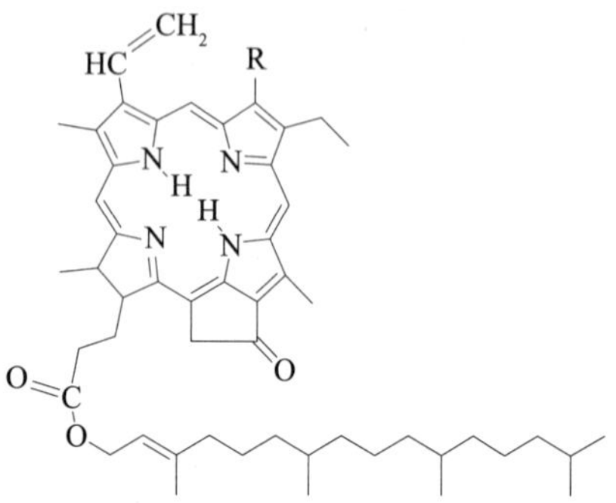	焦脱镁叶绿素	暗橄榄绿色	脂溶性

续表 8-2

结构	名称	颜色	溶解性
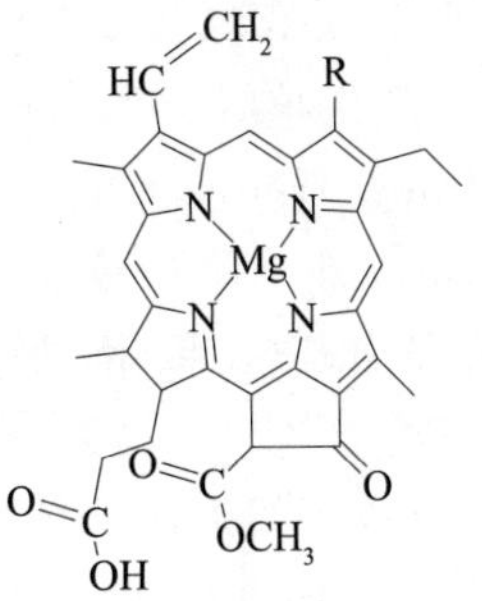	脱植叶绿素	绿色	水溶性
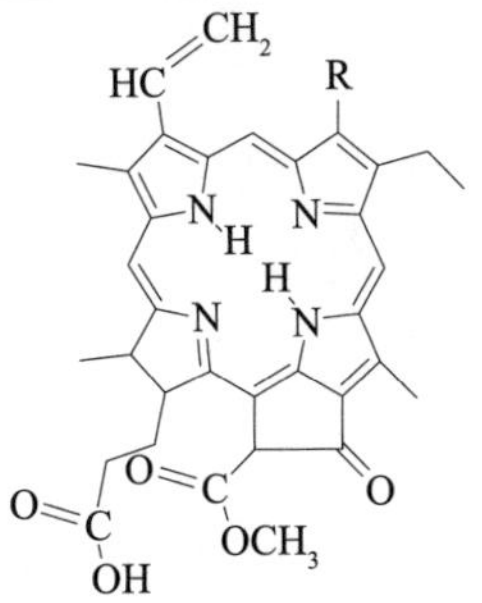	脱镁脱植叶绿素	橄榄绿色	水溶性
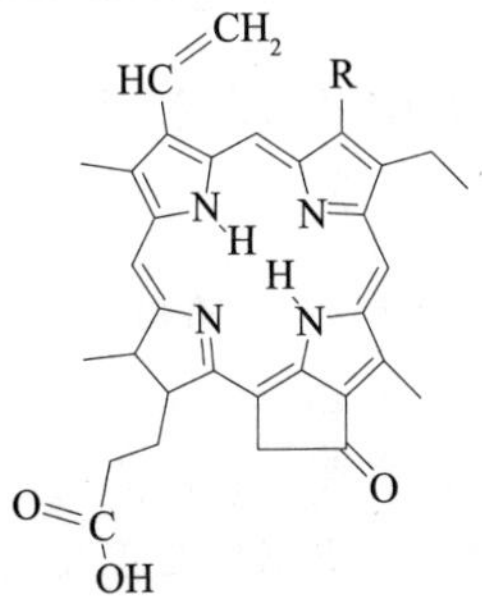	焦脱镁脱植叶绿素	暗橄榄绿色	水溶性

众多叶绿素衍生物的区别鉴定可以借助它们的可见吸收光谱。叶绿素 a 和叶绿素 b 及衍生物在 600～700 nm(红光)和 400～500 nm(蓝光)有尖锐的吸收峰,如溶于乙醚中的叶绿素 a 和叶绿素 b 的最大吸收波长在红区为 660.5 nm 和 642.0 nm,在蓝区为 428.5 nm 和 452.5 nm。叶绿素及其衍生物由于分子结构的不同导致分子的极性存在一定差异,可以采用 HPLC 进行分离鉴定。

4.叶绿素在食品加工和贮藏中的变化

一般游离叶绿素都不稳定,对光和热都很敏感。食品加工的很多处理均会导致叶绿素发生变化而褪色或脱色,如漂烫、脱水、酸浸和热加工等。

(1)酶促变化　引起叶绿素破坏的酶促变化有两类:一类是直接作用;另一类是间接作用。叶绿素酶是已知的唯一直接以叶绿素为底物的酶,作为一种酯酶,叶绿素酶能催化叶绿素和脱镁叶绿素的植醇酯键水解而分别产生脱植叶绿素和脱镁脱植叶绿素。蔬菜中叶绿素酶的最适温度为 60～82.2℃,当植物组织受热超过 80℃时,其活性开始下降;当植物组织受热超过达到 100℃时,叶绿素酶的活性完全丧失。

起间接作用的酶有酯酶、蛋白酶、果胶酯酶、脂氧合酶和过氧化物酶等;酯酶和蛋白酶的作用是破坏叶绿素-脂蛋白复合体,使叶绿素失去脂蛋白的保护而更容易被破坏。果胶酯酶的作用是将果胶水解为果胶酸,从而降低了体系的 pH 而使叶绿素脱镁;脂氧合酶和过氧化物酶的作用是催化它们的底物氧化,氧化过程中产生的一些物质会引起叶绿素的氧化分解。

(2)热和酸引起的变化　绿色蔬菜初经烹调或热烫后表现出的绿色似乎有所加强并更加明快,这可能是由于原存于细胞间隙的气体被加热逐出,或者由于叶绿体中不同成分的分布情况受热变动,这些物理变化造成光线在蔬菜中的折射与反射情况变化,从而引起颜色变化。

在高温和酸性条件下,植物组织细胞被破坏,致使氢离子穿过细胞膜的通透性增加，叶绿素易发生脱镁反应，生成脱镁叶绿素，显橄榄绿色。在烹调绿色蔬菜时，添加醋会导致蔬菜绿色丧失就是这个道理。pH是决定叶绿素脱镁速度的一个重要因素。在pH为9.0时，叶绿素对热非常稳定；在pH为3.0时，它的稳定性却很差。pH的降低诱发了植物细胞中脱镁叶绿素的生成，并进一步生成焦脱镁叶绿素，致使食品的绿色明显地从橄榄绿色到褐色转变，而且这种转变在水溶液中是不可逆的。叶绿素a比叶绿素b发生脱镁反应的速度更快，这是因为叶绿素b的卟啉环内的正电荷相对更多，从而使脱镁更加困难，使之比叶绿素a更稳定。

在烹调绿色蔬菜时加入食盐具有一定的护色作用。盐的作用可能是作为静电屏蔽剂，阳离子中和了叶绿体膜上脂肪酸和蛋白质具有的负电荷，从而降低了质子穿透膜的速度。采用阳离子表面活性剂也有类似的作用，它吸附到叶绿体和细胞膜上，限制了质子扩散进入叶绿体，从而减缓了脱镁的作用。

以前观点认为，脱植叶绿素的热稳定性高于叶绿素，但后来的研究事实正好相反。现在认为植醇对质子取代镁离子有空间阻碍作用，所以脱植叶绿素比叶绿素更容易脱镁。另外，脱植叶绿素是水溶性色素，它会更容易与质子发生接触而使脱镁反应发生。当既有酶促作用，又有酸和热的作用时，叶绿素的变化顺序可见图8-3。

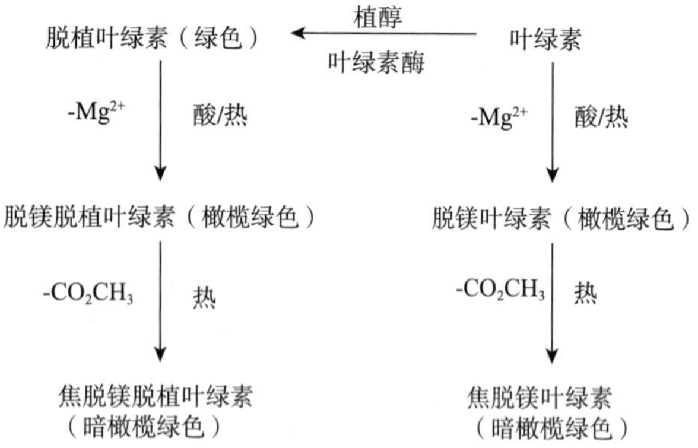

图 8-3　叶绿素及其衍生物在酶、酸和热作用下的衍生物

在腌制蔬菜时，常常发生颜色由翠绿色向橄榄绿到褐色的转变，这是由于在腌制过程中生成的酸的作用所致，这里的酸多来自发酵，如乳酸菌发酵时会产生大量乳酸。

(3)光降解　在鲜活植物中，叶绿素和蛋白质、脂质体结合而受到良好的保护。当植物衰老或从植物中萃取出来以后或在贮藏加工中细胞受到破坏时，叶绿素很容易见光分解，发生不可逆褪色。一般认为，叶绿素的光降解导致了卟啉环的开环并降解成小分子化合物。此时若有氧气存在时，叶绿素或卟啉类化合物遇光可产生单线态氧(singlet oxygen)和羟基自由基(hydroxyl radicals)，它们可与叶绿素的四吡咯(tetrapyrrole)进一步反应生成过氧化物(peroxide)和更多的自由基(radical)，最终导致卟啉环的分解和颜色的完全丧失。叶绿素光解的过程始于亚甲基的开环，并形成了线形四吡咯结构，主要产物是甘油，同时还有少量的乳酸、柠檬酸、琥珀酸和丙二酸(图8-4)。

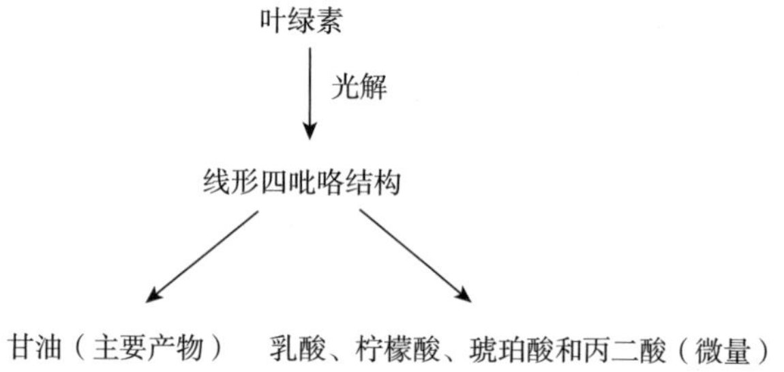

图 8-4　叶绿素光解产物

5.护绿技术

在食品加工中，热烫和灭菌可使叶绿素的损失率高达80%～100%，因此绿色食品原料在加工和贮藏过程中，要采取一些必要的护绿方法。

(1)中和酸而护绿　提高罐藏蔬菜的pH是一种有效的护绿方法(color preservation)。采用加入适量氧化钙(calcium oxide)和磷酸二氢钠(sodium dihydrogen phosphate)来保持热烫液pH接近7.0或采用碳酸镁(magnesium carbonate)或碳酸钠(sodium carbonate)与磷酸钠(sodium phosphate)相结合调节pH的方法都有护绿效果。由于它们都能导致来蔬菜组织软化并产生碱味，因而限制了它们在食品工业上的应用。

(2)高温瞬时杀菌　高温瞬时，杀菌不但能使维生素和风味更好保留，也能显著减轻植物性食品在商业杀菌中发生的绿色破坏程度。但经过约2个月的贮藏后，食品的pH仍然会自然下降，导致叶绿素脱镁而使产品的绿色褪去。另外，采用高温瞬时杀菌和pH调节相结合的方法，叶绿素保存率通常会提高，但是贮藏过程中同样会因为pH的下降使已取得的护色效果失去。

(3)绿色再生　将锌离子添加于蔬菜的热烫液中也是一种有效的护绿方法。其原理是叶绿素的脱镁衍生物可以螯合锌离子生成叶绿素衍生物的锌络合物(主要是脱镁叶绿素锌和焦脱镁叶绿素锌)。这种方法用于罐藏蔬菜加工可产生比较满意的效果,而 Cu^{2+} 也有相类似的护绿效果。

叶绿素衍生物的铜和锌络合物可被用于改善绿色蔬菜的颜色,主要的产品有叶绿素铜(copper metallo complexes)和叶绿酸铜,它们分别是脱镁叶绿素和脱镁脱植叶绿素的铜衍生物。除美国尚未批准其在食品中应用外,其他国家普遍允许使用。日本按化学合成品对待,ADI 为 0～15 mg/kg。联合国粮农组织(FAO)已批准将其用于食品,但是游离铜离子的含量不得超过 200 mg/kg 食品。

(4)其他护绿方法　气调保鲜技术使绿色同时得以保护,这属于生理护色。当水分活度很低时,即使有酸存在,H^+ 转移并接触叶绿素的机会也相对减小,它难以置换叶绿素和叶绿素衍生物中的 Mg^{2+};同时由于水分活度较低,微生物的生长及酶的活性也被抑制,因此脱水蔬菜能较长期地保持绿色。在储存绿色植物性食品时,避光、除氧可防止叶绿素的光氧化褪色。因此,正确选择包装材料和护绿方法以及与适当使用抗氧化剂相结合,就能长期保持食品的绿色。

8.2.1.2　血红素

1. 血红素及其衍生物的结构和物理性质

血红素是高等动物肌肉和血液中的主要红色色素,分别是血液中的血红蛋白及肌肉中肌红蛋白的辅基。血红蛋白是由 4 分子的血红素和含有 4 条肽链的球蛋白组成,每条肽链结合 1 分子血红素辅基,血红素的主要功能是在血液中结合并运输氧气和二氧化碳。肌红蛋白是由 1 分子血红素和含一条肽链的球蛋白组成。肌红蛋白的主要功能是在肌细胞中接受和储存血红蛋白运送的氧,并分配给组织,以供代谢用。血红蛋白大致相当于 4 个肌红蛋白的聚集体。血红蛋白和肌红蛋白结构中显色的是血红素分子,因此,动物食品的颜色随血红素分子结构的变化而变化。血红素是一种卟啉类化合物,卟啉环中心的 Fe^{2+} 具有 6 个配位部位,其中 4 个分别与 4 个吡咯环上的氮原子配位结合,第五个配位部位与球蛋白的第 93 位上的组氨酸残基(histidine residue)上的咪唑基氮原子配位结合,第 6 个配位部位可与 O_2、H_2O、CO 等小分子配位结合(图 8-5)。

2. 血红素的理化性质

血红素不溶于水,溶于酸性丙酮及碱性水溶液。肌肉内接近 90% 的色素是肌红蛋白,肌肉中的肌红蛋白的含量因动物种类、年龄和性别及部位的不同相差很大,如小牛肉就不如老牛肉中肌红蛋白含量高,所以色浅。肌肉中还含有少量其他色素,如细胞色素、黄素蛋白和维生素 B_{12}。由于它们含量很少,所以新鲜肌肉的颜色主要由肌红蛋白决定,呈紫红色。虾、蟹及昆虫体内的血色素是含铜的血蓝蛋白。

在肉制品加工和贮藏中,肌红蛋白会转化为多种衍生物,同时肉制品的颜色会发生相应的变化,其所呈现的颜色主要与血红素中心铁原子的氧化态或还原态的配位体类型、球状蛋白的状态有关。血红素卟啉环中心的铁以二价铁离子或三价铁离子存在,其中肌红蛋白分子中的铁为+2 价。肌红蛋白和分子氧以共价键结合为氧合肌红蛋白,肌红蛋白和氧合肌红蛋白中的二价铁离子均能自动氧化成三价铁离子,形成高铁肌红蛋白。肌红蛋白(紫红色)、氧合肌红蛋白(鲜红色)和高铁肌红蛋白(棕褐色)这三种色素可以发生相互转变,导致肉制品的颜色发生相应的变化(图 8-5)。此外,肌红蛋白的二价铁还可以与一氧化碳及一氧化氮共价结合形成亚硝基肌红蛋白和碳氧肌红蛋白,也呈鲜红色。

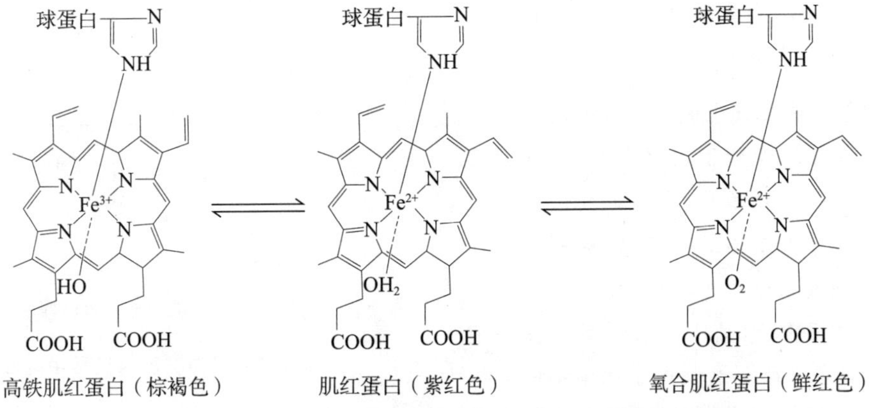

图 8-5　分割肉中的色素变化肌红蛋白图也应为铁氧键相连

3. 肌肉的颜色在贮藏和肉品加工中的变化

动物屠宰放血后，由于血红蛋白对肌肉组织的供氧停止，新鲜肉中的肌红蛋白保持其还原状态，肌肉的颜色呈稍暗的紫红色（肌红蛋白的颜色）。当胴体被分割后的初期，分割肉呈现鲜红的肉色（氧合肌红蛋白的颜色），随着肉存放时间加长，肉色逐渐转向褐红色（高铁肌红蛋白的颜色）。这些现象表明，肌红蛋白、氧合肌红蛋白和高铁肌红蛋白之间可以进行动态转化，转化平衡受环境中氧气分压的强烈影响。如图 8-6 反映了氧气分压高时有利于氧合肌红蛋白的生成，氧气分压低时有利于高铁肌红蛋白的生成。事实上，刚切开的肉表面由于与充足的氧气接触，肉色就是鲜红的，此时肉表面虽有一定量的高铁肌红蛋白生成，但数量较少。随着肉的储放，高铁肌红蛋白生成量逐渐增加，其原因主要为：一方面是少量好氧微生物在肉表面生长，使氧气分压有所降低；另一方面是肉内固有的还原性物质（如谷胱甘肽、巯基化合物等）使高铁肌红蛋白被还原为肌红蛋白，但当这些还原物质逐渐被耗尽时，高铁肌红蛋白的生成量就会增加。

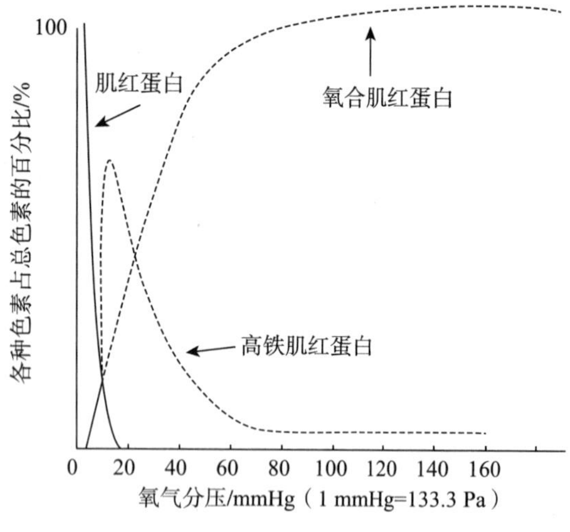

图 8-6 氧气分压对肌红蛋白、氧合肌红蛋白和高铁肌红蛋白相互转化的影响

血红素中的二价铁被氧化成三价铁的反应被认为是自动氧化的结果。当球蛋白存在时，血红素的氧化速率（$Fe^{2+} \rightarrow Fe^{3+}$）会降低，氧合肌红蛋白比肌红蛋白耐氧化。当 pH 低和 Cu^{2+} 等金属离子存在时，此自动氧化的速度较快。

如果肉储存时间较长，其中的肌红蛋白在一定条件下会转变为绿色物质。这是由于污染细菌的生长繁殖产生了过氧化氢或硫化氢，两者与肌红蛋白的血红素中的三价铁离子或二价铁离子分别发生反应生成了胆绿蛋白和硫代肌红蛋白，致使肉的颜色变为绿色。

MbO_2（肌红蛋白）$+H_2O_2 \rightarrow$ 胆绿蛋白（绿色）

MbO_2（肌红蛋白）$+H_2S+O_2 \rightarrow$ 硫代肌红蛋白（绿色）

在热加工时，鲜肉的肌红蛋白和高铁肌红蛋白的球蛋白会变性，此时的肌红蛋白和高铁肌红蛋白分别称为肌色原和高铁肌色原。加热时，因肉的温度升高和氧气分压的降低，促进了肌色原和高铁肌色原的产生，肉的颜色发生变化，特别是高铁肌色原的产生使肉色变为褐色。

火腿、香肠等肉类食品在腌制过程中常用硝酸盐或亚硝酸盐作为发色剂，利用特定的化学反应使肉中原有的色素转变为亚硝基肌红蛋白、亚硝基高铁肌红蛋白和亚硝基肌色原，使腌肉制品的颜色更加鲜艳诱人。这三种色素的中心铁离子的第 6 配位体都是氧化氮（NO），NO 和这些产物的生成可用图 8-7 表示。在腌制时，NO_3^- 在还原细菌的作用下被还原成 NO_2^-，NO_2^- 与 H^+ 结合形成 HNO_2，肉中固有的还原剂促使 HNO_2 产生出 NO。NO 最先与肌红蛋白生成亮红色的亚硝基肌红蛋白（NOMb），NOMb 性质不稳定，加热后能形成稳定的粉红色的亚硝基血色原。此外，腌制时，强氧化剂亚硝酸盐也能使肌红蛋白中的血红素最初呈氧化态，形成高铁肌红蛋白，与 NO 形成亚硝基高铁肌红蛋白。如果此时亚硝酸盐过量使用，亚硝基高铁肌红蛋白会生成硝基高铁肌红蛋白，还可生成绿色的亚硝酰卟啉肌绿蛋白。过量的发色剂与肉中的胺类物质反应还会产生亚硝胺类致癌物，因此发色剂的用量必须严格控制。

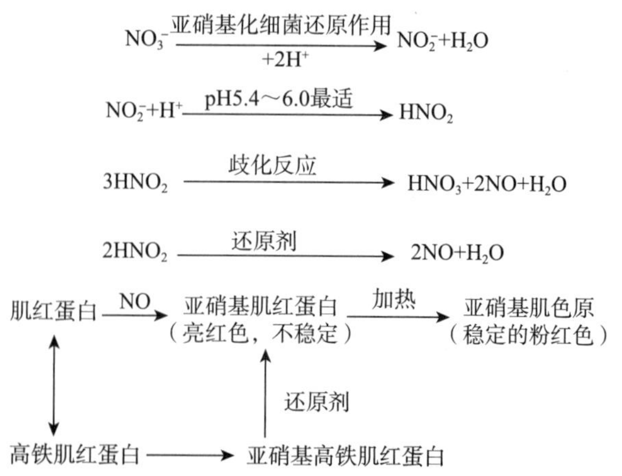

图 8-7 肌肉在腌制过程中的发色反应

硝酸盐和亚硝酸盐可以与某些氨类物质生成致

癌物质，因此近些年来有很多与硝酸盐和亚硝酸盐的替代品相关的研究和报道，如红曲色素应用在发酵香肠、火腿和午餐肉等食品中可部分替代亚硝酸盐的用量，但是目前还没有找到可以完全替代亚硝酸盐的物质。

一些物质本身并无发色功能，但与发色剂配合使用可以明显提高硝酸盐和亚硝酸盐的发色效果，既可降低其用量，又提高肉制品的安全性，该类物质称为发色助剂。肉制品中常用的发色助剂有乳酸、*L*-抗坏血酸、*L*-抗坏血酸钠和烟酰胺等。乳酸可促进亚硝酸的生成，*L*-抗坏血酸和*L*-抗坏血酸钠可促进亚硝酸转化为氧化氮，烟酰胺与肌红蛋白结合可生成稳定的烟酰胺肌红蛋白，防止肌红蛋白在亚硝酸生成亚硝基期间变色，同时烟酰胺也是重要的营养强化剂，加入量为0.01%～0.03%。

腌肉制品的颜色虽在多种条件下相当稳定，但可见光能促使它们重新转变为肌红蛋白和肌色原，而肌红蛋白和肌色原继续被氧化后就转变为高铁肌红蛋白和高铁肌色原。这就是腌肉制品见光褐变的原因。在不超标的前提下，使用充足的亚硝酸盐和添加抗氧化剂如抗坏血酸利于防止腌肉制品的见光褐变，因为它们可使光解产物——肌红蛋白和肌色原重新转变为亚硝基肌红蛋白和亚硝基肌色原。

4. 肉和肉制品的护色

肉类色素的稳定性与光照、温度、相对湿度、水分活度、pH以及微生物的繁殖等因素相关。

把鲜肉置于透气性很低的透明包装袋内，抽真空后密封，必要时还可在袋内加入少量除氧剂以保持袋内无氧，这能使肉中的肌红蛋白处于还原状态，即血红蛋白中的铁离子是二价且没有氧与其结合，这种肉的颜色能够长期保持不变。一旦开袋，大量氧气与肉表面接触后，很快使肉色转向氧合肌红蛋白的鲜红色。这正是超市鲜肉的包装方法。

采用气调或气控技术大规模贮藏肉或肉制品的方法也有一定的成功。采用100% CO_2气体条件，肉色能得到较好保护。当CO_2分压不那么高时，肉品很容易出现褐色。其主要原因是肌红蛋白向高铁肌红蛋白的转化。若配合使用除氧剂，护色效果可提高，但厌氧微生物的生长必须同时加以控制才行。

腌制肉(cured meat)产品的护色方法主要是避光和除氧。在选择包装方法时，必须考虑避免微生物的生长和产品失水。因为选择合适的包装方法不但可以保证该类产品的安全和减少失重，而且也是重要的护色措施之一。

8.2.2　类胡萝卜素

类胡萝卜素，又称多烯色素，是天然食品原料中分布最广泛的色素。红色、黄色和橙色水果及根茎类作物和蔬菜是富含类胡萝卜素的植物性食物，卵黄、虾壳等是富含类胡萝卜素的动物性原料。在植物组织中，类胡萝卜素可能以固态微粒或以与蛋白质、脂质或糖形成复合物的形式存在。在动物体中，类胡萝卜素大多存在于富含脂质的特定组织中，如蛋黄中。一般来说，富含叶绿素的植物组织也富含类胡萝卜素，因为叶绿体和有色体是类胡萝卜素含量较丰富的细胞器。

类胡萝卜素属于萜类化合物，按照其结构的不同分为两大类：一类为纯碳氢化合物，称为胡萝卜素类；另一类为除了烃类化合物外，还含有羟基、环氧基、醛基、酮基等含氧基团，称为叶黄素类。

部分植物与动物中的类胡萝卜色素具有维生素A的功能，所以称为维生素A原。生物活性最高的维生素A原是β-胡萝卜素，α-胡萝卜素次之，叶黄素类的隐黄素、柑橘黄素等也是维生素A原。

8.2.2.1　胡萝卜素类结构和基本性质

胡萝卜素类包括4种典型化合物：α-胡萝卜素、β-胡萝卜素、γ-胡萝卜素和番茄红素，它们都是含40个碳的四萜，由异戊二烯经头-尾或尾-尾相连而构成，见图8-8。这四种胡萝卜素结构相近，化学性质相似，但是营养属性不同。α-胡萝卜素、β-胡萝卜素、γ-胡萝卜素是维生素A原，在体内均可以被转化为维生素A，而番茄红素却不是维生素A原，即在体内不能转化为维生素A。天然胡萝卜素的几何异构体为全反式。在食品贮藏与加工中，它会形成几何异构化，转变成顺式产物，营养价值相应降低。

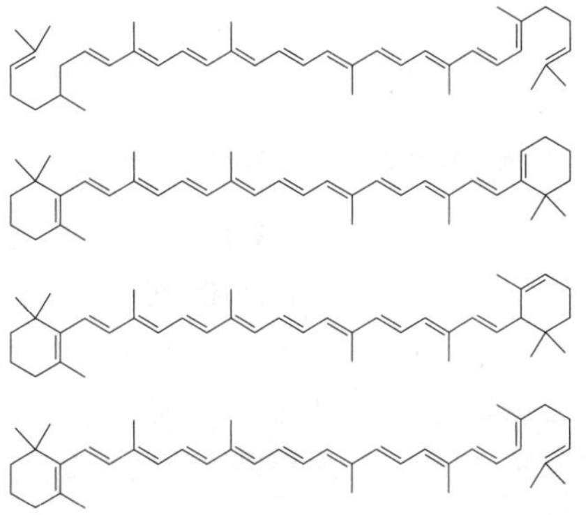

番茄红素

β-胡萝卜素

α-胡萝卜素

γ-胡萝卜素

图8-8　4种胡萝卜素类化合物的结构式

由图 8-9 可见，它们是结构很相近的化合物，其化学性质也很相近，但它们的营养属性却不同，如 α-胡萝卜素、β-胡萝卜素、γ-胡萝卜素在胡萝卜、甘薯、蛋黄和牛奶等中的含量较高。番茄红素是番茄的主要色素，也广泛存在于西瓜、南瓜、柑橘、杏和桃等水果中。胡萝卜素类色素为典型的脂溶性色素，易溶于石油醚、乙醚等弱极性有机溶剂，而难溶于乙醇和水。

胡萝卜素自身结构的特点导致了其极易被氧化，可清除单线态氧、羟基自由基、超氧自由基和过氧自由基，从而发挥抗氧化作用。

8.2.2.2 叶黄素类的结构和基本性质

叶黄素类色素广泛存在于生物材料中，含胡萝卜素类的组织往往也富含叶黄素类。叶黄素类是胡萝卜素类的含氧衍生物，因此叶黄素类比胡萝卜素类的种类更多。一些常见的叶黄素类色素的结构见图 8-9。

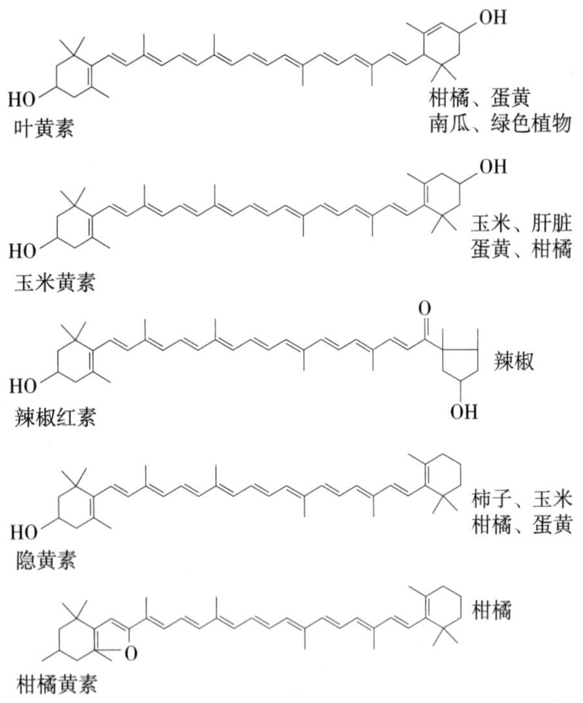

图 8-9　一些叶黄素类色素的名称和结构

随着叶黄素类所含羟基和羰基数量的增加，它们的脂溶性下降，难溶于乙醚和石油醚，而在甲醇或乙醇中能很好溶解，甚至亲水。从植物中提取总类胡萝卜素时应选用复合的、能兼顾溶解胡萝卜素类和叶黄素类的溶剂，如己烷与丙酮以适当的配比，就是这种复合溶剂的例子。

叶黄素类的颜色常为黄色和橘黄色，也有少数为红色如辣椒红素。叶黄素类如以脂肪酸酯的形式存在，则依然保持本来的颜色；如与蛋白质相结合，其颜色却可能发生改变，如虾黄素（3,3-二羟基-4,4、二酮-β 胡萝卜素）在鲜龙虾壳中与蛋白质结合就形成龙虾壳的蓝色，当龙虾煮熟后，蛋白质与虾黄素的结合被破坏，虾黄素被氧化为砖红色的虾红素（3,3,4,4-四酮-β-胡萝卜素）。

在叶黄素类中，一部分为维生素 A 原，如隐黄素、柑橘黄素等。与胡萝卜素类似，多数叶黄素具有抗氧化作用。

8.2.2.3 类胡萝卜色素在食品加工与贮藏中的变化

在无氧条件下，胡萝卜素在酸、光、热作用下，除可能发生几何异构外，颜色变化不大。在有氧条件下，胡萝卜素易受氧化和光化学氧化形成加氧产物或进一步分解为更小的分子。在受强热时可分解为多种挥发性小分子化合物，从而改变颜色和风味。与胡萝卜素类相似，叶黄素类遇到光照、氧化、中性或酸性条件下加热，会发生异构化和氧化分解等反应，缓慢地使食品褪色或褐变。但是叶黄素类含有的羟基、环氧基、醛基等可能成为变化的起始部位，含氧基也可能促进或抑制分子中众多双键结构发生变化。因此，叶黄素类比胡萝卜素类的变化种类更多，变化条件也有一定差异。作为维生素 A 原而言，上述变化有一部分是破坏性的变化。正如前所述，干制或加热使鲜虾变为橙红色，不是因为虾黄素的分解，而是由其中的蛋白质受热变性和虾黄素被氧化为虾红素所致。β-胡萝卜素的降解反应如图 8-10 所示。

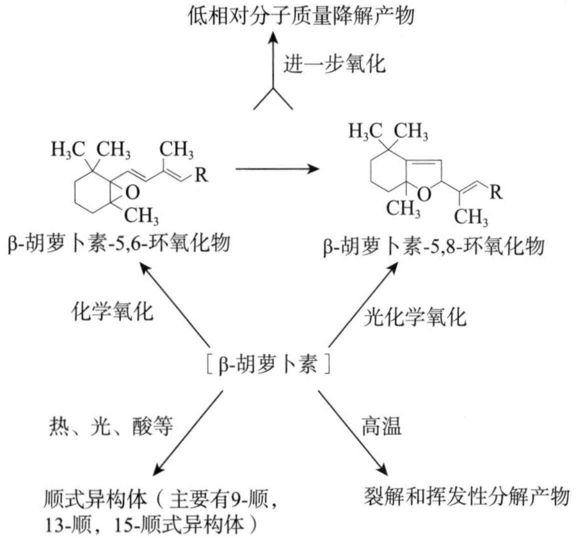

图 8-10　β-胡萝卜素的降解反应

8.2.3　多酚类色素

多酚类色素是自然界中存在非常广泛的一类色素。该类色素最基本的母核为 2-苯基苯并吡喃，即花色苷元。由于在苯环上连有 2 个或 2 个以上的羟基，所以统称为多酚类色素。多酚类色素是植物中存在的主要的水溶性色素，主要包括花青素、类黄酮色素、儿茶素和单宁等。它们的结构都是由 2 个苯环(A 和 B)通过 1 个三碳链连接而形成的一系列化合物，即具有 $C_6—C_3—C_6$ 骨架结构，如图 8-11 所示。多酚类色素大量存在于自然界，具有各种不同的色泽。在食品加工过程中，多酚类色素不稳定导致颜色变化非常大，是植物性食品产生色变的重要原因。除为植物组织提供色泽，多酚类化合物还是重要的食品添加剂以及功能食品成分。

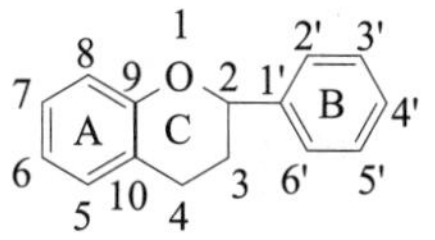

图 8-11　多酚类色素的基本结构($C_6—C_3—C_6$ 结构图)

8.2.3.1　花青素

花青素(anthocyanidin)，又称花色素，是自然界一类广泛存在于植物中的水溶性色素。花青一词取自希腊语 Anthos(花)和 Kyanos(蓝色)。自然状态下的花青素都以糖苷形式存在，称之为花色苷，很少有游离的花青素存在。花青素的颜色包括蓝色、紫色、紫罗兰色、洋红色、红色和橙色等，是构成植物的花、果实、茎和叶五彩缤纷色彩的物质。已知花青素有 20 多种，食品中重要的有 6 种，包括天竺葵色素、矢车菊色素、飞燕草色素、芍药色素、牵牛花色素和锦葵色素。花青素主要用于食品着色方面，也可用于染料、医药、化妆品等方面。

1. 结构和物理性质

花青素具有类黄酮典型的 $C_6-C_3-C_6$ 的碳骨架结构，是 2-苯基苯并吡喃阳离子结构的衍生物(图 8-12)，通常花青素与糖结合成花色苷，因此花青素又称之为花色苷元。由于花青素共轭体系中的助色基团(羟基或甲氧基等)取代位置和数量的不同形成了各种不同的花青素和花色苷。与花青素成苷的糖主要有葡萄糖、半乳糖、木糖、阿拉伯糖和由这些单糖构成的均匀或不均匀双糖和三糖。天然存在的花色苷的成苷位点大多在 2-苯基苯并吡喃阳离子的 C-3 和 C-5 位上，少数在 C-7 位，间或有在 C-3′、C-4′和 C-5′位上成苷。这些糖基有时被脂肪族或芳香族的有机酸酰化，参与上述反应的主要有机酸包括咖啡酸、对香豆酸、芥子酸、对羟基苯甲酸、阿魏酸、丙二酸、苹果酸、琥珀酸或乙酸。花色苷比花青素的稳定性强，且花色苷元中甲氧基取代数量多比羟基取代数量多稳定性更高。糖基不同，稳定性也不同。例如，天竺葵色苷、矢车菊色苷和飞燕草色苷含量高的植物的颜色，不如牵牛花色苷和锦葵色苷含量高的植物的颜色稳定。蔓越橘中含半乳糖基的花色苷比含阿拉伯糖基的花色苷在贮藏期间更稳定。此外，金属离子的存在对花色苷的颜色将产生重大的影响。

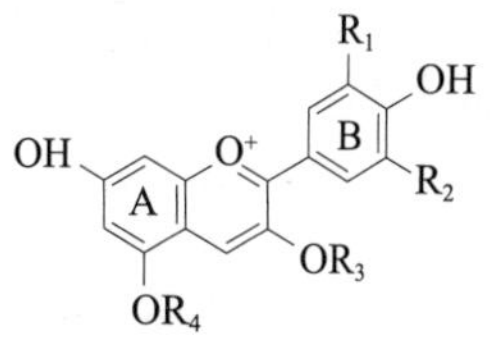

R_1 和 R_2 ═ H、OH 或 OCH_3；

R_3 ═糖基或 H，R_4 ═H 或—糖基。

图 8-12　花青素的结构

花青素或花色苷的颜色差异主要是由其取代基的种类、取代位置和数量不同而引起。花色苷分子上的取代基有羟基、甲氧基和糖基。作为助色基团，取代基助色效应的强弱取决于它们的供电子能力，供电子能力越强，助色效应越强。甲氧基的供电子能力比羟基强，与糖基的供电子能力相近，但是糖基由于分子比较大，可能表现出空间阻碍效应，如图 8-13 所示，随着羟基数目的增加，光吸收波长向蓝光方向移动(蓝移)；随着甲氧基数目的增加，光吸收波长向红光方向移动(红移)；红移和蓝移导致花色苷的颜色加深。

花青素溶于水和乙醇，不溶于乙醚、氯仿等有机溶剂，为水溶性色素。由于花色苷中含有亲水性的糖基，其水溶性更大。花青素颜色随 pH 的不同而发生变化。

已在植物中发现了 250 种以上的花色苷，各种植物中所含的花色苷种类多少不一，有的多达几十种(如葡萄)。不同植物和植物在不同生长期或成熟期，花色苷含量都有很大的差异，在 20～600 mg/100 g 鲜重的范围内变化。

2. 花青素在食品贮藏及加工中的变化

花色苷和花青素的稳定性均不高，它们在食品加工和贮藏中经常因化学反应而变色。影响其稳定

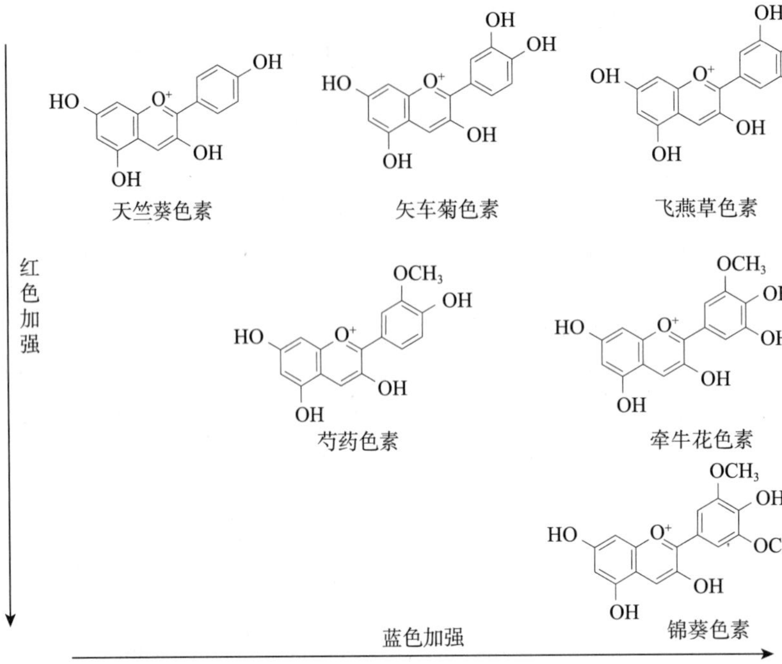

图 8-13 食品中常见的 6 种花青素及它们红色和蓝色增加的次序

性的因素包括 pH、氧浓度、氧化剂、亲核试剂、酶、金属离子、温度和光照等。

(1)pH 的影响 在花色素或花色苷分子中，苯并吡喃环上的氧带有正电荷，这种电荷状态不稳定，受介质 pH 影响发生变化，共轭体系的变化使得此类色素在碱性介质中为蓝色，在酸性介质中为紫红色，在中性介质中呈无色。在水溶液或食品中，花色苷随 pH 的变化可出现 4 种结构形式，即蓝色醌式结构、红色 2-苯基苯并吡喃阳离子(AH^+)、无色醇型假碱和无色查尔酮(图 8-14)。

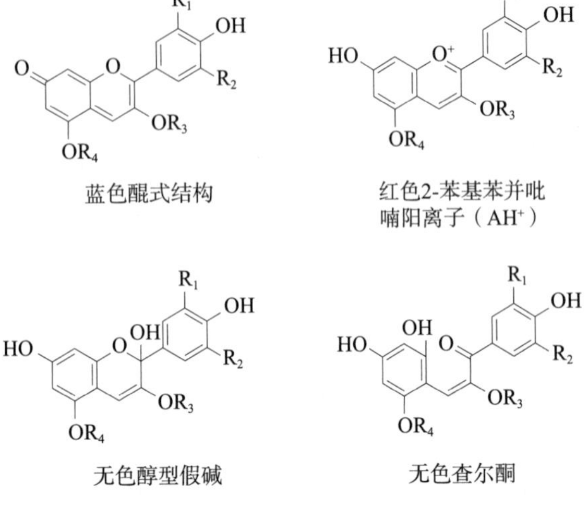

图 8-14 花色苷在水溶液中的 4 种存在形式及它们的颜色

以矢车菊素为例，在酸性条件下，2-苯基苯并吡喃阳离子结构占优势呈红色，在 pH 偏碱性时重排为醌式结构呈蓝色，碱性继续增强因吡喃环上的加成反应生成的拟碱式破坏了共轭结构而呈无色，pH 大于 11 时吡喃环开裂，形成查尔酮为无色。

(2)温度和光照的影响 高温和光照会影响花青素和花色苷的稳定性，加速花青素和花色苷的降解变色，温度对花青素和花色苷稳定性影响的程度还受到环境氧含量、花色苷种类以及 pH 等的影响。一般来说，含羟基多的花青素和花色苷的热稳定性不如含甲氧基或含糖苷基多的花青素和花色苷的热稳定性。在光照条件下，酰化和甲基化的二糖苷比非酰化的二糖苷稳定，二糖苷又比单糖苷稳定。

(3)氧气、水分活度和抗坏血酸的影响 在分子氧存在的条件下，花色苷会降解生成无色的或褐色的物质，这是由花青素高度的不饱和结构使其对氧气颇为敏感所致。如葡萄汁趁热灌装并且装得满一些时，瓶装葡萄汁由紫色向褐色的转变延缓；如果改用充氮灌装或真空灌装，变色速度将更慢。这说明氧气对花青素或花色苷具有破坏作用。水分活度对花色苷稳定性的影响机理尚无多少研究资料。研究已证实，在水分活度为 0.63～0.79 范围内，花色苷的稳定性相对最高。

在含有抗坏血酸和花色苷的果汁中，这两种物质的含量会同步减少，并且促进或抑制抗坏血酸和花色苷氧化降解的条件相同。这是因为抗坏血酸在氧化中可产生 H_2O_2，H_2O_2 可对 2-苯基苯并吡喃阳离子的 C-2 进行亲核进攻，从而使吡喃环开裂而产生无色的酯和香豆素衍生物，这些产物再进一步降解或聚合，最终在果汁中产生褐色沉淀物。因此，促进或抑制抗坏血酸氧化降解的条件也是促进或抑制花色苷降解的条件。例如，Cu^{2+} 浓度提高将同时加速抗坏血酸和花色苷的降解，而当食品中存在黄酮醇(例如槲皮素和槲皮苷)一类抗氧化剂时，抗坏血酸和花色苷可同时得到一定的保护；当温度高时，抗坏血酸对花色苷的破坏加速；当温度低时，抗坏血酸对花色苷具有保护作用。

(4)二氧化硫的影响　二氧化硫是食品工业中常用的防腐剂和漂白剂，水果在加工中常添加亚硫酸盐或二氧化硫会导致其中的花青素褪色成微黄色或无色。二氧化硫对花色苷的脱色作用可能是可逆或不可逆的。当 SO_2 用量在 500～2 000 $\mu g/g$ 时，其漂白作用是可逆的，在后续的加工中，通过大量的水洗脱后，颜色可部分恢复。对不可逆的漂白作用研究认为，其漂白机理是 SO_2 在果汁中酸的作用下形成了亚硫酸氢根，并对花色苷 C-2 或 C-4 亲核加成反应生成了无色的花色苷亚硫酸盐复合物(图 8-15)。

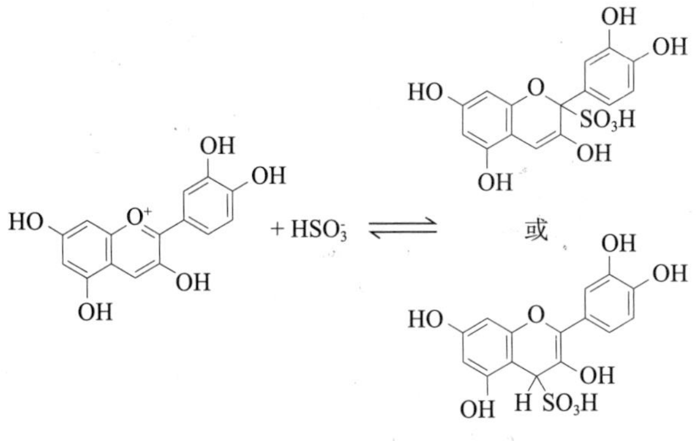

图 8-15　花色苷亚硫酸盐复合物

(5)糖及糖降解产物的影响　当糖浓度高时，由于水分活度的降低，花色苷生成拟碱式结构的速度减慢，花色苷的颜色得到了很好的保护，因此高糖食品的颜色较稳定。当糖浓度较低时(如果汁)，花色苷的降解或变色却加速，其中果糖、阿拉伯糖、乳糖和山梨糖对花色苷的降解作用大于葡萄糖，蔗糖和麦芽糖，这些糖自身先通过 Maillard 反应生成糠醛或羟甲基糠醛，然后再与花色苷类缩合而生成褐色物质，升高温度和有氧气存在将使反应速度加快。这些现象在果汁中相当明显，其反应机理还不清楚。

(6)金属离子的影响　花青素类色素中含有酚羟基，具有酚类化合物的性质。当花青素和花色苷的苯环上含有邻位酚羟基时，可与 Al^{3+}、Fe^{2+}、Fe^{3+}、Sn^{2+}、Ca^{2+} 等金属离子发生络合反应，使色素颜色发生改变(图 8-16)。花青素与金属离子作用的产物通常为暗灰色、紫色、蓝色等深色物质，从而影响食品的色泽，所以生产和使用该类色素食品一般不用铁罐、锡罐等金属制品直接盛装，最好使用内壁有涂料的金属罐或玻璃罐来盛装。

(7)花色苷的酶促降解　花色苷的降解与酶有关，能够降解花色苷的酶主要有糖苷水解酶和多酚氧化酶，通称为花色苷酶。糖苷水解酶能够水解花色苷分子上的糖苷键，使之生成花青素和糖。由于花青素的稳定性小于花色苷，所以这种酶促水解加速了花色苷的降解。多酚氧化酶催化氧化小分子酚类生成邻醌，邻醌能通过化学氧化作用使花色苷转化为氧化的花色苷及其降解产物。

在加工贮藏和包装之前，初步蒸汽漂白对果品和蔬菜中的花色苷酶可起到破坏和抑制作用。葡萄糖、葡萄糖酸和葡萄糖 δ-内酯是糖苷酶的竞争性抑制剂，多酚氧化酶的活性也可以有效地被二氧化硫、亚硫酸盐等抑制。因此在果蔬加工过程中，采用蒸汽适当地加热、加入酶抑制剂的方法可有效地抑制酶的活性，保护果蔬食品的颜色。

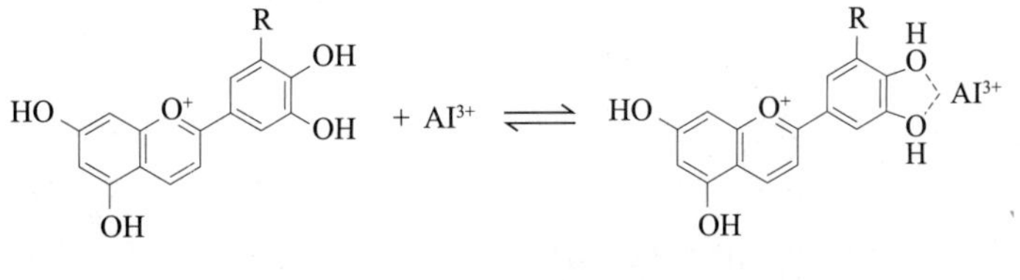

图 8-16　花色苷与金属离子形成络合物

8.2.3.2 黄酮类色素

1. 结构和物理性质

黄酮类色素是广泛分布于植物组织中的无色至黄色的水溶性色素。黄酮类色素母体结构的显著特征是含有 2-苯基苯并-γ-吡喃酮，如果在黄酮类母体不同碳位上发生羟基或甲氧基取代，即成为黄酮类色素。在花、叶、果实中，黄酮类色素多以糖苷的形式存在，成苷位置一般在母体的 C-3，C-5，C-7 及 C-3′上，其中以 C-7 最常见。成苷的糖基常为葡萄糖、半乳糖、木糖、芸香糖、新橙皮糖和葡萄糖酸等。而在木质部组织中，多以游离苷元的形式存在。与花青素一样，黄酮苷元的碳骨架结构也是 $C_6—C_3—C_6$ 结构，如图 8-17 所示。不同于花青素的显著特征是 4 位含有羰基。黄酮苷元又被分为若干子类，图 8-18 是这些子类的母核结构和一些食品中常见黄酮类色素的结构。大多数黄酮类化合物具有显著的生理及药理活性，如清除自由基、扩张血管、改善微循环、降血脂、除胆固醇及防治心脑血管疾病等。黄酮类化合物可开发为功能因子用于保健食品中，也是重要的食品添加剂及天然抗氧化剂等。

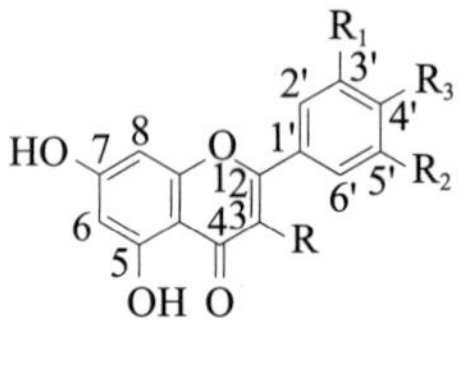

图 8-17 黄酮类色素母体的结构

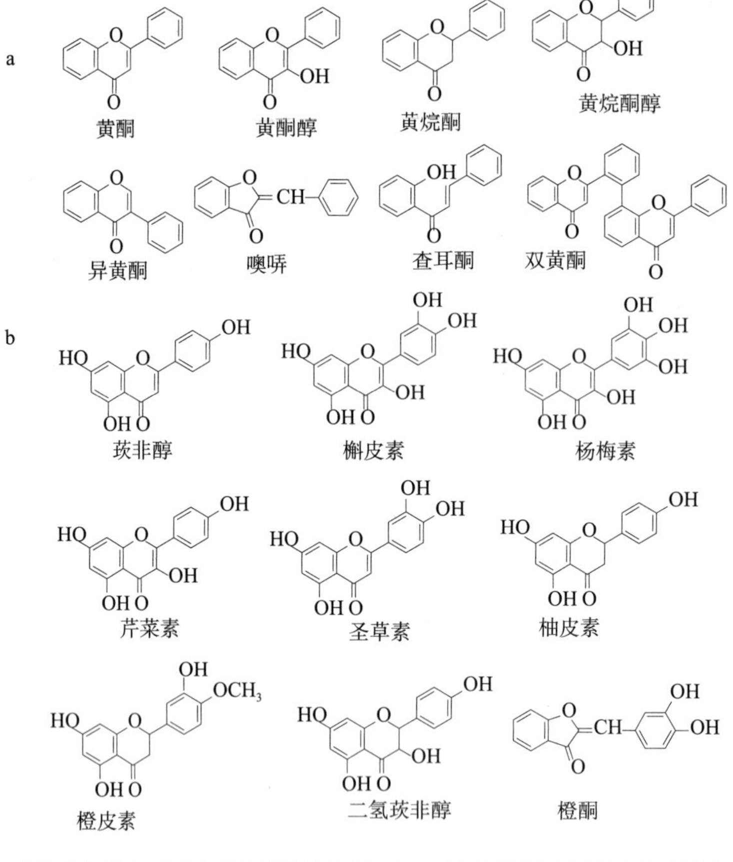

a. 类黄酮苷元的一些子类的名称和母核结构；b. 一些常见类黄酮苷元的名称及结构。

图 8-18 类黄酮

天然黄酮类化合物从结构上可分为许多类型，主要有 6 类：①黄酮和黄酮醇类（flavones andflavanols），例如，槲皮素及其苷类是植物界分布最广的黄酮类化合物。②二氢黄酮和二氢黄酮醇类（flavanones and flavanonols）存在于精炼玉米油中。③异黄酮及二氢异黄酮类（isoflavones and isoflavanones），例如，大豆异黄酮和葛根素。④双黄酮类（biflavonoids），如银杏黄酮。⑤其他黄酮类化合物，如花色苷和查耳酮等。黄酮类化合物具有抗氧化、抗肿瘤、抗突变和保护心血管等多种特殊的生物功能作用，是植物化学物近些年研究的热点。

黄酮、黄酮醇、异黄酮、噢哢、查耳酮和双黄酮中及其苷类多呈黄色。黄酮化合物结构中的酚羟基数目和结合位置对其呈色有很大的影响，若只是C-3上有羟基，则此类黄酮类化合物仅呈灰黄色；C-3′或C-4′位上有羟基或甲氧基的黄酮类多呈深黄色，而且C-3上的羟基能使C-3′或C-4′上有羟基的化合物的颜色变深。

通常游离的黄酮苷元难溶于水，易溶于有机溶剂和稀碱液；天然黄酮类色素多以糖苷的形式存在，易溶于水、甲醇和乙醇溶液中，难溶于有机溶剂中。与花色苷类似，类黄酮化合物中也有酰基取代物。已知的类黄酮(包括苷)达1 670多种，其中有色物为400多种，多呈淡黄色，少数为橙黄色。

一些类黄酮对食品的颜色有一定贡献，但由于它们色淡，浓度低时贡献很小。菜花、洋葱和马铃薯略带的浅黄色主要由类黄酮产生。与花色苷类似，类黄酮也能形成缩合物，缩合后颜色和呈色强度都有一定的变化，菜花洋葱和马铃薯中的缩合类黄酮是它们含有的各种类黄酮中相对更重要的呈色物质。

2.在食品加工和贮藏中的变化

黄酮类色素也像花青素或花色苷那样可与多种金属离子形成络合物，这些络合物比黄酮类色素的呈色效应强。例如，圣草素与Al^{3+}络合后的最大吸收光波长为390 nm，此时的黄色很诱人；芦笋中的芸香苷(3-芸香糖基-槲皮素)遇到铁离子后产生一种难看的深色，使芦笋中产生深色斑点。相反，芸香苷与锡离子络合时则产生理想的黄色。

在食品加工中，有时会因水硬度较高或因使用碳酸钠和碳酸氢钠而使pH上升，在这种条件下烹调，原本无色的黄烷酮或黄烷酮醇可转变为有色的查耳酮类(图8-19)。例如，马铃薯、小麦粉、芦笋、荸荠、黄皮洋葱、花菜和甘蓝在碱性水中加工(煮)时都会出现由白色变黄色的现象。该变化为可逆变化，可用有机酸加以控制和逆转。

图8-19 无色的黄烷酮与碱加热后转变成有色的查耳酮

黄酮类色素也属于多酚类物质，酶促褐变的中间产物如邻醌或其他氧化剂可氧化类而产生褐色沉淀物质。成熟橄榄的黑色就是圣草素-7-葡萄糖苷(又叫洋地黄酮-7葡萄糖苷)在产品发酵和后期贮藏中受氧化而形成的；也是果汁久置变褐产生沉淀的原因之一。

8.2.3.3 儿茶素

儿茶素是茶多酚的主要组成成分，儿茶素的含量占茶多酚的70%～80%。常见的儿茶素包括表儿茶素(EC)、表没食子儿茶素(EGC)、表儿茶素没食子酸酯(ECG)和表没食子儿茶素没食子酸酯(EGCG)4种形式(图8-20)，其中表没食子儿茶素没食子酸酯(EGCG)是最重要的一种儿茶素，约占茶多酚的40%～50%。另外还有一些聚合态及蛋白质结合态的儿茶素。

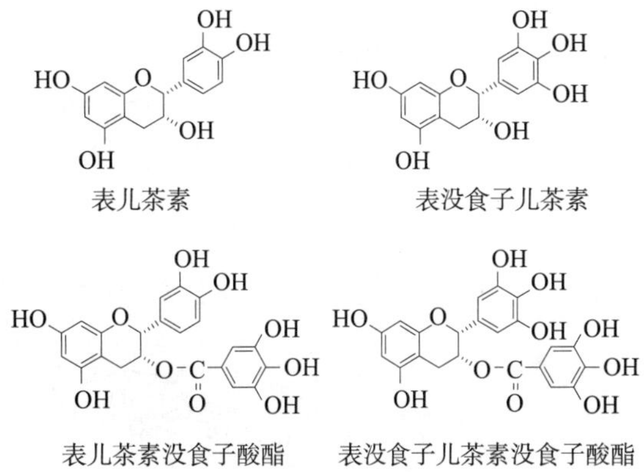

图8-20 常见的几种儿茶素的结构

儿茶素的母体C环为二氢吡喃环，C-2，C-3原子为手性碳原子，因此每个母体结构可以产生4个旋光异构体，母体中的C-2，C-3的取代基处于吡喃环的同侧的，命名前加“表”字。茶多酚由30多种含酚基的物质组成，除儿茶素类外，还包括花色素类(花白素和花青素)、花黄素类(黄酮及黄酮醇类)、酚酸及缩酚酸类。茶多酚是茶类饮品中重要的生理活性物质，同时还是优良的食品添加剂和功能食品原料。

儿茶素在茶叶中含量很高。儿茶素本身无色，具有较轻的涩味。儿茶素与金属离子结合产生白色或有色沉淀，例如儿茶素溶液与三氯化铁反应生成黑绿色沉淀，遇醋酸铅生成灰黄色沉淀。

作为多酚，儿茶素非常容易被氧化生成褐色物质。许多含儿茶素的植物组织中也含有多酚氧化酶和(或)过氧化物酶。在组织受损伤时，儿茶素就会在上述酶的作用下被氧化生成褐色物质。酶促褐变的中间产物—邻醌，是引起儿茶素进一步氧化或彼此氧化聚合生成褐色物质的重要物质，整个酶促氧化过程可用图 8-21 表示。在红茶加工中，儿茶素的氧化产物被称为茶黄素和茶红素。茶黄素色亮，茶红素色深，两者以适当比例就构成红茶的颜色。在高温、潮湿条件下，儿茶素遇氧也可自动氧化。

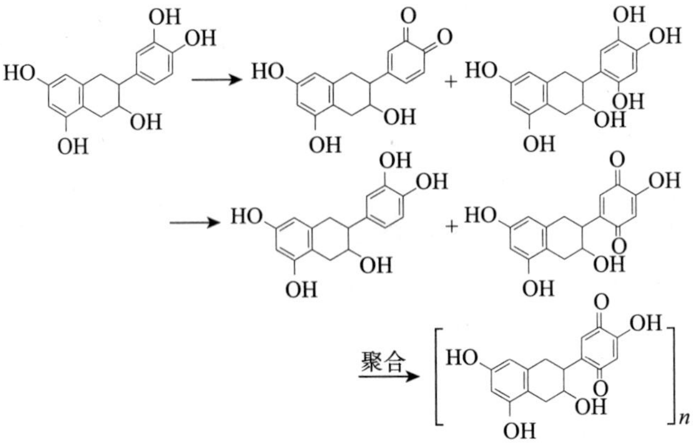

图 8-21　儿茶素的呈色变化

8.2.3.4　单宁

单宁(tannin)也称鞣质，在植物中广泛存在，在五倍子和柿子中含量较高。单宁是一种特殊的多酚类化合物。该类物质可根据其功能性质定义为具有沉淀生物碱、明胶和其他蛋白质特性，同时相对相对分子质量为 500～3 000 的水溶性多酚类化合物。单宁可分为可水解型和缩合型(原花色素)两大类，一些单宁的结构见图 8-22。

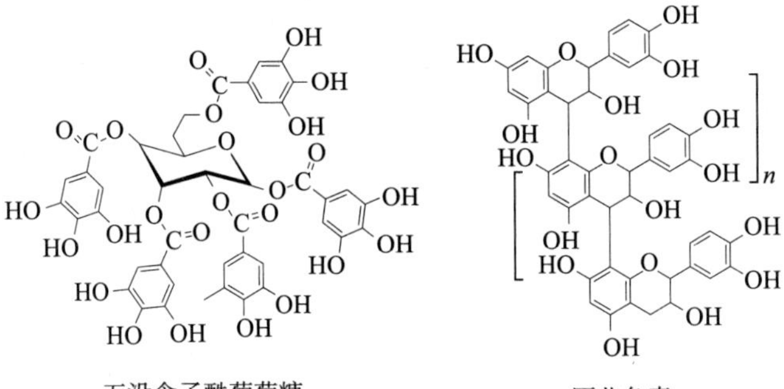

五没食子酰葡萄糖　　原花色素

图 8-22　单宁的结构

水解型单宁分子的碳骨架内部有酯键，分子可因酸、碱等作用而发生酯键的水解；缩合型单宁-原花色素，又称无色花青素。它们的基本结构单元常为黄烷-3-醇及黄烷-3，4-二醇(图 8-23)，是由黄烷-3-醇或黄烷-3，4-二醇通过 4→8 或 4→6 键缩合而形成的二聚物、三聚物或多聚物。

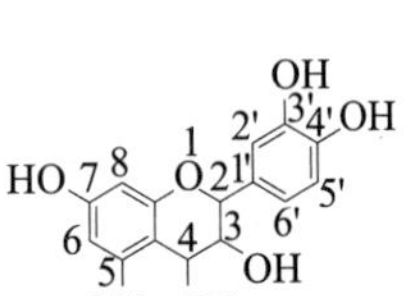

图 8-23　黄烷-3，4-二醇的结构

原花色素起初在可可豆中发现，后来在果汁中也普遍存在。原花色素在加工和贮藏过程中会生成氧化产物。如当果汁暴露在空气中或在光照条件下，它们转变为稳定的红棕色物质，苹果汁贮藏后的红棕色就有这种产物的贡献。这主要是由原花青素的邻位羟基发生酶促褐变所导致的。

此外，原花色素在酸性加热条件下会转为花青素，如天竺葵色素、牵牛花色素或飞燕草色素而呈色。例如，苹果、梨和其他果汁中的二聚原花色素在酸性条件下加热就可转化为花青素和其他多酚。该反应的机理见图 8-24。

单宁的颜色为白中带黄或轻微褐色，具有十分强的涩味；单宁与蛋白质作用可产生不溶于水的沉淀，与多种生物碱或多价金属离子结合也生成有色的不溶性沉淀。而在食品加工中，单宁会在一定条件(比如加热、氧化或遇到醛类)下缩合，从而消除涩味。

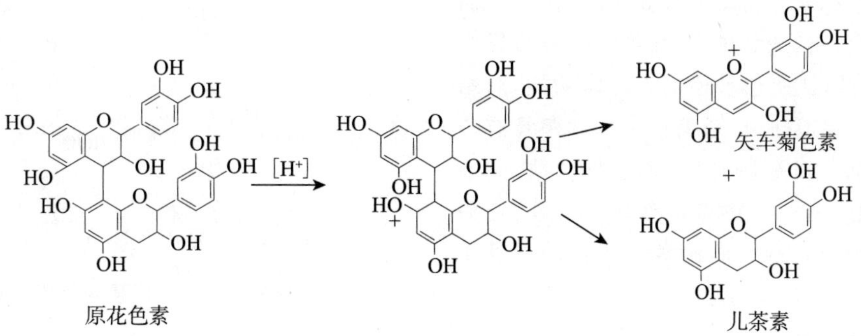

图 8-24　原花色素酸水解的机理

8.2.4　天然食品着色剂

常用的天然食品着色剂有焦糖色素、叶绿素铜钠盐、辣椒红色素、甜菜红色素、红曲色素、姜黄素、虫胶色素等。

8.2.4.1　焦糖色素

焦糖色素(caramel)，简称焦糖，俗称酱色，是在食品中广泛使用的一种半天然食品着色剂。焦糖色素是糖质原料(如饴糖、蔗糖、糖蜜、转化糖、乳糖、麦芽糖浆和淀粉的水解产物等)在加热过程中发生不完全分解并脱水缩合而形成的复杂红褐色或黑褐色混合物。(国际)食品法典委员会(CAC)根据在生成过程中所使用的催化剂不同，焦糖色素可分为 4 种。①普通焦糖：生产不用铵或亚硫酸盐催化剂，加热糖类原料制得，在酒精中稳定；②苛性亚硫酸盐焦糖：在亚硫酸钾钠存在下加热糖类原料制得，在酒精中稳定；③氨法焦糖：在铵化合物存在下加热制得，在啤酒、酱油中稳定；④亚硫酸铵焦糖：在亚硫酸盐和铵化合物存在下加热制得，在酸中稳定。

联合国粮食及农业组织(FAO)、世界卫生组织(WHO)、食品添加剂联合专家委员会(JECFA)均确定焦糖色素是安全的，但是对氨法生产的焦糖色素中所含的 4-甲基咪唑做了限量规定。4-甲基咪唑是一种惊厥剂，慢性毒性试验结果证实它会使白细胞减少，生长缓慢。国家卫生健康委员会于 2015 年发布了《食品安全国家标准　食品添加剂　焦糖色》(GB 1886.64—2015)。

焦糖色素有特殊的甜香气和愉快的焦苦味，但在通常的使用量下，很少能表现出来。易溶于水，对光和热的稳定性好。焦糖色素具胶体性质，有等电点，有不同制造方法所获得的焦糖色素 pH 不同，通常在 3～4.5 范围内。

焦糖色素可用于饮料、酱油、醋，啤酒、黄酒，酱菜、豆制品、罐头、饼干、糖果、方便面、汤料和焙烤等食品的着色，其最大使用量按照《食品安全国家标准　食品添加剂使用标准》(GB 2760—2014)上的规定以及生产需要适量使用。

8.2.4.2　红曲色素

红曲色素(monascin)来源于微生物，是一组由红曲霉菌、紫红曲霉菌、安卡红曲霉菌、巴克红曲霉菌所分泌的色素。一般用水将糯米或粳米浸透、蒸熟，接种上述红曲霉菌发酵而成。红曲色素属酮类色素，共有 6 种结构相似的组分(图 8-25)，分别为黄色的红曲素和黄红曲素、橙色的红斑红曲素和红曲玉红素、紫红色的红斑红曲胺和红曲玉红胺，其中应用最多的是橙色的红斑红曲素和红曲玉红素。

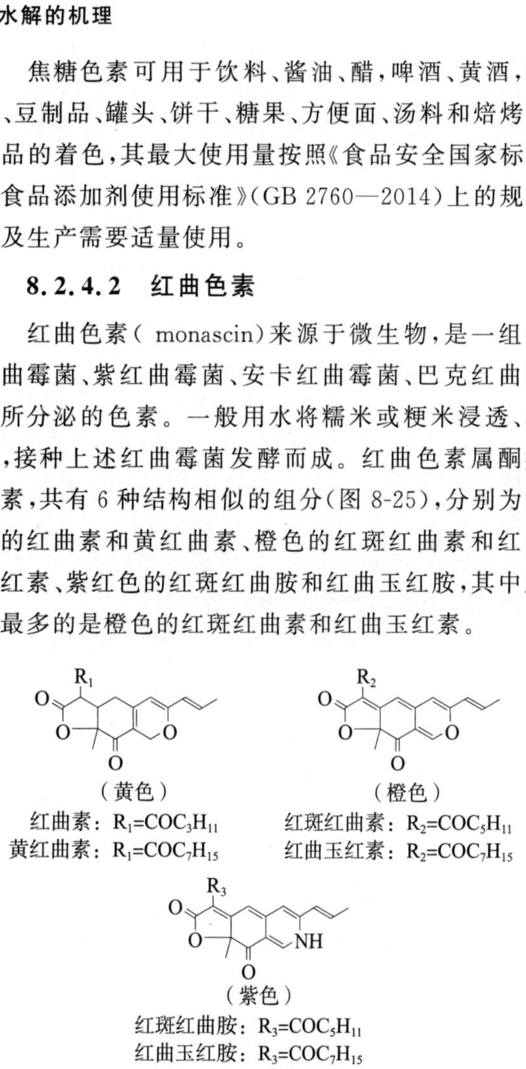

图 8-25　红曲色素的结构

红曲色素是红色或暗红色的粉末或液体状或糊状物。红曲色素易溶于中性及偏碱性水溶液，极易溶于乙醇、丙二醇、丙三醇及它们的水溶液，不溶于油脂及非极性溶剂。红曲色素色调不随 pH 变化，耐压、耐热性较高，几乎不受金属离子(如 Ca^{2+}、Mg^{2+}、Fe^{2+}、Cu^{2+})的影响，也不易被氧化或还原(次氯酸除外)。红曲色素由于安全性高、稳定性强、着色性好,广泛应用在畜产品、水产品、豆制品、酿造食品和酒类的着色,我国允许红曲色素按正常生产需要量添加于食品中。此外,红曲色素还具有防腐功能,对蜡状芽孢杆菌、枯草芽孢杆菌、金黄色葡萄球菌具有较强的抑制作用,同时对绿脓杆菌、鸡白痢杆菌、大肠埃希菌变形杆菌也有一定的抑制作用。另外,红曲色素还具有降低甘油三酯、胆固醇和防止动脉硬化等保健作用。

8.2.4.3 姜黄素

姜黄色素(curcumin)是从生姜科姜黄属植物姜黄的地下根茎中提取的黄色色素,是一组二酮类化合物,主要成分为姜黄素,脱甲基姜黄素和双脱甲基姜黄素 3 种。其核心结构见图 8-26。

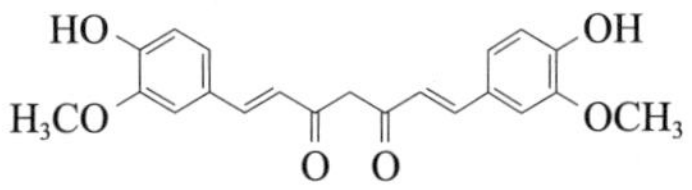

图 8-26 姜黄色素的结构

姜黄色素为橙黄色结晶性粉末,几乎不溶于水,易溶于冰醋酸、乙酸乙酯和碱性水溶液,溶于甲醇、乙醇、丙二醇中。其具有特殊芳香,稍苦,中性和酸性溶液中呈黄色,碱性溶液中呈褐红色,对光、热、氧化作用及铁离子等不稳定,但耐还原性好。它对蛋白质着色力甚好,常用于咖喱粉着色。

我国允许的添加量因食品而异。当用于糖果、冰淇淋、汽水、果冻、蛋糕和色拉调味料等时,用量常为0.2～60 mg/kg,最大使用量为 0.01 g/kg,也用于奶油、人造奶油和干酪,此时可按正常生产需要添加。姜黄素在国外也用于各种油脂,以恢复其在加工时损失的颜色。

8.2.4.4 甜菜色素

甜菜色素(betalain)是从黎科植物红甜菜块茎中提取出的一组水溶性色素甜菜色素,主要包括甜菜红素,此外,还含有甜菜黄素、异甜菜苷和前甜菜红苷。甜菜红素中主要成分为甜菜红苷,有时也含有游离的甜菜红素。其结构如图 8-27 所示。

甜菜红素溶液在 pH4～7 范围内呈紫红色。当 pH 低于 4 或高于 7 时,颜色变为紫色;当 pH 为 10.0 以上时,甜菜红素被水解为甜菜黄素,溶液立即向黄色转变。甜菜色素的耐热性不高,氧可促进其降解。金属离子 Fe^{3+}、Cu^{2+} 含量高可发生褐变。在低水分活度的情况下,甜菜色素稳定性较好。

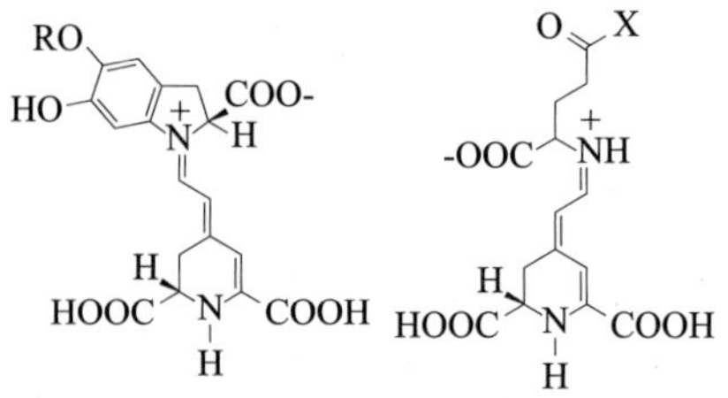

R=H,甜菜红素　X=-NH_2,甜菜黄素(Ⅰ)
R=G,甜菜色苷　X=-OH,甜菜黄素(Ⅱ)

图 8-27 甜菜红素和甜菜黄素的结构

我国规定甜菜红素可应用在果味饮料、果汁饮料、配制酒、罐头、红绿丝、青梅、冰淇淋、雪糕、甜果冻等食品中,可按正常生产需要量添加。

8.3 合成色素的化学结构与性质

食用合成色素多以苯、甲苯、萘等化工产品为原料,经过磺化、硝化、卤化、偶氮化等一系列有机反应化合而成。从结构上分为偶氮色素类(苋菜红、胭脂红、日落黄、柠檬黄等);非偶氮色素类(赤藓红、靛蓝、亮蓝等)。这些色素的相对分子质量为 450～880,最大吸收波长为 428～630 nm,一般耐氧化还原性能均较差,耐热、耐光性能稳定(靛蓝除外)。

8.3.1 苋菜红

苋菜红(amaranth)为红褐色或暗红褐色均匀粉末或颗粒,水溶性偶氨类色素,无嗅、耐光、耐热性(105℃)强,对柠檬酸、酒石酸稳定。本品遇铜、铁易褪色,对氧化和还原敏感,遇碱变暗红色。有些研究报道,它可能致癌、致畸和降低生育能力。但权威机构暂时认为,它的安全性较高。易溶于水,呈带蓝光的红色溶液,可溶于甘油,微溶于乙醇,不溶于油脂。其核心结构如图 8-28 所示。

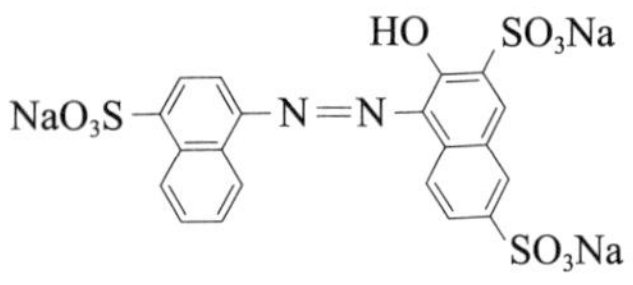

图 8-28 苋菜红的结构

苋菜红在糕点、清凉饮料和冷餐点心中被单独使用或与其他食用色素混合使用。根据《食品安全国家标准　食品添加剂使用标准》(GB 2760—2014)规定,可用于冷冻饮品(食用冰除外)、果酱、蜜饯凉果、装饰性果蔬、腌渍的蔬菜、可可制品、巧克力和巧克力制品(包括代可可脂巧克力及制品)以及糖果、糕点上彩装、焙烤食品馅料及表面用挂浆(仅限饼干夹心)、水果调味糖浆、固体汤料、果蔬汁(浆)类饮料、碳酸饮料、风味饮料(仅限果味饮料)、固体饮料、配制酒、果冻。在这些食品中,冷冻饮料(食用冰除外)的最大使用量仅为 0.025 g/kg,其余大多为 0.05 g/kg,在果酱、装饰性果蔬、水果调味糖浆和固体汤料中的最大使用量要高些。

8.3.2　胭脂红

胭脂红(ponceau 4R),又叫作丽春红 4R,红色至深红色均匀粉末或颗粒,也为水溶性偶氮类色素。无嗅,耐光、耐热(105℃)性强。易溶于水,水溶液为红色,耐光、耐酸、耐还原和耐菌性较高,遇碱变褐。着色力强,安全性高,可用于多种非脂食品。我国允许的使用范围和最大使用量与苋菜红完全相同。溶于甘油,难溶于乙醇,不溶于油脂。其核心结构图 8-29 所示。

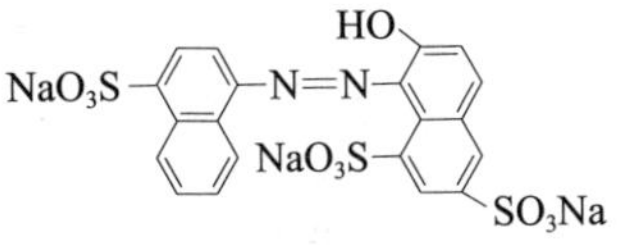

图 8-29　胭脂红的结构

胭脂红是红色食用色素中应用最广泛的一种色素,在许多农业、水产和畜牧加工产品及饮料中,如调制乳、风味发酵乳、调制乳粉和调制奶油粉、调制炼乳(包括加糖炼乳及使用了非乳原理的调制炼乳等)、冷冻饮品(食用冰除外)、水果罐头、果酱、蜜饯凉果、装饰性果蔬、腌渍的蔬菜、可可制品、巧克力和巧克力制品(包括代可可脂巧克力及制品)以及糖果、糖果和巧克力制品包衣、虾味片、糕点上彩妆、蛋卷、焙烤食品馅料及表面用挂浆(仅限饼干夹心和蛋糕夹心)、肉制品的可食用动物肠衣类、调味糖浆、水果调味糖浆、半固体复合调味料、果蔬汁(浆)类饮料、含乳饮料、植物蛋白饮料、碳酸饮料、风味饮料(仅限果味饮料)、配制酒、果冻、胶原蛋白肠衣、膨化食品,本品可作为单色或配合色使用。其最大使用量根据具体食品而不同,为 0.025～0.1 g/kg。

8.3.3　赤藓红

赤藓红(erythrosine),又叫作樱桃红或称 2,4,5,7-四碘荧光素,由荧光素碘化而成,为红色至红褐色颗粒或粉末,属水溶性非偶氮类色素,水溶液为樱桃红色,耐热、耐碱、耐氧化还原及耐菌性均好,但耐光性差,遇酸沉淀。着色性良好,安全性高。我国规定的使用范围和最大使用量与苋菜红的完全相同。其核心结构如图 8-30 所示。

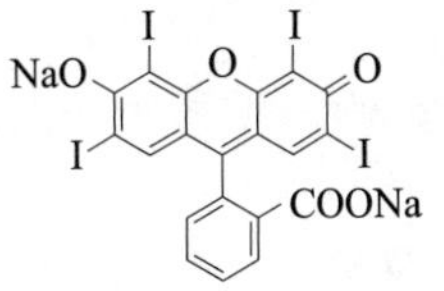

图 8-30　赤藓红的结构

赤藓红色素可在凉果类、装饰性果蔬、熟制坚果和籽类(仅限油炸坚果与籽类)、可可制品、巧克力和巧克力制品(包括代可可脂巧克力及制品)以及糖果、糕点上彩妆、肉灌肠类、肉罐头类、酱和酱制品、复合调味料、果蔬汁(浆)类饮料、碳酸饮料、风味饮料(仅限果味饮料)、配制酒、膨化食品中单一或与其他食用色素配合使用。由于其耐热性、耐还原性较好,因而在发酵的食品及烤制糕点方面被广泛地应用。另外,其对于蛋白质的着色性良好,但在酸性条件下具有不溶性,不能作为水果糖等酸性食品的色素。

8.3.4　新红

新红(new red)为红色粉末,属水溶性偶氮类色素,水溶液具有清澈红色,着色力与苋菜红相似,安全性较高。我国允许的使用范围和最大使用量与苋菜红类似,可在凉果类、装饰性果蔬、可可制品、巧克力和巧克力制品(包括代可可脂巧克力及制品)以及糖果、糕点上彩妆、果蔬汁(浆)类饮料、碳酸饮料、风味饮料(仅限果味饮料)、配制就中使用。其核心结构如图 8-31 所示。

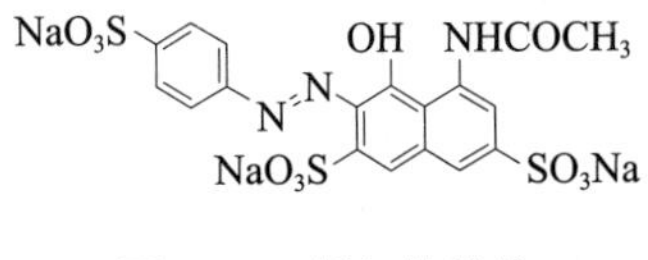

图 8-31　新红的结构

8.3.5　日落黄

日落黄,又叫作橘黄、晚霞黄,是 1-(对-磺苯基偶氮)-2-萘酚-6-磺酸的二钠盐,为橙色的颗粒或粉末,属水溶性偶氮类色素,水溶液为橙黄色,耐光、耐热,但不耐还原条件,遇碱则产生红褐色。它着色力强,安全性高。我国允许的使用范围较广,与胭脂红基本相同,可单独用于糕点、饮料、农副水产品加工等各种食品与医药品或与其他食用色素调配使用。其核心结构如图 8-32 所示。

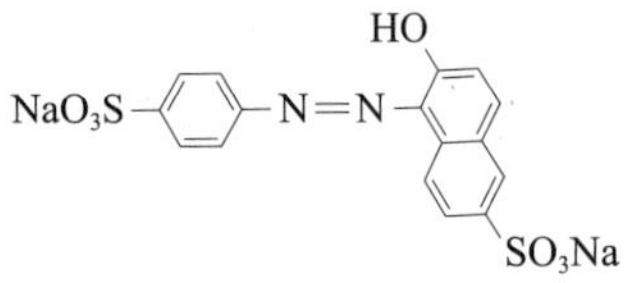

图 8-32　日落黄的结构

8.3.6　柠檬黄

柠檬黄是 3-羧基-5-羟基-1-(对-磺苯基)-4-(对-磺苯基偶氮)-邻氮茂三钠盐，为黄色粉末，属水溶性偶氮类色素，水溶液为黄色，耐光、耐热、耐酸和耐盐性均好，耐氧化性较差，还原时褪色，遇碱微变红，着色力强，在食品中使用最广泛。我国允许的使用范围与日落黄相似，例如，用于农副水产品加工、焙烤食品、调味糖浆、复合调味料、调制酒等，使用单色或混合色，使用量为 0.04～0.5 g/kg。其核心结构如图 8-33 所示。

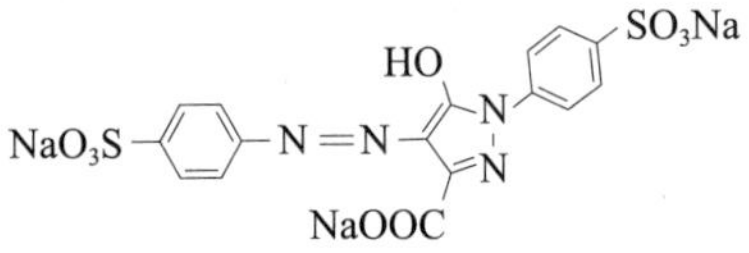

图 8-33　柠檬黄的结构

8.3.7　靛蓝

靛蓝，又叫作酸性靛蓝、磺化靛蓝、食品蓝，是 5，5′-靛蓝二磺酸二钠盐，为蓝色粉末，属水溶性非偶氮类色素，深紫蓝色至深紫褐色均匀粉末，无嗅，溶于水(1.1%，21℃)。水溶液呈深蓝色，耐光、耐热、耐碱、耐氧化和耐菌性均较差，还原时褪色。由于安全性高，着色力强并有独特色调，在食品中广泛使用。溶于甘油、乙二醇，难溶于乙醇、油脂，对热、光、酸、碱和氧化均敏感，耐盐性及耐细菌性较弱，遇亚硫酸钠、葡萄糖、氢氧化钠还原褪色。其核心结构如图 8-34 所示。

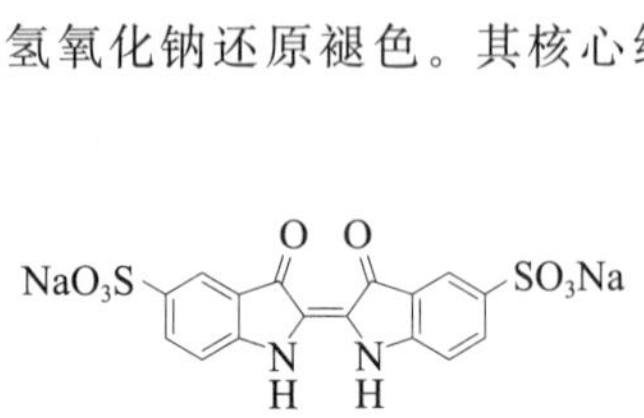

图 8-34　靛蓝的结构

我国允许的使用范围为蜜饯类、凉果类、装饰性果蔬、腌渍的蔬菜、可可制品、巧克力和巧克力制品(包括代可可脂巧克力及制品)以及糖果、除胶基糖果以外的其他糖果、糕点上彩妆、焙烤食品馅料及表面用挂浆(仅限饼干夹心)、果蔬汁(浆)类饮料、碳酸饮料、风味饮料(仅限果味饮料)、固体饮料、配制酒、膨化食品，但最大使用量较苋菜红略高。

8.3.8　亮蓝

亮蓝，又叫作酸性蓝，为有金属光泽的红紫色粉末，属水溶住非偶氮类色素，水常液呈蓝色，耐光、耐热、耐碱、耐酸性均好，耐还原性也较高，但与金属盐会慢慢沉淀。亮蓝安全性高，色度极强。我国在许的使用范围与苋莱红完全相同，但最大使用量为 0.025 g/kg。其核心结构如图 8-35 所示。

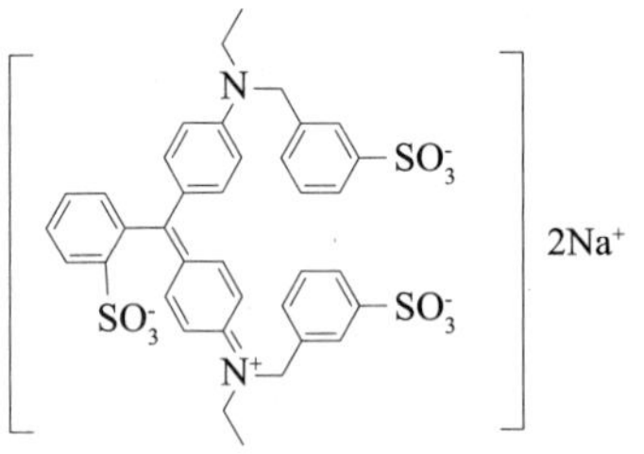

图 8-35　亮蓝的结构

《食品安全国家标准　食用添加剂使用标准》(GB 2760—2014)规定：亮蓝色素可用于风味发酵乳、调制炼乳(包括加糖炼乳及使用了非乳原料的调制炼乳等)、冷冻饮品(食用冰除外)、果酱、凉果类、装饰性果蔬、腌渍的蔬菜、熟制豆类、加工坚果与籽类、熟制坚果与籽类(仅限油炸坚果与籽类)、可可制品、巧克力和巧克力制品(包括代可可脂巧克力及制品)以及糖果、虾味片、粉圆、即食谷物、包括碾轧燕麦(片)(仅限可可玉米片)、焙烤食品馅料及表面用挂浆(仅限饼干夹心和风味派馅料)、调味糖浆、水果调味糖浆、香辛料及粉、香辛料酱(如芥末酱、青芥酱)、半固体复合调味料、饮料类(包装饮用水除外)、果蔬汁(浆)类饮料、含乳饮料、碳酸饮料、固体饮料、风味饮料(仅限果味饮料)、配制酒、果冻、膨化食品，最大使用范围为 0.025～0.5 g/kg。

上述 8 种合成的水溶性着色剂通过和氧化铝在一定条件下作用而生成的色素称铝色淀。这些色淀和相应的母体色素除水溶性有别，使用范围、用量与母体色素相同。

8.3.9　合成 β-胡萝卜素

合成 β-胡萝卜素与天然 β-胡萝卜素的区别在于所含杂质不同。我国允许使用符合我国规定的质量标准的合成 β-胡萝卜素。β-胡萝卜素为黄色至橙黄色油溶性色素，产品为紫红色粉末，酸性条件下不稳定，受光、热、空气影响后色泽变淡，遇重金属离子，特别是铁离子则褪色。β-胡萝卜素的使用范围非常广泛，涉及多种类乳制品、果蔬制品、谷物制品、水产品、调味料、饮料等。我国规定，合成β-胡萝卜素用于稀奶油和熟肉制品时，最大使用量仅为0.02 g/kg，用于糖果和巧克力包衣以及装饰糖果时，最大使用量可为20 g/kg。

8.4 色素的安全性

色素是食品中添加的非营养成分，尽管添加量很小，但其安全性仍为大家所关注。食品中添加色素往往是出于食品加工工艺上的要求。例如，一些食品在加工和/或贮存中会褪色，而添加色素可以弥补色彩上的缺陷。添加色素的原因还有消费者的爱好和食用习惯。另外，向食品中添加色素可以形成多样化食品并提高食品的吸引力，还可以为一些加工过的食品赋予特色，例如，糖果、软饮料、蛋糕等。

一些色素在食品中的非法使用使人们对食品中的色素有了更多的疑虑，认为凡是添加了色素的食品，都是不安全的，只有那些天然的食品才安全。需要明确的是，苏丹红类的色素只是一种工业染料，并非食用色素，食用色素并不是食品中的非法添加物。实际上，在我国古代，人们就知道利用红曲色素来制作红酒。

自从1865年英国人帕金合成出第一种人工色素——苯胺紫之后，合成色素开始登上食品添加剂的舞台，扮演着改善食品色泽的角色。客观地说，色素对于现代食品工业的发展做出了巨大的贡献。色素使食品的品种和花样大大增多，繁荣了食品市场，让我们的餐桌更加丰富，让我们的食品更加诱人，满足了人们对食品的追求。

8.4.1 食用天然色素的安全性

由于食用天然色素主要是从动植物组织中提取的，所以天然色素的安全性普遍为人们信赖，其使用范围和最大使用量都较合成色素宽。近年来，天然色素的研制和应用正日益增多，一些发达国家天然色素的用量已经超过合成色素的用量。我国已有商品化生产的天然色素，多数已经有FAO/WHO食品添加剂专家委员会的评价，有的列为"按照正常生产需要添加"，有的由于提取过程存在的问题等，则规定了允许使用限量。天然色素顺应潮流的发展，迎合了消费者的心理，因此，具有广阔的前景。

食用天然着色剂有很多优点，例如，天然着色剂多来自动物组织、植物组织，因此，一般来说对人体的安全性较高。天然色素能更好地模仿天然物的颜色，着色时的色调比较自然。有的天然着色剂本身是一种营养素或功能性成分，如类胡萝卜素、花青素、黄酮类物质。但是天然着色剂的应用也存在许多局限性，例如，着色效果受色素溶解度和浓度的影响不易着色均匀，染着性较差；某些天然食用着色剂甚至与食品原料发生化学反应而变色。天然色素的色彩坚牢度较差，不如合成着色剂稳定，易受pH、氧化、光照、温度、金属离子和水质等影响而改变色调。有时受原料所限，提取物有异味。由于色素性质相差较大，难于像合成色素一样调配使用。天然色素成分复杂，同一着色剂由于来源不同，加工方法不同，产品差异较大。在大多数情况下，天然色素的成本远高于合成色素的成本。

另外，天然色素并不都是绝对安全的。因为天然色素中也有个别的品种(如藤黄)有剧毒。天然色素在种植、培养及贮藏中可能会受到生产环境的污染。此外，天然色素的成分较复杂，经过提纯后的天然色素的作用也有可能与原来不同，并且在提取的过程中还有可能因使用的设备和溶剂混入有害成分(如重金属)或残留有一定毒性的有机溶剂等。因此，我们不能认为天然色素就一定是无害的。

为安全起见，使用的天然色素也应当经过各种毒性实验，根据实验结果来确定使用品种及其安全使用量。多次毒性实验表明，大多数天然色素毒性较低或无毒，对其最大使用量要求较宽，有些没有明确规定，使用量可以根据正常生产需要来确定。

8.4.2 食用合成色素的安全性

合成色素一般较天然色素色彩鲜艳，性质稳定，着色力强，并可任意调色，使用方便，成本低廉。合成色素不是食品的成分，而是采用化学方法合成的，其安全性问题已经引起人们的广泛关注。色素在合成中可能有其他副产物造成污染，特别是早期使用的一些合成色素，很多发现具有致癌性，所以世界各国对食用合成色素都严格地控制。现食用合成色素使用品种逐渐减少，各国许可使用的多为一些安全性较高的品种。

在我国允许使用的8种人工合成色素中，除新红，其余 7 种均为多数国家和地区批准使用的。因此，这 7 种经过广泛的毒性试验和长期使用的考验而被验证的色素，可以认为安全性是比较高的。

一般认为，合成色素本身及其代谢产物对人体可能的毒害有 3 个方面，即一般毒性、致泻作用与致癌作用。此外，产品中还可能混入染料中间体或产生的有毒副产物，如苯酚、苯胺等。因此，提高色素的纯度也是减少对人体危害的方法之一，不少国家均以提高色素纯度、消除杂质对人体健康的影响为发展方向。

由于食用合成色素较食用天然色素有色彩鲜艳、性质稳定、价格低廉等优点，所以目前我国食品加工企业大都使用合成色素。FAO/WHO 对各国送交的安全性数据经过反复评议，对其中柠檬黄、日落黄、靛蓝、亮蓝和赤藓红等品种，FAO/WHO 认为它们的毒理学资料清楚，已制定每日允许摄入量（ADI 值），胭脂红和苋菜红虽然毒理学资料不够完善，但也已制定了暂定的 ADI 值。

从安全角度来说，色素只要在国家许可范围和限量标准内使用就不会对健康造成危害。但目前的问题是，食品中添加色素的行为过于普遍，即使某一种食品中色素含量是合格的，但消费者在生活中大量食用多种含有同样色素的食品，仍然有可能导致摄入的色素总量超标，从而给消费者的健康带来危害，所以应反对滥用色素，更反对隐瞒色素的使用。由于很多色素尚不清楚大量摄入时的潜在危害因素，所以在产品的包装说明上要有色素标示，以便供消费者在选择食物时避免摄入过多的色素。

为了保证人们的身体健康，国家对人工合成色素在食品中允许使用的品种、范围和添加量作了严格的规定。《食品安全国家标准　食品添加剂使用标准》（GB 2760—2014）明确规定，食品中添加食用色素的范围和用量，软饮料（如碳酸饮料）、蜜饯、糕点、糖果、果冻等可使用规定的食用色素；牛奶、纯水、肉制品（如肉干、肉、肉松）、炒货（如瓜子、松子）等禁止添加人工合成色素，并强调婴幼儿食品中严禁使用任何人工合成色素。但是食品市场鱼龙混杂，在食品生产中，超标和超范围食用色素的现象时有发生，总是有一些不法商贩为了追逐利润而过量添加色素，从而对健康造成危害。

二维码 8-1　色素和着色剂

思考题

1. 食品中的水溶性色素和脂溶性色素各有哪些类型？它们的基本结构特点是什么？
2. 叶绿素在烹调中褪色的机制是什么？受哪些因素的影响？如何在加工中护色？
3. 类胡萝卜素在加工过程中稳定性如何？受哪些因素影响较大？
4. 多酚类色素包括哪些类型？它们各有什么特点？
5. 我国允许使用的几种人工合成色素中，哪几个属于偶氮类色素？
6. 简述人工合成色素的优缺点。
7. 从多角度讨论，如何保障食用合成色素的安全性？

参考文献

阚建全. 2008. 食品化学[M]. 2 版. 北京：中国农业大学出版社.

黄泽元. 2017. 食品化学[M]. 北京：中国轻工业出版社.

谢笔钧. 2004. 食品化学[M]. 北京：科学出版社.

SRINIVASAN DAMODARAN, PARKIN KIRK L, FENNEMA OWEN R, 2013. Food Chemistry [M]. 4th ed. 江波，等译. 北京：中国轻工业出版社.

聂晶，齐兴娟，2002. 食用合成色素研究动态（综述）[J]. 中国食品卫生杂志，14(1)：58-60.

第9章

风味物质

学习目的与要求

1. 掌握风味物质的概念；
2. 了解与风味密切相关的生物与物质基础；
3. 熟悉风味产生的有关机理；
4. 了解影响食品风味的重要方法和化学反应。

9.1 引言

近几十年来，感官科学发展很快，已经从定性分析发展到半定量分析，从宏观研究发展到细胞和分子水平。大多数中低相对分子质量的物质都有其明显的感官特性，人通过嘴和鼻可鉴别它们的不同。感官和风味的关联有利于更准确地描述风味特征。

9.1.1 味觉

9.1.1.1 味觉的概念与分类

1.味觉的概念

味觉是指食物刺激口腔内的味觉器官产生的一种感觉。不同地域的人对味觉的分类不一样。几种基本味觉：酸、甜、苦、咸、鲜、金属味、不正常味、太阳味、涩、辣10种，从味觉的生理角度分类，以是否直接刺激味蕾为标准，公认的基本味觉只有5种，其中4种是酸、甜、苦、咸，而鲜味是复合味属于第五种味觉，各国对鲜味的描述不完全一样，中餐特别看重鲜味，西方发达国家一直把鲜味剂称为风味增强剂，现一般认为鲜味是其他几种基本味觉的复合味。日本人对鲜味有较多的研究，鲜味的英文一词(umami)来自日语。辣味是刺激口腔黏膜、鼻腔黏膜、皮肤和三叉神经而引起的一种神经热感，涩味是使蛋白质凝固而产生的一种收敛感觉，不列入基本味觉中。

2.味觉的分类

(1)酸味　是所有酸的稀溶液刺激口腔产生的一种感觉，起主导作用的是其中的氢离子。氢是定位基，酸根为助味基，酸根只与酸味的类型和强弱相关。

(2)咸味　无机盐刺激口腔产生的感觉，但具有纯正咸味的物质只有 NaCl，该物质在任何浓度下都体现咸味。其他的盐类，凡具有 Na^+，K^+，Li^+，Ca^{2+} 等阳离子和 Cl^-，Br^-，I^-，SO_4^{2-}，CO_3^{2-} 等阴离子组成的盐，在适当的浓度下都有咸味。如很稀的 KCl 溶液具有甜味，随其浓度的增加，最先变得有苦味，然后苦和咸兼有，浓度达到一定值变为相对纯的咸味。对咸产生作用的基团包括盐中的阳离子和阴离子。

(3)甜味　一种最受欢迎的味觉。产生甜味的物质有很多，如糖类、一些醇类、氨基酸类以及蛋白质类等，蔗糖的甜味是最纯正的。

(4)苦味　难于接受的味觉。产生苦味的物质很多，苦味的典型物质是生物碱类，如奎宁。

(5)鲜味　由部分氨基酸、核苷酸产生的味觉，具有酸、甜、苦、咸的平衡作用和风味增强的作用。鲜味的典型物质是谷氨酸钠(MSG)，该物质随酸度的变化，可以产生咸、鲜、酸的风味变化。基本味觉与鲜味的关系如图9-1所示。

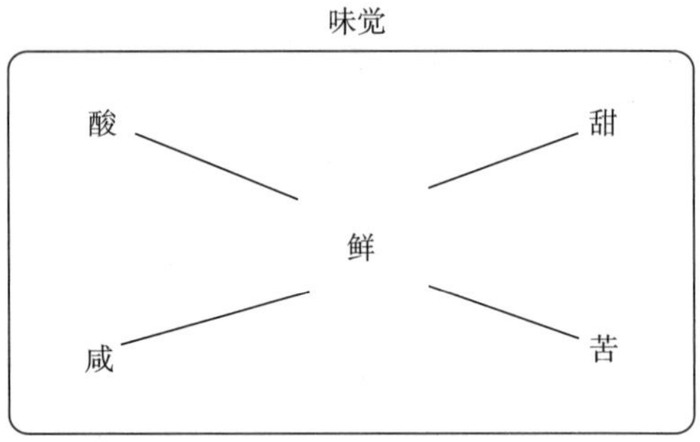

图9-1　基本味觉与鲜味的关系

9.1.1.2 味觉受体

1.舌头

人舌是品尝风味的重要器官，其表面分布有很多突起部位，又称为乳头，医学上根据乳头的形状将其分为丝状乳头、茸状乳头、叶状乳头和有廓乳头。丝状乳头最小、数量最多，主要分布在舌前2/3处，因无味蕾而没有味感。茸状乳头、有廓乳头及叶状乳头上有味蕾。茸状乳头呈蘑菇状，主要分布在舌尖和舌侧部。成人的叶状乳头不太发达，主要分布在舌的后部。有廓乳头是最大的乳头，直径为1.0～1.5 mm，高约为2 mm，呈V字形分布在舌根部位。

舌面上不同的区域对甜、酸、苦、辣四种基本味觉显示出不同的敏感性，舌尖和边缘对咸味较为敏感，而靠腮两边对酸敏感，舌根部则对苦味最敏感。舌上的神经分布及其基本味觉的敏感区见图9-2。

2.味蕾

味蕾(图9-3)是具有味觉功能的细胞群，由30～100个扁长的敏感细胞被一些非敏感性细胞包合而成，就如同橘子中橘瓣的排列。味蕾大致深度为50～60 μm，宽为30～70 μm，嵌入舌面的乳突中，顶部有味觉孔。敏感细胞连接着神经末梢，呈味物质刺激敏感细胞，产生兴奋作用，由味觉神经传入神经中枢，进入大脑皮质，产生味觉。味觉一般在1.5～4.0 ms内完成。味蕾在舌尖和舌侧的乳头上分布较多，一般味觉很敏感的人舌尖部位的味蕾分布大致165个/cm^2，味觉敏感性平常的人为127个/cm^2，味觉很差的人为117个/cm^2。舌中部较少，因而舌中部对味较迟钝。

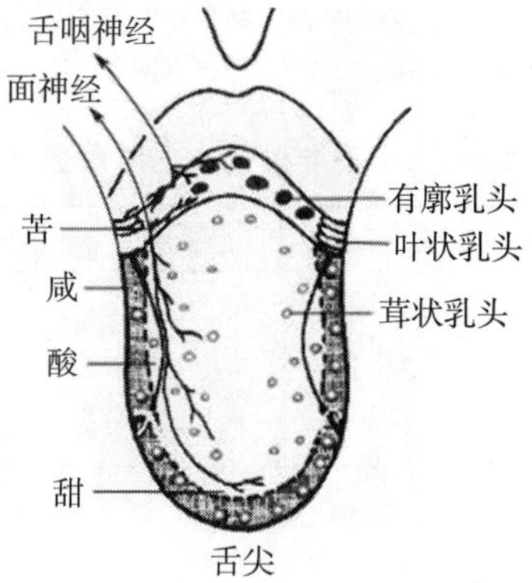

图 9-2　舌上的神经分布及其味觉的敏感区

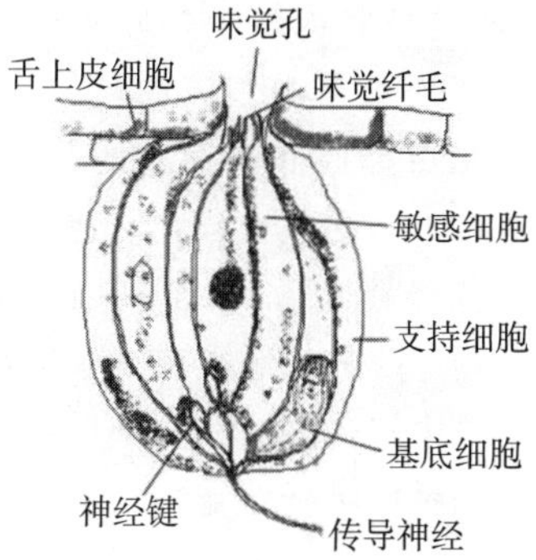

图 9-3　味蕾的解剖图

敏感细胞是味觉感应的主体，是目前已知的在人体内存活期最短的细胞，大致寿命为(250±50)h，敏感细胞的更新换代由相连的神经控制，若失去神经联系，敏感细胞不再生成，但当恢复神经联系可以再生。味觉敏感细胞有两个特化部位：①和口腔接触的微绒毛；②与感觉神经纤维形成的突触。微绒毛上镶嵌有味觉感受分子(味感受器)，以分子天线的形式探测口腔中的化学变化，它们和味感物质结合可产生味转导级联。味感受器都是膜蛋白，包括非门控离子通道、配基门控离子通道和G-蛋白偶联受体(GPCR)等。味觉敏感细胞虽然是上皮细胞，但它有很多特点和神经元相似，即通过电压门控 Na^+、K^+ 和 Ca^{2+} 通道可产生动作电位。味蕾中存在大量神经递质，但确定哪种是由味觉细胞释放的却很困难。现在已经确定去甲肾上腺素和乙酰胆碱是神经纤维释放的，它们对味觉细胞的兴奋性起调控作用。5-羟色胺可能是味觉细胞间的一种旁分泌，它由某种味觉细胞分泌，调节相邻味觉细胞的活动，从而调控味蕾局部的信号加工。大量的研究结果表明，谷氨酸最可能是味觉细胞分泌的神经递质。

9.1.1.3　味觉敏感性及影响因素

人的味觉敏感性与呈味物质自身的特性、物质之间的相互作用及人的生理状况密切相关。

1. 阈值

通常把人能感受到某种物质的最低浓度称为阈值(threshold value)。阈值的测试因人而异，确定一种物质的阈值时，参加评味的人越多越好，有利于得到代表性较好的数据。一般在统计时，如果半数以上的人感到某一低浓度的呈味物质的存在，即该物质刺激反应的出现率≥50%时的浓度为其阈值。根据刺激反应的不同程度，物质的阈值有以下几种。

(1)刺激阈或觉察阈　引起感觉所需要的感官刺激的最小值。这时不需要识别出是一种什么样的刺激。

(2)识别阈　感知到、可鉴别的感官刺激的最小值。

(3)差别阈值　对刺激的强度可感觉到差别的最小值。

(4)最大阈　一种强烈的感官刺激的最小值，超过此值则不能感知刺激强度的差别。

4 种基本味的识别阈值列于表 9-1 中。阈值越小的物质呈味能力越强，如奎宁和砂糖相比，奎宁的呈味力强，又如糖精和白糖相比，显然糖精的阈值要小很多。

表 9-1　4 种基本味的识别阈值

项目	物质			
	食盐	砂糖	柠檬酸	奎宁
味道	咸	甜	酸	苦
阈值/%	0.08	0.5	0.001 2	0.000 05

2. 呈味物质之间的相互影响

(1)对比现象　对比现象是指两种或两种以上味感刺激类型不同的呈味物质对主要呈味物质特有味觉的突出和协调作用。两个同时入口，同时对比，而在已有的味感基础上再感受新的味称为继时对比。如在味精溶液中加入一定的食盐可使鲜味增强；在10%的蔗糖水溶液中加入1.5%的食盐使甜味更甜爽；在15%的砂糖溶液中添加0.001%的奎宁，其甜味比不添加奎宁时强。

(2)变调现象　变调现象是指两种味感刺激类型不同的呈味物质的相互影响，明显改变其中一种呈味物质的味觉，特别是先摄入的味给后摄入的味造成的变味现象。如刚吃过中药，接着喝白开水，感到水有些甜味；先吃甜食，接着饮酒，感到酒似乎有点苦味。基于变调现象的存在，所以宴席在安排菜肴的顺序上，总是先清淡，再味道稍重，最后安排甜食。这样可使人能充分感受美味佳肴的味道。

(3)相乘现象　两种具有相同味感的物质共同作用，显著增强其味感强度叫作相乘现象，也称协同作用。如味精与5′-肌苷酸（5′-IMP）共同使用，能增强鲜味若干倍；甘草苷本身的甜度为蔗糖的50倍，但与蔗糖共同使用时，其甜度为蔗糖的100倍。

(4)消杀现象　一种呈味物质能抑制或减弱另一种物质的味感叫消杀现象。如味精能降低菜肴的咸味，可减少糖精的后苦味等。一般酸味、咸味、鲜味相互之间都具有风味相抵的情况。

3.影响味觉的主要因素

(1)呈味物质的形态　由于呈味物质只有在溶解状态下才能扩散至味觉感受体，进而产生味觉，因此味觉也会受呈味物质所在介质的影响。介质的黏度会影响可溶性呈味物质向味感受体的扩散，在不同的介质中或会降低呈味物质的可溶性或者抑制呈味物质有效成分的释放。一般呈味物质都有颗粒、粉态、浆状、溶液等形态。如果同一物质以不同形态品味时，其味感强度是有差异的。如粉态的白糖感觉要比砂糖甜，因为粉糖易溶解，能迅速刺激味蕾。另外，当果糖和蔗糖均为液态时，果糖的相对甜度为1～1.7，在固态时果糖显得更甜，其相对甜度为1.8。

(2)温度　温度对味觉的影响表现在阈值的变化上，感觉不同味觉所需要的最适温度有明显差别。在四种原味中，甜味和酸味的最佳感觉温度在35～50℃，咸味的最适感觉温度为18～35℃，而苦味则是10℃。各种食品理想的品尝温度是不同的，以人体正常体温为依据，热菜的温度最好在60～65℃，冷菜最好在10℃左右，冷食则应在−4℃食用为好。如砂糖甜味的阈值在28℃左右是0.1%，而0℃时为0.4%；冰淇淋的适温为−6℃，若将冰淇淋熔化后再吃，就会有太甜的感觉。

(3)人的生理状况　不同年龄的人的味蕾数量都不一样（表9-2），到20岁时的味蕾是人一生的顶点。随着年龄增长而味蕾数减少，一个乳头中的味蕾数也随着年龄增长而减少。所以老人的味觉能力一般都有明显衰退，一般是从50岁开始出现迅速衰退的现象。但由于舌上的滋味敏感区不一样，对不同的味感衰退程度不一致，酸味的敏感性衰退不明显，甜味敏感性衰退50%，苦味敏感性衰退30%，咸味敏感性衰退75%。

表9-2　不同年龄的人的味蕾数量

年龄	味蕾数/个	年龄	味蕾数/个
0～11个月	241	30～45岁	200
1～3岁	242	50～70岁	214
4～20岁	252	74～85岁	88

9.1.2　嗅觉

嗅觉是挥发性物质刺激鼻腔产生的一类化学感应，嗅觉感受器是鼻腔内最上端嗅黏膜层中的嗅细胞。Elad研究了人类鼻中气流的模式后指出，鼻中的气流量主要是由鼻腔底部通过的，而鼻甲和鼻腔的梯形结构迫使更多的气流流向鼻腔顶部的嗅觉器官。气味的感觉经路大致为：空气中气味分子→鼻腔气流→甲介骨→受容细胞黏膜→嗅球（嗅细胞）→第一中枢→第二中枢（扁桃核等）→脑部→出现气味感觉。嗅觉是一种比味觉更复杂的化学感觉。

9.1.2.1　嗅觉识别生理

1.大脑识别气味机理

由于嗅感物质的复杂性和人体生理器官的复杂性，对于为什么人能识别众多的不同气味，长期以来都没有清晰的概念和统一的定论。直到20世纪50年代，发展了两种理论来说明分子性质和嗅觉（olfaction）刺激的关系。

(1)立体化学理论　由Amoore提出，又称“锁匙”机制。假定气味受体拥有特殊形状的结构布局，当到达的气体分子拥有与之契合的形状和大小时，气体分子则占据此气味受体并激发嗅觉反应。作为解释气体分子与气味受体如何相互作用的理论，立体化学理论是最为广泛接受的理论。20世纪90年代初，在哥伦比亚大学的Buck和Axel的努力下，气味受体的基因定位取得了令人激动的突破性进展，进一步支持了Amoore的理论，Buck和Axel因为对嗅觉基因方面研究的巨大贡献，而荣获了2004年度诺贝尔医学奖。

(2)振动理论　由Wright首先提出，后由Turin发展完善。该理论把对气味的识别归因于分子的能量水平。气味受体设置高、中、低能量的位差来传导神经信号。一旦刺激物的活动可以填补气味受体的电位差，使得环路完成，一种生化过程就将放大该信号，打开一个离子通道，向嗅球发出生物电脉冲，使得气味得以识别。

无论是 Turin 的模型，还是 Amoore 的模型，它们都存在各自的优势和缺陷。直至 1991 年，哥伦比亚大学的 Buck 和 Axel 发表了在嗅觉方面具有重大突破价值的论文，嗅觉的研究重点才从机械/化学理论转移到基因方面的研究。

2. 嗅球

嗅球（图 9-4）是嗅觉信息向中枢传递的第二站，第一站是鼻腔表层细胞中的双极嗅觉神经元。它们将嗅觉感受器产生的神经冲动传递到嗅球中的二级神经元（帽状神经元，mitral cell），完成第一阶段的信息传递。嗅球内的主要结构包括嗅神经纤维、小球体（glomerulus）、冠状细胞、多种类型的中间神经元、由冠状细胞和中间神经元发出的复杂纤维束等。其中，丝球小体是嗅神经纤维与冠状细胞树突所形成的，这些结构在嗅球内层次分明，排列整齐。

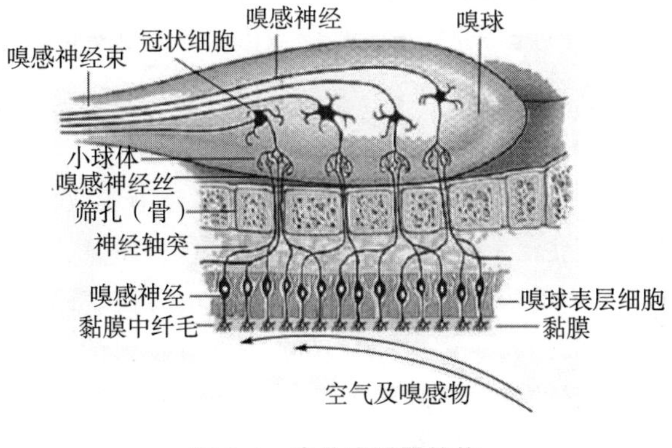

图 9-4　嗅觉感受器结构

9.1.2.2　嗅感物质的分类及特点

嗅感物质必须具备一些基本特性：①水溶性或油溶性；②有一定的挥发性和表面活性；③相对分子质量较小。已有的资料表明，从未发现相对分子质量大于 294 的物质具有嗅感。在所有的化学元素中，只有 16 种元素对产生嗅觉具有作用，这些元素是 H、C、Si、N、P、As、Sb、Bi、O、S、Se、Te、F、Cl、Br、I。有机化合物是嗅感物质的主体，依据中国国家图书馆已经收录的 800 多万种有机化合物，其中能产生嗅觉的物质有 50 万种以上。

大多数风味物质作用浓度都很低，一般作用浓度在 10^{-6}、10^{-9}、10^{-12} mol/L 数量级。虽然浓度很低，但对人的食欲产生极大作用。人对嗅感物质具有高度的敏感性，一般情况下，哪怕是嗅感物质在空气中只有很低的浓度，一次呼吸就可带入上百万个分子，对某些强嗅感物质来说，一个分子就可产生嗅觉信号，因此，人的嗅觉敏感度比现有的精密分析仪器还要高几个数量级。从另一方面来看，物质的气味相当复杂，一种简单的气味可含有 200 种以上的挥发性物质。

1. 分类

对嗅感物质的分类有过大量研究，如根据分子特性（形状与大小）分类；根据物理化学特性分类，特别是按化合物中功能基团的特点分类。如在研究嗅感物质时，常把多种嗅味物质划分为脂肪烃类、芳香烃类、杂环类、醇酚类、醚类、醛类、酮类、羧酸类、酯类、含硫化合物、含氮化合物等。这种分类法只注重化学结构特点，并没有和特定的气味关联。Amoore 从光和色的研究中得到启示，提出了嗅盲和原嗅的概念。

嗅盲，也称特异嗅觉缺失，是指一些人对某种气味没有感受能力，而对其他气味则与普通人嗅感相同。Amoore 的研究将嗅盲者感受不到的气味定为“原臭（基本臭）”，据此，已经确定了 8 种原臭（表 9-3），并认为最终可能找出 20～30 种原臭。这八种“原臭”都是有特殊官能团且结构紧密的极性分子，其中异戊酸、1-二氢吡咯、三甲胺和异丁醛 4 个分子中的官能团绝对不能替代；而薄荷味和尿臭两个分子结构中的酮基较重要，但二级醇勉强可以取代；麝香和樟脑气味的嗅感似乎主要依赖于分子的大小及形状，其分子中的官能团被其他的许多官能团取代后似乎并不影响其嗅感。

表 9-3　几种原嗅物质

原嗅物质	结构式	原始嗅感	正常阈值/（mg/kg）		嗅盲发生率/%
			空气中	水中	
异戊酸	$CH_3CH(CH_3)CH_2COOH$	甜汗酸味	0.0010	0.12	3

续表 9-3

原嗅物质	结构式	原始嗅感	正常阈值/(mg/kg)		嗅盲发生率/%
			空气中	水中	
1-二氢吡咯		精液臭	0.0018	0.020	16
三甲胺	$CH_3—N(CH_3)_2$	腥臭	0.0010	4.7×10^{-4}	6
异丁醛	CH_3CHCHO | CH_3	麦芽气味	0.0050	0.0018	36
L-香芹酮	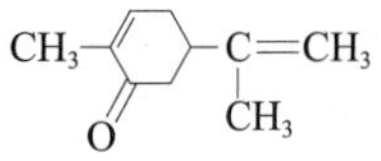	薄荷气味	0.0056	0.041	8
5α-雄甾-16-烯-3-酮	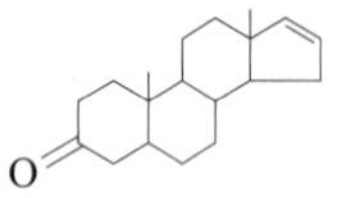	尿臭	1.9×10^{-4}	1.8×10^{-4}	47
ω-十五烷内酯	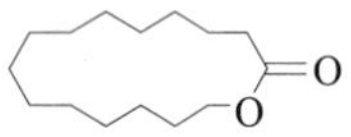	麝香气味	0.018	0.0018	12
L-1,8-桉树脑		樟脑气味	0.011	0.020	33

2. 气味与化学结构的关系

气味与化学结构之间存在某种关系，已有各种假说，但都存在缺陷。综合大多数理论的要点，有气味的有机化合物可分类为烃、醇、醛、酮、酯等。任一化合物在碳数为 8～15 时香味最强；嗅感物质分子中的双键、三键、—OH、—CO—、—NH—/—NH_2、—SH 等原子团对产生的气味具有重要的作用，并且它们在分子中的位置影响香气的强弱和品质，这类基团称为发香团或发香基(表 9-4)。

表 9-4　主要的发香团

双键	—C═C—	内酯	—CO—O—	氰	—CN
三键	—C≡C—	硫醇	—SH	异氰	—NC
醇	—OH	卤素	—X	硫氰	—SCN
酚	—OH	醛	—CHO	异硫氰	—NCS
酮	—CO—	硫醚	—S—	醚	—O—
羧酸	—COOH	硝基	—NO_2	杂环类	
酯	—COOR	胺类	—NH_2		

研究表明，低级的烃几乎无臭，越高级时，香气越浓，在 C_8～C_{15} 之间最强，如碳链太长，挥发性不好，香气会减弱，通常链状优于环状，增加不饱和度时香气会增强；醇的羟基为强发香团，若有双键、三键，则更增强，反之，羟基数目增加时减弱，终成无臭，芳香族醇的香气强于脂肪族；酚的羟基数目为 1 时气味最强；低级羧酸有强香气；酯类是最常用的香料，芳香优于构成其本身的酸和醇；醛及酮大都有强芳香性，含不饱和键的香气优于链状、环状；内酯的结构与酯近似，香气也近似。当内酯环增大时，香气增强，芳香性减少。

9.1.2.3　嗅感敏感性及影响因素

一个人在不同情况下的嗅觉敏锐度有很大的变化，如某些疾病对嗅觉就有很大的影响，感冒、鼻炎都可以降低嗅觉的敏感度。环境中的温度、湿度和气压等的变化也都对嗅觉的敏感度有很大的影响。嗅觉敏感性常用阈值和香气值来比较。

1. 阈值

它的基本概念和味感物质一样，不同的嗅感物质产生的气味不同，嗅感强度也不一样，阈值越小，嗅感强度越大。嗅感物质的阈值既可以采用空气稀释法，也可以采取水稀释法测定。一般可采用的计量单位包括 g/kg、mol/m^3 和 mg/kg、μg/kg 等。

2. 香气值

香气值是指所测嗅感物质的浓度与其阈值之比，即

香气值(FU)＝ 嗅感物质浓度/阈值

样品在某一特定条件下，其嗅感物质的香气值(flavour units)小于 1.0，说明该嗅感物质没有嗅感，或者说闻不到该嗅感物质的气味。香气值越大，说明该条件下所测样品的嗅感物质浓度大或者是所测

物质的阈值小。

3. 影响嗅感的因素

(1)嗅感物质的相互作用　在几种不同的气味物质同时作用于嗅觉感受器时，可以产生不同情况，其一是产生新的气味；其二是代替或掩蔽另一种气味；其三是气味中和，混合气味无显著嗅觉。

(2)加工条件影响　很多能产生嗅觉的物质易挥发、易热解、易与其他物质发生作用，因而在食品加工中，哪怕是工艺过程很微小的差别，将导致食品风味很大的变化。食品贮藏期的长短对食品风味也有极显著的影响。

(3)嗅觉疲劳　如果一位面包师长时间在烤房工作，他会对面包的香气失去敏感性，这就像为自己喷香水一样，刚喷时感觉香气很好，无须太长时间，自己就感觉不到明显的香气，其他人还是可以感觉到该香气。这种长期处于某种嗅感物质的氛围中，降低了对该物的嗅觉称为嗅觉疲劳。

9.1.3　三叉神经感应

9.1.3.1　三叉神经

食物成分对人类化学刺激有两种类型：第一类是鼻腔和口腔的化学感应，是各种引起嗅觉和味觉的物质与相关器官作用；第二类是刺激皮肤和黏膜的化学感应，这类物质一般称触感刺激物质，其在口腔和鼻腔内主要是作用于三叉神经(图 9-5)

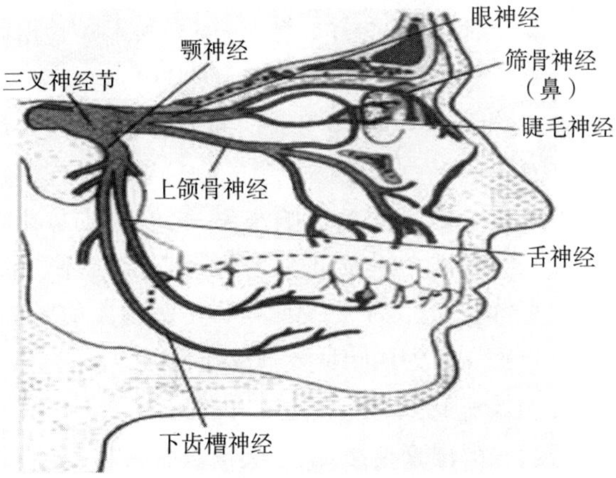

图 9-5　三叉神经的分布

三叉神经 (trigeminal nerve)为混合性神经，有三条大的分支，称为眼神经、上颌神经和下颌神经，分布于面部的皮肤、眼、口腔、鼻腔、鼻旁窦的黏膜、牙齿、脑膜等。在口腔内三叉神经分布密度很大，众多三叉神经纤维围绕每一个味蕾形成杯式结构，通过该特殊结构与外部环境相通，传导痛、温、触等多种感觉。人的舌尖对辣味十分敏感。其可能的原因之一是舌尖分布有很多的茸状乳头，其上有很多的三叉神经纤维。

9.1.3.2　三叉神经刺激物

三叉神经刺激物又称触感刺激物，含有该类化合物(图 9-6、图 9-7)的食物很多，如辣椒、胡椒、生姜、辣萝卜、芥末、大蒜、薄荷等分别导致接触组织产生凉的、灼热的、刺痛的感觉。最为熟知的有山葵与芥末产生刺痛感，辣椒与胡椒产生灼感，碳酸饮料中的 CO_2 产生麻刺感，柿子中的单宁产生涩感等。由于人对触感刺激物能产生嗜好性和依赖性，因此该类食物在全球范围内具有重要的经济价值，如辣椒、胡椒、芥末都是消费量很大的调味食品。

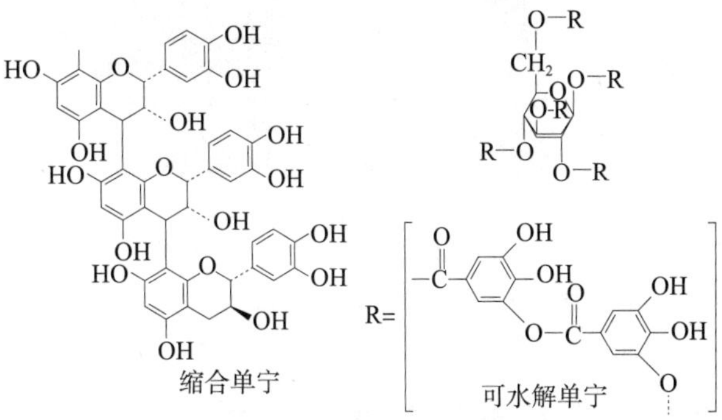

图 9-6　单宁的结构

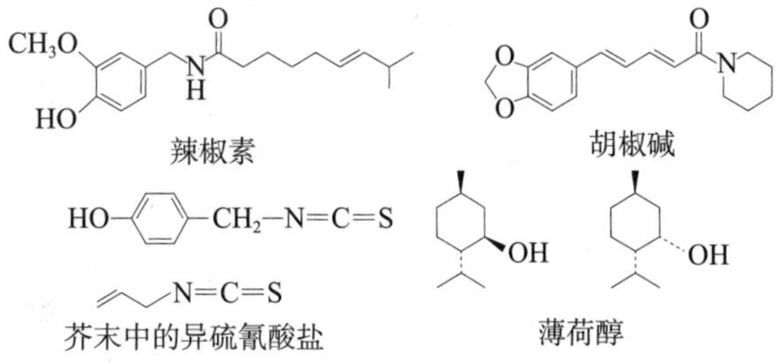

图 9-7　常见触感刺激物的化学结构

9.1.3.3　触感刺激与一般化学感觉的关系

一般化学感觉对人体的作用是特异性与受体作用。其作用是柔和的，如糖的甜味只有味蕾才能感知，鼻内嗅球和体表皮肤不能产生感应。而三叉神经刺激物则完全不同，可以在人体很多部位起作用。如辣椒可以对全身很多部位起作用，有一种说法很形象，辣椒可以辣人两次，先辣口，后辣肛。

嗅感、味感和三叉神经刺激是一种互相影响的关系。最早的研究发现，CO_2 刺激鼻腔，对嗅觉敏感性有抑制作用。另外，嗅感物质也影响了鼻三叉神经对刺激物的敏感性。在皮肤表皮和口腔中，辣椒素类物质的刺激有同样现象。一项研究表明，对动物注射一系列浓度的辣椒素后，使动物对其他物质的刺激敏感性明显降低。另外也有报道，食用辣椒后，会明显降低对酸味和苦味感知的灵敏度。相反，其他产生味觉的物质也影响辣味的感知度，如食用高浓度的糖和低浓度的糖，对同样浓度的辣椒素产生的不同的辣感(图 9-8)。

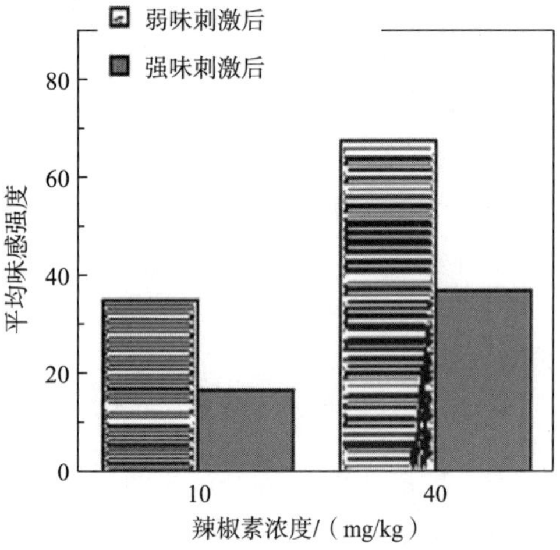

图 9-8　味感物质对辣感强弱的影响

9.2　食品味感与呈味物质

9.2.1　食品味感

味感是指食品中可溶性成分溶于唾液或食品的溶液刺激味觉器官舌头表面的味蕾，经过味神经纤维传递大脑的味觉中枢而产生的感觉。味蕾是分布在口腔黏膜中极微小的结构，由 40～60 个椭圆形味细胞组成，并紧连着味神经纤维。大部分味蕾分布于舌表面的味乳头中，其中在皱褶的侧面上分布最稠密。舌头各部位对不同味感的感受能力不同，舌尖对甜味最敏感，靠腮的两边对酸味最敏感，而舌根部则对苦味最敏感。

味感从刺激味感觉器开始到开始感觉到味，仅需要$(1.5\sim4.0)\times10^{-3}$ s，其中咸味最快，苦味最慢，所以一般来说，苦味总是在最后才有感觉。

在对食品中的呈味物质评价和描述中，味觉敏感性是主要的。评价或是衡量味的敏感性的常用的标准是阈值。阈值是指能感受到某种物质的最低浓度。一定数量的味觉专家在一定条件下进行品尝评定，半数以上的人感到的最低呈味浓度就作为该物质的阈值。表 9-5 列出了几种呈味物质的阈值。

根据测量方法的不同，阈值可以分为绝对阈值、差别阈值和最终阈值。绝对阈值又称为感觉阈值，是采用由品尝小组品尝一系列以极小差别递增浓度的水溶液来确定的。差别阈值是指将一给定刺激量增加到显著刺激时所需的最小量。最终阈值是指当呈味物质在某一浓度后再增加也不能增加刺激强度时的阈值。通常没有特别说明的阈值是绝对阈值。

表 9-5　几种呈味物质的阈值

呈味物质	味感	阈值/%	
		25℃	0℃
蔗糖	甜	0.1	0.4
食盐	咸	0.05	0.25
柠檬酸	酸	2.5×10^{-3}	3.0×10^{-3}
硫酸奎宁	苦	1.0×10^{-4}	3.0×10^{-4}

阈值的测定依靠人的味觉，这就会产生差异，因为种族、体质、习惯等会造成人对呈味物质的感受和反应不同，所以在不同的文献中同一种呈味物质的阈值会有差别。

1. 味的分类

世界各国由于文化、饮食习俗等不同，对味的分类并不一致。日本分为酸、甜、苦、咸、辣 5 位；欧美各国分为甜、酸、苦、咸、辣、金属味共 6 位；印度则分为甜、酸、苦、咸、辣、淡、涩和不正常 8 味，我国分为甜、酸、苦、咸、辣 5 位，后来又加上涩和鲜共 7 位。从生理学上来说，味只有甜、酸、苦、咸四种基本味是由味觉感受器官感受，辣味是辣味物质刺激口腔黏膜、鼻腔黏膜、皮肤和三叉神经引起的疼痛感觉；涩味是触觉神经对口腔蛋白质凝固产生的收敛感的反应。从这两种味对食品风味的影响来说，它们应该是独立的两种味。鲜味与其他几种为鲜配合，可以使食品的风味更鲜美，欧美不把鲜味当作一种独立的味，而是将鲜味物质作为风味增效剂或强化剂。

2. 影响味的因素

影响味的因素很多，除了人的饮食习惯、健康状况、年龄等个体因素外，主要还有以下几个方面。

(1)温度的影响　最能刺激味觉的温度为 10～40℃，其中以 30℃ 最为敏感；当低于 10℃ 或高于 50℃时，各种味觉大多变得迟钝。温度对不同的味感的影响不同，其中对食盐的咸味影响最大，对柠檬酸的酸味影响最小。

(2)溶解性的影响　味的强度与呈味物质的溶

解性有关，只有溶解之后才能刺激味觉神经，产生味觉。通常，溶解快的物质，味感产生的快，但消失得也快，如蔗糖比较容易溶解，它产生的甜味就比较快，但持续时间也短，而糖精则正好相反。

(3)呈味物质之间的影响　不同的呈味物质共存时会相互影响。

①味的对比作用。味的对比作用是指以适当的浓度调和两种或两种以上的呈味物质时，其中一种味感更突出。如加入一定的食盐会使味精的鲜味增强；蔗糖溶液（15%）中加入食盐（0.017%）后，甜味会更强等。

②味的变调作用。两种味感的相互影响会使味感发生改变，特别是先感受到的味对后感受的味产生质的影响，这就是味的变调作用，也称味的阻碍作用。尝过食盐或奎宁后，再饮无味的水，会感到甜味。

③味的消杀作用。味的消杀作用是指一种味感的存在会引起另一种味感的减弱的现象，也称作味的抵消作用。例如蔗糖、柠檬酸、食盐、奎宁之间，其中两种以适当浓度混合会使其中任何一种的味感都比单独时的弱。在葡萄酒或饮料中，糖的甜味会掩盖部分酸味，而酸味也会掩盖部分甜味。

④味的相乘作用。两种同味物质共存会使味感显著增强，这就是味的相乘作用。谷氨酸钠和5′-氨基酸共存时鲜味会有显著的增强作用。在混合物中，即使是低于阈值的添加量，也会产生很强的味感。麦芽酚在饮料或糖果中对甜味也有这种增强作用。

⑤味的适应现象。味的适应现象是指一种味感在持续刺激下会变得迟钝的现象。不同的味感适应所需的时间不同，酸味需经1.5～3 min，甜味需经1～5 min，苦味需经1.5～2.5 min，咸味需经0.3～2 min才能适应。

食品味的这些相互作用是十分微妙和复杂的，既有心理因素，又有物理和化学的作用，其机理也十分复杂，至今尚未完全研究清楚。

9.2.2　呈味物质

9.2.2.1　甜味物质

甜味的受体是位于味觉细胞顶端的绒毛上的蛋白质。关于甜味产生的机理，有各种假说，其中以Shallenberger提出的AH-B甜味构性关系理论影响最大。Shallenberger的理论认为，甜味物质的分子中，有一个电负性的原子A(可以是O或N等原子)与氢原子共价结合生成AH基团（如—OH，═NH，$—NH_2$，$—CH_2$等）；在AH附近0.3 nm处有另一个电负性原子B(也可以是O或N等原子)。在甜味受体上也有AH和B这种结构基团。两者之间通过氢键结合产生甜味的感觉，甜味的强弱与氢键的强弱相关。该理论可以很好地解释果糖、糖精和醋酸铅的甜味。但是AH-B理论再解释许多试验事实时遇到了困难。为什么具有AH-B结构的多糖和多肽是无味物质？为什么具有AH-B结构的糖和*D*-氨基酸的甜味强度相差悬殊？为什么氨基酸的旋光异构体之间有不同的味觉？为解释上述现象，有不少学者提出各种关于甜味受体的模型，以期探索甜味的构效关系，但甜味产生激励的理论研究发展较为缓慢。

1. 糖类甜味剂

这一类甜味剂包括蔗糖、葡萄糖、果糖、麦芽糖、乳糖、木糖等天然糖类，以及以淀粉为原料生产的果葡萄浆。糖类甜味剂均能提供人体所需的热量，参与人体的新陈代谢，属于营养型甜味剂。

近年来，以淀粉为原料生产的淀粉糖发展迅猛，其主要产品有葡萄糖、果糖、麦芽糖及果葡萄糖浆等。其主要工艺为淀粉在淀粉酶作用下水解，再经葡萄糖淀粉酶糖化，提纯浓缩后得到纯度较高的葡萄糖。由于葡萄糖甜度仅为蔗糖的70%，而果糖甜度为蔗糖的1.8倍，故用葡萄糖异构酶将葡萄糖转化为果糖可提高其甜度。当55%的葡萄糖转化为果糖时，其甜度相当于蔗糖。由于果糖难以结晶，通常经异构酶法生产的产品中含有果糖42%、葡萄糖55%、低聚糖8%，称作高果糖浆。

2. 糖类衍生物甜味剂

该类甜味剂以各种天然和人工合成的糖醇为主，也包括以糖为原料经化学修饰的甜味剂，如三氯蔗糖。糖醇的特点是甜度较蔗糖低，提供较低热值，并能改善食品组织和口感。在食品中，采用糖醇为甜味剂或采用糖醇与合成高甜度甜味剂混合甜味剂可是无糖产品。若食品热值较同类常规产品至少降低25%就可称为低热量食品。部分糖醇的热值及相对甜度见表9-6。

(1)麦芽糖醇　麦芽糖醇为12碳糖醇，可由麦芽糖经触媒氢化制得，为白色结晶，甜度接近蔗糖，吸湿性低，对热稳定，能赋予食品乳脂状组织结构。麦芽糖醇常用于制作无糖巧克力，在优质巧克力涂层、糖果、烘焙食品及冰淇淋中替代蔗糖，也适用于无糖果酱、色拉调味料等。由于麦芽糖醇甜度接近蔗糖，通常在使用时不必添加合成高甜度甜味剂。

表 9-6　糖醇的热值及相对甜度(以蔗糖甜度为 1)

糖醇名称	热值/(kJ/g)	相对甜度
麦芽糖醇	8.8	0.9
山梨糖醇	10.9	0.6
木糖醇	10.0	1.0
乳糖醇	8.4	0.4
甘露醇	6.7	0.5
异麦芽糖醇	8.4	0.45～0.6
赤藓糖醇	0.8	0.7
氢化淀粉水解物	12.5	0.4～0.9

(2)山梨糖醇　山梨糖醇为 6 碳糖醇,可由葡萄糖经触媒氢化制得,溶解度好,吸湿性较强,口感温和,具有愉快风味,适用于糖果、烘焙食品及巧克力的制造,防止这些产品出现干硬的现象。它的化学性质十分稳定,耐受高温,不参与美拉德反应,与其他食品组分,如蔗糖、凝胶剂、蛋白质及植物油脂能够很好地混合,也可以用于胶姆糖和冷冻甜食等。

(3)木糖醇　木糖醇为 5 碳糖醇,可由木糖经触媒氢化制得,溶解性良好,吸湿性低,化学性质不活泼,不参与美拉德反应,甜度与蔗糖相似,常用于非龋齿性无糖糖果制造。

(4)乳糖醇　乳糖醇为 12 碳糖醇,可由乳糖经触媒氢化制得,有无水型和含有一个结合水的两种产品,甜味爽口,常与高甜度甜味剂结合使用,无后味,吸湿性、溶解度高。其相对分子质量与蔗糖相似,对水分活度的影响也与蔗糖相似,在酸性及碱性条件下均稳定,在食品加工的高温条件下也十分稳定。乳糖醇适用于许多食品,例如烘焙食品、涂糖衣的糖果以及冷冻含乳甜食等。

(5)三氯蔗糖　三氯蔗糖的甜度约为蔗糖的 600 倍,不提供热量,具有爽口易感知的甜味,在美国广泛用于食品。干燥状态及液态时都具有优异的化学及生物稳定性,适用于蒸煮、烘焙工艺,多用于烘焙食品、乳制品、水果制品、餐桌甜味剂等。由于良好的溶解度及液态时的稳定性,三氯蔗糖常以浓缩液形式供应。其分子结构如图 9-9 所示。

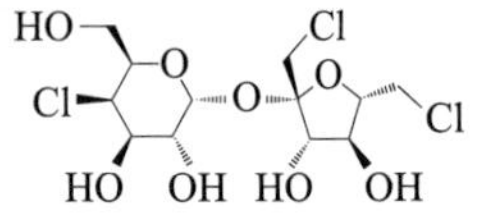

图 9-9　三氯蔗糖的分子结构

3. 天然非糖类甜味剂

甜菊糖苷是指一种天然的非营养型高甜度甜味剂,甜度味蔗糖的 250～300 倍,有较好的耐热性和稳定性,不会发生美拉德反应。

4. 合成非糖甜味剂

化学合成甜味剂的开发初衷是作为蔗糖的替代品。它们具有许多优点,比如甜度高、能量低、多数可防龋齿,但也存在一定的缺陷,如味道不纯正、稳定性差、需要多种甜味去配合使用等。除此之外,在非糖类甜味剂的研发过程中,其食用安全性也是必须考虑的问题,每种新型甜味剂都要经过毒理学验证后才可食用。WTO 及 JECFA、FDA 一般对甜味剂的安全情况及最大日摄入量(ADI)有规定。

(1)安赛蜜　安赛蜜的化学名称称为乙酰磺胺酸钾,甜度约为蔗糖的 200 倍,无热值,能在水中很快溶解,十分稳定。含安赛蜜的饮料在通常的巴氏杀菌条件下甜度不降低,在烘焙食品中的分解仅见于 200℃以上,在一般 pH 范围内用于食品和饮料起浓度基本无变化。其分子结构如图 9-10 所示。

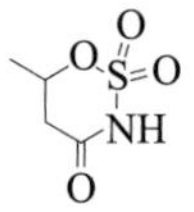

图 9-10　安赛蜜的分子结构

(2)阿斯巴甜　阿斯巴甜,又称蛋白糖,是天冬氨酸和苯丙氨酸与甲醇结合的产物,甜度为蔗糖的 200 倍,热值很低,具有蔗糖的风味,能耐受热处理、无菌操作、高温短时与超高温处理,但高温时间较长时易引起水解使甜度降低。其分子结构如图 9-11 所示。

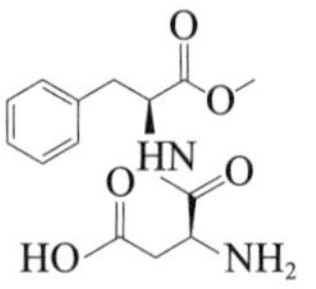

图 9-11　阿斯巴甜的分子结构

9.2.2.2　酸味物质

酸味的定味基是质子 H^+,助味基是酸根。酸味受体是味蕾中的磷脂,酸味感觉主要是质子和酸根与味蕾磷脂作用引起的反应。在酸的质量浓度相同时,酸度常数大的酸质子浓度高,酸味强度大。在 pH 相同的情况下,各种酸的酸味大小取决于酸根。有机酸酸味一般大于无机酸,有机酸及其负离子在酸受体表面有较强的吸附性,这样减少了酸受体表面正电荷密度，也就减少了对质子的排斥力。更长碳链的羧基负离子对酸味有抑制性，所以 C_{10} 以上羧酸无酸味。酸中的阴离子是酸味中夹有其他味道的原因。大多数食品的 pH 为 5～6.5，感觉不到酸味。无机酸的酸味阈值在 pH3.4～3.5，有机酸的酸味阈值为 pH3.7～4.9。

1. 柠檬酸

柠檬酸，又名枸橼酸，化学命名为 2-羟基-丙烷-1,2,3 三羧酸，分无水和含有一个结晶水两种。柠檬酸酸味纯正可口，并能够与多种香料混合产生清爽的酸味，是食品工业中用量最大的酸味剂，柠檬酸易溶于水、乙醇，溶于乙醚。此外，柠檬酸及其衍生物柠檬酸酯的丙二醇溶液还可以溶于油脂。由于水溶性和脂溶性均较好，柠檬酸易于均匀地分散在各类食品中。其分子结构如图 9-12 所示。

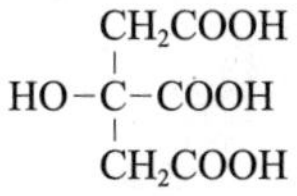

图 9-12 柠檬酸的分子结构

2. 苹果酸

苹果酸，又称羟基丁二酸，为白色或近白色结晶粉末或颗粒，酸味柔和，无刺激性味道。苹果酸具有明显的呈味作用，其酸味柔和、爽快、刺激性缓慢，保留时间长与柠檬酸配合使用，可模拟天然果实的酸味特征，特别适用于果冻及以水果为基础的食品。其分子结构如图 9-13 所示。

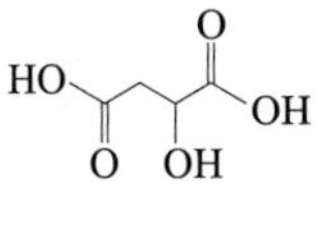

图 9-13 苹果酸的分子结构

3. 醋酸

醋酸，又称乙酸，为无色液体，沸点为 118.2℃，熔点为 16℃。无水乙酸也称为冰醋酸。醋酸可溶于水、酒精、乙醚和甘油等溶剂。醋酸可用作合成醋的原料或用作酸味调节剂。

9.2.2.3 咸味物质

咸味的受体是味细胞中的磷脂。咸味的定位基是金属离子，主要是碱金属、铵离子和碱土金属，如钠离子有微苦味，钾及铵离子有弱苦味，钙离子有不愉快的涩味，镁离子的苦味最强。咸味的强度一般是由阴离子决定的，氯离子是咸味的主要来源，而有机盐，如苹果酸钠、葡萄糖酸钠等仅有微弱的咸味。

1. 普通咸味剂

应用最广泛的咸味物质是氯化钠，由于资源丰富，容易钝化，咸味醇正，没有别的咸味剂能取代它的位置。此外，氯化钠还能起到食品风味增效剂的作用，使食品口感好，甜味增强，抑制苦味和异味等，而代用物质则无此功效。

2. 特殊咸味剂

由于低钠饮食的兴起，一些氯化钠的代用品也纷纷投入使用。传统的食盐代用品为氯化钾，它与氯化钠的咸味十分相似，但氯化钾食后口中会有一种令人非常难受的"金属味"残留。因此，氯化钾只能部分替代食品当中的氯化钠或与其他呈味物质混合使用。如一种新型代用盐的主要成分为氯化钾与 *L*-赖氨酸，后者是一种对人体有益的氨基酸。它有屏蔽氯化钾金属苦味的效果。还有一种用作食盐代用品的低钠混合物，其中含有占混合物质量 40%～60%的抗坏血酸钙盐、5%～25%的抗坏血酸钠盐、15%～20%的氯化钠以及 1%～2%的氯化钾。日本广岛大学研制了一种不含钠，但有咸味的人造食盐，称为鸟氨酰牛磺酸，味道很难与食盐区别。

9.2.2.4 苦味物质

人们对苦味的识别阈值极低，而且苦味也比甜味、咸味及酸味持续时间更长。苦味的受体由味蕾上磷脂构成，本身具有疏水性，同时能吸附极性基团。关于苦味的产生有以下几种学说：空间专一性学说认为，味觉感受器对苦味物质的识别有专一性，这种专一性与味觉感受器上的脂质层分子排列或结构有关；内氢键学说认为，苦味物质的结构中存在 AH 和 B 基团，两者之间的距离为 0.15 nm，可形成分子内氢键，增加了分子的疏水性，且易于与过度金属离子形成螯合物，从而表现为苦味。

1. 生物碱

生物碱几乎全部都有苦味，且碱性越强越苦，成盐后仍有苦味，如茶的苦味来自茶碱和可卡因，咖啡的苦味来自咖啡因，可可与巧克力的苦味则来自可可因，其分子结构如图 9-14 所示。

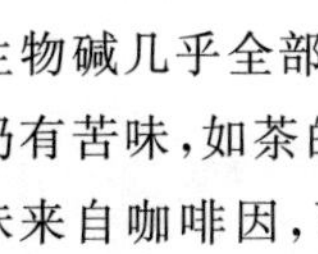

R－R_1　R－R_2　R－R_3

咖啡碱：$R_1=R_2=R_3=CH_3$

可可碱：$R_1=H$，$R_2=R_3=CH_3$

茶碱：$R_1=R_2=CH_3$，$R_3=H$

图 9-14 生物碱的分子结构

2. 萜类

萜类化合物一般含有内酯、内缩醛、内氢键、糖苷羟基等能形成螯合物的结构而有苦味。如柑橘汁中的苦味物质柠檬苦素，啤酒中的苦味物质 α-酸、β-酸及其氧化产物，西葫芦、灵芝等中的苦味三萜类化合物等。

3. 多酚类

食品中的去多酚类化合物具有苦味，从单分子到高分子聚合物。黄酮类化合物是其中最重要的一类，包括黄烷酮、黄酮醇、黄酮、异黄酮、黄烷及花色素苷等，普遍存在于甘菊、茶、大豆、巧克力和葡萄酒中。

4. 糖苷类

存在于桃、李、杏、樱桃及苹果等的果核种仁及叶子中的苦杏仁苷具有强烈的苦味，本身无毒，在苦杏仁酶作用下，可分解释放出氢氰酸。柚皮苷及新橙皮苷是柑橘类果实中的苦味物质，将其水解后，则苦味消失，据此可脱去橙汁的苦味。

5. 苦味抑制剂

虽然苦味是许多食品的特征风味，但苦味还是给食品工业带来了不少麻烦。如蛋白质水解后的苦味肽和苦味氨基酸的形成，造成了风味缺陷，限制了蛋白质水解物的应用。在功能性食品配料中，相当一部分具有苦味。一些天然苦味抑制剂已被证明安全可靠，效果明显。

(1)苯乙烯酸衍生物　苯乙烯酸衍生物是以苯乙烯酸为母体，结构相似的一类化合物。苯乙烯酸和香豆酸、咖啡酸、阿魏酸、芥子酸等苯乙烯酸衍生物均是有效的苦味抑制剂，其中以咖啡酸和阿魏酸的效果最好。将它们制成盐后，溶解性增加，苦味抑制效果更好。该类苦味抑制剂对咖啡因、茶碱、奎宁等苦味和人工甜味剂的后苦味有抑制作用，但对柠檬苦素、柚苷、α-酸的氧化产物和 KCl 等的苦味无明显作用。

(2)单磷酸腺苷及其类似物 5′-单磷酸腺苷　这类苦味抑制剂包括 5′-单磷酸腺苷、5′-单磷酸胸苷、5′-二磷酸腺苷、3′-单磷酸腺苷、5′-琥珀酸腺苷、5′-三磷酸腺苷几肌苷酸等。这些核苷酸能与人的味觉感受器发生化学反应，阻止味觉感受器合成味蛋白。

9.2.2.5　鲜味物质

鲜味的感觉生理至今尚不清楚，有人认为它是不同于四种基本味的另一种基本味，有人则认为它是一种综合的感觉，不是基本味觉。鲜味剂能增强食品的风味，故又称为增味剂。不同的食物鲜味是不一样的，如鱼的鲜味、贝类的鲜味、畜禽的鲜味。人类可以分别出不同品质的鲜味。

1. 氨基酸类

在这类鲜味剂中，最主要的是 *L*-谷氨酸钠(MSG)，俗称味精，为无色至白色棱柱状结晶或结晶粉末，无臭，有特有的鲜味，略有甜味或咸味。加热至 120℃时失去结晶水，大约在 270℃时发生分解。在 pH 为 5 以下的酸性和强碱性条件下，鲜味降低。除单独使用外，谷氨酸钠宜与肌苷酸钠和核糖核苷酸之类核酸类调味料配成复合调味料，以提高效果。

氨基酸类鲜味剂除谷氨酸钠以外，还有 *L*-丙氨酸、甘氨酸、天门冬氨酸及蛋氨酸等；天然 *L*-口蘑氨酸及 *L*-鹅蕈覃氨酸的鲜度比谷氨酸钠的鲜度大 5～10 倍。各种氨基酸有独特的风味，如 *DL*-丙氨酸增强腌制品风味，甘氨酸有虾及墨鱼味，蛋氨酸有海胆味。

2. 琥珀酸二钠

琥珀酸二钠，又名丁二酸钠，或干贝素，具有特异的贝类鲜味，在贝类肉中含量较高，也存在于鸟类和鱼类的肉及发酵食品中，如酱油、面酱和黄酒，但含量较低。琥珀酸为无色柱状或白色片状结晶，在水中溶解度较大，但难溶于冷水。琥珀酸在空气中暴露或在脱水剂存在下加热会脱水形成酸酐。琥珀酸很少单独使用，常和味精及呈味核苷酸混合使用。

9.2.2.6　辣味物质

目前认为，辣味不是纯粹意义上的味，在味蕾上没有对应的感受器，辣味感只是来自辣味物质刺激口腔黏膜引起的痛觉。人们对辣味产生的机理研究甚少，但是对辣味物质的化学结构有较多的研究。

常见辣味物质都是两亲性分子，定味基是极性头，助味基是非极性尾。辣味随尾链 R 增长而加剧，在尾链 C_n 中的 $n=9$ 时，达到高峰，然后陡然下降。如无顺式双键或支链，$n \geqslant 12$ 时将丧失辣味。一般脂肪醛、醇、酮、羧酸的烃链长度增加也有类似的辣味变化。极性较小的分子，如 $Br-CH=CH-CH_2Br$，$CH_2=CH-CH_2-X$ 等也有辣味。当链长超过了 12 时，如有顺式双键则还有辣味，顺式双键越多越辣，例如，胡椒碱，反式双键影响不大。

按化学结构可将辣味物质分为：①酰胺类，如辣椒中的辣椒素、二氢辣椒素以及胡椒中的胡椒碱、花椒中的花椒素。②异硫氰酸酯类，如芥末中的黑芥子素和白芥子素。③硫化物，如葱、蒜中的蒜氨基酸分解产物蒜素及其进一步分解产物，二丙烯基二硫化物和丙基丙烯二硫化物等。④邻甲氧基酚基化合物，如生姜中的姜酮、姜酚和姜醇。

9.3 食品香气与嗅感物质

9.3.1 食品香气

食品香气直接反映了食品的类型和质量。不同食品所产生的挥发性物质的成分和数量不同，其香味存在很大差异。构成香味的化合物主要有酯类、醇类、酸类、醛类、酮类、酚类、杂环族、萜类等，有200多种。这些物质不仅气味各异，而且它们之间通过叠加作用、协同作用、分离作用以及抑制作用等，香气可以多种多样。

食品中的香味物质虽然含量很低，但仍能被人的嗅觉器官感觉到。由于香味物质种类繁多，结构复杂，数量微少，还没有测定和分析食品中多种香味物质的仪器，评价食品的香味主要依靠人的嗅觉器官。

9.3.2 嗅感物质

嗅感是指挥发性物质刺激鼻黏膜，再传到大脑的中枢神经而产生的综合感觉。气味物质多种多样，Amoore根据有关书籍的记载任意选出616种物质，对它们的气味进行描述、分析、归纳，发现樟脑味、麝香味、花香味、薄荷味、醚味、刺激味（辛辣味）和腐臭味这七个词汇的应用频度最高，因此，这七种气味被认为是基本的气味。任何一种气味的产生都是几种气味混合的结果。这七种基本气味的代表性化合物见表9-7。

表9-7 基本气味和代表性化合物

基本气味	气味代表性化合物
樟脑味	冰片、叔丁基醇、*D*-樟脑、桉树脑
刺激味	氰、甲醛、甲酸、烯丙基醇
醚味	乙炔、四氯化碳、氯仿、丙醇
花香味	香叶醇、苯乙基醇、萜品醇
薄荷味	环己酮、叔丁基卡比醇、薄荷酮、薄荷醇
麝香味	环十六碳酮、十五碳酸内酯
腐臭味	戊硫醇、尸胺、硫化氢、吲哚

9.3.2.1 基本嗅感与非基本嗅感

1. 基本嗅感

（1）麝香　麝是一种动物，又名香獐。麝香是香獐香腺中分泌的，干燥后呈棕红色或暗红色，具有极好的香气，是各种名贵香精的重要原料，对人体健康也有很多好处。具有麝香气味的化合物有百种以上。据说不用麝香就不能调制出真正成功的化妆品香料，所以这是研究资料最多的一类基本嗅感。麝香气味化合物的化学结构差别很大，按结构可分为大环化合物和芳香族化合物两大类，还有少量的其他结构形式。

①大环化合物。它有15～17个碳环分子，长椭圆形的分子构象，具有麝香气味的大环化合物的结构通式如图9-15所示。凡具有图9-15中类似结构的环合物，都具有麝香气味。

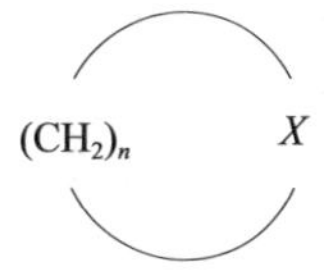

*X*可代表不同的官能团或这些官能团的组合，
主要有酮基（—CO—）、碳酸酯基（—OCOO—）
和内酯基（—COO—）等。

图9-15 麝香气味的大环化合物的结构通式

麝香气味的大环化合物（图9-16）的嗅感强度与成环的碳数有一定的关系，成环的碳数为14～16个碳的麝香气味强，11～13个碳只有不纯的麝香气味，17～18个碳麝香气味弱，19个碳以上无麝香气味，其嗅感变化规律如表9-8所列。

麝香结构通式中的*X*可以代表许多不同的官能团或这些官能团的组合，主要有酮基（—CO—）、内酯基（—COO—）、碳酸酯基（—OCOO—）、草酰酯基（—OCO—COO—）、杂原子（—O—或—S—或 >—NH—/—NH_2）等。响应麝香气味的主要是分子的整体结构外形，官能团的性质并不是主要因素。含15～17个原子的大环分子具有相当大的柔韧性。它可能存在两个主要构象：一是具有像球形的外形；一是呈长椭圆的外形。长椭圆形的舒展构象在产生麝香的信息模式中起着主要作用。8～10个碳原子环是刚性球形的，其外形与产生樟脑气味的分子相似。柔性分子草酸香茅基乙酯能通过构象变化而模仿大环分子的外形，也具有明显可辨的麝香气味。

表 9-8　大环化合物的嗅感与成环碳原子数 n 值的关系

n 值	嗅感
4～6	杏仁、薄荷气味
7～10	樟脑气味
11～13	不纯的麝香气味
14～16	麝香气味强
17～18	麝香气味弱
≥19	无嗅感

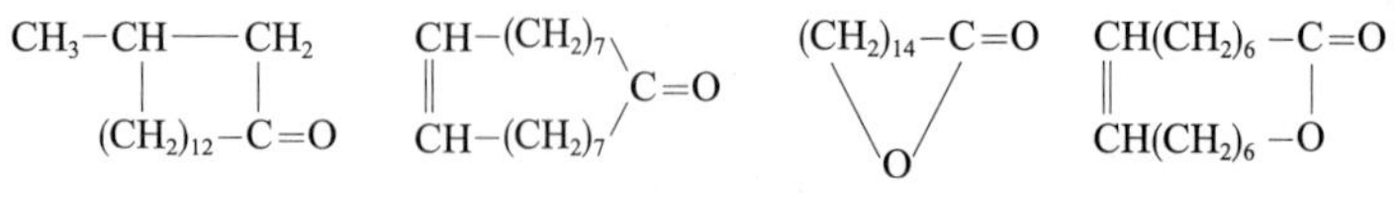

麝香酮　　灵猫酮　　ω-环十五烷内酯　　黄葵内酯

图 9-16　具有麝香气味的大环化合物

②芳香族化合物。它具有苯环结构及适当取代基的一类化合物也具有麝香气味，该类化合物根据取代基不同分为非硝基芳香化合物和硝基芳香化合物。

苯环上取代基为季碳烷基称为非硝基芳香化合物，又根据季碳烷基在苯环上的取代位置分为间麝香和邻麝香。

A. 间麝香。它的结构通式如图 9-17 所示。

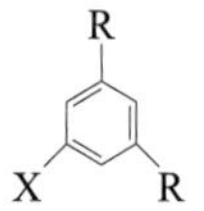

R基为季碳烷基，相互处在苯环间位；X基为酰基。

图 9-17　间麝香的结构通式

图 9-18a 中的分子就具有强烈的麝香气味。间麝香的气味与其分子结构间存在一定的规律性。其基本规律有三方面：一是随分子酰基上 R′基碳数的增加而麝香气味减弱；R′基为 H 原子时嗅感相当强，若为丙基时便十分微弱甚至无嗅感。二是苯环上两个季碳烷基是嗅感强度的基本要求。图 9-18b 和图 9-18c 也都有较强的麝香气味；图 9-18c 中当一个季碳基被一个叔碳基取代后，仅有微弱的麝香气味；当两个季碳基皆为叔碳基时，如图 9-18f 中的分子，其嗅感则几乎丧失。三是苯环上的酰基应没有空间位阻效应，即分子具有空间可接近的极性基团，例如，图 9-18d 中的分子只有微弱的麝香气味，这是因为酰基的两个邻位基团阻碍了它的空间可接近性，也可能还妨碍了它与苯环的共平面性。由此可以预测，图 9-18g 中的分子由于在结构上都符合间麝香的上述三条要求，应具有较强烈的麝香气味，这与实际相符合。

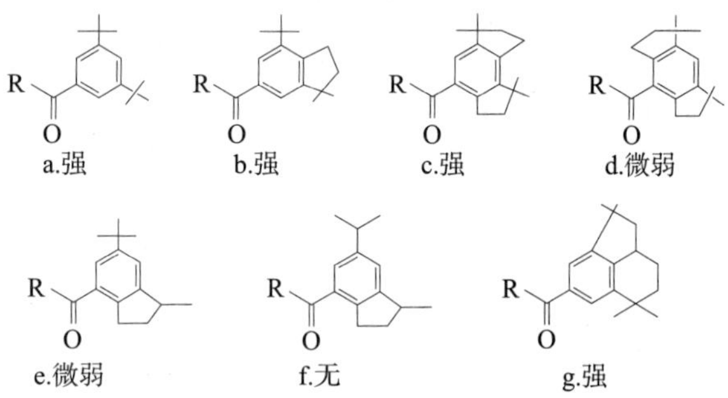

图 9-18　间麝香的嗅感

B. 邻麝香。在呈香规律上遵循间麝香的嗅感规律，其结构通式如下。

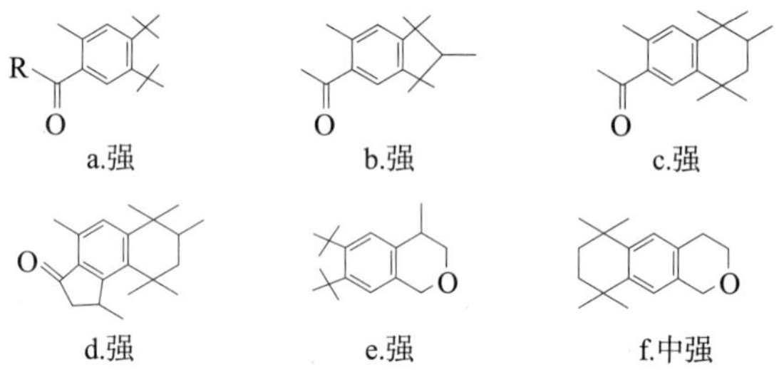

两个季碳烷基互为邻位，X 为酰基。

图 9-19　邻麝香的嗅感

图 9-19a 至图 9-19d 中的分子都有强烈的麝香气味。如果在酰基的两个邻位中任何一个位置上再引入一个甲基时，即会妨碍极性基团的空间可接近性而导致嗅感丧失；同样，若苯环上的两个季碳基都被叔碳基取代，也不再呈现麝香气味。在图 9-19e、图 9-19f 的分子中，酰基被醚键取代后嗅感的性质没有变化，但当酰基被亚氨基(—NH—)取代时，随着基团的极性减弱 其嗅感强度也降低。

C. 芳香族硝基化合物。苯环上取代基为硝基的，称为硝基芳香化合物，该类化合物也具有麝香气味，常被称为假麝香。根据取代位置不一样，其可分为假间麝香和假邻麝香两类，见图 9-20。

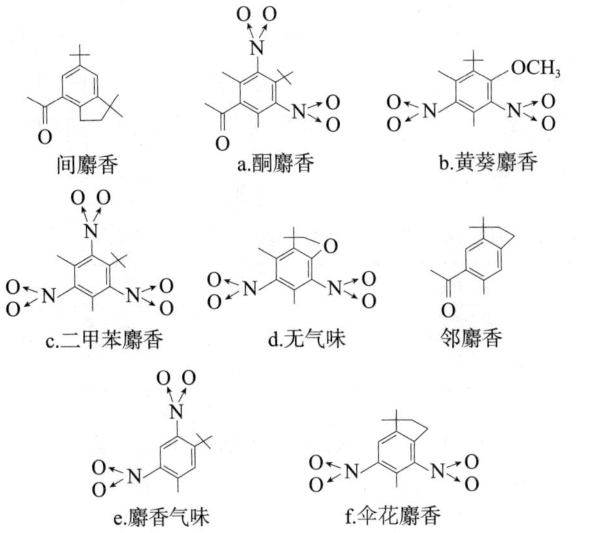

图 9-20　芳香族硝基化合物的嗅感

综上所述，在嗅感分子结构中，硝基在这些化合物中起双重作用。在一个允许硝基与苯环共平面的无空间阻碍的位置中，它能起到类似于乙酰基的极性官能团作用。例如，图 9-20b 和图 9-20c 中的分子可看作间麝香，图 9-20e 和图 9-20f 中的分子可看作邻麝香，它们都产生强烈的麝香气味。这种情况在其他一些含有两个极性基团的芳香分子中也存在。根据这两个极性基团的空间距离，其中一个可能起到一种决定香气的官能团作用。硝基在两种情况下均可起类似叔丁基的形成局部分子外形的作用：一种情况是当硝基与苯环的共平面被一个或两个邻位的庞大取代基所妨碍，即叔丁基的邻位上存在一个或两个硝基时；另一种情况是当叔丁基的间位存在一个硝基，且两个基团间具有一个能向硝基传递叔丁基空间影响的 适当取代基（如甲氧基）占据时。这两种情况都会将硝基上的氧原子挤出苯环平面，使硝基的氮原子类似于季碳原子。例如，图 9-20e 和图 9-20f 中的分子在叔丁基的邻位就有一个硝基，图 9-20a 和图 9-20c 中的分子在叔丁基的邻位上有两个硝基，都属于第一种情况。图 9-20b 中的分子是在叔丁基的间位上有一个硝基，且两者间存在一个甲氧基。甲氧基在无空间位阻时本来是能自由旋转的，而在图 9-20b 中的分子中被庞大的叔丁基挤向一边，并将这种空间影响传递给硝基，迫使硝基不能与苯环共平面属于第二种情况。如果甲氧基不能自由旋转来传递相邻叔丁基的空间影响，如图 9-20d 的分子，这时其邻位上的硝基便可与苯环共平面，无法起到叔丁基形成分子外形的作用，便不会产生麝香气味。

（2）樟脑香、薄荷香、麦芽香　樟脑香 Amoore 曾列举了 100 个以上属于各种结构类型的化合物具有樟脑气味，如图 9-21 所示。

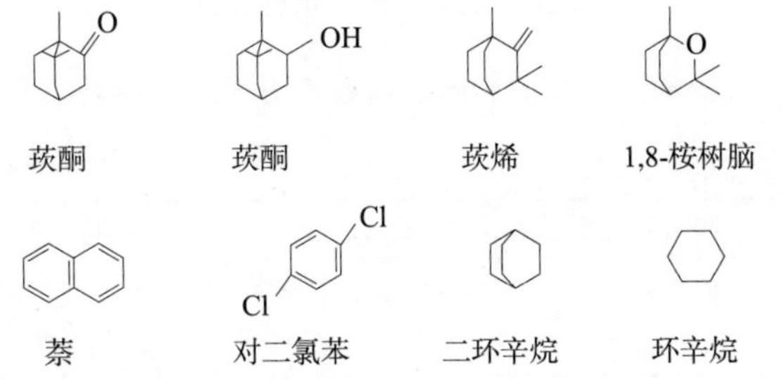

图 9-21　具有樟脑气味的各种化合物结构类型

这里既有含极性基团的分子，也包括不含极性基团的分子。这是已知的在基本嗅感中唯一含有非极性基团的分子类型，其中的饱和烃分子嗅感十分微弱。可见，极性官能团在这里对樟脑气味的性质没有什么影响，决定嗅感性质的主要结构因素是分子外形。Amoore 提出，形成樟脑气味的嗅感分子的结构特征为具有高堆积密度和刚性、直径约为 0.75 nm 的球形或卵形分子。当分子含有极性官能团时，对其嗅感强度可能有一定影响。

目前发现具有薄荷气味的物质主要是一些单环萜类和小环酮类化合物，如图 9-22 所示。截至目前，薄荷气味的嗅感分子理想的结构特征还没有完全研究清楚。

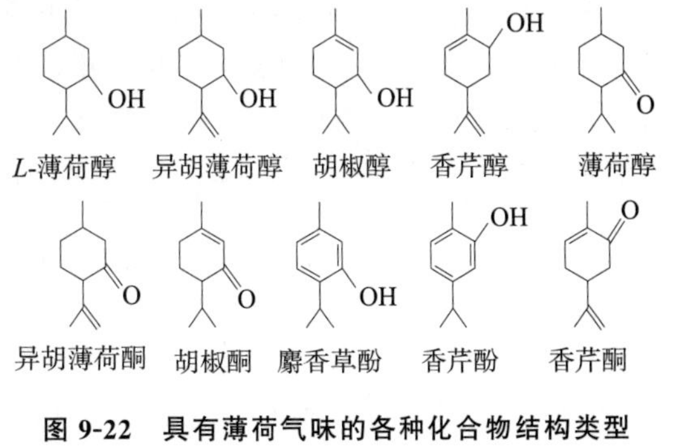

图 9-22　具有薄荷气味的各种化合物结构类型

2. 非基本嗅感

非基本嗅感物质种类众多而且结构复杂，往往由多种主要组分形成。

柿子椒香气（绿铃胡椒香气）　2-异丁基-3-甲氧基吡嗪（图 9-23）是甜柿子椒的特征风味化合物，阈值很小，在空气中为 2×10^{-6} mg/kg，为嗅感强度极大的芳香物质。

甜柿子椒气味与分子结构间的关系有以下几点。

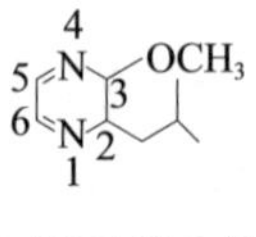

图 9-23　2-异丁基-3-甲氧基吡嗪

①侧链烷基的影响。当改变分子中吡嗪环上的侧链烷基(位于 2 位的异丁基)时,其嗅感性质及强度变化如表 9-9 所示,当异丁基被 C3～C6 烷基取代时,气味特征和阈值几乎不变;若被碳数小于 3 或大于 6 的烷基取代,其气味性质就会发生改变,阈值也会明显增大。

表 9-9　2-烷基-3-甲氧基吡嗪中侧链烷基的结构与嗅感

侧链烷基	CH_3	CH_2CH_3	$-(CH_2)_2CH_3$	$-(CH_2)_4CH_3$	$-(CH_2)_6CH_3$
特征气味强弱	很弱带土香气味	较弱带土香气味	较强	强	较弱
CT/(mg/kg)	4×10^{-3}	4.3×10^{-4}	6×10^{-6}	2×10^{-6}	—

②侧链甲氧基的影响。当甲氧基被乙氧基取代时,嗅感特征为带泥土的甜柿子椒气味,阈值增大了 26 倍;当被仲丁氧基[$—OCH(CH_3)CH_2CH_3$]取代时,则特征气味消失而呈现花香。这说明当甲氧基被碳数更多的烃氧基取代后,原气味减弱直至丧失。有人还发现,当甲氧基被甲硫基($—SCH_3$)或二甲氨基[$—N(CH_3)_2$]取代后,原气味也消失,就会出现化学药品气味。

③吡嗪环结构的影响。在图 9-24a 中的分子 C-6 位,图 9-24b 分子的 C-5 位上的氢分别被甲基取代后,只呈现较弱的柿子椒气味,并伴有薄荷、樟脑气味;图 9-24c、图 9-24d 分子中的 C-5、C-6 位上的氢分别被甲基和甲氧基取代后,只有极微弱的柿子椒气味。这说明,吡嗪环上的一侧必须有未被取代的游离氢原子,尤其是在叔丁基间位(环上 C-6 位)上的氢原子未被取代才能产生较强的甜柿子椒气味。当吡嗪环分别被吡啶环或噻唑环代替时,许多化合物仍具有原来的甜柿子椒气味,如图 9-24e、图 9-24f 的分子。此外,在其他的 4,5-二烷基噻唑类化合物及 4,5-二烷基噻唑类化合物中也具有这种嗅感。

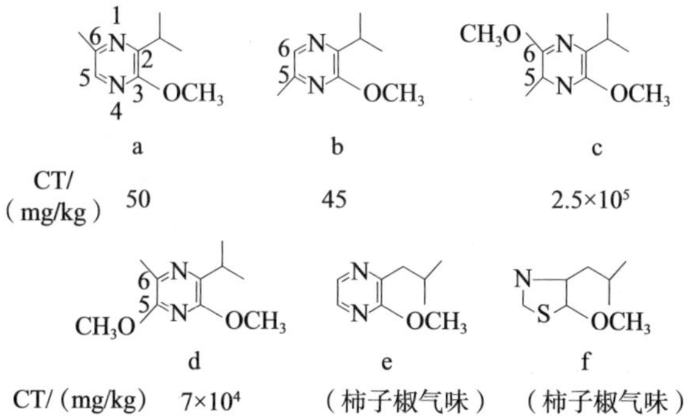

图 9-24　吡嗪环结构的变化对风味的影响

焦糖香气在食品加工过程中由于高温一些碳水化合物发焦糖化反应,产生多种嗅感物质,这类物质包括吡喃酮、呋喃酮、环酮等。形成焦糖香气的嗅感分子都含有一个共同的部分结构:α-烯醇环酮结构,这是呈现焦糖香气的必要条件(表 9-10)。

表 9-10　某些焦糖香气物质的来源及结构

结构式	名称	来源	结构式	名称	来源
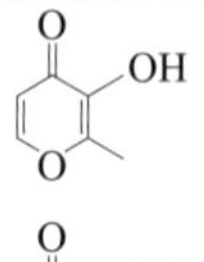	麦芽酚	麦芽	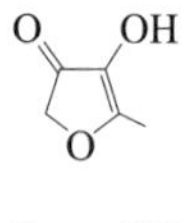	5-甲基-4-羟基二氢呋喃-3-酮	牛肉汤
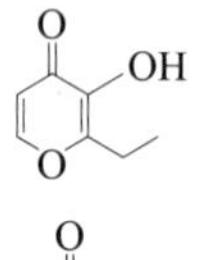	乙基麦芽酚	人工合成	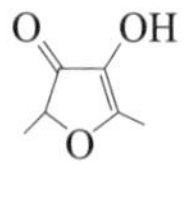	2,5-二甲基-4-羟基二氢呋喃-3-酮	菠萝、草莓、炒杏仁
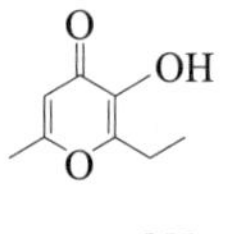	6-甲基-2-乙基-3-羟基-4-吡喃酮	精制糖蜜	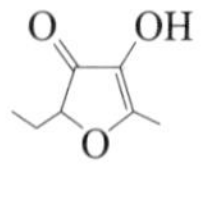	5-甲基-2-乙基-4-羟基二氢呋喃-3-酮	酱油
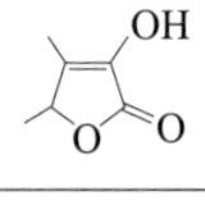	4,5-二甲基-3-羟基二氢呋喃-2-酮	陈酒	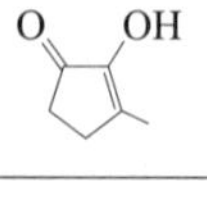	3-甲基-2-羟基-2-环戊烯-1-酮	炒大麦

续表 9-10

结构式	名称	来源	结构式	名称	来源
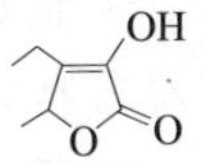	5-甲基-4-乙基-3-羟基二氢呋喃-2-酮	水解植物蛋白	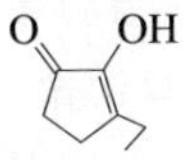	3-乙基-2-羟基-2-环戊烯-1-酮	香烟雾
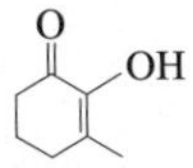	3-甲基-2-羟基-2-环己烯-1-酮	咖啡	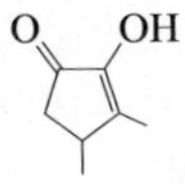	3，4-二甲基-2-羟基-2-环戊烯-1-酮	咖啡

9.3.2.2 官能团风味特征(嗅感基团)

在一般情况下，无机物中除了 NO_2、NH_3、SO_2、H_2S 等少数气体具有强烈气味，其余的大多没有明显的嗅感，而挥发性的有机物则大多具有气味。有机物分子的嗅感，既与其含有的官能团类型、数目有关，也与其分子的柔性(构象自由度)、立体异构等因素有关。

官能团风味特征是指化学基团与其产生的嗅感特征。它可以是一个极性基团如—OH、—COOH，也可以是一个非极性基团如—CH_2—、—R、—Ph 以及 N、S、P、As 等原子构成的基团。

常见的官能团有羟基、醛基、酮基、羧基、酯基、内酯基、亚甲基、烃基、苯基、氨基、硝基、亚硝酸基、酰胺基、巯基、硫醚基、二硫基、杂环化合物等，但只有当化合物的相对分子质量较小、官能团在整个分子中所占的比重较大时，官能团对嗅感的影响才会表现明显，有时甚至可根据某官能团的存在而预计其嗅感。

1. 脂肪烃含氧衍生物

链状的醇、醛、酮、酸、酯等化合物在低的相对分子质量范围内由于挥发性强，官能团的比重大，官能团特有的气味也较强烈。在一般情况下，随着分子碳链的增长，化合物的气味也由果实香型→清香型→脂肪臭型的方向变化，气味的持续性也随着加强。例如，含有上述官能团的中等长度碳链的化合物很多呈现果香或清香；碳链再长时脂肪臭气味加大。当分子碳链增到 C_{15}～C_{20} 以上时，则变成无嗅感，这是因为随着相对分子质量的增大官能团在整个分子中的影响已大为减弱。各类化合物的具体表现如下。

(1)醇类　在饱和醇中，C_1～C_3 范围有轻快香气，例如，甲醇虽有毒性，但香气味清爽；C_4～C_6 的醇类有近似麻醉性的气味，如丁醇、戊醇都有醉人的香气；C_7～C_{10} 范围则显示出芳香气味，如庚醇有葡萄香味，壬醇有蔷薇香味；碳数再多的饱和醇，其气味逐步减弱以至无嗅感。

不饱和醇的嗅感往往比饱和醇更强烈，如图 9-25 所示。

$C_2H_5CH{=}CHCH_2CH_2CH_2OH$
青叶醇，青草气味

$HO(CH_2)_2CH(CH_3)(CH_2)_2CH{=}C(CH_3)_2$
香茅醇，玫瑰香气

$HOCH_2(CH{=}CHCH_2CH_2)_2CH_3$
黄瓜醇，黄瓜香气

$HOCH_2CH{=}C(CH_3)(CH_2)_2CH{=}C(CH_3)_2$
橙花醇，玫瑰香气

$CH_2{=}CHC(OH)(CH_3)(OH_2)_2{=}C(CH_3)_2$
芳樟醇，百合花香气

图 9-25　醇类物质嗅感

(2)醛类　一般说来，低级饱和脂肪醛，例如甲醛，有强烈的刺激性气味，随着相对分子质量增加，刺激性气味减弱，并逐渐出现愉快气味。C_8～C_{12} 的饱和醛在很稀浓度下也有良好香气，例如壬醛有玫瑰香和杏仁香，十二醛(月桂醛)呈花香，碳数再增多则嗅感减弱。大多不饱和醛具有愉快的香气，其嗅感一般也较强烈，如图 9-26 所示。

$CH_2CH{=}C(CH_3)CHO$
强烈清香，醚香

$CH_3(CH_2)_2CH{=}CHCHO$
叶醛，青叶气味

$CH_3CH_2{=}CH(CH_2)_2CH(CH_3)CHO$
甜瓜醛，甜瓜香气

$CH_3(CH_2)_2(CH{=}CH)_2CHO$
水果清香

图 9-26　醛类物质嗅感

(3)酮类　脂肪酮通常都具有较强的特殊嗅感，低级饱和酮往往有特殊香气，如丙酮有类似薄荷的芳香，2-庚酮有香蕉和梨的气味，但 C_{15} 以上的脂肪甲基酮常会带有油脂腐败的臭气。饱和二酮（双乙酰）是许多食品的嗅感成分，其中在低的相对分子质量时，其会有较强的刺激性气味。随着碳数增加，低浓度时，大多呈现奶油类的香气；高浓度时，有的会出现油脂的酸馊气味。低级不饱和酮具有一定的刺激性，相对分子质量较大的不饱和酮通常都有良好气味，很多花香都与羰基化合物有关，如图 9-27 所示。

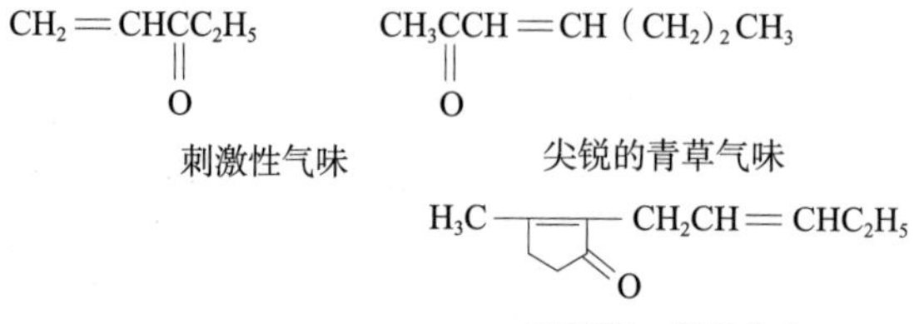

图 9-27　酮类物质嗅感

(4)羧酸类　低级的饱和羧酸一般都有不愉快的嗅感，如甲酸有强烈的刺激性气味，丁酸有酸败臭气，己酸有汗臭味，碳数再多的饱和羧酸带有脂肪气味，到 C_{15} 以上时则无明显嗅感。不饱和脂肪酸很多都具有愉快的香气，如图 9-28 所示。

$CH_3(CH_2)_2CH=CHCOOH$　　$(CH_3)_2C=CH(CH_2)_2CH(CH_3)CH_2COOH$

愉快的油脂香　　香茅酸，青草气味

图 9-28　羧酸类物质嗅感

(5)酯类　由低级的饱和单羧酸或多数的不饱和单羧酸与低级的饱和醇或不饱和醇所形成的酯类，都具有愉快的水果香气，如图 9-29a 所示。

研究表明，表现出共同香气、分子质量相近的酯类，其气味与分子中酯基的位置并无多大关系。内酯与酯一样具有特殊的水果香气，尤其是 γ-内酯或 δ-内酯，大量存在于各种水果中，如图 9-29b 所示。

$HCOO-(CH_2)_2CH(CH_3)_2$　　$HCOO-(CH_2)_2CH=CHC_2H_5$

梅、李子香气　　蔬菜香气

$CH_3COO-(CH_2)_2CH_3$　　$CH_3COO-(CH_2)_2CH=CHC_2H_5$

犁、李子香气　　香蕉香气

$CH_3CH=C(CH_3)COO-CH_2CH(CH_3)_2$

菊花香气

a

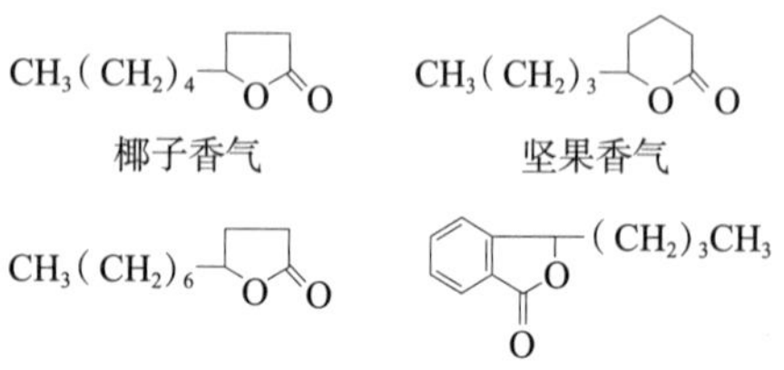

b

图 9-29　酯类物质嗅感

2. 芳香族化合物

芳香族化合物都有其特殊的嗅感。苯的气味一般不受人们欢迎，当苯环上引入烃基后，嗅感会发生改变，对甲基异丙苯就具有人们能接受的胡萝卜气味。邻位和对位的芳香衍生物因分子形状不同，其嗅感也会稍有差别。当苯环侧链上取代基的碳数逐步增多时，其气味也像脂肪烃那样由果香→清香→脂肪臭方向转变，最后嗅感完全消失，如图 9-30a 所示。

若仙客来醛侧链上的 α-甲基被乙基或丙基取代时，气味则会由清香转为脂肪臭；若 α-甲基被叔丁基取代，则原有的嗅感会完全丧失。

当苯环上直接连接极性官能团时，产生的嗅感比较复杂，有的是官能团仍起主要作用；有的是分子整体在起主要作用，并常因基团位置的不同而改变了嗅感，如图 9-30b 所示。

可见，当分子中存在两个或更多相互独立的官能团时，它所产生的嗅感并不是各官能团气味相加的关系。

3. 低分子胺类与含氮杂环化合物

该类化合物大多数具有不愉快的嗅感，许多化合物还有一定的毒性，如图 9-31a 所示。

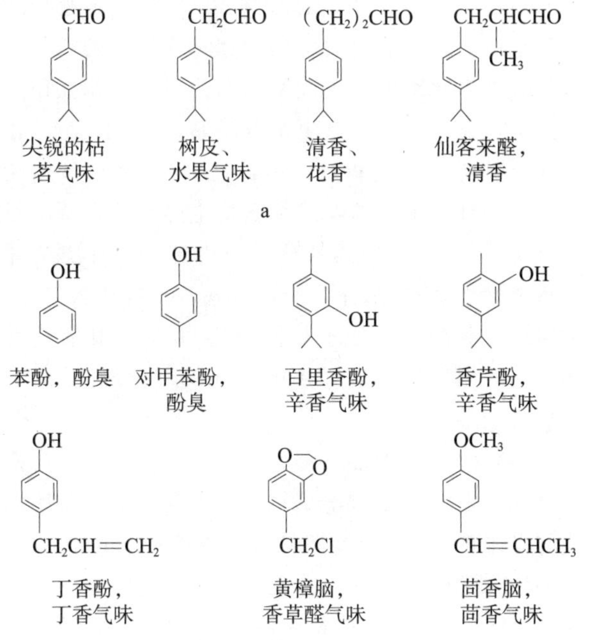

图 9-30　芳香族化合物嗅感

某些氨基酸能产生明显味感，但一般不具有明显的嗅感，酰胺类化合物也类似。

易挥发的亚硝酸异戊酯通常呈现特有的醚气味。芳香族的硝基化合物、芳香腈类化合物 大部分都有明显的嗅感，气味差别较大，其中有的呈现出良好的麝香气味。含氮杂环化合物的嗅感相当复杂，这既与其官能团有关，也与其分子形状等结构参数有关，如图 9-31b 所示。

$CH_3CH_2NH_2$	$(CH_3)_3N$	$C_6H_5-CH_2CH_2NH_2$	$H_2N(CH_2)_4NH_2$
刺鼻氨臭	鱼腥臭	鱼腥臭	腐败臭

a

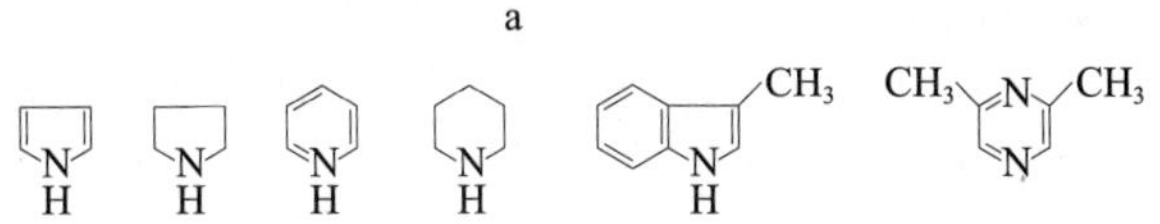

醚样气味　精液气味　刺鼻气味　花香，动物香　粪臭（浓），花香（稀）　烘烤香气

b

图 9-31　低分子胺类与含氮杂环化合物嗅感

4. 含硫化合物

大多低级的硫醇和硫醚具有难闻的臭气或令人不快的嗅感，如图 9-32a 所示。易挥发的二硫或三硫化合物大多数能产生有刺激性的葱蒜气味，如图 9-32b 所示。异硫氰酸酯类一般都具有催泪性刺激辛香气味，如图 9-32c 所示。含硫的杂环化合物与含氮杂环化合物类似，嗅感复杂多样。其中噻唑类化合物大多数都有较强烈的嗅感。

CH_3SH	$(CH_3)_2CH(CH_2)_2SH$	$C_6H_5-CH_2SH$	C_6H_5-SH
恶臭	臭气	蒜臭	蒜臭

a

$CH_3-S-S-C_3H_7$　洋葱气味

$CH_2{=}CHCH_2-S-S-CH_2CH{=}CH_2$　大蒜气味

$CH_2-S_3-C_3H_7$　辛香气味

b

$CH_2{=}CHCH_2-NCS$	$CH_3S(CH_2)_2-NCS$	$C_6H_5-CH_2CNS$
催泪辛辣味	萝卜辣味	辛辣气味

c

图 9-32　含硫化合物嗅感

9.3.2.3　风味物质分子的结构参数

1. 嗅感信息的分类

气味的性质可能与嗅感分子的形状等参数有关，组成嗅感信息图形的基本模式可归结于刺激分子结构的拓扑特性，受体区域可能在二维空间或三维空间(即响应时间)。但要测定嗅感分子结构中所有的信息以及嗅感中各种复杂信息之间的关系是很困难的。只能采用一些简化的方法进行研究：例如只考虑分子结构中的主要结构参数和嗅感物的主要组分，不考虑其次要参数及组分；假定基本嗅感所代表的信息是占优势的信息模式，其他气味的信息模式通常不占优势等。为了便于研究，根据信息图形结构将气味分成 3 类。

(1)基本特征类　这是指由单一的基本模式强烈地占优势的嗅感，即该嗅感物能用一种基本模式来代表其主要气味信息，并且嗅感通常是强烈的。这类气味可以借助一些关键词来描述，如樟脑气味、尿气味、麝香气味等。据估计人类嗅感信息中的基本模式可能有 30 多种，但大部分还没弄清楚，目前可以包括按嗅觉缺失研究而确定的 8 种原嗅。

(2)综合特征类　这类嗅感是由多个互相不占优势的信息模式组成，如果其中包含的基本模式数目较少，属简单综合特征型；若包含的模式数目很多，便为复杂综合特征型。由于这类气味包含多种各自具有一定强度的信息模式而又没有任何一种占主导地位，所以这类嗅感常用一些表示复合气味总体特征的词汇，如“草莓型”“玫瑰型”“丁香型”等来描述或用一些表示气味所属种类范围的词汇如“水果型”、“花香型”、“香辣型”等来描述。某些嗅盲人对这类气味会感到总强度降低或改变其嗅感的性质，而不会像对基本特征类气味那样会使嗅感全部丧失。

(3)本底特征类　这类嗅感由许多低强度的信息模式组成，信息图形非常复杂，信息结构与“噪声本底”的概念类似，其嗅感性质是非特征性的，常与“杂气味”相联系。其嗅感强度是许多微小作用结果的总和，饱和烃的气味属于这类。

2. 极性基团数目及构象自由度

当气味分子与受体作用时，要发生能量效应、立体互补性和极性相合性等作用。因此，在嗅感分子的结构参数中，极性官能团的数目及其构象自由度是影响其嗅感的主要参数。因为在后一参数中，构象自由度大的柔性分子较易适应受体的这种要求，能量效应也较低；而刚性分子则使能量效应增大。将嗅感分子按极性功能团数目分成3类，每类又分为柔性分子和刚性分子两方面来进行探讨。

(1)非极性分子与弱极性分子　这类分子与受体接触时几乎都是以完全杂乱的向位相互作用的，一般很难显示嗅感的信息图形。但其中某些柔性分子也有可能通过向位或构象的改变来适应受体的空间要求。当刚性分子或某些柔性分子与受体之间存在空间可接近性或某种程度的适应性时，刺激分子和受体便会产生非极性基团间的弱相互作用。由于这些非极性分子是通过广泛的各种向位和构象变化来与均匀分布于嗅黏膜上的各嗅细胞膜发生作用，因而产生的信息图形几乎没有特征性，而且信息模式也只能是低强度的。由此可以预计，这类分子能产生气味，其嗅感性质特征应主要属于背景特征类气味，其嗅感强度很低。

(2)含单个极性官能团的分子　大多数嗅感分子均具有一个在空间上可接近的极性官能团。它们与嗅黏膜作用能可逆地键合受体膜上的同一极性端。其作用效率主要取决于两者的结构形状和两者结合的一致性。若分子的形态不妨碍与受体接近，而且分子是处于进入合适位置的向位时，刺激分子和受体膜之间便能出现强烈的相互作用。虽然这些条件和要求导致单个极性基团的分子出现相互作用的机会比非极性分子有更多的限制，一旦出现，其作用效率却比后者高得多。因此，这类嗅感分子包括柔性和刚性分子。其嗅感性质将主要是综合特征类或基本特征的，其中柔性分子产生综合特征类气味的可能性更多些，刚性分子常呈现基本特征类气味。如果产生刺激分子处于其他向位，并借助其非极性基团与受体发生微弱作用的情况，该物质产生的气味属背景特征类。

(3)含多官能团的极性分子　当嗅感分子含有两个极性官能团时，只有分子的构型及两个极性基团均能与受体膜的特征结构互补时才能相互作用，所以这类刺激分子产生嗅感的机会将有更多的限制。当两者一旦产生作用时，其效率将是很高的。因此，这类刺激分子产生的嗅感性质主要是基本特征类气味，且嗅感强度很高。如果这类分子的极性基团未能达到向位，其非极性基团却与受体发生弱相互作用也会呈现背景特征类气味。这类分子的衍生物也可能与受体作用而产生简单的综合特征类气味。

当分子中含有在构型上有利的三个极性官能团或两个极性基团和一个非极性基团的结构特征时，若这些结构特征能同时与受体相互作用，则具有产生基本特征类气味的最大机会。但这种情况在嗅感作用中不太可能发生。也有人认为，这种高度选择性的相互作用是产生甜味感的模式。

上述讨论的关系可简单归纳在表9-11中。由此可见，当参与和受体作用的嗅感分子的官能基团数目增加时，其嗅感的性质一般是从背景特征气味逐步经由复杂的综合特征气味到简单的综合特征气味，最后转向基本特征类气味；同时，柔性分子的嗅感性质比刚性分子更容易从背景特征类气味转向基本特征类气味；其嗅感强度一般是由低向高转变。

表9-11　嗅感分子参数和嗅感作用特征

分子极性特征	嗅感性质特征		嗅感强度	有无嗅感缺失
	柔性分子	刚性分子		
无	背景特征类	多为背景特征类，某些为复杂综合特征类	无→低	无
一个极性基因	综合特征类或基本特征类，某些为背景特征类	多为基本特征类，某些为简单综合特征类和背景特征类	无→高	可能有
多功能分子	基本特征类，某些为综合特征或背景特征类	基本特征类，某些为弱的简单综合特征	无→高	有

9.4　食品加工与风味物质的形成

尽管一种食品的风味是由很多物质体现出来的，但往往是几种特征化合物或关键化合物决定了食品的风味特征。在探索风味物质形成过程时，一般区分为两种情况：其一是原料生长、成熟及贮藏过程中产生的风味物质；其二是食品加工过程中形成的风味物质。根据风味物质产生的基本原理，其可大致划分为非酶反应途径和生物合成途径两大类。由于嗅感物质的复杂性和易变性，下面较多地介绍嗅感物质。

9.4.1　常见非酶反应中嗅感性质的形成

9.4.1.1　美拉德反应与嗅感物质的形成

美拉德（Maillard）反应，又称羰氨反应，是指氨基化合物和羰基化合物之间的反应。法国著名化学家 Maillard L. C. 于 1912 年发现了该反应，并对其进行了深入研究。以后的研究表明，Maillard 反应不仅能影响食品颜色，而且对风味也有重要作用。几乎所有含羰基（来源于糖或者油脂氧化酸败过程中产生的醛和酮）和含氨基（来源于蛋白质）的食品在常温和高温条件下都能发生该反应，并生成各种嗅感物质。因此，Maillard 反应是热加工食品中风味物质产生的最重要途径之一和研究热点。

Hodge 于 1953 年提出了 Maillard 反应的历程，认为 Maillard 反应过程可以分为初期、中期和末期三个阶段，每一阶段又可细分为若干反应。该理论至今仍是理解 Maillard 反应的基础。Maillard 反应的产物十分复杂，既和参与反应的羰基化合物及氨基化合物有关，还与受热的温度、时间、pH、水分等因素有关。一般来说，当受热时间较短、温度较低时，反应产物除了 Strecker 醛类以外，还由特征香气的内酯类和呋喃类化合物等；当温度较高、受热时间较长时，生成的嗅感物质种类有所增加，还有吡嗪、吡咯、吡啶等具有焙烤香气的物质。

1. Maillard 反应机理

Maillard 反应可以在醛、酮、还原糖及脂肪氧化生成的羰基化合物与胺、氨基酸、肽、蛋白质甚至氨之间发生反应，其化学反应过程如下。

（1）初期阶段　该阶段包括羰氨缩合和分子重排两种作用。氨基化合物中游离氨基与羰基化合物中游离羰基缩合形成亚胺衍生物，该产物称为席夫碱（Schiff's base），该物质不稳定，随即环化成 *N*-葡萄糖基胺，反应历程如图 9-33 所示。

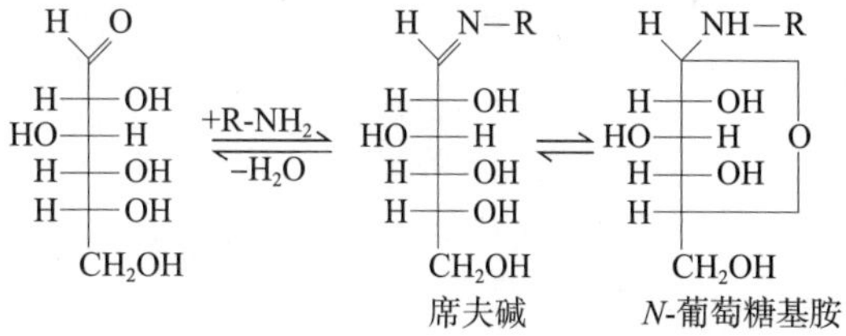

图 9-33　羰氨缩合反应及 N-葡萄糖基胺的形成

N-葡萄糖基胺在酸的催化下经阿姆德瑞（Amadori）分子重排生成 1-氨基-1-脱氧-2-酮糖，即单果糖胺，该反应历程如图 9-34 所示。此外，酮糖还可与氨基化合物生成酮糖基胺，而酮糖基胺可经过海因斯（Heyenes）分子重排异构成 2-氨基-2-脱氧葡萄糖。Maillard 反应初级阶段产物不会引起食品色泽和香味的变化，但其产物是风味物质的前体成分。

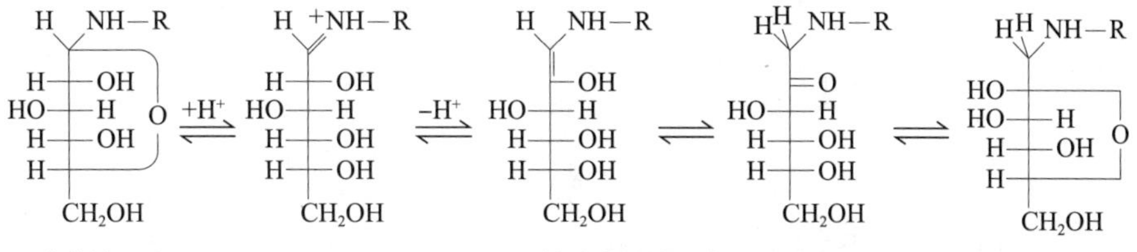

图 9-34　阿姆德瑞（Amadori）分子重排

（2）中期阶段　主要是初期阶段产物的进一步降解过程，反应主要按以下三条途径进行。

①果糖基胺脱水生成羟甲基糠醛（hydroxymethylfurfural，HMF）。该过程总的结果是脱去胺残基（$R—NH_2$）和糖衍生物经脱水转变为 HMF，反应历程如图 9-35 所示。

②果糖基胺脱去胺残基重排生成还原酮，如图 9-36 所示。

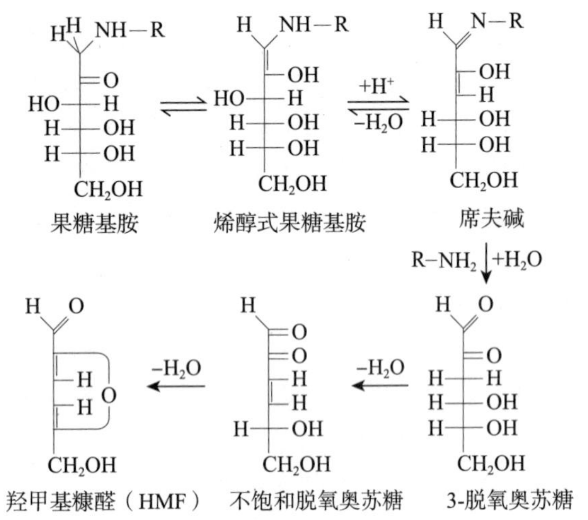

图 9-35 羟甲基糠醛形成途径

③氨基酸与二羰基化合物的作用。在二羰基化合物存在的条件下，氨基酸可发生脱羧、脱氨作用，成为少一个碳原子的醛（Strecker 醛），氨基则转移到二羰基化合物上，该反应称为斯特雷克尔（Strecker）降解反应，反应历程如图 9-37 所示。半胱氨酸、甲硫氨酸等氨基酸的斯特雷克尔降解反应对风味特别是肉类风味的形成具有重要意义。

（3）末期阶段　该过程包括醇醛缩合、醛氨缩合、环化反应等。Maillard 反应中期阶段形成的大量有活性的中间体，如糠醛及其衍生物、二羰基化合物、还原酮类、Strecker 降解反应产生的醛等，可进一步缩合、聚合或与氨基酸反应，最终生成高分子色素、吡嗪和咪唑环等风味物质。

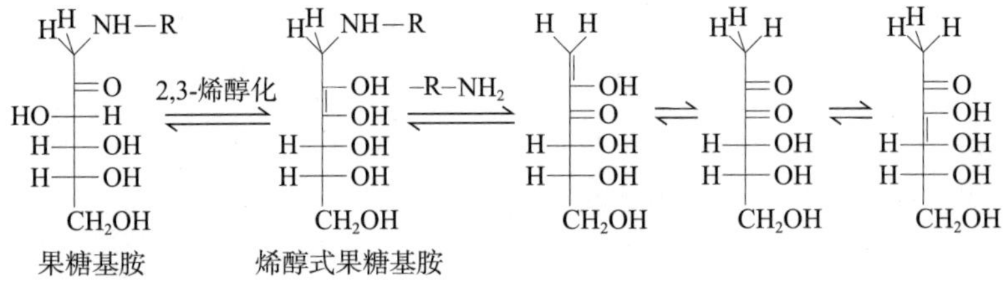

图 9-36 美拉德反应中还原酮的形成途径

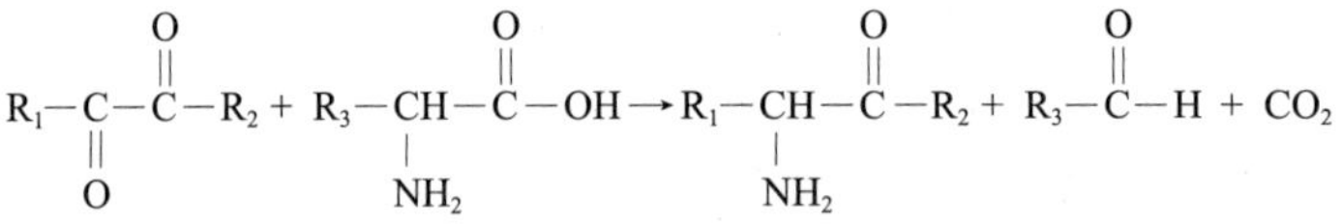

图 9-37 斯特雷克尔（Strecker）降解反应

2. Strecker 降解反应与嗅感物质的形成

（1）半胱氨酸参与反应　产生硫氢基乙醛和 α-氨基酮。应注意的是，当中间体半胱氨酸反应时，其可分解产生硫化氢、氨和乙醛（图 9-38）。这些物质都是形成强香味化合物的十分重要的活性中间体，而这些强香味化合物在肉的风味中具有重要的作用，由此可以看出，半胱氨酸在肉类风味产生过程中的重要性。蛋氨酸的 Strecker 反应是含硫中间体的另一个重要来源。该反应会产生甲硫氨、甲硫醇和 2-丙烯醛，反应历程如图 9-38 所示。

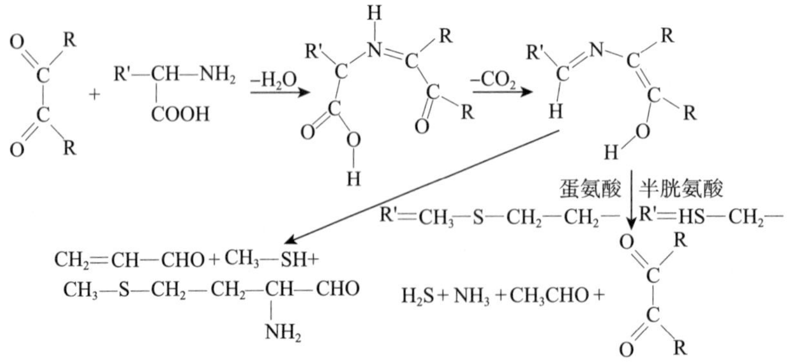

图 9-38 由半胱氨酸、蛋氨酸的 Strecker 反应产生活性中间体的途径

(2)Strecker降解反应与吡嗪类物质的形成　在许多食品的热加工中,吡嗪是常见的挥发性物质,几乎所有品种的熟肉中都有吡嗪类物质的存在。烷基吡嗪的最可能形成途径是由Strecker降解生成的氨基酮自身缩合形成,其历程如图9-39所示。吡咯[1,2-a]吡嗪和双环吡嗪,即烷基-(5H)-6,7-二氢环戊烷基并[b]吡嗪是烤牛肉串的特征香味物质。前者衍生自α,β-双羰基化合物(来自糖还原作用)的缩合作用图9-40a,而后者来自α,β-双羰基化合物与烷基羟基环戊酮(如1-羟基-2-甲基-环戊-5-酮)和NH_3的反应,如图9-40所示。Shahidi等已经成功地完成了对熟肉中挥发性物质归类的工作,他们列出了牛肉中的48种、猪肉中的36种、羊肉中的16种吡嗪类物质。Bailey和Einig列出了牛肉的小分子渗出物经加热后产生的37种吡嗪,其中25种是烷基吡嗪,5种是环戊吡嗪。Motram等在加工好的烤猪肉中发现了27种吡嗪,占猪肉中所发现的总挥发性物质的77%。由此可以看出,对高温加热的熟肉来说,吡嗪类物质是嗅感物质中非常重要的成分。

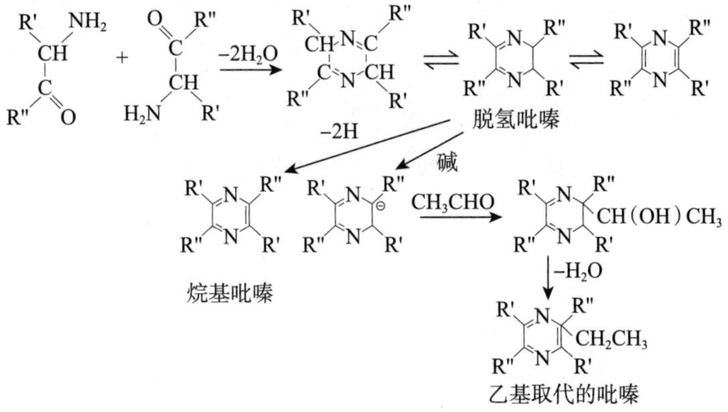

图9-39　烷基吡嗪的形成途径

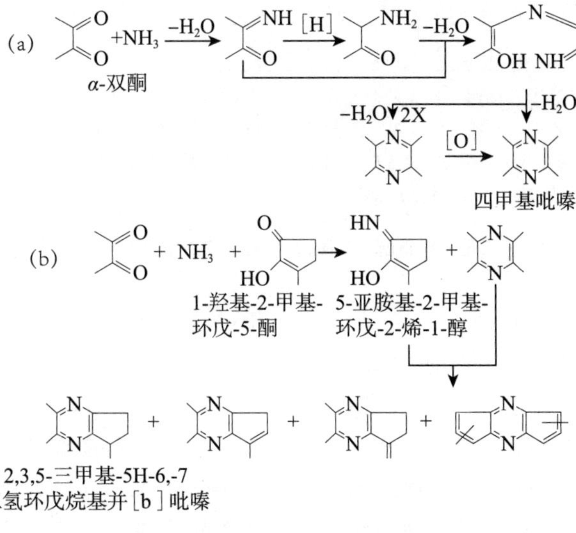

图9-40　烤肉特征香味物质的形成

(3)Strecker降解反应与内酯类物质的形成　降解反应生成的醛可在加热的条件下脱水生成不饱和酮醛化合物。该化合物与氨基化合物缩合、脱羧形成席夫碱,进一步反应形成氨基醛类,而后经脱氢、脱水、环化等反应生成内酯类化合物。该反应途径如图9-41所示。

(4)Strecker降解产物与含硫杂环化合物的形成　大多数研究者认为,含硫化合物是肉类烹制过程中形成的最重要的挥发性物质,含硫前体物质,如半胱氨酸、胱氨酸以及肽类谷酰胺等,是热处理过程中产生的肉香味不可替代的化合物。它们参与Mailard和Strecker反应形成挥发性的含硫化合物。乙醛、氨和甲硫醇都可通过Strecker反应生成,这些物质与H_2S反应,形成含硫杂环化合物等,形成途径如图9-42所示。

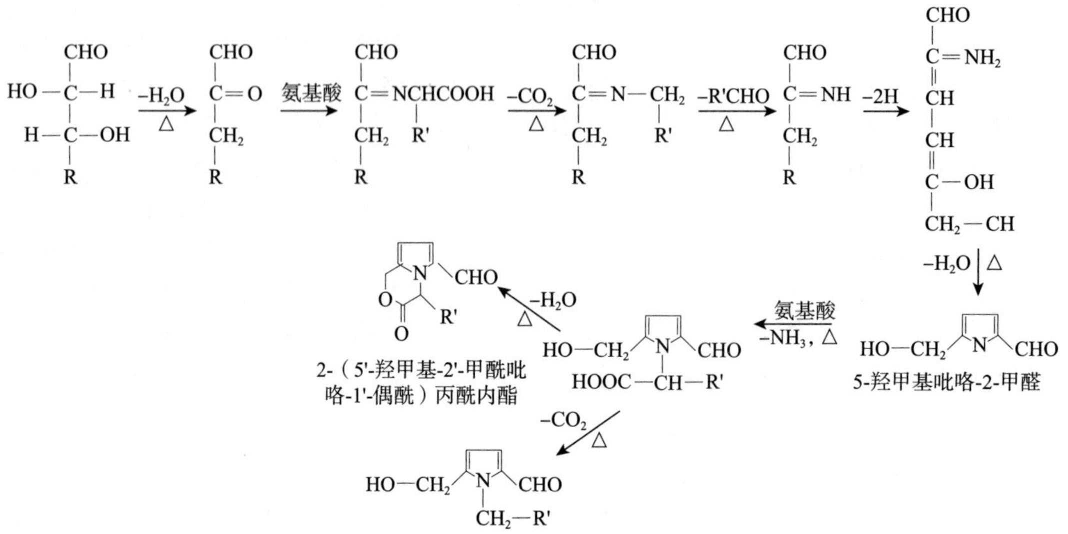

图 9-41　内酯类化合物形成途径示意

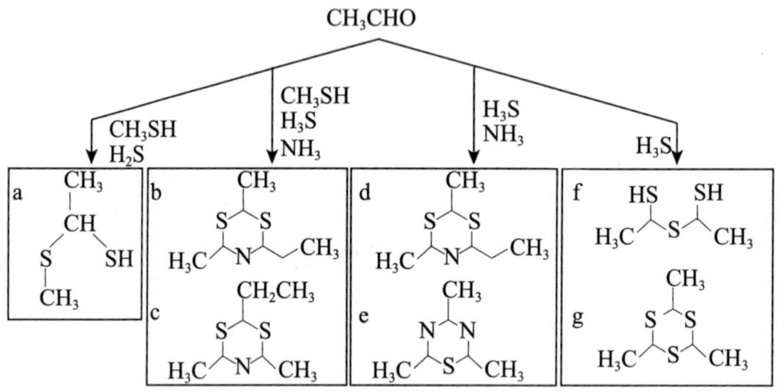

a. 1-甲硫基-1-乙硫醇；b. 4-乙基-2,6-二甲基二氢-1,3,5-二噻嗪；
c. 2-乙基-4,6-二甲基二氢-1,3,5-二噻嗪；d. 5,6-二氢-2,4,6-三甲基-1,3,5-二噻嗪；
e. 5,6-二氢-2,4,6-三甲基-1,3,5-噻二嗪；f. 二（1-巯基乙基）硫；
g. 2,4,6-三甲基-1,3,5-三硫杂己烷。

图 9-42　乙醛、甲硫醇、氨和硫化氢反应生成含硫化合物途径

3. Amadori 分子重排与嗅感物质

由羰氨缩合反应所形成的 N-葡萄糖基胺，经 Amadori 分子重排生成 1-氨基-1-脱氧-2-酮糖，即单果糖胺。该物质经去胺残基和脱水作用可产生许多嗅感物质中间体，这些中间体可进一步环化或断裂形成一些重要的嗅感物质，其中最重要的是环状含氧化合物的形成，这类物质对肉类风味的形成起着重要作用，其形成途径如图 9-43 所示。如由戊糖生成的 5-甲基-4-羟基-3(2H)-呋喃酮，由己糖生成的 2,5-二甲基-4-羟基-3(2H)-呋喃酮（醇），以及异麦芽醇、麦芽醇、4-羟基麦芽醇和 3-甲基-2-羟基环戊烯-2-酮（环烯）等。

4. 呋喃、噻吩和吡咯类物质的形成

呋喃类物质可由 Heyns 化合物或 Amadori 化合物经过 1,2-烯醇化途径产生的，该途径如图 9-44、图 9-45 所示。在这些呋喃类物质中，最重要的一种是 2-呋喃醛。它不仅是其他呋喃类物质的重要前体物质之一，而且是其他杂环化合物如噻吩和吡咯的前体物质。这可能是因为当 H_2S 或 NH_3 存在时，呋喃环的氧可能被硫和氮取代，生成了相应的噻吩或吡咯衍生物。

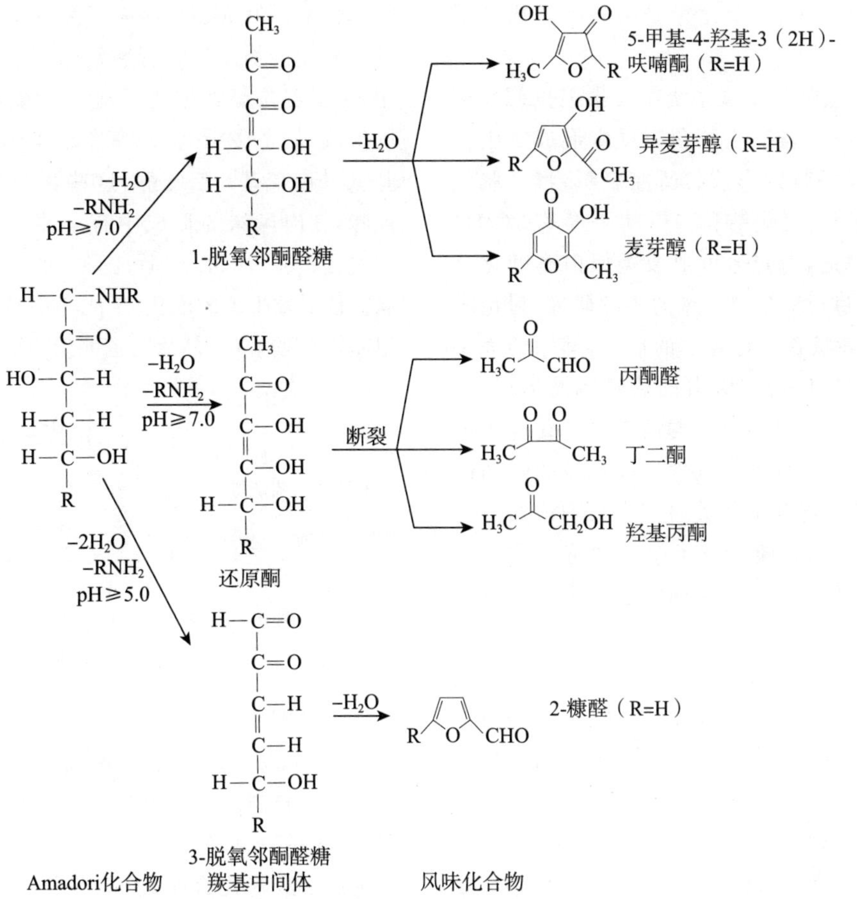

图 9-43 Amadori 分子重排产生嗅感物质的途径

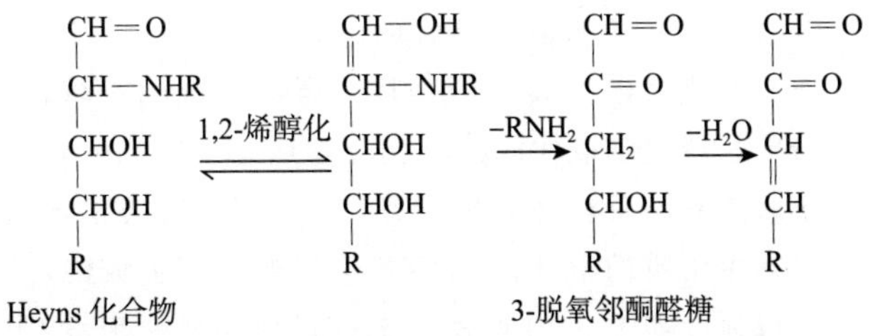

图 9-44 Heyns 化合物 1,2-烯醇化形成不饱和邻酮醛糖途径

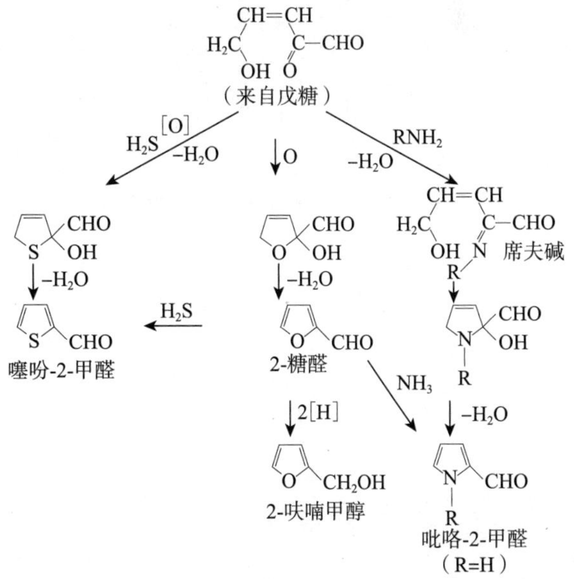

图 9-45 部分呋喃、噻吩和吡咯类物质产生的途径

5. 呋喃类衍生物形成的含硫化合物

含硫化合物是肉香中非常重要的一类嗅感物质，若从加热牛肉所得的挥发性成分中去掉硫化物，肉香味几乎完全消失。这一类化合物的形成途径较为复杂，其中有前面所述的由 Strecker 反应生成的乙醛、氨和甲硫醇等小分子物质与 H_2S 反应生成含硫杂环化合物，另外一条重要途径是由呋喃类成分形成的。

呋喃类的衍生物是模型系统中发生美拉德反应的主要产物，它可以与硫化氢和氨反应形成二级反应产物而参与肉香味的形成。研究表明，将半胱氨酸、谷酰胺、丙氨酸、硫化钠和二甲基-4-羟基-3(2H)呋喃酮(呋喃醇)进行加热，可形成类似肉香的化合物。Macleod 通过对熟牛肉香味的各种研究，讨论了所鉴别的 25 种环状含硫化合物的形成，其中的大多数是通过美拉德反应或硫胺素的热降解而形成的，由美拉德反应形成的最为重要的肉类风味化合物可能是在 1、2 或 5 位上有甲基或含硫取代基的呋喃或噻吩。这一点已经得到了相关研究中得到证实。C_2 和 C_5 的烷基及 C_3 的含硫基对于呋喃和噻吩的衍生物很重要，此外，两个呋喃环和两个或更多个硫原子使肉味增加。

Van denOuweland 和 Peer 对含硫衍生物的形成做了研究，他们用硫化氢和 5-甲基-4-羟基-3(2H)呋喃酮反应形成一些具有肉香的呋喃和噻吩酮巯基取代衍生物，得出结论：反应经过 2,4-二酮中间体，而后和硫化氢反应形成噻吩酮。该过程如图 9-46、图 9-47 所示。已经证实，这些化合物中的 5-甲基-4-巯基-四氢-3-呋喃酮具有强烈肉香味，可以将其视为一种肉类风味效应化合物。

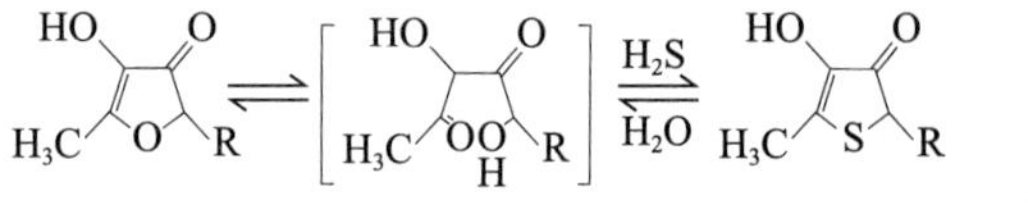

5-甲基-4-羟基-3(2H)呋喃酮　　5-甲基-4-羟基-3(2H)噻吩酮

图 9-46　呋喃酮与硫化氢形成噻吩酮途径

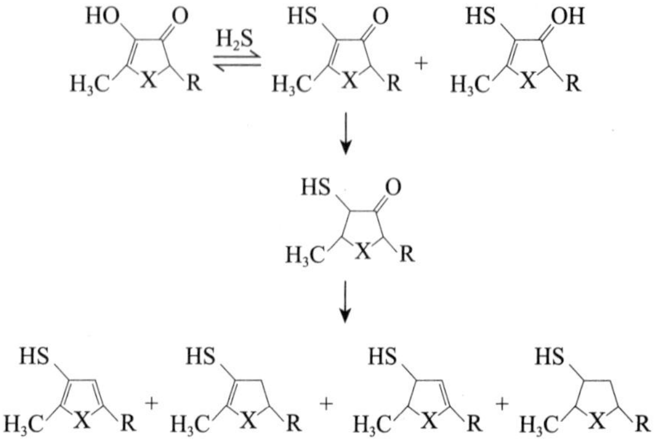

图 9-47　硫化氢与呋喃酮(X=O)或噻吩酮(X=S)形成含硫化合物途径

Werkhoff 等通过加热模型系统中胱氨酸、硫胺、抗坏血酸以及 MSG，形成了为数众多的具有肉香味的含硫化合物。尽管所鉴别的很多成分由硫醇降解生成，但美拉德类型的反应也可能参与有些化合物的形成，如 1-(2-甲基-2-噻吩硫基)-乙硫醇和 1-(2-甲基-3-呋喃硫基)-乙硫醇，这些化合物具有特殊的肉风味，在肉风味的形成中有重要作用。其可通过这些途径产生：Maillard 反应形成的呋喃和噻吩，在 2 位和 3 位上发生硫的取代，生成 2-甲基-3-呋喃硫醇和 2-甲基-3-噻吩硫醇，然后与乙醛反应而成(图 9-48)。

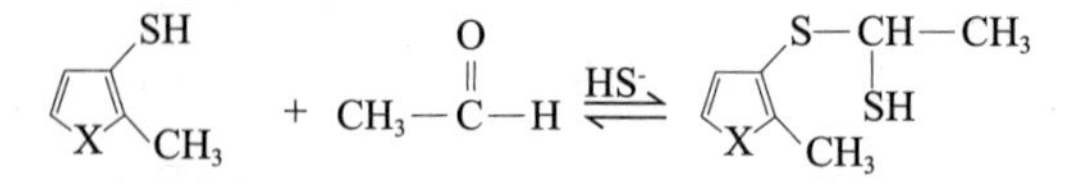

2-甲基-3-呋喃硫醇 (X=O)　　1-[(2-甲基-3-呋喃基)硫]乙硫醇 (X=O)

2-甲基-3-噻吩硫醇 (X=S)　　1-[(2-甲基-3-噻吩基)硫]乙硫醇 (X=S)

图 9-48　乙醛、硫化氢和甲基呋喃(或甲基噻吩)的反应产物

6. 吡啶类物质的形成

在 Mailard 反应体系中，葡萄糖可通过两条相类似的途径分别形成 2-甲基-3-羟基吡啶和 2-羟甲基-5-羟基吡啶等吡啶类物质。其基本过程是葡萄糖经反应生成双羰基化合物，双羰基化合物与氨基酸发生 Strecker 反应生成 Strecker 醛和氨基酮类物质，氨基酮再进一步环化、脱水，最后形成吡啶类物质。该途径如图 9-49 所示。

7. 美拉德反应与脂质的相互作用

脂质降解生成的羰基化合物可与氨基酸或美拉德反应的其他中间产物进行后续反应，生成风味化合物，它们对猪肉的整体风味有重要的作用。一些长链的烷基取代的杂环化合物已经在肉的风味中被鉴定出来，这些化合物可能来自由脂质降解的醛与由美拉德反应生成的杂环化合物之间的反应。Ho 等已经研究了亚油酸降解的主要产物之一——2,4-癸二烯醛对模型体系中杂环化合物生成的贡献，大量的长链烷基取代的杂环化合物从 2,4-癸二烯醛和半胱氨酸的反应体系中得到。2-戊基吡啶通常被认为是由脂质的氧化产物参与美拉德反应生成的，其形成途径如图 9-50 所示。根据目前的研究来看，脂质的氧化产物参加美拉德反应是在猪肉烹饪期间风味形成中最重要的反应。它们的相互作用产生了猪肉特征的芳香气味。

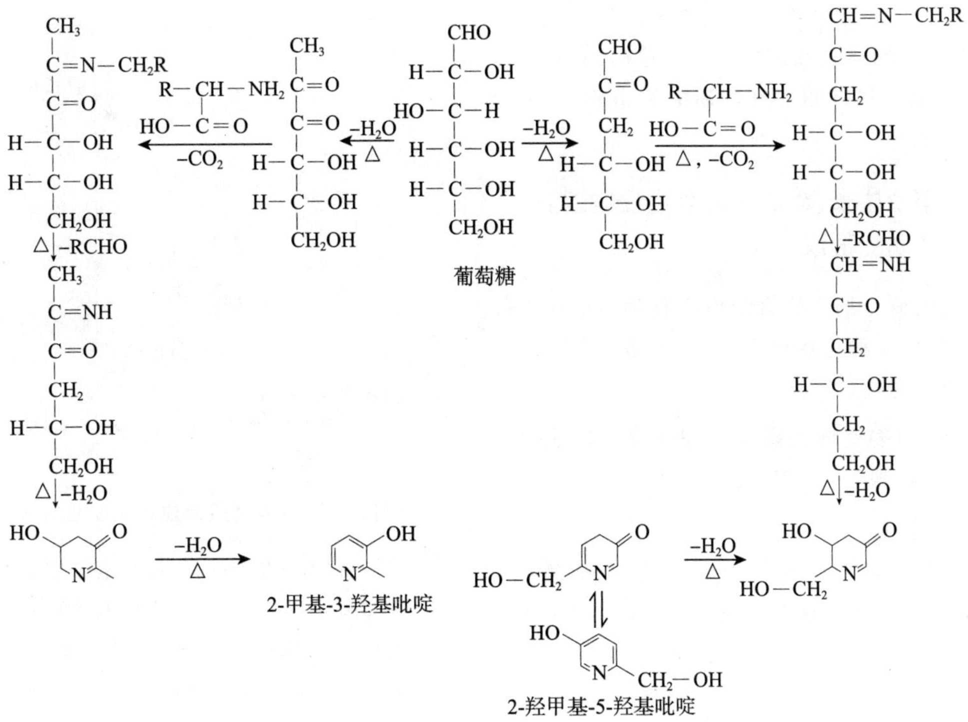

图 9-49　吡啶类化合物的形成途径

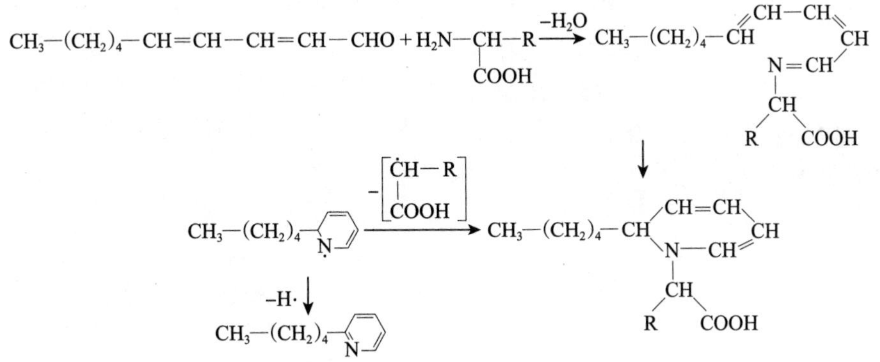

图 9-50　癸二烯醛参与美拉德反应形成 2-戊基吡啶途径

9.4.1.2　可见光照射与嗅感物质的形成

可见光的能量比 γ 射线低，在一般情况下不足以引起食物基本成分的化学变化。当既有光照又有氧气存在时，有可能发生光氧化反应，尤其是当食品内含有易被光分解的物质时，可见光照射就更易发生光氧化作用而生成嗅感物质。当牛奶中含有核黄素时，经日光照射后容易产生“日光臭”；当大豆油中含有叶绿素时，在日光照射下也容易发生光敏反应，形成不良嗅感。很多食用色素都是光敏物质，所以有时也被称为光敏色素。

光敏氧化反应最先生成氢过氧化物中间体，这种中间体因光敏剂的类型不同而异。常见的作用方式有两种类型。如油酸甲酯在有食用色素赤藓红存在时，能使基态氧$^3O_2$变成单线态氧$^1O_2$，并使油酸的双键发生加成，得到两种氢过氧化物。但油酸甲酯在有左旋黄素色素存在的条件下会发生光敏氧化反应。该反应是单纯的自动氧化反应，生成 4 种氢过氧化物。由于两种途径所得到的氢过氧化物不同，所以在以后的反应中生成的挥发性低分子化合物的种类也不一样。实验表明，不仅含有不饱和脂肪酸残基的油脂会发生光敏氧化，其他各种不饱和化合物也会发生这种反应，尤其是食物中含有萜烯类化合物。当发生光敏氧化反应时，其会直接使其香气的性质和强度发生较大改变。研究结果表明，β-类胡萝卜素的存在能阻止基态氧被激发成激发态，光敏氧化反应能停止。由于β-类胡萝卜素对激发态氧有净化作用，故这类物质也称为猝灭剂。目前，对于光敏氧化和香气成熟机理相关性的研究报道不多，有待于进一步研究。

9.4.2 果蔬生长、成熟和贮存过程中嗅感物质的形成

果蔬中香气成分的生物合成由于其参与反应的前体物质不同，反应的途径也不一样，下面按反应前体物质分别进行介绍。

9.4.2.1 以氨基酸为前体的嗅感物质的生物合成

1. 支链氨基酸

在各种水果和蔬菜的嗅感成分中，都发现含有低碳数的醇、醛、酸、酯等化合物，合成这些嗅感物质的前体有很大一部分来自氨基酸，其合成的一般途径如图 9-51 所示。实验表明，当将 α-酮酸加入草莓匀浆中后，可以检出在酶催化下生成的物质比加入的 α-酮酸少一个碳原子的醛和醇。这一现象在草莓从生到熟的各个阶段所采集的匀浆内都存在。只有在催色期以后的成熟草莓匀浆中才能检出由这种醇基所形成的酯类。这说明在生草莓中，酯合成酶尚不具有活性，且这时也没有检出酯的另一个基质——低级游离脂肪酸。

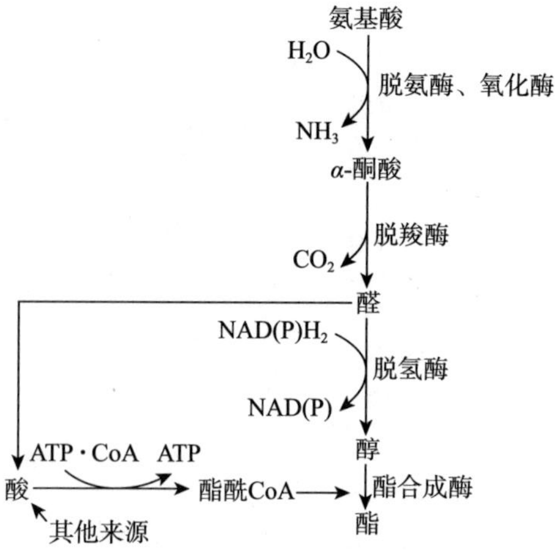

图 9-51 以氨基酸为前体生成酯的一般途径

苹果、洋梨、猕猴桃等水果是靠催熟来增加香气的。这些嗅感物质随着水果在后熟过程中呼吸高峰期的到来而急剧生成。例如，香蕉随着蕉皮由绿色变成黄色，其特征香气物质乙酸异戊酯等酯类含量迅速增加。洋梨的特征风味物 2,4-癸二烯酸酯的含量，也是在呼吸高峰期后 2～3 d 时升到最高值，这时洋梨吃起来风味也最好。苹果的特征风味物之一——异戊酸乙酯也是在后熟中形成。研究者认为，苹果和香蕉的上述特征风味成分就是以支链氨基酸——*L*-亮氨酸为前体生物合成的，其反应机理如图 9-52 所示。

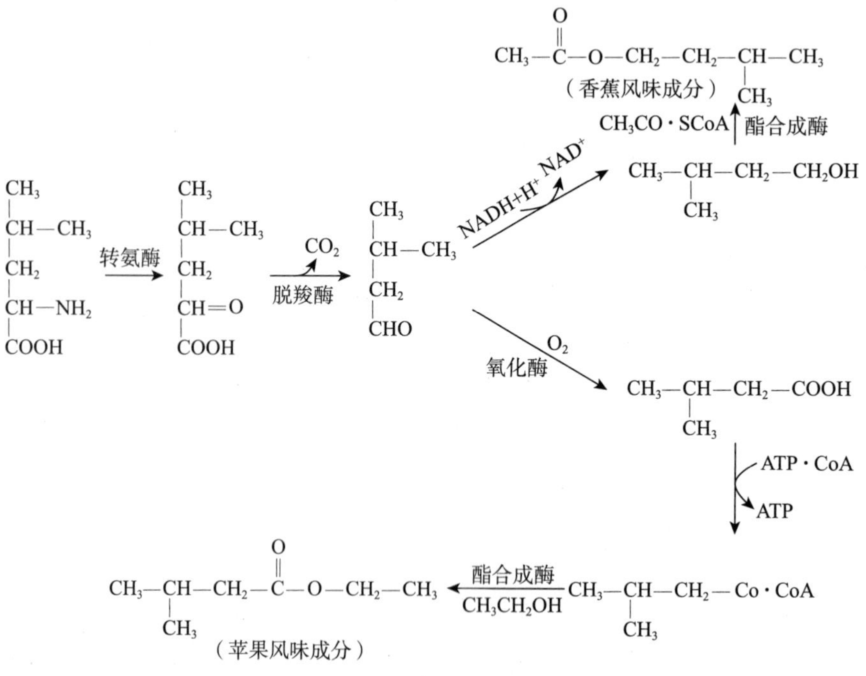

图 9-52 由亮氨酸生成异戊酸酯和异戊醇酯的途径

在番茄成熟过程中，异戊醇、乙酸异戊酯、异丁酸或丁酸异戊酯等的含量均有所增加，其中关键物质是异戊醛。曾有人将有示踪^{14}C的亮氨酸加入新鲜的番茄粗提物，得到含有^{14}C的异戊醛；而将该亮氨酸加入煮沸后的番茄粗提物中却无上述现象。这说明在番茄内由亮氨酸生成异戊醛具有酶促反应性质，也证实了图9-52所示的反应机理。

有些蔬菜的特征嗅感成分中含有吡嗪类化合物，如甜柿子椒和豌豆含有2-甲氧基-3-异丁基吡嗪，生菜和甜菜含有2-甲氧基-3-仲丁基吡嗪，叶用莴苣和土豆含有2-甲氧基-3-异丙基吡嗪等。这类化合物可以在植物体内生物合成，某些微生物（如假单胞菌属菌株）也能产生这类物质，其前体物质也是支链氨基酸，该反应途径如图9-53所示。

除亮氨酸，植物还能将其他类似的氨基酸按上述途径进行生物合成。如存在于各种花中 的具有玫瑰花和丁香花芳香的2-苯基乙醇，就是由苯丙氨酸经上述途径合成。此外，某些微生物，如酵母、产生麦芽风味的乳酸链球菌等也能催化上述途径的反应，转变大部分氨基酸。

2. 芳香族氨基酸

很多水果的嗅感成分中包含有酚、醚类化合物，如香蕉内的榄香素和5-甲基丁香酚、葡萄和草莓中的桂皮酸酯以及某些果蔬中的草香醛等。目前普遍认为，这些嗅感物质的前体是芳香族氨基酸，如苯丙氨酸、酪氨酸，其形成途径如图9-54所示。由于这些芳香氨基酸可由莽草酸生成，所以有时也将这个化合物合成过程称为莽草酸途径，通过这个途径还可以生成与香精油有关的香气成分。烟熏食品的香气在一定程度上也以这个途径中的某些化合物为前体。

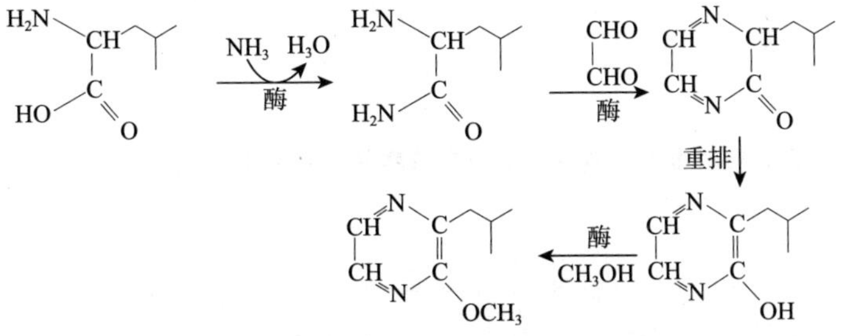

图9-53 由亮氨酸生成吡嗪类化合物途径

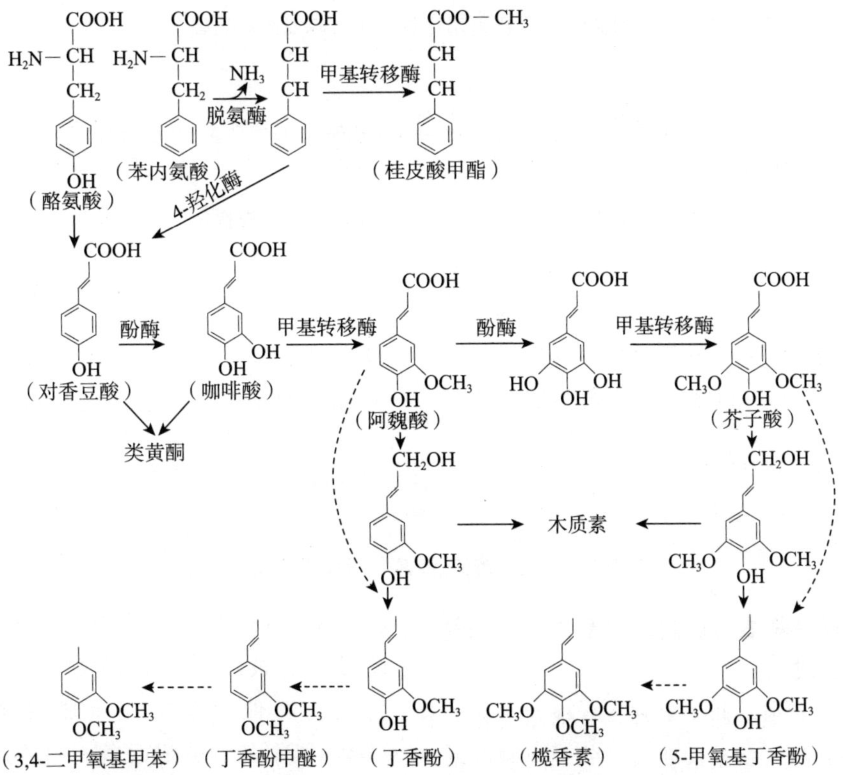

图9-54 水果中酚醚类化合物的生物合成途径(莽草酸途径)

3. 含硫氨基酸

葱、蒜、韭菜的主要特征嗅感成分是硫化物。目前普遍认为这些硫化物是以半胱氨酸为前体的生物合成产物，该反应途径如图 9-55 所示。由半胱氨酸生成的烃基次磺酸不稳定，在酶的催化作用下可以发生缩合、降解、重排、环化等反应，生成各种葱属植物的特征嗅感物质。当 R 基为烯丙基（$-CH_2-CH=CH_2$）时，形成蒜素（二烯丙基硫代亚磺酸酯），呈现刚切开的大蒜气味。其在酶或热的作用下会进一步降解生成三硫、二硫化合物及硫醚等，从而表现出大蒜在存放或烹调后的愉快香气。有时大蒜在长期存放后会产生苦味或其他异味，则是由其降解产物烃基硫代磺酸进一步降解生成的产物引起的，如图 9-56 所示。当 R 基为丙烯基（$CH_3CH=CH-$）和丙基时，上述反应生成的硫化物主要呈现洋葱气味。丙烯基次磺酸在葱酶的催化下，1 min 内即生成有催泪性的气体——S-氧化硫代丙醛，所以在刚切开洋葱时会有强烈的催泪性嗅感。当 1～2 h 后，S-氧化硫丙醛会进一步形成丙醛或 2-甲基-2-戊烯醛，这时刺激性嗅感消失，呈现出醛和烯醛的特有气味。这一系列反应如图 9-57 所示。

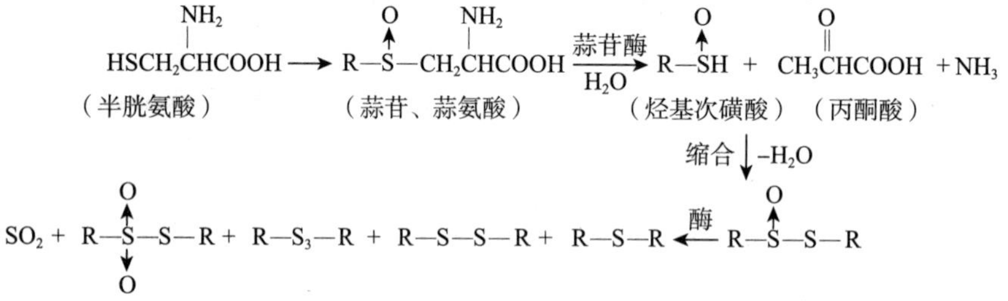

图 9-55 由半胱氨酸形成葱属植物特征嗅感物质(硫化物)途径

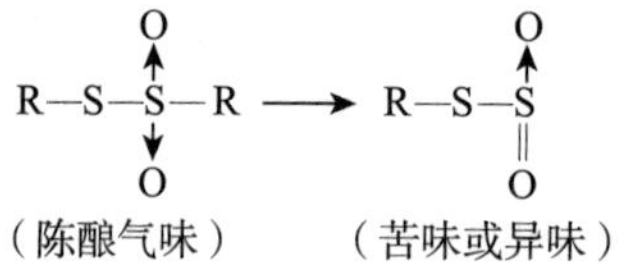

图 9-56 大蒜长期存放产生苦味或异味途径

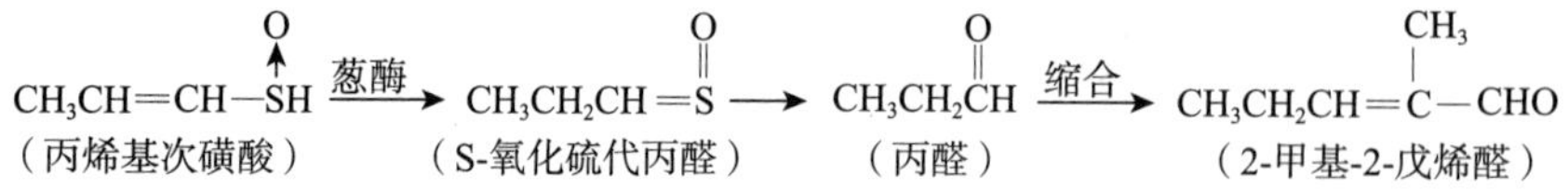

图 9-57 洋葱催泪成分形成及消失反应途径

当 R 基为甲基和正丙基时，其降解得到的硫化物则表现出细香葱气味。由此可见，在以半胱氨酸为前体形成的产物中，只有丙酮酸是一种稳定的化合物。因此有人认为，可以通过测定丙酮酸的含量来衡量葱属蔬菜制品的风味强度。

在甘蓝、芦笋、海藻等的嗅感成分中含有甲硫醚，有人认为这是以生物体内的甲硫氨酸为前体合成的，其可能的合成途径如图 9-58 所示。

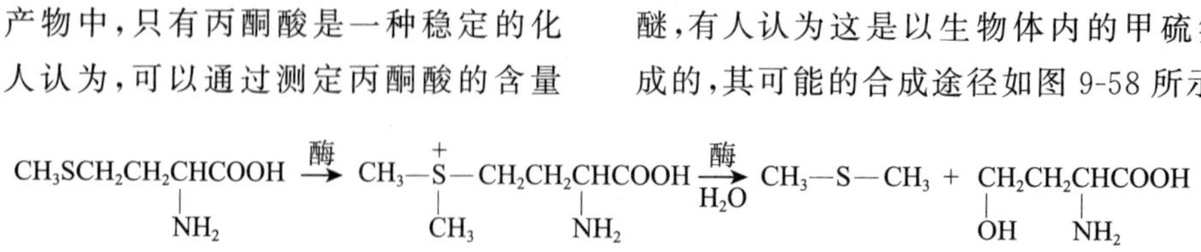

图 9-58 甘蓝、芦笋、海藻等形成甲硫醚的途径

9.4.2.2 以羟基酸为前体的嗅感物质的生物合成

柑橘类水果及其他一些水果都含有烯萜类化合物，包括开链萜和环萜，这是这些水果的重要嗅感物质。这些烯萜是生物体内通过异戊二烯途径合成的，其前体被认为是甲瓦龙酸（一种 C_5 的羟基酸），该物质在酶催化下首先生成焦磷酸 2-异戊烯酯（DMAPP），然后分成两条不同的途径进行合成，这一系列反应如图 9-59 所示。这些反应的产物大多呈现天然芳香，如柠檬醛、橙花醛是柠檬的特征香气成分，苧烯是酸橙的特征香气成分，β-甜橙醛 是甜橙的特征香气成分，诺卡酮是柚子的重要嗅感物质。

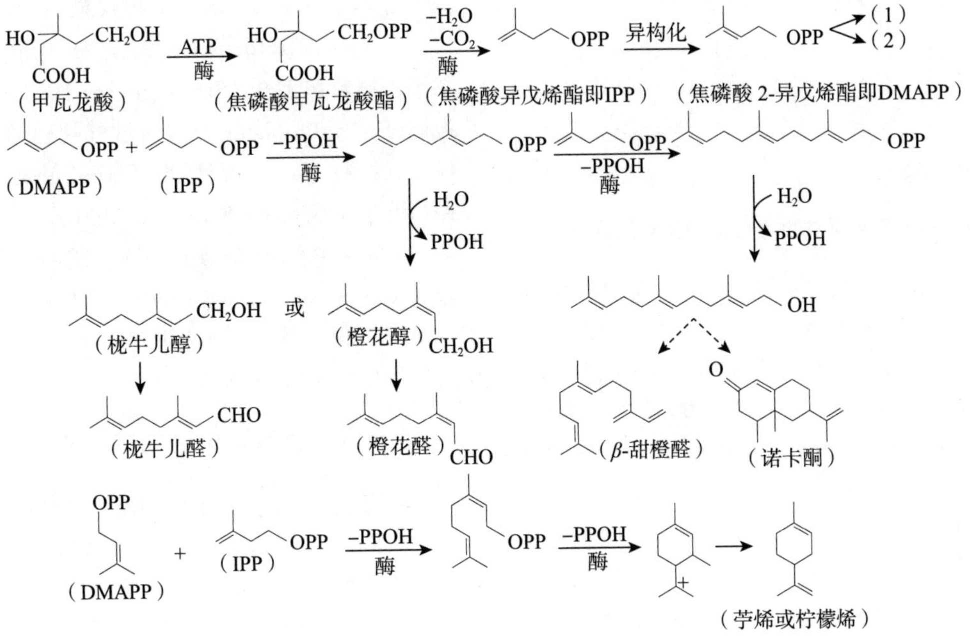

图 9-59 由异戊二烯生物合成萜类化合物途径

9.4.2.3 以单糖、糖苷为前体的嗅感物质的生物合成

水果中存在大量的各种单糖。它们不但构成了水果的味感成分，而且也是许多嗅感成分，如醇、醛、酸、酯类的前体物质，其生物合成途径如图 9-60 所示。单糖经无氧代谢生成丙酮酸后，再在脱氢酶催化下氧化脱羧生成活性乙酰辅酶 A，而后分两条途径合成酯：一是在醇转酯酰酶催化下生成乙酸某酯；另一是在还原酶催化下先生成乙醇，再合成某酸乙酯。

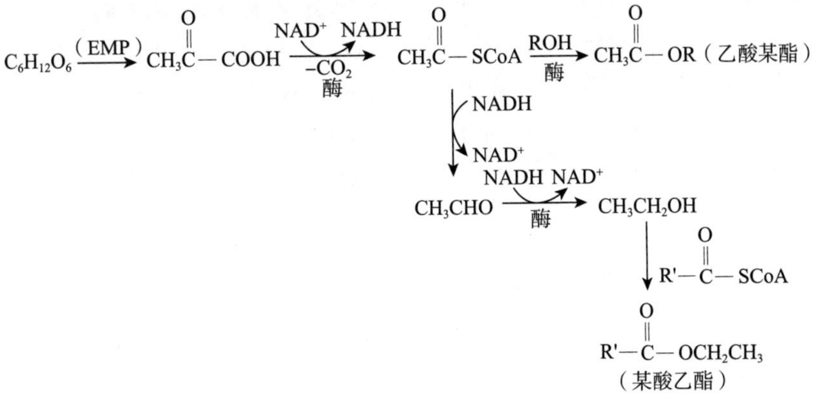

图 9-60 以单糖为前体生物合成酯类途径

9.4.2.4 以色素为前体的嗅感物质的生物合成

某些蔬菜的嗅感物质能以色素为前体进行生物合成，如番茄中的 6-甲基-5-庚烯-2-酮和法尼基丙酮，可由番茄红素在酶的作用下裂解形成，该途径如图 9-61 所示。

9.4.3 土腥味化合物的形成

土腥味化合物引起关注是因为它们是普遍存在的水体异味污染物，具有难闻的气味，引起了饮用水水质下降，也导致了渔业、食品业的损失。自然界中存在一些具有土腥味的化合物，主要包括 Geosmin

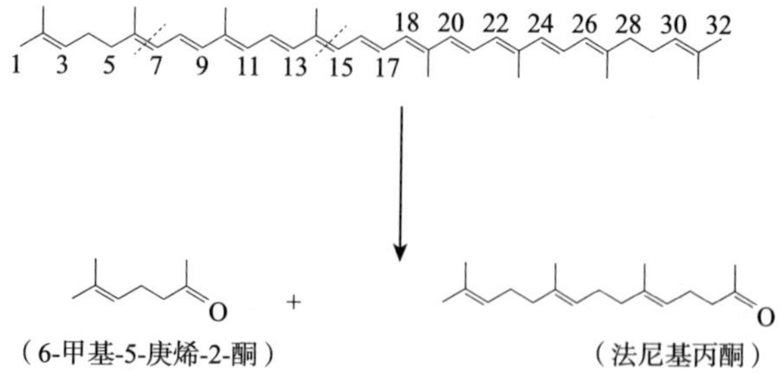

图 9-61 以色素为前体生物合成酮类物质途径

（反-1，10-二甲基-反-9-萘烷醇，*trans*-1，10-dimethyl-trans-9-decalol）、2-甲基异冰片（2-methylisoborneol MIB）、2-异丙基-3-甲氧基吡嗪（2-isopropyl-3-methoxypyrazine，IPMP）、2-异丁基-3-甲氧基吡嗪（2-isobutyl-3-methoxypyrazine，IBMP）及 2，3，6-三氯代茴香脑（2，3，6-trichloroanisole，TCA）等，其中以 Geosmin 和 MIB 为主。人和动物的嗅觉对这些挥发性物质极其敏感，在纯水中，人对 Geosmin 的嗅阈值为 15 ng/L，对 MIB 的嗅阈值为 35 ng/L，即便含有微量这类物质，也能感觉到浓烈的土腥味、土臭味、泥土味和霉味。根 *Nature* 报道，骆驼之所以能在茫茫沙漠中奇迹般地找到水源，是因为其嗅觉对这些化合物极其敏感。这些臭味物质难以被常规的净化方法清除，从而引起了研究者极大的关注。

长期以来，对土腥味化合物的研究主要集中在分析和检测产生菌的分离、鉴定以及净化处理等方面，对其合成代谢途径和生物学功能报道得较少。关于代谢途径，1981 年 Bentley 和 Meganathan 曾指出，Geosmin 和 MIB 来自倍半烯萜前体，但是用同位素标记过的半烯萜类化合物二磷酸法呢酯（farnesyl-diphosphate）来追踪 Geosmin 的合成并不成功，因为大部分的倍半烯萜都会抑制微生物的生长。Spiteller 等选择标记在代谢途径中更靠前的一些物质［5，5-$^2H_2$］-1-脱氧-D-木酮糖（［5，5-$^2H_2$］-1-desoxy-*D*-xylulose）、［4，4，6，6，6-$^2H_5$］-甲羟戊酸内酯（［4，4，6，6，6-$^2H_5$］-mevalolactone）和［2，2-$^2H_2$］-甲羟戊酸内酯来培养链霉菌 JP95（Streptomyces JP95）和苔藓植物地钱（Fosombroniapusila），通过气相色谱-质谱联用检测，发现 Geosmin 在链霉菌 JP95 中通过 MEP 途径（甲基赤藻糖醇途径，the methylerythritol pathway），而在地钱中是通过 MVA 途径（甲羟戊酸途径，the mevalonic acid pathway）合成的，两者均经过二磷酸法呢酯环化过程，再通过氧化脱烷、脱氢、环化等作用而生成 Geosmin。

9.4.4 豆腥味化合物的形成

研究表明，大豆种子中的脂肪氧化酶（lipoxygenase，即 EC1，13，11，12）能专一催化具有 1，4-顺，顺-戊二烯结构的多元不饱和脂肪酸（如亚油酸和亚麻酸等）的加氧反应，氧化后生成具有共轭双键的脂肪酸氢过氧化物，这些脂肪酸氢过氧化物再经脂肪酸氢过氧化物裂解酶分解成短碳链的醇类、酮类和醛类等挥发性物质，从而使豆制品产生豆腥味，甚至使豆油产生“异味”。这些化合物中最重要的挥发性物质就是己醛。图 9-62 为大豆种子中脂肪氧化酶催化亚油酸和亚麻酸形成挥发性化合物的途径，整个反应的酶系通常包括脂酶（Lp）、脂肪氧化酶（Lox）、脂肪酸氢过氧化物裂解酶（HPOLyase）、醇脱氢酶（Adh）和异构因子（IF）。大部分研究者认为，脂肪氧化酶（Lox）是豆腥味形成的关键酶，因而在遗传育种上，开展大豆种子脂肪氧化酶 3 种同工酶缺失体材料选育成为一个重要的研究课题。

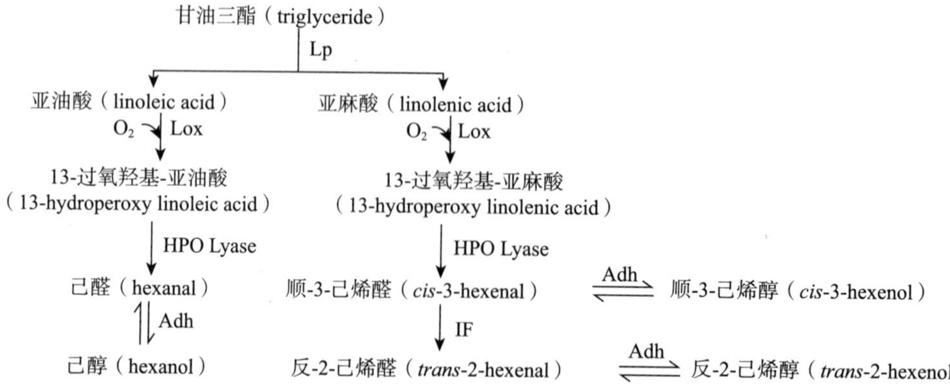

图 9-62 大豆种子脂肪氧化酶参与亚油酸和亚麻酸形成主要挥发性化合物的途径

9.4.5　鲜味物质的形成

人们平时喜欢用肉汤或骨头汤来烹制菜肴就是因为这些汤汁可增加菜肴鲜味。日本人早期用海带汤来增加鲜味，而现在更喜欢用鱼汁、香菇来增鲜。鲜味的产生是因为肉汤和鱼汁里有肌苷酸、海带汤里有谷氨酸、香菇含有鸟苷酸等，另外，琥珀酸对海贝类的鲜味有重要贡献。鲜味是一种复杂的综合味感，是基本味之一，其他4种基本味调配不出鲜味。食品鲜味物质多种多样，已知的有40多种，并且处于不断的发展中，目前尚无统一的分类标准。一般来说，可根据其来源和化学成分进行分类。在这些种类众多的鲜味物质中，以氨基酸类和核苷酸类最为重要。本节主要介绍宰后肌肉鲜味物质的形成以及*L*-谷氨酸（钠）、肌苷酸和鸟苷酸的生物合成途径和机理。

9.4.5.1　宰后肌肉中鲜味物质的形成

动物肌肉中的鲜味成分主要是游离氨基酸和核苷酸类。肉在成熟过程中的蛋白质受肌肉中组织蛋白酶的作用或微生物蛋白酶的作用，游离氨基酸的含量有所增加，其中最多的是谷氨酸、精氨酸、亮氨酸、缬氨酸、甘氨酸。这些氨基酸都具有增强肉的滋味和香气的作用，成熟后肉类鲜味的提高与这些氨基酸含量的升高有一定的关系。

核苷酸类物质对成熟肉的鲜味形成起着十分重要的作用。宰后肌肉中的ATP在ATP酶的作用下迅速转变成ADP，ADP又进一步水解成AMP，再由脱氨酶的作用下形成重要的鲜味物质IMP（肌苷-磷酸），该形成途径如图9-63所示。如果肉继续存放，IMP又会进一步降解为无味的肌苷，最后分解成有苦味的次黄嘌呤，鲜味也随之降低。在实际工作中，通过检测次黄嘌呤的含量来判断肉类，尤其是水产品的新鲜程度。此外，据研究，GMP（鸟苷-磷酸）对肉类鲜味的形成起重要作用。

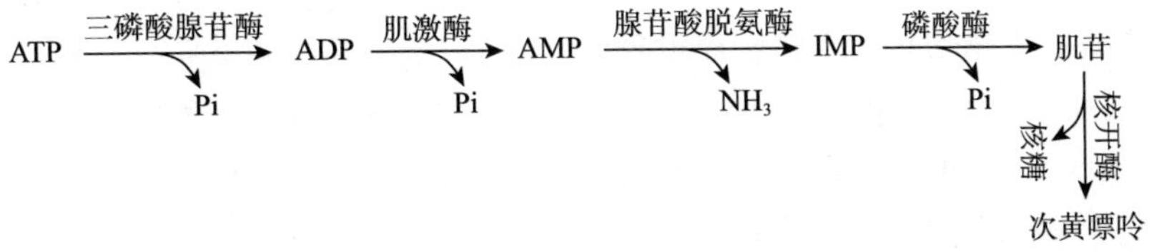

图9-63　肌肉成熟过程中IMP的形成途径

研究表明，在成熟的新鲜肉中，IMP的含量及变化因动物肉种类的不同而有所不同。鸡肉在宰后第8天IMP达到最高值8 μmol/g，肌苷为1 μmol/g；猪肉在宰后第3天达最高值3 μmol/g，同时肌苷和次黄嘌呤均相应增高。鸡肉伴随着ATP的减少而IMP的含量有所增加，其间，ADP、AMP没有蓄积，其原因是AMP脱氨酶比其他酶活性高。而猪肉在形成IMP均同时生成肌苷和次黄嘌呤。图9-64是鳕鱼肉在0℃贮藏期间ATP及降解产物的消长情况，其中三磷酸腺苷（ATP）是无鲜味的物质，单磷酸肌苷酸（IMP，inosinemonophosphate）是很好的鲜味物质，肌苷（Ino，inosine）是无味物质，次黄嘌呤（Hx，hypoxanthine）是苦味物质。鱼肉在尸僵前主要核苷酸类物质是ATP，此时鱼肉风味不太好；当贮藏2-4 d时，大多数ATP转化为IMP，此时的肉最鲜美；贮藏到10 d后肌苷酸类物质转化为Hx，肉的味感变差。

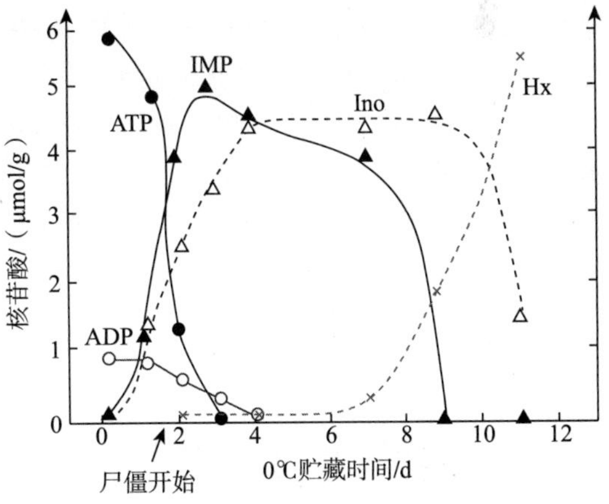

图9-64　鳕鱼肉的0℃条件下贮藏期间核苷酸类物质的消长情况

9.4.5.2　*L*-谷氨酸的生物合成途径

L-谷氨酸的发酵生产是以葡萄糖（或糖蜜）和尿素（或氨）等为原料，在通气条件下经谷氨酸产生菌的代谢作用而合成的，该合成途径包括糖酵解途径（EMP途径）、磷酸己糖途径（HMP途径）、羧化支路（CO_2固定反应）、三羧酸循环（TCA）、乙醛酸循环，最后经α-酮戊二酸还原氨基化生成*L*-谷氨酸，该途径见图9-65。

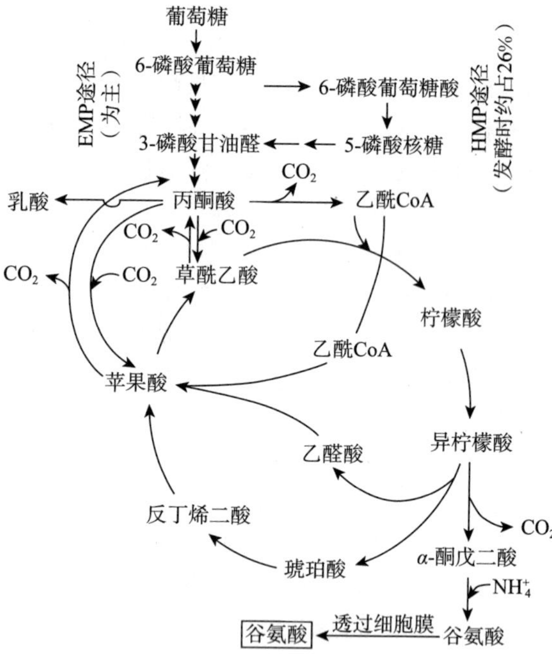

图 9-65 由葡萄糖生物合成谷氨酸途径

9.4.5.3 核苷酸类鲜味物质的生物合成途径

肌苷-磷酸(IMP)的生物合成途径也称为 Denovo 途径，是从枯草芽孢杆菌代谢中研究得出的：葡萄糖经 HMP 途径生成 5′-磷酸核糖后，从 5′-磷酸核糖开始合成肌苷酸要经过 11 步酶促反应。肌苷酸是嘌呤核苷酸生物合成的中心，从它开始分出两条环行路线：一条经过黄苷酸(XMP)合成鸟苷-磷酸，再经鸟苷-磷酸还原酶的作用生成肌苷-磷酸；另一条经过腺苷酸琥珀酸(SAMP)合成腺苷酸(AMP)，再经过腺苷酸脱氨酶的作用生成肌苷-磷酸(IMP)。该生物合成途径见图 9-66。嘌呤分子中的 9 个原子的来源见图 9-67。

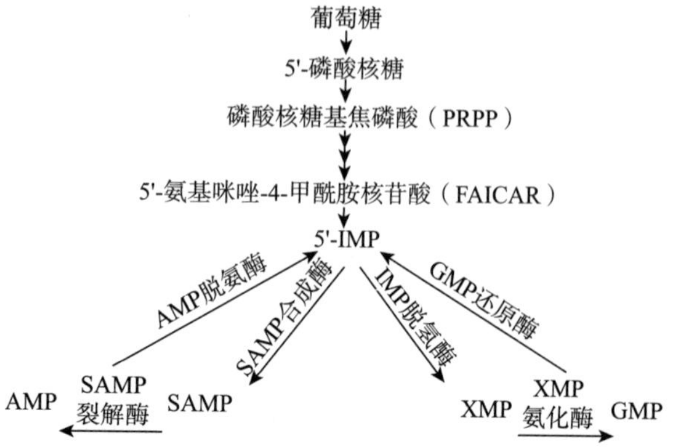

图 9-66 核苷酸的生物合成途径

$2NH_3$ + 2 甲酸 + CO_2 + 甘氨酸 + 天冬氨酸 + 5-磷酸核糖→IMP + 延胡索酸 + $9H_2O$

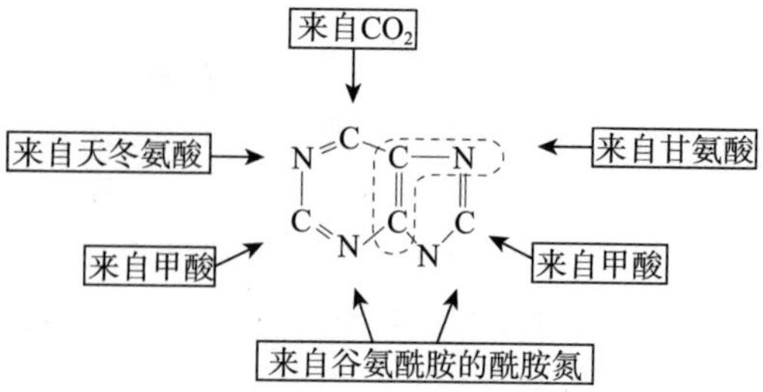

图 9-67 嘌呤分子中的 9 个原子的来源

二维码 9-1 风味物质

思考题

1. 产生食品风味的化学感觉有哪些主要类型？
2. 影响味觉敏感性的因素有哪些？
3. 嗅感物质具有哪些基本特点？
4. 何为风味物质的香气值和阈值？
5. 基本味觉包括哪些？有什么基本特性？其典型代表是什么？
6. 请在影响味的因素种，举例说明甜味产生的机理及影响甜味强度的因素？
7. 简述美拉德反应中间产物与脂质降解产物之间相互作用形成嗅感化合物的机制。

参考文献

陈敏，2008. 食品化学[M]. 北京：中国林业出版社.

汪东风，2014. 食品化学[M]. 2 版. 北京：化学工业出版社.

夏延斌，2008. 食品风味化学[M]. 北京：化学工业出版社.

白蓝，1991. 味觉与呈味物质[J]. 生物学通报，1991(4):10-12.

丁耐克，2001. 食品风味化学 [M]. 北京：中国轻工业出版社.

张静，张建新，2006. 嗅觉研究的发展进程及动态 [J]. 中国行为医学科学，15 (4)：381-382.

王淼，田亚平，2004. 食品风味物质与生物技术[M]. 北京：中国轻工业出版社.

OWEN R. FENNEMA，1996. Food chemistry [M]. 3rd ed. Hongkong：Marcel Dekker，Inc.

徐敬华，高保军，贾振宝，2002. 豆制品中豆腥味的产生原理及消除方法 [J]. 中国乳品工业，30 (5)：78-79.

段振华，汪菊兰，王志国，等，2005. 水产品加工过程中的脱腥技术 [J]. 渔业现代化，5：48-49.

郝利平，夏延斌，陈永泉，等，2002. 食品添加剂 [M]. 北京：中国农业大学出版社.

朱国斌，1996. 食品风味原理与技术[M]. 北京：北京大学出版社.

张卫斌，2012. 食品感官分析标度域[D]. 杭州：浙江工商大学.

彭金华，陈福旺，1993. 食品的滋味与化学结构[J]. 甘肃联合大学学报(自然科学版)(3)：52-55.

毛羽杨，1995. 烹饪知识答客问[J]. 烹调知识(5)：23-24.

孔建强，池云花，刘振娅，2002. 甜味机制的研究进展[J]. 生命的化学(4)：31-33.

徐静，税志坚，2008. 甜味剂的发展现状和影响[J]. 轻工科技，24(1)：6-7.

孙兰萍，2003. 柑桔类果汁苦味物质的脱除研究[J]. 食品工业科技，24(1)：97-100.

芮汉明，郭凯，2008. 食品香气的综合评价技术[J]. 食品工业科技，29(7)：277-280.

王飞生，芮汉明，2008. 食品香气来源综述[J]. 中国调味品(7)：27-29.

张晓鸣，2009. 食品风味化学[M]. 北京：中国轻工业出版社.

王婧，2014. 李果实冷藏期间风味物质含量及变化规律的研究[D]. 保定：河北大学.